數 學

莊紹容 ◆ 楊精松

第五版

東華書局

國家圖書館出版品預行編目資料

數學／莊紹容, 楊精松編著. -- 五版. -- 臺北市：
臺灣東華, 民 100.03
544 面；19x26公分

ISBN 978-957-483-648-2（平裝）

1. 數學

310   100004001

版權所有・翻印必究

中華民國一〇〇年三月五版

數　學

定價　　新臺幣伍佰捌拾元整
（外埠酌加運費匯費）

編著者　莊　紹　容　●　楊　精　松
發行人　卓　　劉　　慶　　弟
出版者　臺灣東華書局股份有限公司
　　　　臺北市重慶南路一段一四七號三樓
　　　　電話：（02）2311-4027
　　　　傳真：（02）2311-6615
　　　　郵撥：0 0 0 6 4 8 1 3
　　　　網址：http://www.tunghua.com.tw

行政院新聞局登記證　局版臺業字第零柒貳伍號

編輯大意

一、本書係依據教育部頒佈之五年制專科學校數學課程標準，予以重新整合並合併部分相同教材，編輯而成．該書在民國九十年於輔英科技大學被選用為教本．多年來承蒙該校各位先進之指教並提供教學上的寶貴意見，作者於民國九十三年初將該書予以修訂，刪除書中一些較理論之部分，並增加隨堂練習以提高學習績效．另於民國九十四年初作者將該書之習題份量予以增加，以達練習之效果．九十九年八月作者將該書第二章有關"數"的部分略做修訂，並加強複數之計算及一元二次方程式，並增加二項式定理．

二、本書共一冊．含數學 (一)(二)(三)(四)，可供五年制應用外語科、醫事檢驗科每週兩小時兩學年講授之用．護理科每週兩小時一學年講授之用．

三、本書旨在提供學生基本的數學知識，使學生具有運用數學的能力．而隨堂練習部分，任課教師可在課堂上指導學生演習．

四、本書編寫著重從實例出發，使學生先具有具體的概念，再做理論的推演，互相印證，以便達到由淺入深、循序漸近的功效．

五、本書雖經編者精心編著，惟謬誤之處在所難免，尚祈學者先進大力斧正，以匡不逮．

六、本書得以順利出版，要感謝東華書局董事長卓劉慶弟女士的鼓勵與支持，並承蒙編輯部全體同仁的鼎力相助，在此一併致謝．

iv　數學

目　次

第 一 章　邏輯與集合 …………………………………………… **1**
1-1　簡單邏輯概念 ………………………………………… 2
1-2　集合表示法及其運算 ………………………………… 5

第 二 章　數 …………………………………………………… **21**
2-1　整　數 ………………………………………………… 22
2-2　有理數，實數 ………………………………………… 42
2-3　複　數 ………………………………………………… 63
2-4　一元二次方程式 ……………………………………… 71

第 三 章　直線方程式 ………………………………………… **85**
3-1　平面直角坐標系、距離公式與分點坐標 …………… 86
3-2　直線的斜率與直線的方程式 ………………………… 95

第四章　函數與函數的圖形 ………………………………… **111**

    4-1　函數的意義 …………………………………… 112
    4-2　函數的運算與合成 …………………………… 121
    4-3　函數的圖形 …………………………………… 127
    4-4　反函數 ………………………………………… 135

第五章　指數與對數 …………………………………………… **143**

    5-1　指數與其運算 ………………………………… 144
    5-2　指數函數與其圖形 …………………………… 155
    5-3　對數與其運算 ………………………………… 165
    5-4　常用對數 ……………………………………… 174
    5-5　對數函數與其圖形 …………………………… 180

第六章　三角函數 ……………………………………………… **187**

    6-1　銳角的三角函數 ……………………………… 188
    6-2　廣義角的三角函數 …………………………… 193
    6-3　弧　度 ………………………………………… 205
    6-4　三角函數的圖形 ……………………………… 210
    6-5　正弦定理與餘弦定理 ………………………… 219
    6-6　和角公式 ……………………………………… 226
    6-7　倍角與半角公式，和與積互化公式 ………… 235

第七章　反三角函數 …………………………………………… **245**

    7-1　反三角函數的定義域與值域 ………………… 246
    7-2　反正切函數與反餘切函數 …………………… 253
    7-3　反正割函數與反餘割函數 …………………… 258

第 八 章　不等式 ……………………………………… **263**

    8-1　不等式的意義，絕對不等式 ………………………… 264

    8-2　一元不等式的解法 …………………………………… 271

    8-3　一元二次不等式 ……………………………………… 277

    8-4　二元一次不等式 ……………………………………… 285

    8-5　二元線性規劃 ………………………………………… 292

第 九 章　圓 ……………………………………………… **307**

    9-1　圓的方程式 …………………………………………… 308

    9-2　圓與直線 ……………………………………………… 316

第 十 章　圓錐曲線 ……………………………………… **323**

    10-1　圓錐截痕 ……………………………………………… 324

    10-2　拋物線的方程式 ……………………………………… 326

    10-3　橢圓的方程式 ………………………………………… 333

    10-4　雙曲線的方程式 ……………………………………… 343

第十一章　數列與級數 …………………………………… **359**

    11-1　有限數列 ……………………………………………… 360

    11-2　有限級數 ……………………………………………… 372

    11-3　特殊有限級數求和法 ………………………………… 379

第十二章　排列與組合 …………………………………… **385**

    12-1　樹形圖 ………………………………………………… 386

    12-2　乘法原理與加法原理 ………………………………… 390

    12-3　排　列 ………………………………………………… 395

    12-4　組　合 ………………………………………………… 406

12-5 二項式定理 ……………………………………………………… 417

第十三章 機 率 ……………………………………………………… 423

13-1 隨機實驗、樣本空間與事件 ……………………………… 424
13-2 機率的定義與基本定理 …………………………………… 431
13-3 條件機率 …………………………………………………… 439
13-4 數學期望值 ………………………………………………… 448

第十四章 敘述統計 …………………………………………………… 453

14-1 統計抽樣 …………………………………………………… 454
14-2 次數分配表與累積次數分配曲線 ………………………… 460
14-3 平均數 ……………………………………………………… 472
14-4 離 差 ……………………………………………………… 490

附表 1 四位常用對數表 ……………………………………………… 501

附表 2 指數函數表 …………………………………………………… 503

附表 3 自然對數表 …………………………………………………… 504

習題答案 ……………………………………………………………… 505

邏輯與集合

- 簡單邏輯概念
- 集合表示法及其運算

2 數學

1-1 簡單邏輯概念

在數學討論中，所用到的語句，不論是用語文或用符號表出之語句，皆稱之為**數學語句**. 例如：

1. 兩平行線間所截之同位角相等.
2. 在平面上，任一三角形之三內角和為 180°.
3. 3 加 5 等於 7.

上面所述 1、2、3. 均為**數學語句**，只是 1、2. 的敘述為真，3. 的敘述為偽.

敘述一般可以分成**簡單敘述**與**複合敘述**，所謂簡單敘述就是一個不能夠再被分析為更多的敘述，如上所述之例 1.. 而複合敘述是以 "若 (前提)……則 (結論)……"，"且"、"或" 連接簡單敘述所成之另一新敘述.

瞭解了數學語句之後，若將兩敘述 p、q 以 "若 p 則 q" 的形式結合而成的複合敘述稱為**命題**，記為 "$p \Rightarrow q$". 此種形式的命題稱為**條件命題**，p 稱為命題的**假設** (或前提)，q 稱為命題的**結論**. 例如：

p：天下雨，

q：我不外出，

$p \Rightarrow q$：若是天下雨，則我不外出.

複合敘述可藉下列記號表示之，

1. p 且 q 記為 $p \wedge q$. ("且" 記作 $\wedge$)
2. p 或 q 記為 $p \vee q$. ("或" 記作 $\vee$)
3. 若 p 則 q 記為 $p \Rightarrow q$.
4. 若 p 則 $q \wedge$ 若 q 則 p，記為 $p \Leftrightarrow q$.

另有關命題之形態可歸納為下列四種，

第一章　邏輯與集合

1. 原命題：若 p 則 q
2. 逆命題：若 q 則 p
3. 否命題：若非 p 則非 q
4. 逆否命題：若非 q 則非 p，或說 "若 p 則 q" 與 "若非 q 則非 p" 是對偶命題．

在原命題（或條件命題）$p \Rightarrow q$ 中，將結論作假設，假設作結論，可得另一條件命題 $q \Rightarrow p$，稱為 $p \Rightarrow q$ 的逆命題．如果將命題 $p \Rightarrow q$ 與其逆命題 $q \Rightarrow p$，用「且」($\wedge$) 字連接，則得 $(p \Rightarrow q) \wedge (q \Rightarrow p)$，記為 $p \Leftrightarrow q$，讀作 "若且唯若 p 則 q"．若命題 "$p \Rightarrow q$" 為真，則稱 p 導致 q 或 p 蘊涵 q，記為 $p \Rightarrow q$（讀作 p implies q），而稱 p 為 q 的充分條件，同時，q 是 p 的必要條件．反之，若命題 "$q \Rightarrow p$" 為真，記為 $q \Rightarrow p$，稱 p 為 q 的必要條件，而 q 為 p 的充分條件，亦即，$(p \Rightarrow q) \wedge (q \Rightarrow p)$ 為真時，記為 $p \Leftrightarrow q$，稱 p、q 互為充要條件．例如：

1. 命題 "若 $a=0$，則 $a \cdot b=0$"，視 $a=0$ 為 p，$a \cdot b=0$ 為 q．如果 $a=0$ 成立，則必可得到 $a \cdot b=0$，即 $p \Rightarrow q$ 成立，記為 "$p \Rightarrow q$"，故 $a=0$ 為 $a \cdot b=0$ 的充分條件．但如果 $a \cdot b=0$ 成立，未必 $a=0$ 成立，因可能 $b=0$．於是，無法得到 $q \Rightarrow p$，即 $a=0$ 不為 $a \cdot b=0$ 的必要條件．因必要條件未成立，故 $a=0$ 與 $a \cdot b=0$ 自然不互為充要條件．

2. 命題 "設 a、$b \in \mathbb{R}$，若 $a=b=0$，則 $a^2+b^2=0$"，視 $a=b=0$ 為 p，$a^2+b^2=0$ 為 q．如果 $a=b=0$，必可得到 $a^2+b^2=0$，故 $a=b=0$ 為 $a^2+b^2=0$ 的充分條件；如果 $a^2+b^2=0$，因 a、$b \in \mathbb{R}$，故必 $a=b=0$，即可得 $a^2+b^2=0$ 亦為 $a=b=0$ 的充分條件，p 為 q 的充分條件，q 又為 p 的充分條件，故 p、q 互為充要條件，即 $a=b=0$ 與 $a^2+b^2=0$ 互為充要條件．

例題 1　若 a、$b \in \mathbb{R}$，則 $a+b=0$ 為 $a=b=0$ 的什麼條件？

解　若 $a+b=0$，則 $a=b=0$ 不一定成立．（例如：$a=1$，$b=-1$ 亦可．）
　　　若 $a=b=0$，則 $a+b=0$ 顯然成立，故 $a+b=0$ 為 $a=b=0$ 的必要條件．

例題 2 $x+2=x^2$ 為 $\sqrt{x+2}=x$ 的什麼條件？

解 因 $\sqrt{x+2}=x \Rightarrow x+2=x^2$，但 $x^2=x+2 \Rightarrow x=\pm\sqrt{x+2}$。

所以，$x^2=x+2 \Rightarrow x=\sqrt{x+2}$ 不成立，故 $x+2=x^2$ 為 $\sqrt{x+2}=x$ 之必要條件。

隨堂練習 1 $ab=0$ 為 $a=0$ 或 $b=0$ 的什麼條件？

答案：充要條件。

綜合以上所論，在命題 p、q 中，讀者對以下三點應予注意：

1. $p \xrightleftharpoons[\text{由右推演至左不恆成立}]{\text{由左推演至右恆成立}} q$，則 p 為 q 的充分條件。

2. $p \xrightleftharpoons[\text{由右推演至左恆成立}]{\text{由左推演至右不恆成立}} q$，則 p 為 q 的必要條件。

3. $p \xrightleftharpoons[\text{由右推演至左恆成立}]{\text{由左推演至右恆成立}} q$，則 p、q 互為充要條件。

習題 1-1

在下列各題的空格內填入（充分，必要，充要）。

1. $\triangle ABC$，$\angle A > 90°$ 是 $\triangle ABC$ 為鈍角三角形的_____條件。
2. $x=6$ 或 $x=1$ 為 $\sqrt{x+3}=x-3$ 的_____條件。
3. $x=1$ 為 $x^2-x=0$ 的_____條件。
4. $(x+3)(x-3)=0$ 為 $x=3$ 的_____條件。
5. a、$b \in \mathbb{R}$，a^2+b^2 是 $a=0$ 或 $b=0$ 的_____條件。
6. $\triangle ABC$ 中，$\angle A$ 為直角是 $\triangle ABC$ 為直角三角形的_____條件。
7. $\triangle ABC$ 中，$\angle B$ 為銳角是 $\triangle ABC$ 為銳角三角形的_____條件。

8. x、y 均為正數，則 $x>1$ 或 $y>1$ 為 $xy>1$ 的_____條件．

9. $x=0$ 是 $x^2=0$ 的_____條件．

10. "$x>9$" 為 "$x>25$" 的_____條件．

11. $\triangle ABC$ 中，"$\angle A=60°$" 為 $\triangle ABC$ 是一個正三角形的_____條件．

12. $a=b=1$ 是 $2a-b=2b-a=1$ 的_____條件．

13. 設 a、b、$c \in \mathbb{R}$，"$a>b$" 為 "$a+c>b+c$" 的_____條件．

14. 設 a、b、$c \in \mathbb{R}$，則 $a \neq b$ 為 $a^2 \neq b^2$ 的_____條件．

15. 設 x、$y \in \mathbb{R}$，則 $x>y$ 為 $x^2>y^2$ 的_____條件．

16. 若 a、b、$c \in \mathbb{R}$，$a^2+b^2+c^2-ab-bc-ca=0$ 是 $a=b=c$ 的_____條件．

17. a、b、$c \in \mathbb{R}$，$a+b+c \neq 0$，則 $a^3+b^3+c^3=3abc$ 為 $a=b=c$ 的_____條件．

1-2 集合表示法及其運算

　　直覺地說，**集合**是一組明確的事物所組成的群體，集合中的每一個事物，稱為該集合的**元素**．例如，某大學的數學研究所今年暑假只招收三位研究生，"小明"、"大華"、"偉國"，此三位研究生就構成一集合，表示為

$$A=\{\text{小明, 大華, 偉國}\}$$

　　一般而言，我們用英文大寫字母，如 A、B、C、T、S 等表示**集合**．小明、大華、偉國為集合之元素，以英文小寫字母如 a、b、x、y 等表示．若一集合僅含有少數的幾個元素，通常是把這些元素，逐一列舉出來，並用括號 "$\{\ \}$" 將它們寫在一起，我們就稱這種表示法為**表列式**（或表列法）．

　　例如，由 m、n、p、q 所成的集合 A，記作

$$A=\{m, n, p, q\}.$$

　　如果某集合之元素具有絕對明確的性質，我們亦可用此性質去描述該集合．例如，

6 數學

$$\{偶數\} = \{\pm 2, \pm 4, \pm 6, \cdots\}$$

習慣上，若一集合所含的元素，具有某種共同的性質，則利用這集合的元素所具有的性質，以符號

$$\{x \mid x \text{ 所滿足的性質}\}$$

來表示，稱之為**集合構式**．

例題 1 集合 A 由所有正奇數所成的集合，記作 $A=\{x \mid x$ 為正奇數$\}$，其中 x 代表集合中任一元素．

例題 2 $B=\{x \mid x^2-3x+2=0\}=\{1, 2\}$ 意指集合 B 是由方程式 $x^2-3x+2=0$ 的根所組成．

若 a 是集合 A 的一個元素，即 a 屬於 A，記作

$$a \in A,$$

讀作"a 屬於 A"或"a 是 A 的一個元素"．

若 a 不是 A 的一個元素，即 a 不屬於 A，記作

$$a \notin A,$$

讀作"a 不屬於 A"或"a 不是 A 的一個元素"．

例如，由上二例，知 $5 \in A$，$3 \notin B$．

一個集合，若不含有任何元素，則稱這集合為**空集合**，以 ϕ 或 $\{\ \}$ 表示．例如，現在世界上所有恐龍所成的集合為 ϕ．又如，在自然數中，滿足方程式 $6+x=4$ 的自然數所成之集合為 ϕ．

一、集合的分類

1. 有限集合

若一集合中所含之元素個數為有限個，則稱此集合為**有限集合**．

例題 3 令 $A=\{x\,|\,(x-2)(x-3)(x-5)=0\}$，則 $A=\{2, 3, 5\}$.

2. 無限集合

若一集合中所含之元素個數為無限個，則稱此集合為**無限集合**.

例題 4 $B=\{x\,|\,0<x<1,\ x\in\mathbb{R}\}$，則 $B=\{\text{所有在 0 與 1 之間的實數}\}$.

二、集合的關係

若二集合 A、B 所含的元素完全相同，則稱 A 與 B **相等**，即 A 中的任意元素都是 B 的元素，且 B 中的任意元素也是 A 的元素，記作 $A=B$ 或 $B=A$. A 與 B 不相等時，記作 $A\neq B$ 或 $B\neq A$.

例題 5 設 $A=\{-4, 2\}$，$B=\{x\,|\,x^2+2x-8=0\}$，則 $A=B$.

例題 6 在 $\dfrac{1}{3}$ 與 $\dfrac{9}{2}$ 之間所有整數所成的集合與 $\dfrac{3}{4}$ 至 $\dfrac{14}{3}$ 之間所有整數所成的集合，皆為 $\{1, 2, 3, 4\}$，故此二集合相等.

定義 1-1

設 A、B 表二集合，若 A 中的每一元素皆為 B 中的元素，則稱 A 為 B 的**部分集合**或**子集合**，記作

$$A \subset B$$

讀作"A 包含於 B"或"A 是 B 的子集合"或記作

$$B \supset A$$

讀作"B 包含 A".

依定義 1-1，A 與 B 的關係如以圖形表示之，則如圖 1-1 所示.

8　數學

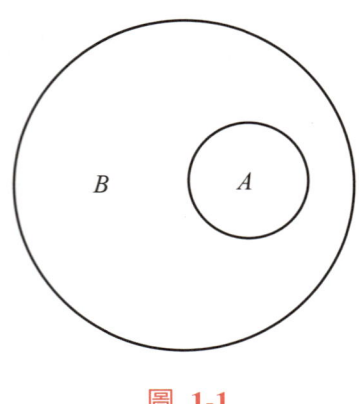

圖 1-1

例題 7　空集合 ϕ 是每一集合的子集合.

例題 8　設 $A=\{1, 4, 5\}$，$B=\{1, 4, 5, 7, 9, 11\}$，則 $A \subset B$ 或 $B \supset A$.

定理 1-1

$A \subset B,\ B \subset A \Rightarrow A = B.$

證：因 $A \subset B$，故 $\forall$ (對每一個) $x \in A \Rightarrow x \in B$.
　　又 $B \subset A$，故 $\forall x \in B \Rightarrow x \in A$.
　　所以，$x \in A \Leftrightarrow x \in B$.
　　即，$A = B$.

定理 1-2

$A \subset B,\ B \subset C \Rightarrow A \subset C.$

證：因 $A \subset B$，故 $\forall x \in A \Rightarrow x \in B$.
　　因 $B \subset C$，故 $\forall x \in B \Rightarrow x \in C$.
　　可知 $\forall x \in A \Rightarrow x \in B \Rightarrow x \in C$.
　　所以，$A \subset C$.

若以集合的關係而論，今設 A 是所有滿足性質 p 的元素所組成的集合，B 是所有滿足性質 q 的元素所組成的集合．因為 $p \Rightarrow q$ 成立，任何一個滿足性質 p 的元素，應該具有性質 q，所以 $A \subset B$．反過來說，若 $A \subset B$，則 A 是 B 的充分條件，且 B 是 A 的必要條件．因此，$p \Rightarrow q$ 與 $A \subset B$ 的意義是一致的．又當 $p \Leftrightarrow q$ 為真時，p 是 q 的充要條件，q 是 p 的充要條件．若以集合的關係而論，則有 $A \subset B \wedge B \subset A$，所以 $A = B$．反過來說，若 $A = B$，則 A 是 B 的充要條件，且 B 是 A 的充要條件．因此，$p \Leftrightarrow q$ 與 $A = B$ 的意義是一致的．

三、集合的運算

1. 宇集合

在集合性質及應用中，若每一集合皆為某一固定集合的子集合，則稱這固定集合為**宇集合**，通常以大寫的英文字母 U 代表．

例題 9 在平面幾何中，平面內所有點所組成的集合即為**宇集合**．

2. 聯集

定義 1-2

二集合 A、B 的**聯集**，以 $A \cup B$ 表之，定義為

$$A \cup B = \{x \mid x \in A \text{ 或 } x \in B\}$$

$A \cup B$ 讀作 "A 聯集 B" 或 "A 與 B 的聯集"．

A 與 B 的聯集藉著**文氏圖**的表示，則顯而易見．文氏圖在習慣上，以矩形區域表示宇集合，其內部的區域表示其子集合，如圖 1-2 所示．

由定義 1-2，易知 $A \subset A \cup B$，$B \subset A \cup B$．

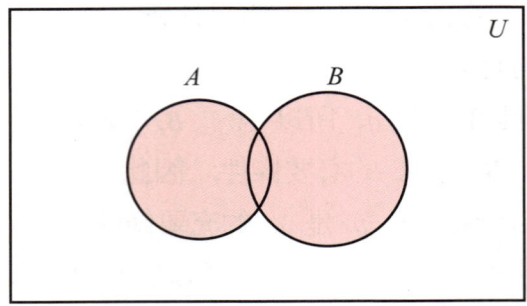

圖 1-2　顏色部分表 $A \cup B$

例題 10　設 $A=\{x\,|\,x(x-1)=0\}$，$B=\{x\,|\,x(x-2)=0\}$，

則 $A \cup B = \{x\,|\,x(x-1)(x-2)=0\}$．

3. 交集

定義 1-3

二集合 A、B 的 **交集**，以 $A \cap B$ 表示之，定義為

$$A \cap B = \{x\,|\,x \in A \text{ 且 } x \in B\}$$

$A \cap B$ 讀作 "A 交集 B" 或 "A 與 B 的交集"．

以文氏圖表示 $A \cap B$，如圖 1-3 所示．

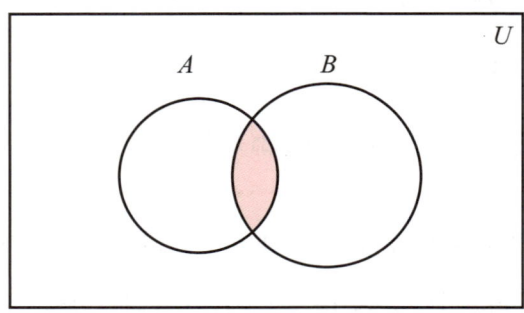

圖 1-3　顏色部分表 $A \cap B$

顯然，$A \cap B \subset A$，$A \cap B \subset B$.

例題 11 設 $A=\{1, 2, 5\}$，$B=\{x \mid (x-1)(x-3)(x-4)=0\}$，則 $A \cap B = \{1\}$. ¶

若二集合 A、B 無任何公共元素，即表 A 與 B 的交集是空集合，亦即

$$A \cap B = \phi.$$

若 A 與 B 的交集為 ϕ，亦稱 A 與 B 不相交，如圖 1-4 所示.

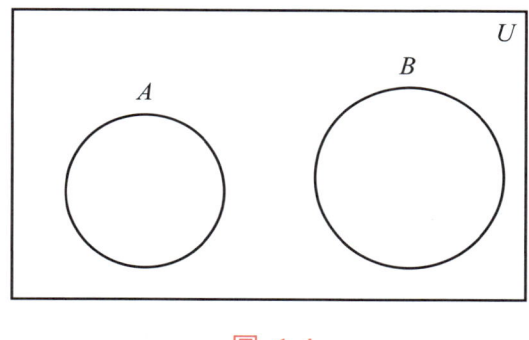

圖 1-4

若 A 與 B 的交集，不為空集合，則稱 A 與 B 相交.

例題 12 設 $A=\{2n \mid n \in \mathbb{N}\}$，$B=\{3m \mid m \in \mathbb{N}\}$，
則　　$A \cap B = \{x \mid x$ 是 2 的正整數倍，也是 3 的正整數倍$\}$
　　　　　　$= \{x \mid x$ 是 6 的正整數倍$\}$
　　　　　　$= \{6p \mid p \in \mathbb{N}\}.$ ¶

例題 13 設 $A=\{2x \mid x$ 為整數$\}$，$B=\{2x+1 \mid x$ 為整數$\}$，求 $A \cup B$ 與 $A \cap B$.

解 集合 A 表示所有偶數所成的集合，集合 B 表示所有奇數所成的集合，故

$$A \cup B = \{p \mid p \text{ 為整數}\}$$
$$A \cap B = \phi$$

若二集合無共同的元素，則稱此二集合**互斥**.

例題 14 設 $A=\{(x, y) \mid y=x\}$，$B=\{(x, y) \mid y=x+2\}$，$C=\{(x, y) \mid y=3x\}$，則

$$A \cap B = \phi,\ A \cap C = \{(0, 0)\},\ B \cap C = \{(1, 3)\}.$$

例題 15 設 $A=\{(x, y) \mid 2x-y-1=0\}$，$B=\{(x, y) \mid 3x-y-2=0\}$，其中 x、y 為實數，求 $A \cap B = ?$ 並說明其幾何意義.

解 有序數對 (x, y) 要滿足 $2x-y-1=0$ 與 $3x-y-2=0$，所以 x、y 是下列聯立方程式的解：

$$\begin{cases} 2x-y=1 \\ 3x-y=2 \end{cases}$$

解之，得 $x=1$，$y=1$，
即 $A \cap B = \{(1, 1)\}$.
(此集合僅含一個元素，即數對 $(1, 1)$.)

集合 A 與集合 B 分別表示平面上二條不平行之直線，$A \cap B$ 表該二條直線之交點 $(1, 1)$.

隨堂練習 2 設 $A=\{x \mid x^2-3x+2=0\}$，$B=\{3, 5\}$，求 $A \cap B = ?$

答案：ϕ

4. 差集

定義 1-4

二集合 A、B 的差，以 $A-B$（或 $A \setminus B$）表之，定義為

$$A-B = \{x \mid x \in A \text{ 且 } x \notin B\}.$$

（注意，此定義並不要求 $A \supset B$.） $A-B$ 讀作 "A 減 B".

以文氏圖表示 $A-B$，如圖 1-5 所示.

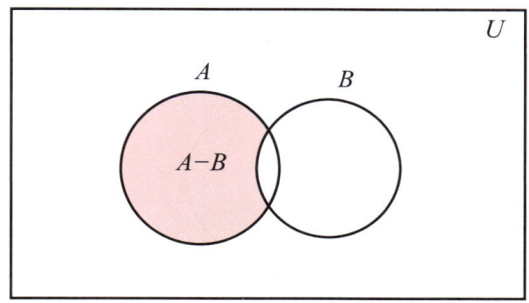

圖 1-5　顏色部分表 $A-B$

例題 16 設 $A = \{x \mid x \geq 4\}$，$B = \{x \mid x \leq 9\}$，$C = \{x \mid x \leq 3\}$，
求 (1) $A-B$.　(2) $A-C$.　(3) $(A-B) \cap (A-C)$.

解 (1) $A-B = \{x \mid x > 9\}$.

(2) $A-C = A$，即 $A-C = \{x \mid x \geq 4\}$.

(3) $(A-B) \cap (A-C) = \{x \mid x > 9\} \cap \{x \mid x \geq 4\}$
$= \{x \mid x > 9\}$.

5. 餘集合

定義 1-5

設集合 A 是宇集合 U 的子集合，則凡屬於 U 而不屬於 A 的元素所成的集合，稱為 A 的**餘集合**，以 A' 或 A^C 表示之，定義為

$$A' = U - A = \{x \mid x \in U \text{ 且 } x \notin A\}.$$

由文氏圖 1-6 易知，$A' = U - A$，$A \cap A' = \phi$，而 $A \cup A' = U$.

註：$A - B = A \cap B'$

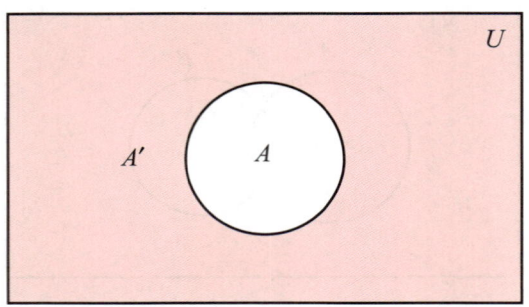

圖 1-6　顏色部分表 A'

例題 17 設 $U = \{a, b, c, d, e\}$，$A = \{a, b, d\}$，$B = \{b, d, e\}$，求
(1) $A' \cap B$ 　(2) $A \cup B'$ 　(3) $A' \cap B'$.

解 (1) $A' \cap B = \{c, e\} \cap \{b, d, e\} = \{e\}$
(2) $A \cup B' = \{a, b, d\} \cup \{a, c\} = \{a, b, c, d\}$
(3) $A' \cap B' = \{c, e\} \cap \{a, c\} = \{c\}$.

例題 18 設 $A = \{x \mid x$ 是實數，且 $0 \leq x < 4\}$，$B = \{x \mid x$ 是實數，且 $-1 < x \leq 1\}$，試求下列各集合並以數線表示之.
(1) $A \cap B$ 　(2) $A \cup B$ 　(3) $A - B$ 　(4) A'.

解 (1) $A \cap B = \{x \mid x$ 是實數，且 $0 \leq x \leq 1\}$

(2) $A \cup B = \{x \mid x$ 是實數，且 $-1 < x < 4\}$

(3) $A - B = \{x \mid x$ 是實數，且 $1 < x < 4\}$

(4) $A' = \{x \mid x$ 是實數，且 $x < 0$ 或 $x \geq 4\}$

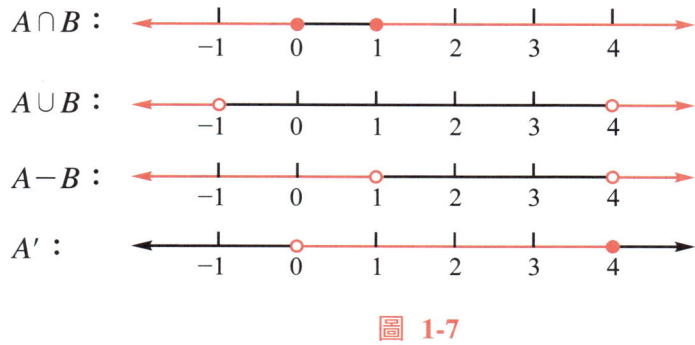

圖 1-7

例題 19 狄摩根定律：

$$(A \cup B)' = A' \cap B'$$
$$(A \cap B)' = A' \cup B'$$

6. 積集合

設 A、B 為任意二集合，所有<u>有序數對</u> (a, b)（其中 $a \in A$，$b \in B$）所組成的集合，稱為 A 與 B 的<u>積集合</u>，記作 $A \times B$，即

$$A \times B = \{(a, b) \mid a \in A \text{ 且 } b \in B\}.$$

例題 20 令 $A = \{1, 2, 3\}$，$B = \{a, b\}$，

則 $A \times B = \{(1, a), (2, a), (3, a), (1, b), (2, b), (3, b)\}$

$B \times A = \{(a, 1), (a, 2), (a, 3), (b, 1), (b, 2), (b, 3)\}$

顯然，$A \times B \neq B \times A$.

若以 $n(A)$ 與 $n(B)$ 分別表示有限集合 A 與 B 之元素的個數，則我們很容易瞭解，對於互斥的二有限集合 A 與 B，有下列之關係：

$$n(A\cup B)=n(A)+n(B)$$

若 A、B 相交，則由文氏圖 1-8 得知：

$$A\cup B=(A-B)\cup B$$

而 $$(A-B)\cap B=\phi$$

故 $$n(A\cup B)=n(A-B)+n(B) \qquad (1\text{-}2\text{-}1)$$

又 $$A=(A-B)\cup(A\cap B)$$

而 $$(A-B)\cap(A\cap B)=\phi$$

故 $$n(A)=n(A-B)+n(A\cap B) \qquad (1\text{-}2\text{-}2)$$

由式 (1-2-1) 減式 (1-2-2) 得知：

$$n(A\cup B)=n(A)+n(B)-n(A\cap B) \qquad (1\text{-}2\text{-}3)$$

式 (1-2-3) 稱之為**排容原理**.

事實上，當 A 與 B 兩集合互斥時，則 $n(A\cap B)=0$，故式 (1-2-3) 對任意二集合 A、B 均成立. 若 $A\cap B\neq\phi$，由式 (1-2-3) 移項，得

$$n(A\cap B)=n(A)+n(B)-n(A\cup B) \qquad (1\text{-}2\text{-}4)$$

式 (1-2-3) 亦可推廣如下式：

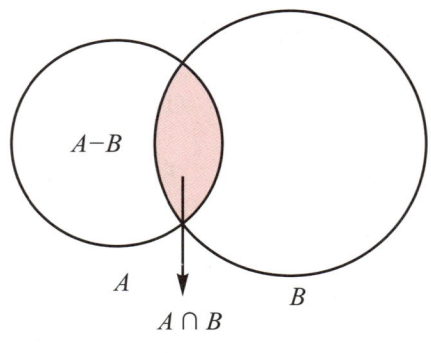

圖 **1-8**

$$n(A \cup B \cup C)$$
$$= n(A) + n(B) + n(C) - n(A \cap B) - n(B \cap C) - n(A \cap C) + n(A \cap B \cap C)$$

(1-2-5)

例題 21 試舉例說明方程式 $n(A \cup B) = n(A) + n(B) - n(A \cap B)$ 成立.

解 設 $A = \{1, 2, 5, 7, 9\}$, $B = \{2, 4, 5, 9\} \Rightarrow n(A) = 5$, $n(B) = 4$

$A \cup B = \{1, 2, 4, 5, 7, 9\}$, $A \cap B = \{2, 5, 9\}$

$\Rightarrow n(A \cup B) = 6 = n(A) + n(B) - n(A \cap B)$

故 $n(A \cup B) = n(A) + n(B) - n(A \cap B)$

成立.

習題 1-2

1. 設 $\mathbb{Z}$ 為整數集合, $\mathbb{Q}$ 為有理數集合, $\mathbb{N}$ 為自然數集合, 下列各數哪些屬於 $\mathbb{Z}$? 哪些屬於 $\mathbb{Q}$? 哪些屬於 $\mathbb{N}$? 試以符號寫出.

$$0,\ \frac{1}{2},\ \sqrt{2},\ 1,\ \pi$$

2. 設 $A = \{1, 2, 3, 5, 8, 9\}$, 且設

$$B = \{x \mid x\ 為偶數, x \in A\}$$
$$C = \{x \mid x\ 為奇數, x \in A\}$$
$$D = \{x \mid x\ 為大於\ 4\ 的自然數, x \in A\}$$

試以列舉法表出 B、C、D 各集合.

3. 試將下列各集合用列舉法表出.
   (1) A 為所有一位正整數所成的集合.
   (2) S 為 number 一字之字母所成的集合.
   (3) B 為方程式 $x(x-2)(x^2-1) = 0$ 之所有實根所成的集合.
   (4) C 為小於 25 且可被 3 整除之所有正整數的集合.

18　數學

4. 試用集合構式寫出下列各集合．

　(1) $X=\{3, 6, 9\}$

　(2) $A=\{10, 100, 1000, 10000, \cdots\cdots\}$

　(3) A 為一切偶數所構成的集合．

　(4) $Y=\{-6, -5, -4, -3, -2, -1, 0, 1, 2, 3, 4, 5, 6\}$

5. 設 $A=\{1, 3, 4\}$，$B=\{2, 4, 6\}$，$C=\{x|x$ 為偶數$\}$，$D=\{x|x$ 為奇數$\}$，則下列各式中，何者為真？何者為偽？

　(1) $A \subset B$　　　　(2) $B \subset C$　　　　(3) $C \subset D$

　(4) $A \subset D$　　　　(5) $A \subset C$　　　　(6) $D \subset A$．

6. 設 $A=\{x|x$ 為實數，$0 \leq x \leq 2\}$，$B=\{x|x$ 為實數，$1 \leq x \leq 3\}$，求 $A \cup B$ 與 $A \cap B$．

7. 設 $A=\{x|x$ 為實數，$0 < x < 1\}$，$B=\{x|x$ 為實數，$1 < x < 2\}$，求 $A \cup B$ 與 $A \cap B$．

8. 設 $A=\{(x, y)|3x-2y=7, x, y \in \mathbb{R}\}$，$B=\{(x, y)|5x+3y=2, x、y \in \mathbb{R}\}$，試求 $A \cap B$．

9. 設 $U=\{1, 2, 3, 4, 5, 6\}$，$A=\{1, 2, 3, 4\}$，$B=\{3, 4, 5, 6\}$，求 $A-B$，$B-A$，A'，B'，$A' \cap B'$，$A' \cup B'$．

10. 設 $A=\{1, 2, 3, 4\}$，$B=\{2, 4, 6, 8\}$，$C=\{3, 4, 5, 6\}$，試求

　(1) $A \cup B$　　　(2) $(A \cup B) \cup C$　　　(3) $A \cup (B \cup C)$．

11. 設 $A=\{1, 2, 3, 4\}$，$B=\{2, 4, 6, 8\}$，$C=\{3, 4, 5, 6\}$，試求

　(1) $(A \cap B) \cap C$　　　(2) $A \cap (B \cap C)$．

12. 設 $U=\{a, b, c, d, e\}$，$A=\{a, b, d\}$，$B=\{b, d, e\}$，試求

　(1) $A' \cap B$　　　　(2) $A \cup B'$　　　　(3) $A' \cap B'$

　(4) $B' - A'$　　　　(5) $(A \cap B)'$　　　(6) $(A \cup B)'$．

13. 設 $A=\{(x, y)|y=x\}$，$B=\{(x, y)|y=x+1\}$，$C=\{(x, y)|y=2x\}$，試求

　(1) $A \cap B$　　　　(2) $A \cap C$　　　　(3) $B \cap C$．

14. $A=\{1, 2, 5\}$，$B=\{x|(x-1)(x-3)(x-4)=0\}$，求 $A \cup B$．

15. 設 $A=\{a, b, c, d, e\}$，$B=\{b, c, e, f\}$，$C=\{a, b, d, f, g\}$，求證 $A \cap (B \cup C) = (A \cap B) \cup (A \cap C)$．

16. 設 $A=\{a, b, c, d, e\}$，$B=\{b, c, d\}$，$C=\{a, b, c, f\}$，下列各敘述何

者為真？

(1) $B \subset A$　　　(2) $B \cap C = \phi$　　　(3) $A \cup B \subset A$

(4) $d \in A \cap C$　　(5) $f \in B \cup C$　　(6) $a \notin A \cap B$.

17. 設 $A = \{x \mid x < -1 \text{ 或 } x > 1\}$，$B = \{x \mid -2 \leq x \leq 2\}$，試求 $A - B$，$B - A$.

18. 設 $A = \{a, b\}$，$B = \{1, 3\}$，試寫出

    (1) $A \times B$　(2) $B \times A$　(3) $A \times B$ 與 $B \times A$ 是否相等.

19. 設 $S = \{(x, y) \mid 3x + y + 2 = 0, x - y + 6 = 0\}$，$T = \{(x, y) \mid 2x + y = a, x - y = b\}$，若 $S = T$，求 (a, b).

20. 設 $A = \{x \mid x^2 - ax - 4 = 0\}$，$B = \{x \mid x^2 + ax + b = 0\}$，若 $A \cap B = \{-1\}$，試求

    (1) $A \cup B$　(2) $A - B$.

20　數學

數

- 整　數
- 有理數，實數
- 複　數
- 一元二次方程式

2-1 整　數

一、整數的性質

人類為了計算東西的個數而造出了 1，2，3，4，5，……等計物數，亦即**自然數**．在自然數的領域中，形如 $6+x=6$ 或 $4+x=1$ 等的方程式，均無解答．因此，有對自然數加以擴充的必要．於是引進 0（讀作"零"）表 $6+x=6$ 的解，以 -3（讀作"負 3"）表 $4+x=1$ 的解，這種新數，如 -3，即稱為**負整數**，而稱自然數為**正整數**．正整數、負整數和零合稱為**整數**．

所有自然數所成的集合，以 $\mathbb{N}$ 表之．所有整數所成的集合，以 $\mathbb{Z}$ 表之．即

$$\mathbb{Z}=\{\cdots,\ -3,\ -2,\ -1,\ 0,\ 1,\ 2,\ 3,\ \cdots\}$$

關於整數對於 $+$（加）、$\cdot$（乘）的運算，有下列各項規定：
設 a、$b \in \mathbb{N}$，則

$$a+(-a)=(-a)+a=0$$
$$-(-a)=a$$
$$(-a)+(-b)=-(a+b)$$
$$a+(-b)=(-b)+a=a-b\ (若\ a>b)$$
$$a+(-b)=(-b)+a=-(b-a)\ (若\ a<b)$$
$$a\cdot 0=0\cdot a=0$$
$$a\cdot(-b)=(-b)\cdot a=-(a\cdot b)$$
$$(-a)\cdot(-b)=(-b)\cdot(-a)=a\cdot b$$

整數除了對於 $+$、$\cdot$ 之運算有上面的規定外，尚有下列的基本性質．

1. 整數之四則運算具有下列的基本性質：
設 a、b、c 均為任意整數，則
(1) $a+b$，$a-b$，$a\cdot b$ 也皆為整數，但 $a\div b$ 就不一定為整數，故整數對於

加法、減法、乘法均具有封閉性，而對除法則無封閉性.

(2) $a+b=b+a$ (加法交換律)

　　$a \cdot b=b \cdot a$ (乘法交換律)

(3) $(a+b)+c=a+(b+c)$ (加法結合律)

　　$(a \cdot b) \cdot c=a \cdot (b \cdot c)$ (乘法結合律)

(4) $(a+b) \cdot c=a \cdot c+b \cdot c$ (分配律)

　　$a \cdot (b+c)=a \cdot b+a \cdot c$

(5) 若 $a+c=b+c$，則 $a=b$. (加法消去律)

　　若 $a \cdot c=b \cdot c$, $c \neq 0$，則 $a=b$. (乘法消去律)

(6) $a+0=0+a=a$, $a \cdot 0=0$, $a \cdot 1=a$. (0 為加法單位元素,

　　　　　　　　　　　　　　　　　　　　　　　1 為乘法單位元素)

(7) $a \in \mathbb{Z}$ 的加法反元素為 "$-a$"：$a+(-a)=0$.

(8) $a \cdot b \neq 0 \Leftrightarrow a \neq 0$ 且 $b \neq 0$.

　　$a \cdot b = 0 \Leftrightarrow a = 0$ 或 $b=0$.

(9) 若 a、b 均為正整數，則必存在唯一的一組整數 q、r 使得 $a = q \cdot b + r$，且 $0 \leq r < b$. (除法原理)

性質 (9) 中的 q、r 分別稱為以 b 除 a 所得的商與餘數. 例如：

$$1158 = 105 \times 11 + 3.$$

我們知道以 11 除 1158 的商為 105，餘數是 3，計算如下：

$$\begin{array}{r} 105 \\ 11{\overline{\smash{\big)}\,1158}} \\ \underline{11} \\ 58 \\ \underline{55} \\ 3 \end{array}$$

任意兩整數 a、b 之間的關係，尚存有大小 (次序) 的關係.

24　數學

> **定義 2-1**
>
> 對任意兩整數 a 與 b，$a<b$ 表示存在一 $n \in \mathbb{N}$，使得 $a+n=b$.

2. 整數的大小關係具有下列的性質：

   設 a、b、c 均為任意整數.

   (1) 下列關係必有且僅有一種成立：

   　　$a>b$，$a=b$，$a<b$ 　　　　　　　　　　　　　　　　(三一律)

   (2) 若 $a>b$，$b>c$，則 $a>c$. 　　　　　　　　　　　　(遞移律)

   (3) $a>b \Rightarrow a+c>b+c$. 　　　　　　　　　　　　　(加法律)

   (4) 若 $c>0$，則 $a>b \Rightarrow a \cdot c > b \cdot c$.

   　　若 $c<0$，則 $a>b \Rightarrow a \cdot c < b \cdot c$. 　　　　　　　　(乘法律)

> **定義 2-2**
>
> 對任意兩整數 a 與 b，$a \geq b$ 表示 $a=b$ 或 $a>b$.

例題 1 設 a、$b \in \mathbb{Z}$，

(1) 試證：$(a-b)^2 = a^2 - 2ab + b^2$.

(2) 利用 (1) 求 999^2 的值.

解 (1) $(a-b)^2 = (a-b)(a-b) = a(a-b) - b(a-b)$

$\qquad\qquad = a^2 - ab - (ba - b^2)$

$\qquad\qquad = a^2 - ab - ba + b^2 = a^2 - ab - ab + b^2$

$\qquad\qquad = a^2 - 2ab + b^2$

(2) $999^2 = (1000-1)^2 = 1000^2 - 2 \times 1000 \times 1 + 1^2$

$\qquad\qquad = 1,000,000 - 2,000 + 1$

$\qquad\qquad = 998,001$

例題 2 若 n 為奇數，證明 n^2 也是奇數．

證 若 n 為奇數，則 n 可以寫成

$$n = 2k+1, \quad k \in \mathbb{Z}$$

則 $$n^2 = (2k+1)^2 = 4k^2 + 4k + 1 = 2(2k^2 + 2k) + 1$$

也是奇數．

二、因數與倍數

由於整數對除法沒有封閉性，例如 $13 \div 2$ 就不是整數，而 $10 \div 2 = 5$ 是整數，所以 10 是 2 的倍數，2 是 10 的因數．

定義 2-3

設 $a、b \in \mathbb{Z}$，$b \neq 0$，若存在 $c \in \mathbb{Z}$，使得 $a = b \cdot c$，則謂 b 可整除 a，a 稱為 b 的倍數，b 稱為 a 的因數，以 $b \mid a$ 表示之．又以 $b \nmid a$ 表示 b 不能整除 a，即 b 不是 a 的因數．

例題 3 若 p 是 q 的因數，證明 $-p$ 也是 q 的因數．

證 因為 p 是 q 的因數，所以 q 可以寫成

$$q = pn, \quad 其中 \ n \ 為整數$$

因此 $q = (-p)(-n)$ 是 $-p$ 的倍數，即 $-p$ 也是 q 的因數．

如果一個數的因數是正的，我們簡稱為正因數；同理，正的倍數簡稱為正倍數．在討論因數及倍數時，如果沒有特別的必要，一般我們都以正因數與正倍數為代表．

定義 2-4

設 a、b 為正整數，若 $b|a$，且 $b \neq 1$，$b \neq a$，則稱 b 為 a 的一個**真因數**．

例如：12 的真因數有 2, 3, 4, 6.

定理 2-1

若 a、b、c 均為整數，$b \neq 0$，$c \neq 0$，則
(1) 若 $c|b$，且 $b|a$，則 $c|a$．（遞移律）
(2) 若 $c|a$，且 $c|b$，則 $\forall\, m, n \in \mathbb{Z}$，使得 $c|am+bn$．（線性組合）

註：$c|am-bn$ 亦成立．

證：(1) $c|b$，且 $b|a \Rightarrow \exists\,(存在)\, m, n \in \mathbb{Z}$，使得 $a = b \cdot m$，$b = c \cdot n$
　　　　$\Rightarrow a = (c \cdot n) \cdot m = c \cdot (n \cdot m) \quad n, m \in \mathbb{Z}$
　　　　$\Rightarrow c|a$
　　(2) $c|a$，且 $c|b \Rightarrow \exists\, r, s \in \mathbb{Z}$，使得 $a = cr$，$b = cs$
　　　　$\Rightarrow am + bn = (cr)m + (cs)n = c(mr + ns)$

而 $mr + ns \in \mathbb{Z}$，故 $c|am+bn$．

例題 4 設 p 是正整數，已知 $p|3p+12$，求 p 之值．

解 由於 $p|3p+12$，故存在一正整數 q 使 $3p+12 = qp$，
因此，$12 = qp - 3p = p(q-3)$，即 $p|12$，
所以，p 可為 1, 2, 3, 4, 6, 12.

推 論

若 $m_1, m_2, \cdots, m_k \in \mathbb{Z}$, $d|a_1, d|a_2, \cdots, d|a_k$, 則

$$d|(m_1a_1+m_2a_2+\cdots+m_ka_k).$$

例題 5 設 $a \cdot b \cdot c \in \mathbb{Z}$，若 $a|b+c$，且 $a|b-c$，試證：$a|2b$, $a|2c$.

解 $a|b+c$，且 $a|b-c \Rightarrow a|(b+c)+(b-c) \Rightarrow a|2b.$

$a|b+c$，且 $a|b-c \Rightarrow a|(b+c)-(b-c) \Rightarrow a|2c.$

例題 6 設 a 滿足 $a|(a+8)$, $(a-1)|(a+11)$, $(a-4)|(3a+6)$，則 a 之值為何？(a 為整數)

解 若 $a|(a+b)$，則 $a|b$. 是本題解題關鍵.

因為 $a|(a+8)$，且 $a|a \Rightarrow a|8 \Rightarrow a=\pm 1, \pm 2, \pm 4, \pm 8$ 代入

$$\begin{cases} (a-1)|(a+11) \\ (a-4)|(3a+6) \end{cases}$$

檢驗.

得知 $a=2$ 或 $a=-2$，同時滿足已知的三式.

所以 $a=2$ 或 $a=-2$ 為所求.

隨堂練習 1

(1) 設 $m \cdot n$ 為正整數，$m>1$，若 $m|9n+4$, $m|6n+5$，求 m 之值.

(2) 設 a 為整數，且 $a+2|3a-2$，求 a 值.

答案：(1) $m=7$, (2) $a=-10, -6, -4, -3, -1, 0, 2, 6$.

例題 7 若 $\dfrac{5n+12}{2n-3}$ 為正整數（n 為正整數），求 n 之值.

解 因為 $\dfrac{5n+12}{2n-3}$ 為正整數，所以 $\begin{cases}(2n-3)\mid(5n+12)\\(2n-3)\mid(2n-3)\end{cases}$

故 $(2n-3)\mid(5n+12)\times 2-5(2n-3)$
$\Rightarrow (2n-3)\mid 39$

則 $2n-3=\pm 1,\ \pm 3,\ \pm 13,\ \pm 39$，但 n 為正整數，且 $\dfrac{5n+12}{2n-3}$ 為正整數.

所以，$2n-3=1,\ 3,\ 13,\ 39 \Rightarrow n=2,\ 3,\ 8,\ 21.$ ◉

隨堂練習 2 $a \cdot b \in \mathbb{N}$，試證 $b\mid a \Rightarrow a\geq b.$

定義 2-5

若 p 是大於 1 的正整數，且 p 僅有 1 與 p 兩個正因數，則 p 稱為**質數**.

例如：2, 3, 5, 7, 11, 13, 17, 19, … 等均是質數. (1 不是質數，而 2 是最小的質數.)

定義 2-6

設 n 是正整數，若 n 有真因數，則 n 稱為**合成數**.

例如：4, 6, 8, 9, 10, 12, 14, … 等均是合成數.

例題 8 設 n 為質數，且 $\dfrac{n^3+3n^2-4n+40}{n-1}$ 亦為質數，求 n 的值.

解 $\dfrac{n^3+3n^2-4n+40}{n-1}=(n^2+4n)+\dfrac{40}{n-1}$

可知 $n-1$ 為 40 的因數，故 $n-1$ 可為 1, 2, 4, 5, 8, 10, 20, 40.

因 n 為質數，故 $n=2, 3, 5, 11, 41$.

但 $n=2, 5, 11, 41$ 代入 $n^2+4n+\dfrac{40}{n-1}$ 中並非質數.

$n=3$ 代入原式得 $9+12+\dfrac{40}{2}=41$ 為質數.

故 $n=3$.

定義 2-7

若 $b|a$，且 b 是質數，則稱 b 是 a 的質因數.

例題 9 設 n 為大於 1 的正整數，試證：若 n 不是質數，則 n 必定有小於或等於 $\sqrt{n}$ 的質因數.

解 假設 n 不是質數，又令 $n=rs$ ($r>1$, $s>1$, 且 r、s 為正整數).
若 $r>\sqrt{n}$，且 $s>\sqrt{n}$，則 $n=rs>\sqrt{n}\sqrt{n}$，即 $n>n$，此為矛盾.
因此，$r\leq\sqrt{n}$ 或 $s\leq\sqrt{n}$.

所以，n 必定有小於或等於 $\sqrt{n}$ 的質因數.

例題 10 試判斷 2311 是否為質數？

解 利用例 9 的結果，因 $\sqrt{2311}\approx 48.07$，而 2, 3, 5, 7, 11, 13, 17, 19, 23, 29, 31, 37, 41, 43, 47 均不是 2311 的因數，故 2311 是質數.

由以上的討論，顯然，質數 p 只能分解成 $p=1\cdot p=p\cdot 1$. 若整數 $n>1$，且 n 不是質數，則 n 可分解成 $n=a\cdot b$，其中 a 與 b 均大於 1 而小於 n. 若 a 或 b 不是質數，則可繼續分解，最後可將 n 分解成

$$n=p_1^{a_1}\cdot p_2^{a_2}\cdot p_3^{a_3}\cdot\cdots\cdot p_r^{a_r}$$

的形式，其中 $p_1, p_2, p_3, \cdots, p_r$ 為不同的質數，且 $p_1<p_2<p_3<\cdots<p_r$，

$a_1, a_2, \cdots, a_r$ 為正整數，這種分解式稱為 n 的 標準分解式.

定理 2-2　算術基本定理

大於 1 的自然數均可分解為質數的連乘積.

例題 11　試將 240 分解為質數的連乘積.

解

$$\begin{array}{r|l} 2 & 240 \\ \hline 2 & 120 \\ \hline 2 & 60 \\ \hline 2 & 30 \\ \hline 3 & 15 \\ \hline & 5 \end{array}$$

240 的標準分解式為 $240 = 2^4 \cdot 3^1 \cdot 5^1$.

上例中，將 240 分解為質數的連乘積，在國民中學的數學課程中已學過了，但如果數字太大，我們就得利用倍數的判別法去找因數．常見之因、倍數的判斷如下，若一個整數為

1. 2 的倍數 ⇔ 末位數為偶數.
2. 3 的倍數 ⇔ 數字之和為 3 的倍數.

例如：10869 中各位數字之和是 $1+0+8+6+9 = 24 = 3 \cdot 8$，所以 10869 是 3 的倍數．因為

$10869 = 10000 \cdot 1 + 1000 \cdot 0 + 100 \cdot 8 + 10 \cdot 6 + 9$
　　　$= (9999+1) \cdot 1 + (999+1) \cdot 0 + (99+1) \cdot 8 + (9+1) \cdot 6 + 9$
　　　$= 9999 \cdot 1 + 999 \cdot 0 + 99 \cdot 8 + 9 \cdot 6 + 1 \cdot 1 + 1 \cdot 0 + 1 \cdot 8 + 1 \cdot 6 + 9$
　　　$= 3(3333 \cdot 1 + 333 \cdot 0 + 33 \cdot 8 + 3 \cdot 6) + (1+0+8+6+9)$

所以 10869 是 3 的倍數的充要條件為 1＋0＋8＋6＋9 是 3 的倍數．

3. 4 的倍數 ⇔ 末兩位為 4 的倍數．

4. 5 的倍數 ⇔ 末位數為 0 或 5．

5. 6 的倍數 ⇔ 連續三整數之連乘積或可被 2 且 3 整除者一定可被 6 整除．

6. 7 的倍數 ⇔ 末位起向左每三位為一區間，(第奇數個區間之和)－(第偶數個區間之和)＝7 的倍數．

7. 8 的倍數 ⇔ 末三位為 8 的倍數．

8. 9 的倍數 ⇔ 數字之和為 9 的倍數．

9. 11 的倍數 ⇔ 末位數字起，(奇數位數字之和)－(偶數位數字之和)＝11 的倍數．

10. 15 的倍數 ⇔ 是 3 的倍數且是 5 的倍數．

註：13 的倍數與 7 的倍數判斷法相同．

隨堂練習 3　求 1260 之標準分解式．

答案：$1260 = 2^2 \cdot 3^2 \cdot 5 \cdot 7$．

例題 12　試將 888888 的所有質因數由小而大列出來．

解

```
 8 | 888888
 3 | 111111
 7 |  37037
11 |   5291
13 |    481
          37
```

888888 的標準分解式為 $888888 = 2^3 \cdot 3 \cdot 7 \cdot 11 \cdot 13 \cdot 37$．

故 888888 的所有質因數，依次為 2，3，7，11，13，37．

例題 13 試利用因式分解將 333333，分解為標準分解式.

解
$$333333 = \frac{1}{3} \cdot 999999 = \frac{1}{3}(10^6 - 1) = \frac{1}{3}(10^6 - 1^6)$$
$$= \frac{1}{3}(10^3 + 1)(10^3 - 1)$$
$$= \frac{1}{3}(10 + 1)(10^2 - 10 + 1)(10 - 1)(10^2 + 10 + 1)$$
$$= \frac{1}{3} \cdot 11 \cdot 91 \cdot 9 \cdot 111$$
$$= \frac{1}{3} \cdot 11 \cdot 7 \cdot 13 \cdot 3 \cdot 3 \cdot 3 \cdot 37$$
$$= 3^2 \cdot 7 \cdot 11 \cdot 13 \cdot 37$$

故 333333 之標準分解式為 $3^2 \cdot 7 \cdot 11 \cdot 13 \cdot 37$.

三、最大公因數

定義 2-8

設 $a_1, a_2, \cdots, a_k \in \mathbb{Z}$ $(k \geq 2)$，若整數 d 同時是 $a_1, a_2, \cdots, a_k$ 的因數，則 d 稱為 $a_1, a_2, \cdots, a_k$ 的**公因數**，其中最大的正公因數稱為 $a_1, a_2, \cdots, a_k$ 的**最大公因數**，以 $(a_1, a_2, \cdots, a_k)$ 或 $\gcd(a_1, a_2, \cdots, a_k)$ 表示. 若 $a_1, a_2, \cdots, a_k$ 除 ± 1 外再沒有其他公因數，則稱 $a_1, a_2, \cdots, a_k$ 為**互質**，即 $(a_1, a_2, a_3, \cdots, a_k) = 1$.

例如：36, 60, 80 的公因數有 $\pm 1, \pm 2, \pm 4$，其中最大正公因數為 4，所以 $(36, 60, 80) = 4$.

若欲求 $(a_1, a_2, a_3, \cdots, a_k)$，可先將 $a_1, a_2, \cdots, a_k$ 分解成標準式，再取各數的每一個共同質因數的最低次方者相乘，就得最大公因數.

例題 14 求 $(540, 504, 810)$.

解 (1) $540, 504, 810$ 的標準分解式為,

$$540 = 2^2 \cdot 3^3 \cdot 5, \quad 504 = 2^3 \cdot 3^2 \cdot 7, \quad 810 = 2 \cdot 3^4 \cdot 5,$$

由上式知 $2 \cdot 3^2 = 18$ 是 $540, 504, 810$ 的公因數，且是最大的公因數．故 $(540, 504, 810) = 18$.

(2) 利用直式求 $(540, 504, 810)$.

$$
\begin{array}{r|rrr}
2 & 540 & 504 & 810 \\
\hline
3 & 270 & 252 & 405 \\
\hline
3 & 90 & 84 & 135 \\
\hline
& 30 & 28 & 45
\end{array}
$$

則 $2 \cdot 3^2 = 18$ 即為所求的最大公因數．

隨堂練習 4 求 $(360, 300, 900)$.

答案：60.

利用標準分解式求數個整數的最大公因數，若遇數字較大時，此一方法並不簡便，現在介紹一種**輾轉相除法** [即歐幾里得演算法 (Euclid algorithm)]，因此我們先討論下面的定理．

定理 2-3

設 a、b 為兩個正整數，$b \neq 0$，以 b 除 a 所得商數為 q，餘數為 r，即 $a = b \cdot q + r$ $(0 \leq r < b)$，即 a、b 的最大公因數與 r、b 的最大公因數相等，即 $(a, b) = (r, b)$，換句話說，被除數與除數的最大公因數等於餘數與除數的最大公因數．

證：設 $(a, b)=d_1$, $(r, b)=d_2$.

(a) 先證 $d_1|d_2$. 因 $d_1=(a, b)$, 且 $d_1|a$, $d_1|b$,
故 $d_1|(a-qb) \Rightarrow d_1|r$, 又 $d_1|b \Rightarrow d_1|d_2$ [$\because (r, b)=d_2$].

(b) 再證 $d_2|d_1$. 因 $d_2=(r, b)$, 且 $d_2|r$, $d_2|b$,
故 $d_2|(qb+r) \Rightarrow d_2|a$, 又 $d_2|b \Rightarrow d_2|d_1$ [$\because (a, b)=d_1$].

由 (a)、(b) 之結果得知 $d_1=d_2$, 即 $(a, b)=(r, b)$.

對於兩個正整數 a 與 b, 由除法原理知, 存在唯一的一組整數 q_1 與 r_1, 使得

$$a=q_1b+r_1 \quad (0 \leq r_1 < b). \quad 若\ r_1 \neq 0,\ 則$$
$$b=q_2r_1+r_2 \quad (0 \leq r_2 < r_1). \quad 若\ r_2 \neq 0,\ 則$$
$$r_1=q_3r_2+r_3 \quad (0 \leq r_3 < r_2). \quad 若\ r_3 \neq 0,\ 則$$
$$r_2=q_4r_3+r_4 \quad (0 \leq r_4 < r_3). \quad 若\ r_4 \neq 0,\ 則$$
$$\vdots$$
$$r_{n-3}=q_{n-1}r_{n-2}+r_{n-1} \quad (0 \leq r_{n-1} < r_{n-2}). \quad 若\ r_{n-1} \neq 0,\ 則$$
$$r_{n-2}=q_n r_{n-1}$$

設 $(a, b)=d$, 則由輾轉相除法原理可得

$$d=(a, b)=(b, r_1)=(r_1, r_2)=(r_2, r_3)=\cdots=(r_{n-2}, r_{n-1})=r_{n-1}$$

$$(\because r_{n-2}=q_n r_{n-1}+0)$$

故由輾轉相除法求得使餘數為 0 的除數 r_{n-1}, 即 a 與 b 的最大公因數.

將上面計算各式合併, 即得

$$\begin{array}{c|cc|c} q_1 & a & b & q_2 \\ & bq_1 & r_1q_2 & \\ \hline q_3 & r_1 & r_2 & q_4 \\ & r_2q_3 & r_3q_4 & \\ \hline \vdots & r_3 & r_4 & \vdots \\ & \vdots & \vdots & \\ \hline & r_{n-1} & r_n=0 & \end{array}$$

例題 15 試利用輾轉相除法求 $(2438, 1007)$.

解

$$
\begin{array}{r|r|r|l}
q_1=2 & 2438 & 1007 & 2=q_2 \\
 & 2014 & 848 & \\
\cline{2-3}
q_3=2 & r_1=424 & r_2=159 & 1=q_4 \\
 & 318 & 106 & \\
\cline{2-3}
q_5=2 & r_3=106 & r_4=53 & \\
 & 106 & & \\
\cline{2-2}
 & r_5=0 & &
\end{array}
$$

由上面的直式計算，可得下列各式：

$$2438 = 1007 \cdot 2 + 424$$
$$1007 = 424 \cdot 2 + 159$$
$$424 = 159 \cdot 2 + 106$$
$$159 = 106 \cdot 1 + 53$$
$$106 = 53 \cdot 2$$

所以，$(2438, 1007) = (1007, 424) = (424, 159) = (159, 106)$
$= (106, 53) = 53.$

隨堂練習 5 試利用輾轉相除法求 $(3431, 2397)$.

答案：47.

讀者求最大公因數時，不必寫出上列各橫式，在直式後直接寫出所求的最大公因數即可.

求三個較大整數的最大公因數時，如果不容易化成標準分解式，可先用輾轉相除法，求兩個整數的最大公因數，再以所求得的最大公因數與第三個整數，求最大公因數，即得所求.

例題 16 求 $(2438, 1007, 13356)$.

解 由例 15 得 $(2438, 1007) = 53$, 再求 $(53, 13356)$

$$
\begin{array}{r|r|r}
53 & 13356 & 2 \\
 & 106 & \\ \hline
 & 275 & 5 \\
 & 265 & \\ \hline
 & 106 & 2 \\
 & 106 & \\ \hline
 & 0 &
\end{array}
$$

即得 $(53, 13356) = 53$,

故得 $(2438, 1007, 13356) = 53$.

例題 17 試證 10627 與 -4147 互質.

解 因 -4147 的因數與 4147 的因數完全相同, 所以

$$(10627, -4147) = (10627, 4147)$$

現在求 $(10627, 4147)$

$$
\begin{array}{r|rr|rr|l}
q_1 = 2 & & 10627 & & 4147 & 1 = q_2 \\
 & & 8294 & & 2333 & \\ \cline{2-5}
q_3 = 1 & r_1 = & 2333 & r_2 = & 1814 & 3 = q_4 \\
 & & 1814 & & 1557 & \\ \cline{2-5}
q_5 = 2 & r_3 = & 519 & r_4 = & 257 & 50 = q_6 \\
 & & 514 & & 250 & \\ \cline{2-5}
q_7 = 2 & r_5 = & 5 & & 7 & \\
 & & 4 & & 5 & \\ \cline{2-5}
 & r_7 = & 1 & r_6 = & 2 & 2 = q_8 \\
 & & & & 2 & \\ \cline{4-5}
 & & & r_8 = & 0 &
\end{array}
$$

所以，$(10627, -4147) = (10627, 4147) = 1$，

即 10627 與 -4147 互質.

四、最小公倍數

定義 2-9

若 $a_1, a_2, a_3, \cdots, a_k$ 為 k 個不為 0 的整數，則 $a_1, a_2, a_3, \cdots, a_k$ 的共同倍數，稱為 $a_1, a_2, a_3, \cdots, a_k$ 的**公倍數**，公倍數中最小的正公倍數稱為 $a_1, a_2, a_3, \cdots, a_k$ 的**最小公倍數**，以符號 $[a_1, a_2, a_3, \cdots, a_k]$ 表示之.

欲求 $[a_1, a_2, a_3, \cdots, a_k]$，可將 $a_1, a_2, a_3, \cdots, a_k$ 分解為標準式，再取各質因數中最高次方者相乘.

例如：

$$540 = 2^2 \cdot 3^3 \cdot 5$$
$$504 = 2^3 \cdot 3^2 \cdot 7$$
$$810 = 2 \cdot 3^4 \cdot 5$$

所以，$[540, 504, 810] = 2^3 \cdot 3^4 \cdot 5 \cdot 7 = 22680$.

定理 2-4

設 a、b 均為正整數，若 $a = a_1 d$，$b = b_1 d$，其中 $d = (a, b)$，且 $(a_1, b_1) = 1$，則 $[a, b] = a_1 b_1 d$.

證：設 $L = m_1 a = m_2 b$，m_1、$m_2 \in \mathbb{N}$，

則 $L = m_1 a_1 d = m_2 b_1 d$.

於是，$m_1 a_1 = m_2 b_1$.

因 $(a_1, b_1) = 1$，所以，$b_1 | m_1$，$a_1 | m_2$.

設 $m_1 = n_1 b_1$, $m_2 = n_2 a_1$, n_1, $n_2 \in \mathbb{N}$,

則 $L = n_1 b_1 a_1 d = n_2 a_1 b_1 d$.

於是，$L \geq a_1 b_1 d$,

所以，$[a, b] = a_1 b_1 d$.

定理 2-5

設 a、b 均為不等於 0 的整數，則

$$[a, b] = \frac{|ab|}{(a, b)}.$$

證：因 a 與 $|a|$ 有相同的因數與倍數，b 與 $|b|$ 有相同的因數與倍數，所以

$$(a, b) = (|a|, |b|), \quad [a, b] = [|a|, |b|] \quad \cdots\cdots\cdots ①$$

設 $d = (|a|, |b|)$, $|a| = a_1 d$, $|b| = b_1 d$, $a_1, b_1 \in \mathbb{N}$

則由定理 2-4，得

$$[|a|, |b|] = a_1 b_1 d = \frac{(a_1 d)(b_1 d)}{d} = \frac{|a||b|}{d} = \frac{|ab|}{(|a|, |b|)} \quad \cdots\cdots ②$$

由 ①、② 兩式，可得

$$[a, b] = \frac{|ab|}{(a, b)}.$$

推 論

(1) $(a, b, c)[a, b, c]$ 不一定等於 $|abc|$，如 $a = 3$, $b = 9$, $c = 81$.

(2) 設 a、b、c 均為整數，且 $ab \neq 0$，若 $(a, b) = (b, c) = (c, a) = 1$，則 $(a, b, c) \cdot [a, b, c] = |abc|$.

例題 18 求 $[850, -1105]$.

解 先求 $(850, -1105)$，

$$850 = 2 \cdot 5^2 \cdot 17 = 10 \cdot 85$$
$$1105 = 5 \cdot 13 \cdot 17 = 13 \cdot 85$$

所以，$(850, -1105) = (850, 1105) = 85$

故 $[850, -1105] = \dfrac{|850 \cdot (-1105)|}{85} = 11050.$

隨堂練習 6 試利用輾轉相除法求 1596、2527 的最大公因數與最小公倍數.

答案：$(1596, 2527) = 133$，$[1596, 2527] = 30324.$

定理 2-6

將 k 個整數 $a_1, a_2, a_3, \cdots, a_k$ 分為若干組，這些組的最小公倍數的最小公倍數，就是 $a_1, a_2, \cdots, a_k$ 的最小公倍數，即

$$[a_1, a_2, a_3, \cdots, a_k] = [[a_1, a_2, \cdots, a_{k_1}], [a_{k_1+1}, \cdots, a_{k_2}], \cdots, [a_{k_m+1}, \cdots, a_k]].$$

例題 19 求 $[654, 84, 311465]$.

解 用輾轉相除法，求得

$$(84, 311465) = 7$$

$$[84, 311465] = \frac{84 \cdot 311465}{7} = 3737580$$

由定理 2-6 知，

$$[654，84，311465]=[654，[84，311465]]=[654，3737580]$$

用輾轉相除法，求得

$$(654，3737580)=6$$

所以，

$$[654，3737580]=\frac{654 \cdot 3737580}{6}=654 \cdot 622930$$
$$=407396220.$$

例題 20 已知二個自然數的最大公因數為 42，最小公倍數為 252，試求這二個自然數.

解 設此二個自然數為 p 與 q 且 $p<q$，則由題意得知，$(p, q)=42$，$[p, q]=252$.

令 $p=42m$，$q=42n$，其中 $m、n \in \mathbb{N}$

因

$$[p, q]=\frac{|pq|}{(p, q)}$$

故得

$$252=\frac{(42m) \cdot (42n)}{42}=42mn$$

化簡得 $mn=6$，解得

$$\begin{cases} m=1 \\ n=6 \end{cases} \quad 或 \quad \begin{cases} m=2 \\ n=3 \end{cases}$$

代入得

$$\begin{cases} p=42 \cdot 1=42 \\ q=42 \cdot 6=252 \end{cases} \quad 或 \quad \begin{cases} p=42 \cdot 2=84 \\ q=42 \cdot 3=126 \end{cases}$$

這二個自然數為 42 與 252，或 84 與 126.

習題 2-1

1. 設 a、$b \in \mathbb{Z}$，(1) 試證：$(a-b)^3 = a^3 - b^3 - 3ab(a-b)$；(2) 利用 (1) 求 999^3 的值．

2. 利用簡便方法求下列各值：
   (1) $765^2 - 235^2$　　　　(2) 885×915

3. 設 x、a、$b \in \mathbb{Z}$，(1) 試證：$(x+a)(x+b) = (x+a+b)x + ab$；(2) 利用 (1) 求 229×221 的值．

4. 設 a、b、$c \in \mathbb{Z}$，試證明：
$$(a+b+c)^2 = a^2 + b^2 + c^2 + 2ab + 2bc + 2ca$$

5. 設 n 為正整數，試證：n 為奇數 $\Leftrightarrow n^2$ 為奇數．

6. 設 x、$y \in \mathbb{Z}$，則 $x^2 - 3xy - 4y^2 = -9$ 之整數解有幾組？

7. $\dfrac{x-y}{xy} + \dfrac{1}{6} = 0$ 之正整數解 (x, y) 中 $x+y$ 最大為多少？

8. 試將下列各整數寫成標準分解式．
   (1) 1500　　(2) 3600　　(3) $3^{12} - 7^6$　　(4) 333333

9. 下列何者為質數？
   (1) 311　(2) 313　(3) 317　(4) 319　(5) 323　(6) 1951　(7) 1953

10. 設 $a = 98765$，$b = 345$，試求滿足 $a = b \cdot q + r$ 且 $0 \leq r < b$ 之整數 q、r．

11. 求 (1) $(1596, 2527)$　(2) $(3431, 2397)$　(3) $(12240, 6936, 16524)$
    (4) $[4312, 1008]$　(5) $[108, 84, 78]$

12. 設 a、b 為任意正整數且 $a < b$，試證明存在一個正整數 n，使得 $na > b$．

13. $213a_1a_2$ 是 55 的倍數，試求 a_1 與 a_2？

14. 若四位數 $24x2$ 為 4 的倍數，則 x 之解集合為何？

15. 令 m、$n \in \mathbb{N}$，若 $m | 8n+7$ 且 $m | 6n+4$，求 m 之值．

16. 設 a 為正整數且 $3a-1 | 8a+2$，試求 a 之值．

17. 設 $p \in \mathbb{N}$，且 $\dfrac{3p+25}{2p-5} \in \mathbb{N}$，試求 p 之值.

18. 設 $x \in \mathbb{N}$，且 x^4+4 為質數，試求 x 值及此質數.

19. 設 x、$y \in \mathbb{Z}$，且 x 與 y 之關係為 $y^2-4x=1$，試判斷 x、y 分別為奇數或偶數.

2-2 有理數，實數

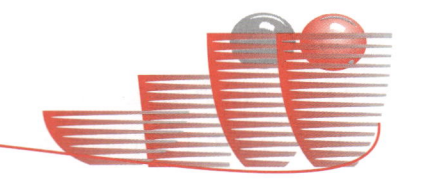

一、有理數

在日常生活或工作中，隨時隨地會遇到許多不可比較性的問題，也就是說某一種類的事物，它並不可以按照自然的個別單位，一個一個地去數一數的．例如：這本書有多重？將一個西瓜分給 10 人，每人得到這個西瓜的多少？……等等，當然，整數就不夠去處理這些問題，於是便產生了分數．

對於兩個整數 a、b，當 $b \neq 0$ 時，我們來討論形如

$$bx=a$$

的方程式在整數中有解的問題.

若 $b=1$，$a=2$，則 $x=2$.
若 $b=-3$，$a=3$，則 $x=-1$.
若 $b=2$，$a=3$，則 $x=?$

這時發現在整數中，就不一定有解；如果要使 $bx=a$ 一定有解，則必須 $x=\dfrac{a}{b}$.

定義 2-10

一整數 a 除以非零的整數 b，記作 $\dfrac{a}{b}$，$b \neq 0$，即稱為分數，a 稱為分子，b 稱為分母；當 $b=1$ 時，此分數即為一整數.

定義 2-11

凡是能寫成形如 $\dfrac{q}{p}$ 的數、其中 q、p 是整數，且 $p \neq 0$，則該數稱為有理數，有關有理數之集合，常記作 $\mathbb{Q}$，即

$$\mathbb{Q} = \left\{ \dfrac{q}{p} \,\middle|\, p \text{、} q \in \mathbb{Z},\ \text{且}\ p \neq 0,\ (q,\ p) = 1 \right\}.$$

註：$\mathbb{N} \subset \mathbb{Z} \subset \mathbb{Q}$.

　　有理數除了用分數形式表示外，還有一種小數表示法，任一有理數均可化為有限小數或循環小數. 反之，任一有限小數，或循環小數，均可化為一個有理數.

　　若 $c \neq 0$，$b \neq 0$，則

$$bx = a \Leftrightarrow c \cdot (bx) = c \cdot a$$
$$\Leftrightarrow (c \cdot b)x = c \cdot a$$
$$\Leftrightarrow x = \dfrac{c \cdot a}{c \cdot b}$$

所以，
$$\dfrac{a}{b} = \dfrac{c \cdot a}{c \cdot b}.$$

　　上式由左式化為右式，稱為擴分；由右式化為左式，稱為約分.

例如：有理數 $\dfrac{15}{375}$ 約分後可化為 $\dfrac{1}{25}$；$\dfrac{1}{25}$ 擴分後可寫成 $\dfrac{15}{375}$，所以它們代表同一個數．

已知整數 a、b、c、d，且 $bd \neq 0$，若 $d \cdot a = b \cdot c$，則

$$\dfrac{d \cdot a}{d \cdot b} = \dfrac{b \cdot c}{d \cdot b}$$

即

$$\dfrac{a}{b} = \dfrac{c}{d}$$

又由約分與擴分，可以推出

$$\dfrac{a}{b} = \dfrac{(-1) \cdot a}{(-1) \cdot b} = \dfrac{-a}{-b}$$

$$\dfrac{-a}{b} = \dfrac{(-1) \cdot (-a)}{(-1) \cdot b} = \dfrac{a}{-b} = -\dfrac{a}{b}.$$

對於兩個有理數 $\dfrac{a}{b}$、$\dfrac{c}{d}$，其四則運算規則如下：

$$\dfrac{a}{b} \pm \dfrac{c}{d} = \dfrac{ad \pm bc}{bd}$$

$$\dfrac{a}{b} \cdot \dfrac{c}{d} = \dfrac{ac}{bd}$$

$$c \neq 0,\ \dfrac{a}{b} \div \dfrac{c}{d} = \dfrac{a}{b} \cdot \dfrac{d}{c} = \dfrac{ad}{bc}$$

所以，兩有理數的和、差、積、商，仍是有理數．

有理數與整數一樣有正與負的分別．設有理數 $\dfrac{q}{p}$，在 $p \cdot q > 0$ 的情況下，可稱 $\dfrac{q}{p}$ 為正有理數，而在 $p \cdot q < 0$ 的情況下，則稱 $\dfrac{q}{p}$ 為負有理數．同樣的，在有理數之間也有大小關係．若 a 與 b 是兩個有理數，且 $a-b$ 為

正數，則稱 a 大於 b，以 $a>b$ 表示．若 $a-b$ 為負數，則稱 a 小於 b，以 $a<b$ 表示．依此，有理數的大小關係具有下列性質：若 a、b 與 c 為有理數，則

1. 下列三式恰有一式成立：$a>b$, $a=b$, $a<b$ (三一律)
2. 若 $a>b$ 且 $b>c$，則 $a>c$． (遞移律)

由於上述的說明，若 a、b、$c \in \mathbb{Q}$，就有下面的運算性質：

1. $a>0$, $b>0 \Leftrightarrow ab>0$
2. $a<0$, $b<0 \Leftrightarrow ab>0$
   於是
   $$ab>0 \Rightarrow 或 \begin{matrix} a>0 \text{ 且 } b>0 \\ a<0 \text{ 且 } b<0. \end{matrix}$$
3. $a>0$, $b<0 \Rightarrow ab<0$
4. $a<0$, $b>0 \Rightarrow ab<0$
   於是
   $$ab<0 \Rightarrow 或 \begin{matrix} a>0 \text{ 且 } b<0 \\ a<0 \text{ 且 } b>0. \end{matrix}$$
5. 若 $\dfrac{a}{b}$、$\dfrac{c}{d} \in \mathbb{Q}$，且 $bd>0$ 則
   $$ad<bc \Leftrightarrow \dfrac{a}{b}<\dfrac{c}{d}$$
6. $a>b$ 且 $b>c \Rightarrow a>c$．
7. $a>b \Leftrightarrow a+c>b+c$．
8. 已知 $a>b$，若 $c>0$ 則 $ac>bc$；若 $c<0$ 則 $ac<bc$．
9. 設 a、$b \in \mathbb{Q}$，$a>b$，則存在一數 $c \in \mathbb{Q}$，滿足 $a>c>b$．

此 c 為無限多個，該性質可推得有理數的稠密性．所謂有理數的稠密性即任二相異有理數之間至少有一個有理數存在，這個性質稱為有理數的稠密性．

一有理數必可化為有限小數或循環小數；反之，任一有限小數或循環小數

必為有理數．例如，$0.3 = \dfrac{3}{10}$，$0.\overline{3} = \dfrac{3}{9}$．

例題 1 化循環小數 $3.\overline{417}$ 為有理數．

解 設 $x = 3.\overline{417}$，則

$$1000x = 3417.\overline{417} = 3417 + 0.\overline{417} = 3417 + (x-3)$$

$$999x = 3414$$

即

$$x = \dfrac{3414}{999} = \dfrac{1138}{333}$$

故

$$3.\overline{417} = \dfrac{1138}{333}.$$

例題 2 試比較 $\dfrac{17}{29}$、$\dfrac{47}{59}$、$\dfrac{31}{43}$ 的大小．

解

$$\dfrac{47}{59} - \dfrac{31}{43} = \dfrac{2021-1829}{2537} = \dfrac{192}{2537} > 0$$

$$\dfrac{31}{43} - \dfrac{17}{29} = \dfrac{899-731}{1247} = \dfrac{68}{1247} > 0$$

故

$$\dfrac{47}{59} > \dfrac{31}{43} > \dfrac{17}{29}.$$

註：本題三個數均小於 1 且分子與分母均相差 12，則分母愈大者分數之值愈大．若三數均大於 1，且分子與分母差一定值，則分母愈小者分數之值愈大，如 $\dfrac{19}{12} > \dfrac{32}{25} > \dfrac{38}{31}$．

隨堂練習 7 設 a、b、x、y 均為正有理數，且 $a > b$，$x > y$，試比較下列一組數的大小

$$\dfrac{a}{b},\ \dfrac{a+x}{b+x},\ \dfrac{a+y}{b+y}.$$

答案：$\dfrac{a}{b} > \dfrac{a+y}{b+y} > \dfrac{a+x}{b+x}$.

例題 3 試證 $\sqrt{3} \notin \mathbb{Q}$.

解 令 $\sqrt{3} = \dfrac{q}{p}$，p、$q \in \mathbb{N}$，則

$$q^2 = 3p^2 \quad \text{\textcircled{1}}$$

因 $(p, q) = 1$，可知 $3 | q^2$，又 3 是質數，故

$$3 | q \quad \text{\textcircled{2}}$$

令 $q = 3k$，$k \in \mathbb{N}$，代入 ① 可得 $p^2 = 3k^2$，故

$$3 | p \quad \text{\textcircled{3}}$$

由 ②、③ 知 3 為 p、q 的公因數與 $(p, q) = 1$ 矛盾，所以 $\sqrt{3} \notin \mathbb{Q}$. ¶

二、無理數

由上面的例題，我們得知在有理數系中，對於形如 $x^2 = 3$ 這一類的方程式在有理數系中無解．欲解決此問題，必須推廣數系．因此，我們將有理數推廣到實數．

定義 2-12

凡不能化成分數的數稱為**無理數**．由有理數、無理數所組成的集合稱為**實數集合**，記作 $\mathbb{R}$．數系之間的包含關係如下：

$$\text{實數} \begin{cases} \text{有理數} \begin{cases} \text{分數 (有限小數，循環小數)} \\ \text{整數} \begin{cases} \text{正整數 (自然數)} \\ 0 \\ \text{負整數} \end{cases} \end{cases} \\ \text{無理數 (不循環的無限小數)} \end{cases}$$

註：$\mathbb{N} \subset \mathbb{Z} \subset \mathbb{Q} \subset \mathbb{R}$.

定義 2-13

設 p 為任意數，n 為正整數（自然數），若有一數 q，使得 $q^n = p$，則我們稱"p 為 q 的 n 次方"或"q 為 p 的 n 次方根"。當 n 為奇數時，p 的 n 次方根恰有一個，記為 $\sqrt[n]{p}$，即

$$(\sqrt[n]{p})^n = p.$$

依上述之定義，若 n 為偶數，令 $n = 2k$，$k \in \mathbb{N}$，此時

$$q^n = q^{2k} = p$$

則
$$(-q)^n = (-q)^{2k} = (-1)^{2k} q^{2k} = q^{2k} = q^n = p$$

即 q 與 $-q$ 均為 p 的 n 次方根。但習慣上，我們要求 $\sqrt[n]{p} = \sqrt[2k]{p} > 0$。符號「$\sqrt[n]{}$」稱為 **根號**，$\sqrt[n]{p}$ 稱為 **根數**，n 稱為根數次數。

另外關於根數的運算，讀者應注意下列一些運算規則：（其中 m、n、r 為正整數，p、q 為有理數。）

1. $\sqrt[n]{p} = \sqrt[nr]{p^r}$
2. $\sqrt[n]{pq} = \sqrt[n]{p}\,\sqrt[n]{q}$

    上式 n 為奇數。如果 n 為偶數，就得要求 $p > 0$，$q > 0$。

3. $(\sqrt[n]{p})^m = \sqrt[n]{p^m}$
4. $\sqrt[nm]{p^m} = \sqrt[n]{p}$

    上式若 $p < 0$，則不一定成立，例如，$\sqrt[4]{(-3)^2} \neq \sqrt{-3}$。

5. $\sqrt[n]{\dfrac{p}{q}} = \dfrac{\sqrt[n]{p}}{\sqrt[n]{q}}$，$q \neq 0$，例如 $\sqrt[3]{\dfrac{8}{27}} = \dfrac{\sqrt[3]{8}}{\sqrt[3]{27}} = \dfrac{2}{3}$。

    上式 n 為奇數。如果 n 為偶數，就得要求 $p > 0$，$q > 0$。

6. $\sqrt[n]{\sqrt[m]{p}} = \sqrt[nm]{p}$

上式若 $p < 0$，此式不一定成立，例如，$\sqrt{\sqrt{-1}} \neq \sqrt[4]{-1}$。

7. 自根號內提出因數
$$\sqrt[n]{p^n q} = p\sqrt[n]{q}.$$

8. 化異次根數為同次根數
$$\sqrt[n]{p} = \sqrt[nm]{p^m}, \quad \sqrt[m]{q} = \sqrt[nm]{q^n}.$$

9. 有理化分母

(a) $\sqrt[n]{\dfrac{p}{q}} = \sqrt[n]{\dfrac{pq^{n-1}}{qq^{n-1}}} = \sqrt[n]{\dfrac{pq^{n-1}}{q^n}} = \dfrac{\sqrt[n]{pq^{n-1}}}{q}$

(b) $\dfrac{A}{\sqrt{p}+\sqrt{q}} = \dfrac{A(\sqrt{p}-\sqrt{q})}{(\sqrt{p}+\sqrt{q})(\sqrt{p}-\sqrt{q})} = \dfrac{A(\sqrt{p}-\sqrt{q})}{p-q}$

10. 二次根數 $\sqrt{p+2\sqrt{q}}$ 的完全平方根

令
$$\sqrt{p+2\sqrt{q}} = \sqrt{x} + \sqrt{y}$$
$$\Rightarrow (\sqrt{p+2\sqrt{q}})^2 = (\sqrt{x}+\sqrt{y})^2$$
$$\Rightarrow p+2\sqrt{q} = (\sqrt{x})^2 + 2\sqrt{x}\sqrt{y} + (\sqrt{y})^2$$
$$\Rightarrow p+2\sqrt{q} = (x+y) + 2\sqrt{xy}$$
$$\Rightarrow p = x+y, \quad q = xy.$$

例題 4 利用上述規則，化簡下列各根數：

(1) $\sqrt[8]{16}$，　(2) $(\sqrt[3]{4})^2$，　(3) $\sqrt[3]{\dfrac{3 \cdot 63}{2^3 \cdot 4^3}}$，　(4) $\sqrt{\sqrt{81}}$.

解 (1) $\sqrt[8]{16} = \sqrt[8]{4^2} = \sqrt[4 \times 2]{2^4} = \sqrt{2}$

(2) $(\sqrt[3]{4})^2 = \sqrt[3]{4^2} = \sqrt[3]{16}$

(3) $\sqrt[3]{\dfrac{3 \cdot 63}{2^3 \cdot 4^3}} = \dfrac{\sqrt[3]{3 \cdot 63}}{\sqrt[3]{2^3 \cdot 4^3}} = \dfrac{\sqrt[3]{3 \cdot 3^2 \cdot 7}}{\sqrt[3]{2^3} \cdot \sqrt[3]{4^3}} = \dfrac{\sqrt[3]{3^3} \cdot \sqrt[3]{7}}{\sqrt[3]{2^3} \cdot \sqrt[3]{4^3}}$

$= \dfrac{3 \cdot \sqrt[3]{7}}{2 \cdot 4} = \dfrac{3}{8}\sqrt[3]{7}$

(4) $\sqrt{\sqrt{81}} = \sqrt[2 \times 2]{81} = \sqrt[4]{3^4} = 3.$

隨堂練習 8 試化簡 $\dfrac{1}{\sqrt{3}-\sqrt{2}} + \dfrac{1}{2-\sqrt{3}}$.

答案：$2\sqrt{3} + \sqrt{2} + 2.$

隨堂練習 9 試化簡 $\dfrac{1}{\sqrt{2}+\sqrt{3}+\sqrt{6}}$.

答案：$\dfrac{7\sqrt{2}+5\sqrt{3}-\sqrt{6}-12}{23}.$

例題 5 試將 $\dfrac{1}{\sqrt[3]{4}+1}$ 之分母的根號消除掉.

解 利用 $a^3 + b^3 = (a+b)(a^2 - ab + b^2)$ 的公式.

分子、分母同乘以 $(\sqrt[3]{4})^2 - \sqrt[3]{4} + 1$,

$\dfrac{1}{\sqrt[3]{4}+1} = \dfrac{(\sqrt[3]{4})^2 - \sqrt[3]{4} + 1}{(\sqrt[3]{4}+1)[(\sqrt[3]{4})^2 - \sqrt[3]{4} + 1]} = \dfrac{\sqrt[3]{16} - \sqrt[3]{4} + 1}{(\sqrt[3]{4})^3 + 1}$

$= \dfrac{\sqrt[3]{16} - \sqrt[3]{4} + 1}{5}.$

例題 6 試比較 $\sqrt{2}$、$\sqrt[3]{3}$、$\sqrt[4]{5}$ 的大小.

解
$$\sqrt{2} = \sqrt[12]{2^6} = \sqrt[12]{64}$$
$$\sqrt[3]{3} = \sqrt[12]{3^4} = \sqrt[12]{81}$$
$$\sqrt[4]{5} = \sqrt[12]{5^3} = \sqrt[12]{125}$$

因為 $64 < 81 < 125$，可得

$$\sqrt[12]{64} < \sqrt[12]{81} < \sqrt[12]{125}$$

即 $\sqrt{2} < \sqrt[3]{3} < \sqrt[4]{5}$.

隨堂練習 10 試比較 $\sqrt{3}$、$\sqrt[3]{4}$、$\sqrt[4]{5}$ 的大小.

答案：$\sqrt[4]{5} < \sqrt[3]{4} < \sqrt{3}$.

隨堂練習 11 設 $f(x) = \sqrt{x+1} + \sqrt{x}$，$x \geq 0$，求 $\dfrac{1}{f(1)} + \dfrac{1}{f(2)} + \cdots + \dfrac{1}{f(99)}$ 之值.

答案：9.

隨堂練習 12 設有理數 x、y 滿足 $\sqrt{\dfrac{7}{6} + \sqrt{\dfrac{4}{3}}} = \sqrt{x} + \sqrt{y}$，其中 $x > y$，試求 x、y 之值.

答案：$x = \dfrac{2}{3}$，$y = \dfrac{1}{2}$.

例題 7 試求 $5 + 2\sqrt{6}$ 之平方根.

解 設 $5 + 2\sqrt{6}$ 的平方根為 $\pm(\sqrt{x} + \sqrt{y})$

則
$$[\pm(\sqrt{x}+\sqrt{y})]^2 = 5+2\sqrt{6}$$
$$\Rightarrow x+y+2\sqrt{xy} = 5+2\sqrt{6}$$
$$\therefore \begin{cases} x+y=5 \\ xy=6 \end{cases}$$
$$\Rightarrow \begin{cases} x=3 \\ y=2 \end{cases} \text{或} \begin{cases} x=2 \\ y=3 \end{cases}$$

故 $5+2\sqrt{6}$ 的平方根為 $\pm(\sqrt{2}+\sqrt{3})$.

三、數線，實數系

在國民中學裡，已經講述過**數線**，也就是先作一條水平直線，在這直線上，任取一點 O 表示數 0，稱為**原點**；然後取一個固定長度的線段為一單位長，並規定向右為正，向左為負. 由 O 點開始，分別以單位長為間隔，向右順次取點，表示數 $1, 2, 3, \cdots$；向左順次取點，表示數 $-1, -2, -3, \cdots$；如下圖 2-1 所示.

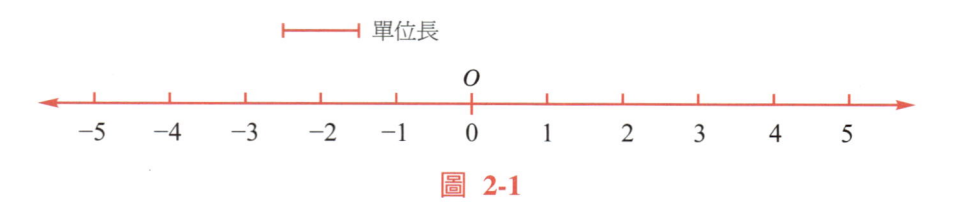

圖 2-1

再二等分上述的每一間隔，即可得表示數 $\dfrac{1}{2}, \dfrac{3}{2}, \dfrac{5}{2}, \cdots$，及數 $-\dfrac{1}{2}, -\dfrac{3}{2}, -\dfrac{5}{2}, \cdots$ 等的點，如圖 2-2 所示.

圖 2-2

對於其他的分數，可依 n 等分 (n 為正整數) 一線段的作法，亦可畫出表示每一分數 $\dfrac{a}{n}$ 的點 (a 為正整數)，於是，在這直線上，均可畫出一點來表示每一個有理數．由於有理數的稠密性，所以，有理數在這直線上，是非常稠密的，但是仍不能把這直線填滿，也就是說，在這直線上還有很多的點，不能用有理數來表示它．例如，

$$\sqrt{2},\ \sqrt{3},\ \sqrt{5},\ \cdots$$

等等，均不是有理數，而稱為**無理數**．所有的有理數與無理數所成的集合稱為**實數系**，以 $\mathbb{R}$ 表示之．由上所述，對於每一個實數，在直線上均有一點來表示它；而直線上的每一點，必可表示一個實數，這直線稱為**數線**．實數對於加法與乘法的運算、不等關係，具有與有理數一樣的性質，讀者試著自行一一列出．

例題 8 試在一條數線上標出代表 $\dfrac{4}{3}$ 之點．

(1) 如圖 2-3 所示，通過原點 O 作一條異於數線之直線 L．
(2) 在 L 上取三點 A、B、C，使得 $\overline{OA}=\overline{AB}=\overline{BC}$，且 O、A、B、C 皆相異．
(3) 令 P 代表 4 之點，作 $\overline{PC}$．
(4) 過 A 作一直線平行於直線 CP，且交數線於 Q 點，則 Q 點即為所求．

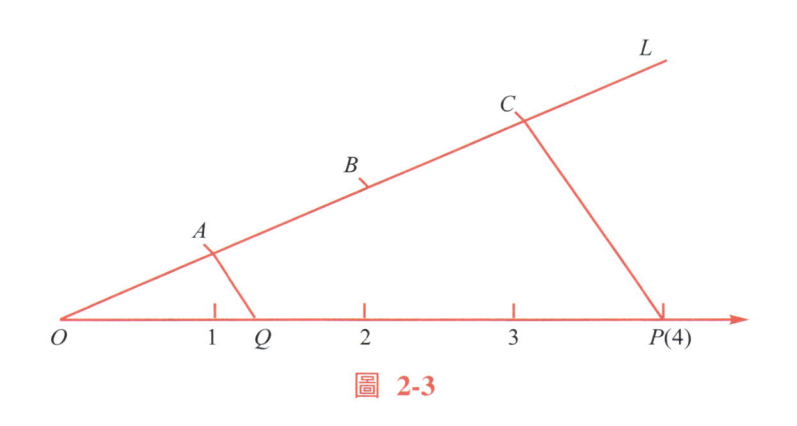

圖 2-3

證明：因為 $\overline{AQ} \parallel \overline{CP}$

所以 $\dfrac{\overline{OQ}}{\overline{OP}} = \dfrac{\overline{OA}}{\overline{OC}}$

即 $\dfrac{\overline{OQ}}{4} = \dfrac{1}{3}$

因此 $\overline{OQ} = \dfrac{4}{3}$

故 Q 點合於所求.

對於實數也有大小關係，設 a、b 均屬於實數 $\mathbb{R}$，以 $a, b \in \mathbb{R}$ 表之，若 $b - a > 0$，則稱 b 大於 a，以 $b > a$ 或 $a < b$ 表之. 當它們表示在數線上時，有下列的規定：

1. 若 $a < b$，則 b 在 a 的右邊.
2. 若 $0 < a < b$，則 a、b 均在 0 的右邊.
3. 若 $a < 0 < b$，則 a 在 0 的左邊，b 在 0 的右邊.
4. 若 $a < b < 0$，則 a 在 b 的左邊，b 在 0 的左邊.

定義 2-14

設 a、$b \in \mathbb{R}$，且 $a < b$，則稱下列四集合為**區間**，且稱 a、b 為區間的端點.

$$S_1 = \{x \mid a < x < b\}$$
$$S_2 = \{x \mid a \leq x \leq b\}$$
$$S_3 = \{x \mid a < x \leq b\}$$
$$S_4 = \{x \mid a \leq x < b\}$$

S_1 不含任一端點，稱為**開區間**，記作 (a, b)，即

$$(a, b) = \{x \mid a < x < b\}$$

S_2 含有二端點，稱為**閉區間**，記作 $[a, b]$，即

$$[a,\ b]=\{x\,|\,a\leq x\leq b\}$$

S_3 與 S_4 分別以 $(a,\ b]$ 與 $[a,\ b)$ 表之，稱為 半開區間 或 半閉區間，即

$$(a,\ b]=\{x\,|\,a<x\leq b\}$$
$$[a,\ b)=\{x\,|\,a\leq x<b\}$$

仿此，以 $(a,\ \infty)$ 表所有大於 a 的數所成的集合，即

$$(a,\ \infty)=\{x\,|\,x>a\}$$

且稱 $(a,\ \infty)$ 為 無限區間.

其他無限區間，分別定義如下：

$$(-\infty,\ a)=\{x\,|\,x<a\}$$
$$(-\infty,\ a]=\{x\,|\,x\leq a\}$$
$$[a,\ \infty)=\{x\,|\,x\geq a\}$$
$$(-\infty,\ \infty)=\{x\,|\,x\in I\!R\}.$$

式中 ∞ 表正無窮大，$-\infty$ 表負無窮大，兩者均非實數．上述開區間、閉區間、半開或半閉區間及其他各無限區間，分別以圖形表之，如圖 2-4 至 2-12 所示．

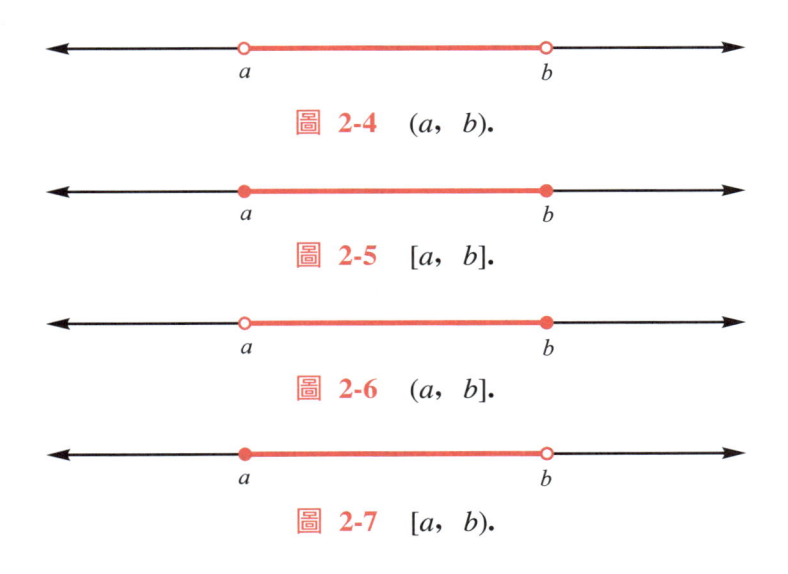

圖 2-4　$(a,\ b)$.

圖 2-5　$[a,\ b]$.

圖 2-6　$(a,\ b]$.

圖 2-7　$[a,\ b)$.

圖 2-8　(a, ∞).

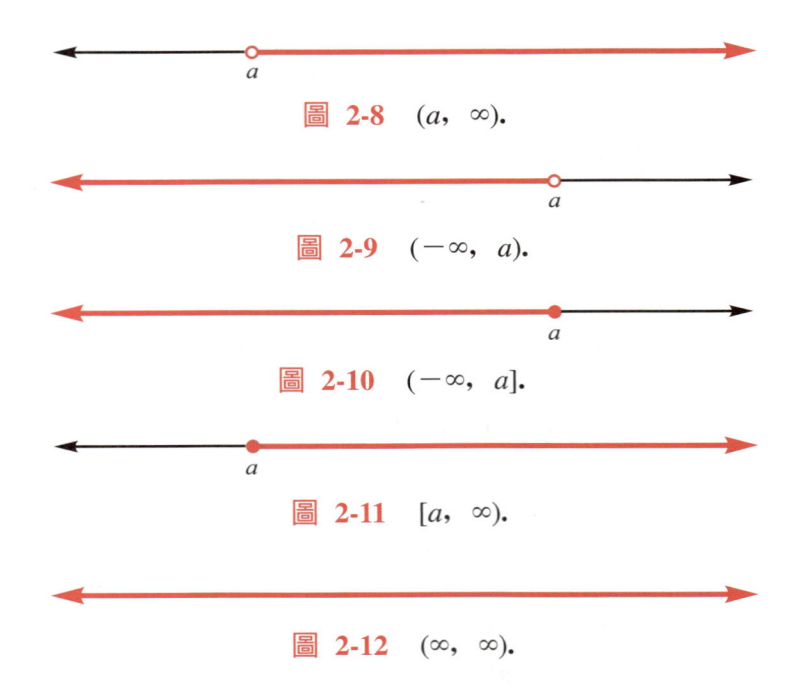

圖 2-9　$(-\infty, a)$.

圖 2-10　$(-\infty, a]$.

圖 2-11　$[a, \infty)$.

圖 2-12　(∞, ∞).

例題 9　求 $[-2, 6) \cap (-3, 3)$.

解　由圖所示,

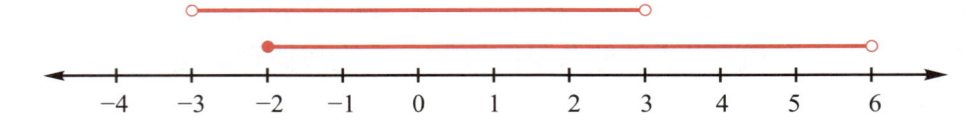

取重疊部分得 $[-2, 6) \cap (-3, 3) = [-2, 3)$.

隨堂練習 13　求 $(-2, 2] \cup [0, 4]$.

答案：$(-2, 4]$.

四、實數的絕對值

設 $a \in \mathbb{R}$, 則 $a < 0$ 或 $a \geq 0$ 兩者中必有一者成立. 若 $a < 0$, 則 $-a > 0$, 故對任意實數 a 而言, 必有一個非負的實數存在, 而這非負的實數, 或為 a, 或為 $-a$. 依此, 定義 a 的絕對值如下：

定義 2-15

一實數 a 的絕對值以 $|a|$ 表之，其值不為負.

$$|a| = \begin{cases} a, & \text{若 } a \geq 0 \\ -a, & \text{若 } a < 0 \end{cases}$$

如圖 2-13 所示.

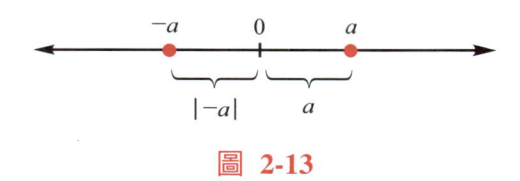

圖 2-13

例如：$|5| = 5$, $|-\sqrt{2}| = -(-\sqrt{2}) = \sqrt{2}$.

一般而言，實數 a 與 b 的距離，即為 $|a-b|$. 而

$$|a-b| = \begin{cases} a-b, & \text{當 } a \geq b \text{ 時} \\ b-a, & \text{當 } a < b \text{ 時} \end{cases}$$

如圖 2-14 與 2-15 所示.

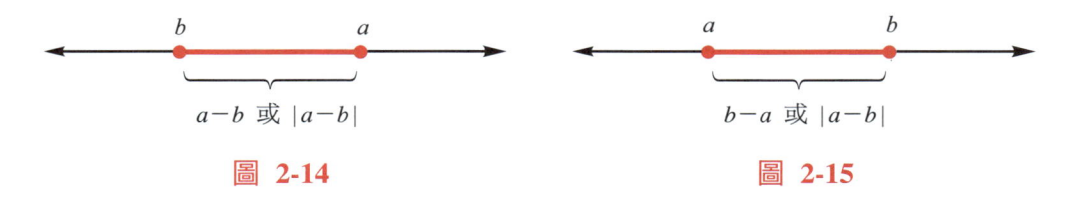

圖 2-14　　　　　　圖 2-15

例如：-5 與 7 的距離是 $|-5-7| = 12$, $8\sqrt{2}$ 與 $3\sqrt{2}$ 的距離是 $|8\sqrt{2} - 3\sqrt{2}| = 5\sqrt{2}$.

定義 2-16

設 $p \in \mathbb{R}$, 則稱 p 的平方根為一數 q, 使 $q^2 = p$.

依定義 2-16，若 $p > 0$，則 p 的平方根有兩個，如 4 的平方根為 $+2$ 或 -2。一正實數 p 的一個正平方根以 $\sqrt{p}$ 表之，且稱為**主平方根**，如 4 的主平方根為 $\sqrt{4} = 2$。

例題 10 設 $a \in \mathbb{R}$，試證 $\sqrt{a^2} = |a|$。

解 當 $a \geq 0$ 時，$\sqrt{a^2} = a = |a|$。

當 $a < 0$ 時，$\sqrt{a^2} = -a = |a|$。

故 $\sqrt{a^2} = |a|$。

例題 11 設 $a \in \mathbb{R}$，試證：$|a| = |-a|$。

解 當 $a \geq 0$ 時，則 $-a \leq 0$，故 $|a| = a = -(-a) = |-a|$。

當 $a < 0$ 時，則 $-a > 0$，故 $|a| = -a = |-a|$。

關於實數的絕對值性質如下所述：

定理 2-7

1. 若 $a \in \mathbb{R}$，則 $|a| = |-a|$。
2. 若 $a \in \mathbb{R}$，則 $-|a| \leq a \leq |a|$。
3. 設 $a \in \mathbb{R}$，且 $a > 0$，則 $|x| \leq a \Leftrightarrow -a \leq x \leq a$。
4. 設 $a \in \mathbb{R}$，且 $a > 0$，則 $|x| \geq a \Leftrightarrow x \geq a$ 或 $x \leq -a$。
5. 設 $a \geq 0$，$b \geq 0$，$x \in \mathbb{R}$，則 $a \leq |x| \leq b \Leftrightarrow |x| \geq a$ 且 $|x| \leq b \Leftrightarrow$ ($x \geq a$ 或 $x \leq -a$) 且 ($-b \leq x \leq b$)。
6. 若 a、$b \in \mathbb{R}$，則 $|a \cdot b| = |a| \cdot |b|$。
7. 若 a、$b \in \mathbb{R}$，$b \neq 0$，則 $\left|\dfrac{a}{b}\right| = \dfrac{|a|}{|b|}$。
8. 若 a、$b \in \mathbb{R}$，則 $|a+b| \leq |a| + |b|$（$|a+b| = |a| + |b| \Rightarrow ab \geq 0$），此不等式稱為**三角不等式**。
9. 若 a、$b \in \mathbb{R}$，則 $|a-b| \geq |a| - |b|$。

例題 12 設 $a \geq 0$，試證 $|x| \leq a$ 為 $-a \leq x \leq a$ 的充分必要條件.

解

(1) 設 $|x| \leq a$.

若 $x \geq 0$，則 $-a \leq 0 \leq x = |x| \leq a$.

若 $x < 0$，則 $|x| = -x$，

因 $|x| \leq a$，即 $-x \leq a$，即 $x \geq -a$，

故 $-a \leq x < 0 \leq a$，

即 $-a \leq x \leq a$，

故 $|x| \leq a$ 為 $-a \leq x \leq a$ 的充分條件.

(2) 設 $-a \leq x \leq a$.

若 $x \geq 0$，則 $|x| = x \leq a$，

若 $x < 0$，則 $|x| = -x$，

因 $-a \leq x$，故 $a \geq -x = |x|$ 或 $|x| \leq a$，

故 $|x| \leq a$ 為 $-a \leq x \leq a$ 的必要條件.

由 (1)、(2)，知 $|x| \leq a$ 為 $-a \leq x \leq a$ 的充分必要條件.

例題 13 試求不等式 $|3-2x| \leq |x+4|$ 之解，並以區間表示之.

解 將絕對值不等式改寫成

$$\sqrt{(3-2x)^2} \leq \sqrt{(x+4)^2}$$
$$\Leftrightarrow (3-2x)^2 \leq (x+4)^2$$
$$\Leftrightarrow 9-12x+4x^2 \leq x^2+8x+16$$
$$\Leftrightarrow 3x^2-20x-7 \leq 0$$
$$\Leftrightarrow (x-7)(3x+1) \leq 0$$
$$\Leftrightarrow -\frac{1}{3} \leq x \leq 7$$

故解集合為 $\left[-\frac{1}{3}, 7\right]$.

例題 14 設 a、b 為實數，$|a+1| \leq 3$，$|b-3| \leq 3$，試求 $3b-2a$ 之範圍？

解 因為 $\qquad -3 \leq a+1 \leq 3$

所以， $\qquad -4 \leq a \leq 2$

又 $\qquad (-4) \cdot (-2) \geq -2a \geq 2 \cdot (-2)$

故 $\qquad -4 \leq -2a \leq 8$ ……………………①

因為 $\qquad -3 \leq b-3 \leq 3$

所以， $\qquad 0 \leq b \leq 6$

故 $\qquad 0 \leq 3b \leq 18$ ……………………②

①＋② 得， $\qquad -4 \leq 3b-2a \leq 26$ ……………………

例題 15 試將集合 $\{x \mid |x+3| \geq 1, x \in \mathbb{R}\} = \{x \mid x \geq -2$ 或 $x \leq -4, x \in \mathbb{R}\}$
$= (-\infty, -4] \cup [-2, \infty)$ 以數線表之.

解

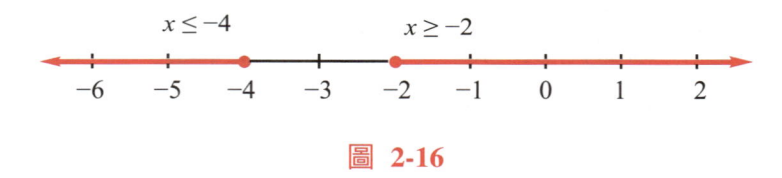

圖 2-16

註：不含端點時，以空心圓表之，包含端點則以實心圓表之.

例題 16 設 $D_1 = \{x \mid |x+3| \geq 1\}$，$D_2 = \{x \mid |x-1| \leq 2\}$，試求 $D_1 \cap D_2 = ?$

解 $|x+3| \geq 1 \Leftrightarrow x+3 \geq 1$ 或 $x+3 \leq -1$

故 $\qquad D_1 = \{x \mid x \geq -2$ 或 $x \leq -4\}$

$\qquad |x-1| \leq 2 \Leftrightarrow -2 \leq x-1 \leq 2$

故 $\qquad D_2 = \{x \mid -1 \leq x \leq 3\}$

所以， $\qquad D_1 \cap D_2 = \{x \mid -1 \leq x \leq 3\} = [-1, 3]$.

隨堂練習 14 設 $A = \{x \mid |x-3| \geq 4, x \in \mathbb{R}\}$，$B = \{x \mid 2 \leq x \leq 8, x \in \mathbb{R}\}$，

試求 $A \cap B = ?$

答案：$A \cap B = \{x \mid 7 \leq x \leq 8, x \in \mathbb{R}\} = [7, 8]$.

隨堂練習 15 試解不等式：$\begin{cases} |x+1| > 4 \\ |x-2| \leq 6 \end{cases}$.

答案：$\{x \mid -3 < x \leq 8, x \in \mathbb{R}\} = (-3, 8]$.

隨堂練習 16 設 x、$y \in \mathbb{R}$，$|x-3| \leq 1$，$|y-5| \leq 2$，若 $\left|\dfrac{x}{y} - \dfrac{17}{21}\right| \leq b$，則 b 之值為何？

答案：$b = \dfrac{11}{21}$.

習題 2-2

1. 化下列循環小數為有理數.
   (1) $0.\overline{23}$ (2) $0.\overline{037}$ (3) $0.2\overline{31}$

2. $a \in \mathbb{N}$，二分數 $\dfrac{4}{5+a}$ 與 $\dfrac{a+2}{3a+1}$ 相等，試求 a 之值.

3. 設 x、$y \in \mathbb{Q}$，$3 \leq x \leq 5$，$\dfrac{1}{2} \leq y \leq \dfrac{2}{3}$，而 $\dfrac{x}{y}$ 之最大值為 a，最小值為 b，試求 a 與 b 之值.

4. 設 a、b、c、$d \in \mathbb{N}$，且 $a < b < c < d$，試比較有理數 $P = \dfrac{a}{b}$、$Q = \dfrac{a+c}{b+c}$、$T = \dfrac{a+d}{b+d}$ 之大小順序.

5. 若 $x \in \mathbb{Q}$，試求 $\dfrac{1}{x - \dfrac{1}{x + \dfrac{1}{x}}} = 20x$ 之解集合.

6. 設 A、B、P 在數線上之坐標依次為 -7、5、x，且 $\overline{AP}=\dfrac{3}{5}\overline{BP}$，試求 x 之值？

7. 設 $x=1+\sqrt{2}$，則 x^2-2x+2 之值為何？

8. 試比較 $\sqrt[15]{16}$、$\sqrt[10]{6}$、$\sqrt[6]{3}$ 的大小.

9. 試化簡下列各式.

   (1) $\sqrt[5]{3^{20}}\cdot\sqrt{\sqrt{3^{12}}}$

   (2) $7\sqrt[3]{54}+3\sqrt[3]{16}-7\sqrt[3]{2}-5\sqrt[3]{128}$

   (3) $\dfrac{3+\sqrt{2}}{1+\sqrt{2}}$

   (4) $\dfrac{4}{1+\sqrt{2}+\sqrt{3}}$

   (5) $\dfrac{1}{\sqrt{2}+\sqrt{3}}+\dfrac{1}{\sqrt{3}+2}$

   (6) $\sqrt{6-2\sqrt{8}}$

   (7) $\sqrt{22+8\sqrt{6}}$

10. 試求下列各式 x 之範圍.

    (1) $|3x-2|>3$

    (2) $|3x-2|\leq 8$

11. 試證 $\sqrt{2}$ 為無理數.

12. 已知 $\sqrt{6}=2.44949$，求 $\dfrac{4\sqrt{2}-2\sqrt{3}}{\sqrt{3}+\sqrt{2}}$ 的近似值正確到小數第二位.

13. 試化簡下式：

$$\dfrac{2}{\sqrt{10-4\sqrt{6}}}-\dfrac{3}{\sqrt{7-2\sqrt{10}}}-\dfrac{4}{\sqrt{8+2\sqrt{12}}}$$

14. 有一分數 $\dfrac{1a435}{44}$ 化為小數時為有限小數，試求 a 之值.

15. 若 $|ax+3|\geq b$ 之解為 $x\leq 2$ 或 $x\geq 6$，試求 a、b 之值.

16. 設 $x=\dfrac{2\sqrt{2}}{3}$，求 $\dfrac{\sqrt{1+x}-\sqrt{1-x}}{\sqrt{1+x}+\sqrt{1-x}}$.

17. 試解不等式 $||x-2|-5| \leq 4$.
18. 設數線上相異二點 A、B 的坐標分別為 a、b，且 $a<b$，今在 A、B 之間取一點 P，使 $\overline{AP}:\overline{PB}=m:n$，$m$、$n \in \mathbb{N}$，則 P 點之坐標為何？
19. 若 $\{x \mid -7 \leq x \leq 9\}=\{x \mid |x-a| \leq b\}$，試求 a、b 之值.
20. 若 $\{x \mid x \geq 10 \text{ 或 } x \leq -2\}=\{x \mid |x-a| \geq b\}$，試求 a、b 之值.
21. 試證明 $5+\sqrt{7}$ 為無理數.

2-3 複 數

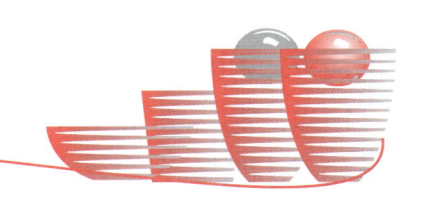

一、複數與複數的性質

由前面所述，因為自然數不夠用，產生了負整數與零；整數不夠用，產生了有理數；有理數不夠用，產生了無理數. 所以實數系 $\mathbb{R}$ 是由自然數系 $\mathbb{N}$ 開始，經由整數系 $\mathbb{Z}$，有理數系 $\mathbb{Q}$，逐步拓展得來的.

如果 x 是實數，則 x^2 必大於或等於 0，所以在實數系中，方程式

$$x^2+1=0, \quad (x-1)^2+2=0$$

是無解的，要使這個方程式有解，就得將實數系再行擴充，另創一個新的數系.

因為負數的平方根不可能為實數，由於 $\sqrt{-1}$ 能滿足 $x^2+1=0$，所以 $\sqrt{-1}$，$\sqrt{-2}$，$\sqrt{-3}$，…等均不是實數，而稱為**虛數**，又 $\sqrt{-1}$ 最簡單，特稱為**虛數單位**，通常以"i"表示 $\sqrt{-1}$，即

$$i=\sqrt{-1}$$

並且滿足

$$i^2=-1, \; i^3=-i, \; i^4=1, \; i^5=i, \; \cdots$$

一般說來，若 $b>0$，則 $\sqrt{-b}$ 為虛數，即

$$\sqrt{-b}=\sqrt{b}\,i$$

當 $b < 0$ 時，我們定義

$$\sqrt{b} = \sqrt{-b}\, i \qquad (2\text{-}3\text{-}1)$$

讀者應注意在實數系中，若 $a \geq 0$，$b \geq 0$，則滿足

$$\sqrt{a}\,\sqrt{b} = \sqrt{ab} \qquad (2\text{-}3\text{-}2)$$

但上式對於新的數系並不能滿足，因為

$$i^2 = \sqrt{-1}\,\sqrt{-1} = \sqrt{(-1)(-1)} = \sqrt{1} = 1$$

不能成立，否則會與 i 的定義相矛盾．

所以，當 $a < 0$，$b < 0$ 時，式 $(2\text{-}3\text{-}2)$ 不能成立，必須轉變成式 $(2\text{-}3\text{-}1)$ 才能相乘，即

$$\sqrt{a}\,\sqrt{b} = (\sqrt{-a}\, i)(\sqrt{-b}\, i) = -\sqrt{(-a)(-b)} = -\sqrt{ab}.$$

例題 1 以虛數單位 " i " 表示下列各虛數：

(1) $\sqrt{-16}$，(2) $\sqrt{-144}$，(3) $\sqrt{-\dfrac{3}{25}}$.

解 (1) $\sqrt{-16} = \sqrt{16}\, i = 4i$

(2) $\sqrt{-144} = \sqrt{144}\, i = 12i$

(3) $\sqrt{-\dfrac{3}{25}} = \sqrt{\dfrac{3}{25}}\, i = \dfrac{\sqrt{3}}{5}\, i.$

例題 2 求 $\sqrt{-8}\,\sqrt{-4}$ 與 $\sqrt{-7}\,\sqrt{6}$．

解 $\sqrt{-8}\,\sqrt{-4} = (\sqrt{8}\, i)(\sqrt{4}\, i) = (\sqrt{8} \cdot \sqrt{4})i^2 = -\sqrt{32} = -4\sqrt{2}$

$\sqrt{-7}\,\sqrt{6} = (\sqrt{7}\, i)(\sqrt{6}) = (\sqrt{7}\,\sqrt{6})i = \sqrt{42}\, i.$

隨堂練習 17 下列兩小題中的兩虛數是否相等？

(1) $\sqrt{-2}\sqrt{-3}$ 與 $\sqrt{(-2)(-3)}$， (2) $\dfrac{\sqrt{3}}{\sqrt{-2}}$ 與 $\dfrac{\sqrt{-3}}{\sqrt{2}}$．

答案：(1) $\sqrt{-2}\sqrt{-3} \neq \sqrt{(-2)(-3)}$， (2) $\dfrac{\sqrt{3}}{\sqrt{-2}} \neq \dfrac{\sqrt{-3}}{\sqrt{2}}$．

設 a、b 為實數，且 $i^2=-1$，由 a、b 與 i 所作成的新數

$$a+bi$$

稱為**複數**，a 稱為這個複數的**實部**，b 稱為此複數的**虛部**．所有複數所成的集合 $\{a+bi \mid a, b \in \mathbb{R}\}$ 稱為**複數系**，記作 $\mathbb{C}$．

1. $0 \cdot i=0$，$0+0 \cdot i=0$，通常仍視 0 為實數．
2. 若 $a \neq 0$，$b=0$，則 $a+bi=a+0i=a$；將一般的實數 a 看作虛部為 0 的複數．
3. 若 $a=0$，$b \neq 0$，則 $a+bi=0+bi=bi$，稱為**純虛數**，即，純虛數就是實部為 0 的複數．

依據上述，$1+5i$、$-5i$ 與 6 均是複數，且

$1+5i$ 的實部是 1，虛部是 5；

$-5i=0-5i$ 的實部是 0，虛部是 -5；

$6=6+0i$ 的實部是 6，虛部是 0．

有關複數的相等、加法與乘法的運算定義如下：

定義 2-17

設 $a+bi$，$c+di \in \mathbb{C}$ ($a, b, c, d \in \mathbb{R}$)，則

(1) $a+bi=c+di \Rightarrow a=c$，$b=d$．

兩複數相等的充要條件為實部等於實部，虛部等於虛部．

(2) $(a+bi)+(c+di)=(a+c)+(b+d)i$

> 兩複數相加即其實部與虛部分別相加.
>
> (3) $(a+bi)\cdot(c+di)=(ac-bd)+(ad+bc)i$
>
> 該關係可用來求複數的積.
>
> $$(a+bi)(c+di)=ac+adi+bci+bdi^2$$
> $$=ac+adi+bci-bd$$
> $$=(ac-bd)+(ad+bc)i$$

例題 3 若 $x、y \in \mathbb{R}$，且 $x+5+7i=2-(y+3)i$，求 $x、y$ 的值.

解 因 $(x+5)+7i=2-(y+3)i$

故 $\begin{cases} x+5=2 \\ y+3=-7 \end{cases}$

可得 $x=-3,\ y=-10$. ¶

例題 4 計算下列式子：

(1) $(2-3i)+(5+\sqrt{3}\,i)$，(2) $(2-3i)(\sqrt{3}+4i)$，(3) i^{35}.

解 (1) $(2-3i)+(5+\sqrt{3}\,i)=(2+5)+(\sqrt{3}-3)i$
$$=7+(\sqrt{3}-3)i$$

(2) $(2-3i)(\sqrt{3}+4i)=[2\sqrt{3}-(-3)(4)]+[8+(-3)\sqrt{3}]i$
$$=(2\sqrt{3}+12)+(8-3\sqrt{3})i$$

(3) $i^{35}=i^{32}\cdot i^3=(i^4)^8\cdot i^3=-i$ ¶

複數的加法與乘法滿足下列的性質.

定理 2-8

設 $z_1 = x_1 + y_1 i$, $z_2 = x_2 + y_2 i$, $z_3 = x_3 + y_3 i$ 均為複數，則

(1) $z_1 + z_2 = z_2 + z_1$ (加法交換律)

(2) $(z_1 + z_2) + z_3 = z_1 + (z_2 + z_3)$ (加法結合律)

(3) $0 + z_1 = z_1 + 0$

(4) 對每一 $z_1 \in \mathbb{C}$, 恰有一 $z \in \mathbb{C}$, 使 $z_1 + z = 0$

例如，$z_1 = -4 + i$, $z_2 = 2 - \sqrt{3}\, i$, 則

$$-z_1 = 4 - i$$

$$z_2 - z_1 = (2 - \sqrt{3}\, i) + (4 - i) = 6 - (\sqrt{3} + 1)i.$$

例如，$z_1 = 2 + 3i$, $z_2 = 1 + i$, $z_3 = 4 - 2i$, 則

$$(z_1 + z_2) + z_3 = (3 + 4i) + (4 - 2i) = 7 + 2i = (2 + 3i) + (5 - i)$$
$$= z_1 + (z_2 + z_3) = 7 + 2i.$$

定理 2-9

設 $z_1 = x_1 + y_1 i$, $z_2 = x_2 + y_2 i$, $z_3 = x_3 + y_3 i$ 均為複數，則

(1) $z_1 \cdot z_2 = z_2 \cdot z_1$ (乘法交換律)

(2) $(z_1 \cdot z_2) \cdot z_3 = z_1 \cdot (z_2 \cdot z_3)$ (乘法結合律)

(3) $1 \cdot z_1 = z_1 \cdot 1 = z_1$

(4) 對 $\mathbb{C}$ 中每一個 $z_1 \neq 0$, 恰有一個 $z \in \mathbb{C}$, 使 $z_1 \cdot z = 1$.

(5) $(z_1 + z_2) \cdot z_3 = z_1 z_3 + z_2 z_3$ (乘法對加法的分配律)

定理 2-9(3) 中的 1 是複數的乘法單位元素，本定理 2-9(4) 中的

$$z = \frac{x_1}{x_1^2+y_1^2} - \frac{y_1}{x_1^2+y_1^2} i \qquad (2\text{-}3\text{-}3)$$

是 $z_1 = x_1 + y_1 i$ 的乘法反元素，記作 z_1^{-1}．對 z_1、$z_2 \in \mathbb{C}$，$z_1 \neq 0$，將 $z_2 z_1^{-1}$ 寫成 $\dfrac{z_2}{z_1}$，稱為複數 z_2 除以 z_1 的商．所以，

$$\begin{aligned}
\frac{z_2}{z_1} &= z_2 \cdot z_1^{-1} = (x_2 + y_2 i)\left(\frac{x_1}{x_1^2+y_1^2} - \frac{y_1}{x_1^2+y_1^2} i \right) \\
&= \left(\frac{x_1 x_2}{x_1^2+y_1^2} + \frac{y_1 y_2}{x_1^2+y_1^2} \right) + \left(-\frac{x_2 y_1}{x_1^2+y_1^2} + \frac{x_1 y_2}{x_1^2+y_1^2} \right) i \qquad (2\text{-}3\text{-}4)\\
&= \frac{x_1 x_2 + y_1 y_2}{x_1^2+y_1^2} + \frac{x_1 y_2 - x_2 y_1}{x_1^2+y_1^2} i.
\end{aligned}$$

例題 5 求 $\dfrac{\sqrt{3}}{2} + \dfrac{1}{2} i$ 的乘法反元素．

解 因 $\left(\dfrac{\sqrt{3}}{2} \right)^2 + \left(\dfrac{1}{2} \right)^2 = 1$，

故 $\dfrac{\sqrt{3}}{2} + \dfrac{1}{2} i$ 的乘法反元素為 $\dfrac{\sqrt{3}}{2} - \dfrac{1}{2} i$． ¶

例題 6 求 $\dfrac{7+6i}{2+i}$．

解 由式 (2-3-4) 知

$$\frac{7+6i}{2+i} = \frac{2 \cdot 7 + 1 \cdot 6}{2^2+1^2} + \frac{2 \cdot 6 - 7 \cdot 1}{2^2+1^2} i = \frac{20}{5} + \frac{5}{5} i = 4 + i. \qquad ¶$$

二、共軛複數

定義 2-18

設 x、$y \in \mathbb{R}$，$z = x + yi$，則稱 $x - yi$ 為 z 的**共軛複數**，記作 $\bar{z}$，即，

$$\bar{z} = x - yi.$$

定理 2-10

若 z_1、z_2 均為複數，則
(1) $\overline{z_1 + z_2} = \overline{z_1} + \overline{z_2}$
(2) $\overline{z_1 \cdot z_2} = \overline{z_1} \cdot \overline{z_2}$
(3) $\overline{z^n} = \bar{z}^n$

證：設 $z_1 = x_0 + y_0 i$，$z_2 = x_1 + y_1 i$，其中 x_0、y_0、x_1、y_1 均為實數.

(1) $\overline{z_1 + z_2} = \overline{(x_0 + y_0 i) + (x_1 + y_1 i)} = \overline{(x_0 + x_1) + (y_0 + y_1)i}$
$= (x_0 + x_1) - (y_0 + y_1)i$
$= (x_0 - y_0 i) + (x_1 - y_1 i) = \overline{z_1} + \overline{z_2}$

(2) $\overline{z_1 \cdot z_2} = \overline{(x_0 + y_0 i) \cdot (x_1 + y_1 i)} = \overline{(x_0 x_1 - y_0 y_1) + (x_0 y_1 + y_0 x_1)i}$
$= (x_0 x_1 - y_0 y_1) - (x_0 y_1 + y_0 x_1)i$
$= (x_0 - y_0 i) \cdot (x_1 - y_1 i)$
$= \overline{z_1} \cdot \overline{z_2}$

(3) $\overline{z^n} = \bar{z}^n$ 留給讀者自證.

例題 7 求 $\dfrac{2 + 3i}{-1 + 2i}$.

解 因分母 $-1 + 2i$ 的共軛複數為 $-1 - 2i$，故

$$\frac{2+3i}{-1+2i} = \frac{(2+3i)(-1-2i)}{(-1+2i)(-1-2i)}$$

$$= \frac{[2\cdot(-1)-3\cdot(-2)]+[2\cdot(-2)+3\cdot(-1)]i}{(-1)^2+2^2}$$

$$= \frac{4-7i}{5} = \frac{4}{5} - \frac{7}{5}i.$$

例題 8 設 $z = \dfrac{12+4i}{3-i}$，求 $\bar{z}$.

解 $\bar{z} = \overline{\dfrac{12+4i}{3-i}} = \dfrac{12-4i}{3+i} = \dfrac{(12-4i)(3-i)}{(3+i)(3-i)}$

$$= \frac{32-24i}{3^2+1^2} = \frac{16}{5} - \frac{12}{5}i.$$

隨堂練習 18 計算 $(7-4i) \div (-2+3i)$ 之值.

答案：$-2-i$.

隨堂練習 19 令 $\omega = \dfrac{-1+\sqrt{3}\,i}{2}$，試求 (1) ω^2，(2) ω^3，(3) $1+\omega+\omega^2$ 之值.

答案：(1) $\omega^2 = \dfrac{-1-\sqrt{3}\,i}{2}$，(2) $\omega^3 = 1$，(3) $1+\omega+\omega^2 = 0$.

習題 2-3

試化簡下列各式.

1. $\sqrt{-2} + \sqrt{-3} + 2\sqrt{-2} + 5\sqrt{-7}$

2. $\dfrac{i}{2} + \dfrac{5}{\sqrt{-2}} - \dfrac{3i}{8} + \dfrac{7i}{\sqrt{18}}$

3. $(\sqrt{-5})(\sqrt{-6})(\sqrt{-2})$

4. $\left(\dfrac{i}{2}\right)\left(\dfrac{i}{2}\right)\left(\dfrac{\sqrt{-3}}{8}\right)\left(\dfrac{5}{\sqrt{-2}}\right)$

5. $(3-2i)+(5+i)$

6. i^{99}

7. i^{154}

試計算下列各題，並將其表為標準式．

8. $(-2+3i)+(6-i)$

9. $(2+\sqrt{2}\,i)(2-\sqrt{3}\,i)$

10. $\dfrac{5+2i}{3+i}$

11. $\dfrac{3-i}{2-4i}$

12. $(2-3i)^4$

13. $(5+2i)\cdot(4-3i)$

14. $\dfrac{1-i}{1+i}$

15. 試化簡 $\dfrac{5+2i}{3+i}+\dfrac{5-2i}{3-i}$．

16. 設 $\omega=\dfrac{-1+\sqrt{3}\,i}{2}$，試求 ω^{100} 之值．

17. 設 x、$y\in\mathbb{R}$，且 $(x+yi)^2=i$，試求 x 與 y．

18. 求 $\left(\dfrac{8+5i}{3-2i}\right)$ 之共軛複數．

19. 求 $-3+4i$ 的兩個平方根．

2-4　一元二次方程式

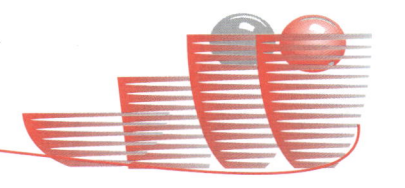

在數學中，用數學符號及等號所表示的式子，稱為等式．在等式中代表數之文字或符號，若只能用某一數或某些數來取代，等式才能夠成立，則此種等式稱為方程式．方程式中所含的未知數，稱為方程式的元．一實係數一元二次方程式都可化成下面的標準式：

$$ax^2+bx+c=0 \qquad (2\text{-}4\text{-}1)$$

其中 $a、b、c \in \mathbb{R}$，且 $a \neq 0$.

式 (2-4-1) 的解法可以用因式分解法、配方法及公式解法.

一、一元二次方程式的解法

1. 因式分解法

欲解式 (2-4-1)，首先我們考慮，若

$$ax^2+bx+c=(px+q)(rx+s), \quad p \neq 0, \quad r \neq 0$$

則此一元二次方程式的解為 $px+q=0$ 或 $rx+s=0$，也就是說，$x=-\dfrac{q}{p}$ 或 $x=-\dfrac{s}{r}$. 因此，我們若能將二次式 ax^2+bx+c，利用國中數學的十字交乘法分解成兩個一次因式的乘積，則 $ax^2+bx+c=0$ 的解就很容易求出.

例題 1 試用十字交乘法分解 $2x^2-5x-3$ 之因式.

解

$$\begin{array}{c} 2x \quad\quad +1 \\ x \quad\quad -3 \\ \hline -6x \;+\; x \;=\; -5x \end{array}$$

∴ $2x^2-5x-3=(2x+1)(x-3)$.

例題 2 解方程式 $x^2-3x+2=0$.

解 因 $x^2-3x+2=(x-1)(x-2)=0$

故得 $x-1=0$ 或 $x-2=0$，
即 $x=1$ 或 $x=2$.

例題 3 某人借錢 210 元，一年後還 121 元，再一年後又還了 121 元，

才將本利還清，求年利率.

解 設年利率為 r，則依題意，

$$[210(1+r)-121](1+r)=121$$

可得
$$(89+210r)(1+r)=121$$
即，
$$210r^2+299r-32=0$$
$$(10r-1)(21r+32)=0$$

可得 $r=\dfrac{1}{10}$ 或 $r=-\dfrac{32}{21}$ (不合)，故年利率為 10%.

隨堂練習 20 有一個邊長為 6 公尺的正方形，它的每邊加上多長可使其成為面積是 50 平方公尺的正方形？

答案：$\sqrt{50}-6$ 公尺.

2. 配方法

將式 (2-4-1) 各項除以 a，即

$$x^2+\frac{b}{a}x+\frac{c}{a}=0 \qquad (2\text{-}4\text{-}2)$$

$$x^2+\frac{b}{a}x=-\frac{c}{a}$$

兩邊同加 $\left(\dfrac{b}{2a}\right)^2$，可得

$$x^2+2\cdot\frac{b}{2a}x+\left(\frac{b}{2a}\right)^2=\left(\frac{b}{2a}\right)^2-\frac{c}{a}$$

即
$$\left(x+\frac{b}{2a}\right)^2=\frac{b^2-4ac}{4a^2}$$

兩邊開方，得

$$x+\frac{b}{2a}=\pm\frac{\sqrt{b^2-4ac}}{2a}$$

即
$$x = \frac{-b \pm \sqrt{b^2-4ac}}{2a}.$$

例題 4 試以配方法解方程式 $x^2-2x-2=0$.

解 因 $(x-1)^2 = x^2-2x+1$

故原方程式可寫成

$$x^2-2x-2 = x^2-2x+1-3 = (x-1)^2-3 = 0$$

即 $(x-1)^2 = 3$

可得 $x-1 = \pm\sqrt{3}$. 所以, $x = 1+\sqrt{3}$ 或 $x = 1-\sqrt{3}$.

隨堂練習 21 試以配方法解方程式 $3x^2-10x+2=0$.

答案：$x = \dfrac{5+\sqrt{19}}{3}$ 或 $x = \dfrac{5-\sqrt{19}}{3}$.

3. 公式解法

利用配方法，我們解得

$$x = \frac{-b \pm \sqrt{b^2-4ac}}{2a} \tag{2-4-3}$$

上式叫作一元二次方程式的 公式解.

在式 (2-4-3) 中，我們所要注意的是：在國民中學裡曾討論過，$\sqrt{b^2-4ac}$ 是在 $b^2-4ac \geq 0$ 時才有意義．但是，由於已引進了 複數，所以當 $b^2-4ac < 0$ 時，我們稱 $\sqrt{b^2-4ac}$ 為一 虛數.

例題 5 解方程式 $3x^2-17x+10=0$.

解 應用公式 (2-4-3)，解得

$$x = \frac{17 \pm \sqrt{(-17)^2 - 4 \times 3 \times 10}}{2 \times 3}$$

$$= \frac{17 \pm \sqrt{169}}{6} = \frac{17 \pm 13}{6}$$

故 $x = 5$ 或 $x = \frac{2}{3}$.

例題 6 求解 $x^2 - 2ix - 2 = 0$.

解 因為 $\qquad x^2 - 2ix + i^2 = 2 + i^2$

所以 $\qquad (x - i)^2 = 1$

故 $\qquad x - i = \pm 1$

$x = 1 + i$ 或 $x = -1 + i$.

【另解】利用公式 (2-4-3)，得

$$x = \frac{2i \pm \sqrt{4i^2 + 8}}{2} = \frac{2i \pm \sqrt{-4 + 8}}{2} \quad (\because i^2 = -1)$$

$$= i \pm 1.$$

二、一元二次方程式根的討論

設 α、β 為實係數一元二次方程式

$$ax^2 + bx + c = 0$$

的二根，則由公式 (2-4-3) 得知

$$\alpha = \frac{-b + \sqrt{b^2 - 4ac}}{2a}, \quad \beta = \frac{-b - \sqrt{b^2 - 4ac}}{2a} \qquad (2\text{-}4\text{-}4)$$

對於上述的二根，可由 $b^2 - 4ac$ 來判斷二根的性質，$b^2 - 4ac$ 稱為一元二次方程式根的**判別式**，以 Δ 表示之，即，$\Delta = b^2 - 4ac$. 茲就 a、b、$c \in \mathbb{Q}$，$a \neq 0$ 時如何用 Δ 來判定一元二次方程式的根為**實根**、**有理根**或**共軛複數根**，分別討論如下：

1. 當 $\Delta=0$ 時，則 α 與 β 為相等的兩有理根，此時方程式稱為**有等根**，或有**重根**。
2. 當 $\Delta>0$ 時，則 α 與 β 為相異的實根；且
   (a) 若 Δ 為一完全平方數，則 α 與 β 為相異的兩有理根．
   (b) 若 Δ 不為完全平方數，則 α 與 β 為相異的兩無理根．
3. 當 $\Delta<0$ 時，α 與 β 為兩**共軛複數根**。

讀者應注意，複係數的二次方程式 $ax^2+bx+c=0$，不可以用判別式 $\Delta=b^2-4ac$ 來判定兩根的性質。例如，$x^2-ix-1=0$，雖 $\Delta=(-i)^2+4>0$，但兩根為 $\dfrac{i}{2}\pm\dfrac{\sqrt{3}}{2}$．

同理應注意，實係數的二次方程式 $ax^2+bx+c=0$，不可以用 Δ 為有理數的完全平方來判定方程式有有理根。例如，$x^2-2\sqrt{2}\,x+1=0$，$\Delta=b^2-4ac=(-2\sqrt{2})^2-4\cdot 1=4=(2)^2$，但兩根為 $\sqrt{2}+1$，$\sqrt{2}-1$．

例題 7 判斷下列方程式根的性質：
(1) $2x^2-x-21=0$，(2) $x^2-5x+9=0$．

解 (1) $2x^2-x-21=0$

$\Delta=b^2-4ac=(-1)^2-4\cdot 2\cdot(-21)=1+168=169>0$

故兩根為相異的實根．

(2) $x^2-5x+9=0$

$\Delta=b^2-4ac=(-5)^2-4\cdot 1\cdot 9=25-36=-11<0$

故兩根為共軛複數根．

例題 8 設方程式 $3x^2-2(3m+1)x+3m^2-1=0$ 有：(1) 兩相異實根，(2) 兩相等實根，(3) 兩共軛複數根，試分別求實數 m 值的範圍．

解 $\Delta = [-2(3m+1)]^2 - 4 \cdot 3 \cdot (3m^2-1) = 4(3m+1)^2 - 12(3m^2-1) = 8(3m+2)$

(1) 有兩相異實根，則 $\Delta > 0$，即 $3m+2 > 0$，故 $m > -\dfrac{2}{3}$.

(2) 有兩相等實根，則 $\Delta = 0$，故 $m = -\dfrac{2}{3}$.

(3) 有兩共軛複數根，則 $\Delta < 0$，故 $m < -\dfrac{2}{3}$.

隨堂練習 22 設 $x^2 - 2x - k = 0$，試決定 k 的範圍使得此方程式的兩根為：(1) 相等的實根，(2) 不相等的實根，(3) 共軛複數根.
答案：(1) $k = -1$，(2) $k > -1$，(3) $k < -1$.

例題 9 若方程式 $x^2 + 2(n+2)x + 9n = 0$ 有兩相等的實根，試決定 n 的值.

解 方程式有等根之條件為 $\Delta = b^2 - 4ac = 0$，此處

$$a = 1,\ b = 2(n+2),\ c = 9n$$

$$\Delta = [2(n+2)]^2 - 4 \times 1 \times 9n = 0$$

即 $$n^2 - 5n + 4 = 0$$

解得 $$n = 4 \ \text{或}\ n = 1.$$

隨堂練習 23 $a \in \mathbb{Z}$，$a \neq -1$，若 $(1+a)x^2 + 2x + (1-a) = 0$ 之兩根皆為整數，求 a 之解集合.
答案：a 之解集合 $\{-3, -2, 0, 1\}$.

三、一元二次方程式根與係數的關係

一元二次方程式
$$ax^2 + bx + c = 0$$

(其中 a、b、$c \in \mathbb{R}$，$a \neq 0$) 的兩根分別為：

78 數學

$$\alpha = \frac{-b+\sqrt{b^2-4ac}}{2a}, \quad \beta = \frac{-b-\sqrt{b^2-4ac}}{2a}$$

則

$$\alpha+\beta = \frac{-b+\sqrt{b^2-4ac}}{2a} + \frac{-b-\sqrt{b^2-4ac}}{2a}$$

$$= -\frac{2b}{2a} = -\frac{b}{a}$$

且

$$\alpha\beta = \left(\frac{-b+\sqrt{b^2-4ac}}{2a}\right)\left(\frac{-b-\sqrt{b^2-4ac}}{2a}\right)$$

$$= \frac{(-b)^2-(b^2-4ac)}{4a^2}$$

$$= \frac{b^2-b^2+4ac}{4a^2} = \frac{c}{a}.$$

定理 2-11

一元二次方程式 $ax^2+bx+c=0$（其中 $a、b、c \in \mathbb{R}$，$a \neq 0$）之兩根分別為 α 與 β，則

$$\begin{cases} \alpha+\beta = -\dfrac{b}{a} \\ \alpha\beta = \dfrac{c}{a} \end{cases}. \tag{2-4-5}$$

例題 10 設 $3x^2+bx+c=0$ 之兩根和為 8，兩根之積為 6，試求 b 與 c 之值.

解 由式 (2-4-5) 根與係數之關係知，

$$\frac{b}{3} = -8, \quad \frac{c}{3} = 6$$

所以 $b=-24$, $c=18$.

例題 11 設 α 與 β 為 $2x^2-3x+6=0$ 的兩根，試求下列各值：

(1) $\alpha^2+\beta^2$, (2) $\alpha^3+\beta^3$.

解 由式 (2-4-5) 根與係數的關係，得

$$\begin{cases} \alpha+\beta=-\left(-\dfrac{3}{2}\right)=\dfrac{3}{2} \\ \alpha\beta=\dfrac{6}{2}=3 \end{cases}$$

(1) $\alpha^2+\beta^2 = \alpha^2+2\alpha\beta+\beta^2-2\alpha\beta=(\alpha+\beta)^2-2\alpha\beta$

$=\left(\dfrac{3}{2}\right)^2-2(3)=\dfrac{9}{4}-6=-\dfrac{15}{4}$.

(2) $\alpha^3+\beta^3=(\alpha+\beta)(\alpha^2-\alpha\beta+\beta^2)=(\alpha+\beta)[(\alpha+\beta)^2-3\alpha\beta]$

$=\dfrac{3}{2}\left(\dfrac{9}{4}-9\right)=-\dfrac{81}{8}$.

隨堂練習 24 設 α、β 為一元二次方程式 $x^2+8x+6=0$ 之兩根，試求

(1) $\alpha^2+\beta^2+\alpha\beta$ 與 (2) $\alpha^2+\beta^2-2\alpha\beta$ 之值.

答案：(1) 58, (2) 40.

例題 12 求以下列兩數為根的一元二次方程式.

(1) $\dfrac{7+\sqrt{3}}{4}$, $\dfrac{7-\sqrt{3}}{4}$ (2) $2+\sqrt{5}\,i$, $2-\sqrt{5}\,i$

解 (1) 設所求之一元二次方程式為

$$ax^2+bx+c=0, \ a\neq 0$$

則 $$x^2 + \frac{b}{a}x + \frac{c}{a} = 0$$

$$\alpha + \beta = \frac{7+\sqrt{3}}{4} + \frac{7-\sqrt{3}}{4} = \frac{7}{2} = -\frac{b}{a}$$

$$\alpha\beta = \frac{7+\sqrt{3}}{4} \cdot \frac{7-\sqrt{3}}{4} = \frac{49-3}{16} = \frac{23}{8} = \frac{c}{a}$$

故 $$x^2 - \frac{7}{2}x + \frac{23}{8} = 0$$

所求之一元二次方程式為 $8x^2 - 28x + 23 = 0$.

【另解】

$$\left(x - \frac{7+\sqrt{3}}{4}\right)\left(x - \frac{7-\sqrt{3}}{4}\right) = 0$$

則 $(4x - 7 - \sqrt{3})(4x - 7 + \sqrt{3}) = 0$

故 $(4x - 7)^2 - 3 = 0$

得 $16x^2 - 56x + 46 = 0$

或 $8x^2 - 28x + 23 = 0$.

(2) $\alpha + \beta = 2 + \sqrt{5}i + 2 - \sqrt{5}i = 4$

$\alpha\beta = (2 + \sqrt{5}i)(2 - \sqrt{5}i) = 4 - 5i^2 = 4 + 5 = 9$

故所求一元二次方程式為 $x^2 - 4x + 9 = 0$.

隨堂練習 25 求以下列兩數為根的一元二次方程式.

$$2 + \sqrt{3},\ 2 - \sqrt{3}$$

答案：$x^2 - 4x + 1 = 0$.

例題 13 設 α 與 β 為一元二次方程式 $ax^2 + bx + c = 0$ 之兩根，試證

$$(\alpha-\beta)^2 = \frac{b^2-4ac}{a^2}.$$

解 由根與係數的關係式 (2-4-5) 知

$$\alpha+\beta = -\frac{b}{a}, \quad \alpha\beta = \frac{c}{a}$$

故得 $(\alpha-\beta)^2 = \alpha^2+2\alpha\beta+\beta^2-4\alpha\beta = (\alpha+\beta)^2-4\alpha\beta$

$$= \left(-\frac{b}{a}\right)^2 - 4 \cdot \frac{c}{a} = \frac{b^2-4ac}{a^2}.$$

例題 14 已知某二次方程式之兩根分別是方程式 $3x^2+8x+5=0$ 之兩根的三倍，求該二次方程式.

解 設 α 與 β 為 $3x^2+8x+5=0$ 的兩根，由式 (2-4-5) 知

$$\alpha+\beta = -\frac{8}{3}$$

$$\alpha\beta = \frac{5}{3}$$

而所求方程式為

$$(x-3\alpha)(x-3\beta) = x^2-(3\alpha+3\beta)x+(3\alpha)(3\beta) = 0$$

即 $\qquad x^2-3(\alpha+\beta)x+9\alpha\beta=0$

可得 $\qquad x^2-3\left(-\frac{8}{3}\right)x+9\left(\frac{5}{3}\right)=0$

故 $\qquad x^2+8x+15=0.$

例題 15 設 α、β 為 $2x^2+9x+2=0$ 之二根，試求 $(\sqrt{\alpha}+\sqrt{\beta})^2$ 之值.

解 因

$$\Delta = 9^2 - 4 \times 2 \times 2 = 65 > 0$$

所以，α、β 為實數.

又由根與係數之關係知：

$$\begin{cases} \alpha + \beta = -\dfrac{9}{2} \quad\cdots\cdots\cdots\cdots\cdots\cdots\cdots\cdots\cdots\cdots\cdots ① \\ \alpha \cdot \beta = 1 \quad\cdots\cdots\cdots\cdots\cdots\cdots\cdots\cdots\cdots\cdots\cdots\cdots\cdots\cdots ② \end{cases}$$

由 ① 與 ② 知 $\alpha < 0$, $\beta < 0$

故 $(\sqrt{\alpha} + \sqrt{\beta})^2 = (\sqrt{-\alpha}\, i + \sqrt{-\beta}\, i)^2$

$\qquad\qquad\qquad = -\alpha i^2 - \beta i^2 + 2\sqrt{(-\alpha)\cdot(-\beta)}\, i^2$

$\qquad\qquad\qquad = \alpha + \beta - 2\sqrt{\alpha\beta}$

$\qquad\qquad$ ($\because$ 若 $\alpha < 0$, $\beta < 0$，則 $\sqrt{\alpha}\cdot\sqrt{\beta} = -\sqrt{\alpha\beta}$)

$\qquad\qquad\qquad = -\dfrac{9}{2} - 2 = -\dfrac{13}{2}$.

習題 2-4

1. 試利用因式分解法解下列一元二次方程式.
   - (1) $5x^2 - 7x - 6 = 0$
   - (2) $x^2 + 2x + 1 = 0$
   - (3) $x^2 + 2x - 35 = 0$
   - (4) $20x^2 - 13x + 2 = 0$
   - (5) $9x^2 - 5x - 4 = 0$

2. 試利用配方法解下列一元二次方程式.
   - (1) $x^2 + x + 1 = 0$
   - (2) $3x^2 - 17x + 10 = 0$
   - (3) $6x^2 + x - 2 = 0$
   - (4) $2x^2 - 3x + 7 = 0$
   - (5) $21x^2 + 11x - 2 = 0$
   - (6) $4x^2 - 2x + 1 = 0$

3. 試利用公式解法解下列方程式.
   - (1) $2x^2 + \dfrac{1}{3}x - \dfrac{1}{3} = 0$
   - (2) $2x^2 + 3x - 4 = 0$

(3) $x^2+x+1=0$ (4) $3x^2+5x+7=0$

(5) $2(x+3)^2-5(x+3)=18$

4. 解方程式 $ix^2+(i-1)x-1=0$ (可利用因式分解法求解).

5. 試判斷下列方程式根的性質.

   (1) $5x^2+7x-3=0$ (2) $2x^2-4x+11=0$

   (3) $x^2-6x+3=0$

6. 設 $2x^2+kx+3=0$，試決定 k 的值使得此一元二次方程式的二根為相等的實數.

7. 試求 $x^2+|2x-1|=3$ 之實根.

8. 若 $k \in \mathbb{R}$，二次方程式 $kx^2+3x+1=0$

   (1) 有相異兩實根求 k 之範圍.

   (2) 有相等兩實根求 k 之值.

   (3) 有兩共軛虛根求 k 之範圍.

   (4) 有兩實根求 k 之範圍.

9. 設 α、β 為一元二次方程式 $x^2+8x+6=0$ 之兩根，試求下列各式的值：

   (1) $\alpha+\beta$ (2) $\alpha\beta$

   (3) $\alpha^2+\beta^2$ (4) $\dfrac{1}{\alpha}+\dfrac{1}{\beta}$

   (5) $\dfrac{\beta}{\alpha}+\dfrac{\alpha}{\beta}$

10. 求以下列二數為根的一元二次方程式.

   (1) 3, -8 (2) $\dfrac{1}{2}$, $-\dfrac{2}{3}$

11. 設 α、β 為 $x^2-x-3=0$ 之二根，試求 $\dfrac{1}{(1+\alpha)^2}+\dfrac{1}{(1+\beta)^2}$ 之值.

12. 設方程式為 $3x^2+x-2k=0$，求出 k 之值使得此方程式有

   (1) 相異的實根.

   (2) 相等的實根.

   (3) 相異的虛根.

13. 設 $x^2+(k-13)x+k=0$ 的二根是自然數，求 k 之值.

14. 若 $z \in \mathbb{C}$，解 $z^2+(4-3i)z+1-7i=0$.
15. 試解方程式 $(2-\sqrt{3})x^2-2(\sqrt{3}-1)x-6=0$.
16. 設 $a<b<c$，試證明 $(x-a)(x-c)+(x-b)^2=0$ 有兩個相異實根.
17. 若方程式 $x^2+px+q=0$ 的二根為 α、β；$x^2-px+2q-3=0$ 的二根是 $\alpha+4$，$\beta+4$，試求 p 與 q 之值.
18. 設 α、β 為方程式 $3x^2+x-4=0$ 之兩根，試求 $|\alpha-\beta|$ 之值.
19. 甲、乙二人同解一個一元二次方程式；甲因看錯一次項係數，而得二根為 -3 與 8；而乙看錯常數項，而得二根為 4 與 -9，求原方程式與其二根.
20. 果園內種了 600 棵桔子樹，每行所種的棵數比行數的 2 倍少 10 棵，試問每行種多少棵？

3

直線方程式

- ❋ 平面直角坐標系、距離公式與分點坐標
- ❋ 直線的斜率與直線的方程式

3-1 平面直角坐標系、距離公式與分點坐標

在讀國中時，我們用實數來表示直線上的點，而構成直線坐標系．今對平面上的點，我們以直線坐標系為基礎來討論．

在一平面上，作互相垂直的二直線：其中一條為水平，另一條為垂直，它們相交於 O，以點 O 為原點，使每一直線成一數線 (即以點 O 為原點的直線坐標系)，這樣確定平面上一點之位置的坐標系，稱為 平面直角坐標系，兩數線稱為坐標軸，水平線稱為 橫軸，垂直線稱為 縱軸，橫軸常簡稱為 x-軸，縱軸常簡稱為 y-軸．點 O 仍稱為原點，這坐標系所在的平面稱為坐標平面，規定 x-軸向右的方向為正，y-軸向上的方向為正．

對於坐標平面上不在軸上的任一點 P，過這點 P 分別作線段垂直於兩軸，交 x-軸於點 M，交 y-軸於點 N．若點 M 在 x-軸上對應的實數為 x，點 N 在 y-軸上對應的實數為 y，則以實數序對 (x, y) 表示點 P 在平面上的位置，而 (x, y) 稱為點 P 的坐標，x 稱為點 P 的橫坐標，或 x-坐標，y 稱為點 P 的縱坐標，或 y-坐標，如圖 3-1 所示．

在 x-軸上的點，其坐標為 $(x, 0)$，當 $x > 0$ 時，點在 y-軸的右方，當 $x < 0$ 時，點在 y-軸的左方．在 y-軸上的點，其坐標為 $(0, y)$，當 $y > 0$ 時，點在 x-軸的上方，當 $y < 0$ 時，點在 x-軸的下方，原點的坐標為 $(0, 0)$．

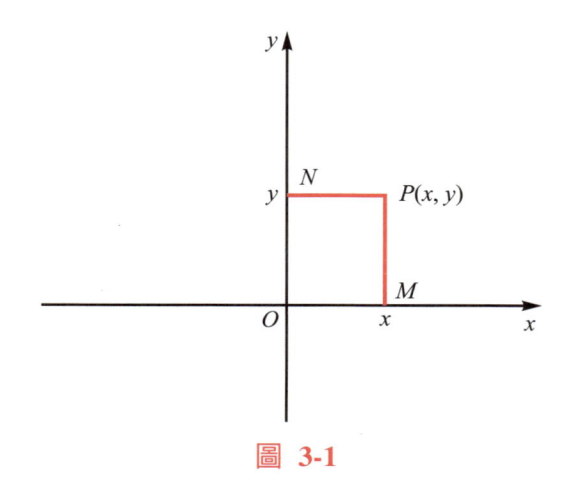

圖 3-1

第三章　直線方程式

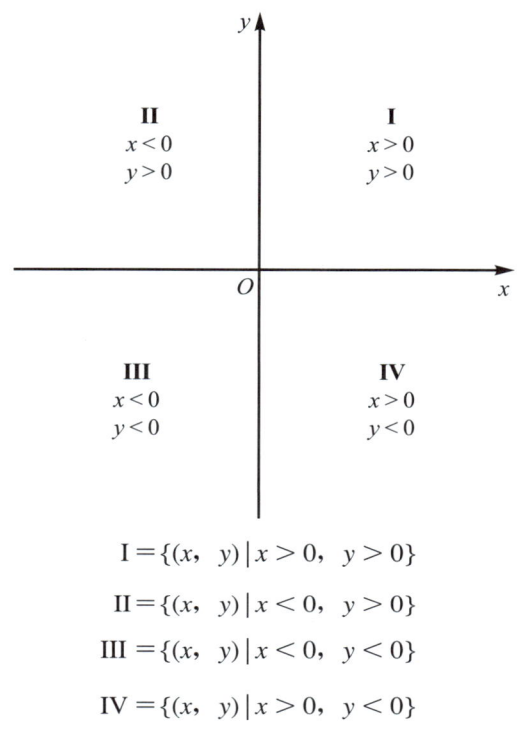

```
         y
         ↑
   II    |    I
  x < 0  |  x > 0
  y > 0  |  y > 0
         |
─────────O─────────→ x
         |
   III   |   IV
  x < 0  |  x > 0
  y < 0  |  y < 0
```

I = {(x, y) | x > 0, y > 0}

II = {(x, y) | x < 0, y > 0}

III = {(x, y) | x < 0, y < 0}

IV = {(x, y) | x > 0, y < 0}

圖 3-2

　　兩坐標軸將坐標平面分成四個區域，稱為**象限**，而以坐標軸為界，如圖 3-2 所示，以 I、II、III、IV 分別表第一、第二、第三與第四象限.

　　坐標軸上的點不屬於任何一個象限.

例題 1　試問下列各點分別在第幾象限？

(1) (3, −2)，(2) (−2, 5)，(3) (−5, −3).

解　(1) $x = 3 > 0$，$y = -2 < 0$，故 (3, −2) 在第 IV 象限.

(2) $x = -2 < 0$，$y = 5 > 0$，故 (−2, 5) 在第 II 象限.

(3) $x = -5 < 0$，$y = -3 < 0$，故 (−5, −3) 在第 III 象限.

　　直線坐標系上任意兩點 $P(x)$、$Q(y)$ 的距離為 $\overline{PQ} = |x - y|$，同理，對於平面上任意兩點的距離，我們可由下面定理得知.

定理 3-1

設 $P(x_1, y_1)$、$Q(x_2, y_2)$ 為平面上任意兩點，則此二點的距離為

$$\overline{PQ} = \sqrt{(x_1-x_2)^2 + (y_1-y_2)^2}. \qquad (3\text{-}1\text{-}1)$$

證：(1) 設直線 PQ 不垂直於兩軸，過 P 與 Q 點分別作 x-軸及 y-軸的垂線交於 R 點，如圖 3-3 所示．

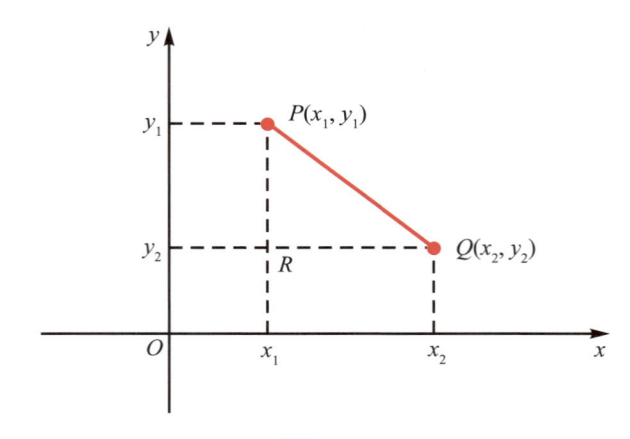

圖 3-3

由直角 $\triangle PQR$ 中得知 $\overline{RQ} = |x_1 - x_2|$，$\overline{PR} = |y_1 - y_2|$

故 $\overline{PQ}^2 = \overline{RQ}^2 + \overline{PR}^2 = |x_1 - x_2|^2 + |y_1 - y_2|^2$

$$\overline{PQ} = \sqrt{(x_1-x_2)^2 + (y_1-y_2)^2}.$$

(2) 若直線 PQ 平行於 x-軸，則 $y_1 = y_2$，如圖 3-4 所示，而

$$\begin{aligned}\overline{PQ} &= |x_2 - x_1| = \sqrt{(x_2-x_1)^2} \\ &= \sqrt{(x_2-x_1)^2 + 0^2} \\ &= \sqrt{(x_2-x_1)^2 + (y_2-y_1)^2}.\end{aligned}$$

第三章 直線方程式

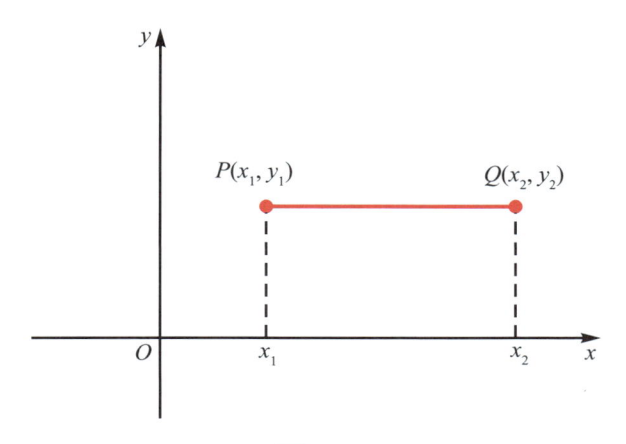

圖 3-4

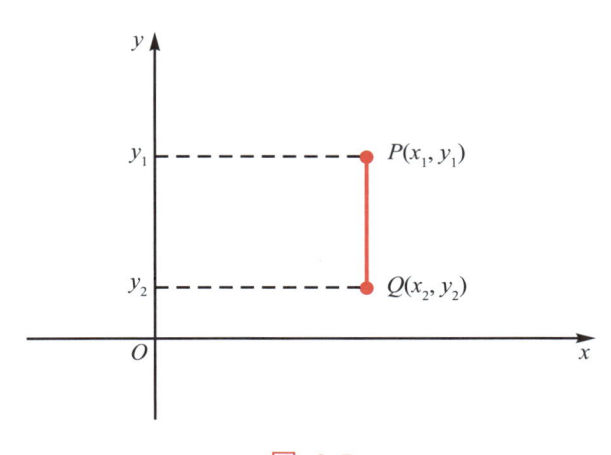

圖 3-5

(3) 若直線 PQ 垂直於 x-軸，則 $x_1=x_2$，如圖 3-5 所示，而

$$\overline{PQ} = |y_2-y_1| = \sqrt{(y_2-y_1)^2}$$
$$= \sqrt{0^2+(y_2-y_1)^2}$$
$$= \sqrt{(x_2-x_1)^2+(y_2-y_1)^2}.$$

由 (1)、(2)、(3) 之討論，此定理得證.

例題 2 求 $(-3, 4)$ 與 $(5, -6)$ 二點間的距離.

解 設 P 的坐標為 $(-3, 4)$，Q 的坐標為 $(5, -6)$，

則 P、Q 二點間的距離為

$$\overline{PQ} = \sqrt{(-3-5)^2 + (4-(-6))^2}$$
$$= \sqrt{164} = 2\sqrt{41}.$$

例題 3 設 $A(-1, 2)$、$B(3, -4)$、$C(5, -2)$，求 $\triangle ABC$ 三邊之長，此三角形是何種三角形？

解
$$\overline{AB} = \sqrt{(-1-3)^2 + (2-(-4))^2} = \sqrt{16+36} = 2\sqrt{13}$$
$$\overline{BC} = \sqrt{(3-5)^2 + (-4-(-2))^2} = \sqrt{4+4} = 2\sqrt{2}$$
$$\overline{AC} = \sqrt{(-1-5)^2 + (2-(-2))^2} = \sqrt{36+16} = 2\sqrt{13}$$

因為 $\overline{AB} = \overline{AC}$，所以 $\triangle ABC$ 是一個等腰三角形.

例題 4 設點 $P(x, y)$ 與三點 $O(0, 0)$、$A(0, 2)$、$B(1, 0)$ 等距離，求 P 點的坐標.

解 依定理 3-1 的距離公式，我們得到

$$\overline{PO} = \sqrt{x^2 + y^2} = \sqrt{x^2 + (y-2)^2} = \overline{PA}$$
$$\Rightarrow y^2 = (y-2)^2$$
$$\Rightarrow y = 1$$

$$\overline{PO} = \sqrt{x^2 + y^2} = \sqrt{(x-1)^2 + y^2} = \overline{PB}$$
$$\Rightarrow x^2 = (x-1)^2$$
$$\Rightarrow x = \frac{1}{2}$$

故 P 點的坐標為 $\left(\dfrac{1}{2}, 1\right)$.

定理 3-2　分點坐標

設 $P_1(x_1, y_1)$、$P_2(x_2, y_2)$、$P(x, y)$ 為一直線上相異的三點，且 P 介於 P_1、P_2 之間，以 $P_1 - P - P_2$ 表示之，則 P 點稱為 $\overline{P_1 P_2}$ 的**分點**，且 $\dfrac{\overline{P_1 P}}{\overline{PP_2}} = r$（$r$ 稱為"分點 P 分割自 P_1 至 P_2 的線段的比值"）則

$$x = \frac{x_1 + rx_2}{1+r}, \quad y = \frac{y_1 + ry_2}{1+r},$$

即

$$P\left(\frac{x_1 + rx_2}{1+r}, \frac{y_1 + ry_2}{1+r}\right). \tag{3-1-2}$$

證：(1) 設直線 P_1P_2 不垂直於兩軸，過 P_1、P、P_2 作直線平行於 x-軸及 y-軸交於 $A(x, y_1)$、$B(x_2, y_1)$、$C(x_2, y)$，如圖 3-6 所示.

$$\because \overline{PA} \parallel \overline{P_2B}$$

$$\therefore \frac{\overline{P_1P}}{\overline{PP_2}} = \frac{\overline{P_1A}}{\overline{AB}} \Rightarrow r = \frac{x - x_1}{x_2 - x}$$

$$\Rightarrow x - x_1 = r(x_2 - x)$$

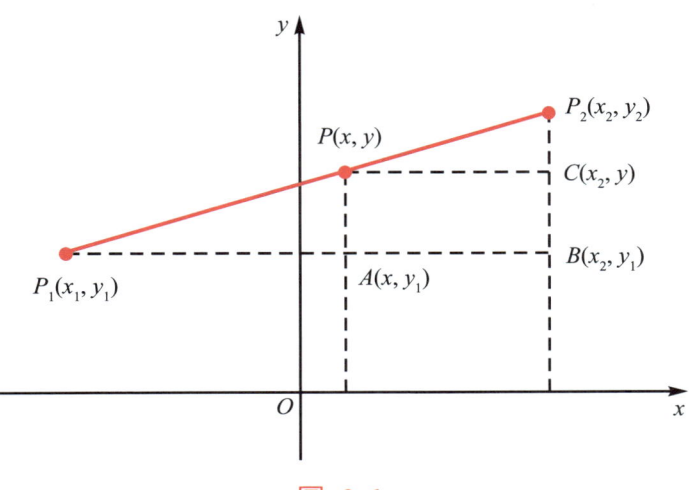

圖 3-6

$$\Rightarrow x = \frac{x_1 + rx_2}{1+r}$$

$$\because \overline{PC} \parallel \overline{AB}$$

$$\therefore \frac{\overline{P_1P}}{\overline{PP_2}} = \frac{\overline{BC}}{\overline{CP_2}} \Rightarrow r = \frac{y - y_1}{y_2 - y}$$

$$\Rightarrow y - y_1 = r(y_2 - y)$$

$$\Rightarrow y = \frac{y_1 + ry_2}{1+r}$$

故 $P\left(\dfrac{x_1 + rx_2}{1+r}, \dfrac{y_1 + ry_2}{1+r}\right)$.

(2) 若直線 $\overline{P_1P_2}$ 垂直於任一軸 (假設 y-軸，則 $y_1 = y = y_2$)，如圖 3-7 所示，可自行證之.

由 (1)、(2) 得知，$x = \dfrac{x_1 + rx_2}{1+r}$，$y = \dfrac{y_1 + ry_2}{1+r}$，即 P 點之坐標為 $\left(\dfrac{x_1 + rx_2}{1+r},\right.$ $\left.\dfrac{y_1 + ry_2}{1+r}\right)$. 依據定理 3-2 得知，若 $r = 1$，即 P 點為 $\overline{P_1P_2}$ 的中點，故 $\overline{P_1P_2}$ 之中點 $P(x, y)$ 為 $x = \dfrac{x_1 + x_2}{2}$，$y = \dfrac{y_1 + y_2}{2}$. 又當 P 在 $\overline{P_1P_2}$ 內

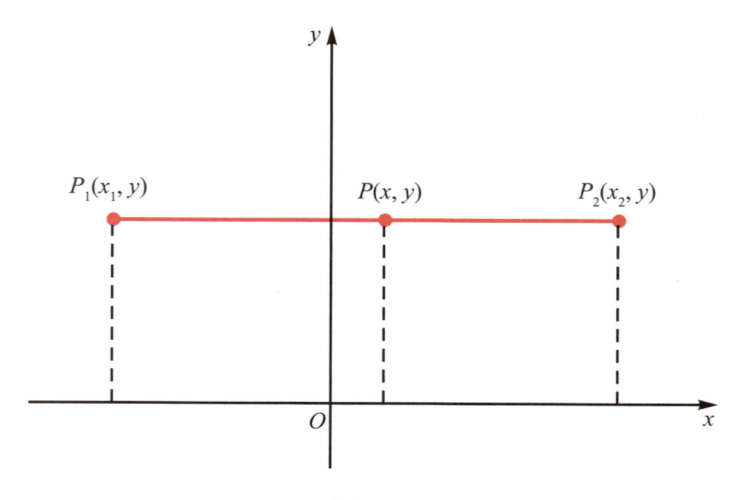

圖 3-7

時，則 $\overline{P_1P}$ 與 $\overline{PP_2}$ 為同一方向，r 為正數稱為內分點；在 $\overline{P_1P_2}$ 外時，$\overline{P_1P}$ 與 $\overline{PP_2}$ 之方向相反，r 為負數，稱為外分點．

例題 5 設平面坐標系兩點 $A(-3, 4)$、$B(5, -3)$，$C \in \overline{AB}$，且 $\overline{AC} = 2\overline{BC}$，求 C 點的坐標．

解 $\because \overline{AC} = 2\overline{BC}$ $\therefore \dfrac{\overline{AC}}{\overline{BC}} = 2 = r$，

代入式 (3-1-2)，得

$$x = \frac{x_1 + rx_2}{1+r}, \quad y = \frac{y_1 + ry_2}{1+r}$$

故 $x = \dfrac{-3 + 2 \cdot 5}{1+2} = \dfrac{7}{3}$，$y = \dfrac{4 + 2 \cdot (-3)}{1+2} = -\dfrac{2}{3}$

故 C 點之坐標為 $C\left(\dfrac{7}{3}, -\dfrac{2}{3}\right)$．

隨堂練習 1 設兩點的坐標分別為 $A(-3, 4)$、$B(5, -3)$，C 為 $\overline{AB}$ 上一點，且 $\overline{AC} = 5\overline{BC}$，求 C 點的坐標．

答案：$C\left(\dfrac{11}{3}, -\dfrac{11}{6}\right)$．

習題 3-1

試問下列各點分別在第幾象限？

1. $(3, -2)$
2. $(-2, 5)$
3. $(-5, -3)$
4. $(5, \sqrt{2})$
5. $(-\sqrt{2}, -\sqrt{5})$

求下列各點與原點的距離．

6. $P_1(3, 1)$ 7. $P_2(5, -3)$ 8. $P_3(4, -3)$

求下列兩點間的距離.

9. $(3, 4)$ 與 $(-1, 2)$

10. $(-7, 8)$ 與 $(3, -4)$

11. 試證：以 $A(2, 1)$、$B(7, 1)$、$C(9, 5)$、$D(4, 5)$ 為頂點的四邊形，為一平行四邊形.

12. 設平面坐標上 $P_1(x_1, y_1)$、$P_2(x_2, y_2)$，若 P_1-P_2-P，且 $\dfrac{\overline{P_1P}}{\overline{PP_2}}=r$，試求 P 點之坐標.

13. 設平面上三點 $A(1, 5)$、$B(-3, 1)$、$C(6, -4)$，求 $\triangle ABC$ 三邊之長，此三角形是何種三角形？

14. 坐標平面上，$ABCD$ 是一個矩形，已知 $A(-5, 6)$、$C(1, -2)$，求 $\overline{BD}$ 之長.

15. 於坐標平面上，$\triangle ABC$ 為正三角形，如右圖所示，A 點在第一象限，$B(-2, 0)$、$C(3, 0)$，求 A 點之坐標.

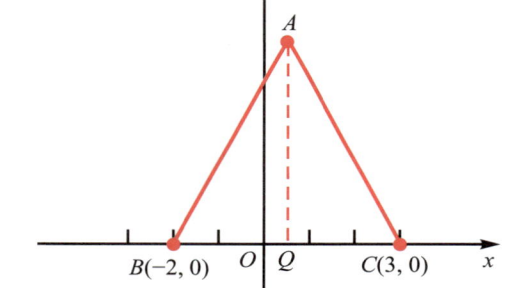

16. 已知 P 點的橫坐標為 -5，$\overline{OP}=13$，求 P 點之縱坐標.

17. 已知 $\triangle ABC$，$A(4, 6)$、$B(0, 4)$、$C(2, -2)$，(1) 求各邊的中點坐標；(2) 求各中線長.

18. 於 xy-平面上，若 $A(-2, 3)$、$B(5, 1)$，P 點在 x-軸上，且滿足 $\overline{PA}=\overline{PB}$，則 P 點之坐標為何？

19. 三角形三中線的交點稱為重心. 設 $\triangle ABC$ 之三頂點坐標分別為 $A(x_1, y_1)$、$B(x_2, y_2)$、$C(x_3, y_3)$，試求其重心坐標.

20. $A(-1, 3)$、$B(0, 4)$，C 點在 x-軸上，$\triangle ABC$ 是一個等腰三角形，求 C 點之坐標.

3-2 直線的斜率與直線的方程式

一、直線的斜率

在測量術裡，有關一個斜坡的傾斜程度，我們可用水平方向每前進一個單位距離時，垂直方向上升或下降多少個單位距離來表示． 在 xy-平面上，我們也可以用這個概念來表示直線的傾斜程度．

考慮 xy-平面上的一條非垂直線 L，而 $P_1(x_1, y_1)$ 與 $P_2(x_2, y_2)$ 為 L 上的兩點，如圖 3-8 所示．那麼，水平變化 x_2-x_1 與垂直變化 y_2-y_1 分別為從 P_1 到 P_2 的橫距與縱距．利用比例的概念，比值 $m=\dfrac{y_2-y_1}{x_2-x_1}$ 表示直線 L 的傾斜程度．如果在直線 L 上任取其他相異兩點 $P_3(x_3, y_3)$ 及 $P_4(x_4, y_4)$，如圖 3-9 所示，依相似三角形的關係，可得

$$m=\dfrac{y_2-y_1}{x_2-x_1}=\dfrac{y_4-y_3}{x_4-x_3}$$

又因為

$$\dfrac{y_1-y_2}{x_1-x_2}=\dfrac{y_2-y_1}{x_2-x_1}$$

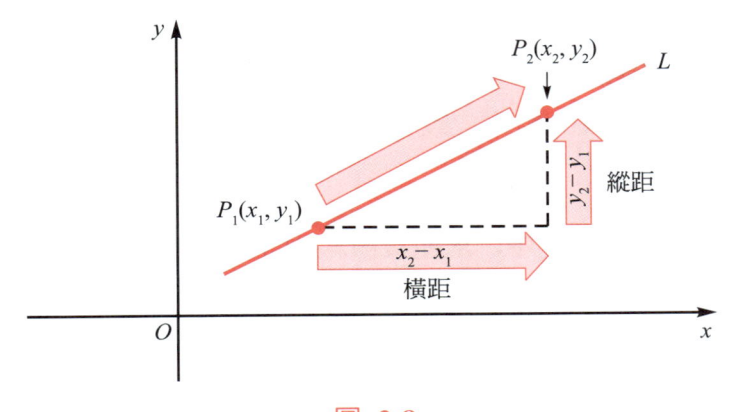

圖 3-8

図 3-9

$$\frac{y_3-y_4}{x_3-x_4}=\frac{y_4-y_3}{x_4-x_3}$$

所以比值 m 不會因所選取的兩點不同或順序不同而改變其值．只要 L 不是垂直線，則便可以決定一個比值 m，其為 L 的斜率，定義如下：

定義 3-1

若 $P_1(x_1, y_1)$ 與 $P_2(x_2, y_2)$ 為非垂直線 L 上的兩相異點，則 L 的斜率 m 定義為

$$m=\frac{縱距}{橫距}=\frac{y_2-y_1}{x_2-x_1}.$$

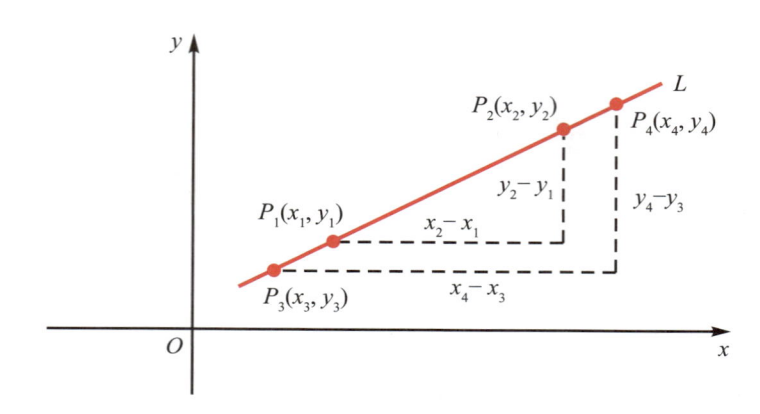

註：若直線 P_1P_2 為垂直線，則 $x_2-x_1=0$，此時我們不規定它的斜率．(有些人稱垂直線有無限大的斜率，或無斜率．)

例題 1 在下列每一部分中，求連接所給兩點之直線的斜率．

(1) 點 $(6, 2)$ 與點 $(8, 6)$．

(2) 點 $(2, 9)$ 與點 $(4, 3)$．

(3) 點 $(-2, 7)$ 與點 $(6, 7)$．

第三章　直線方程式

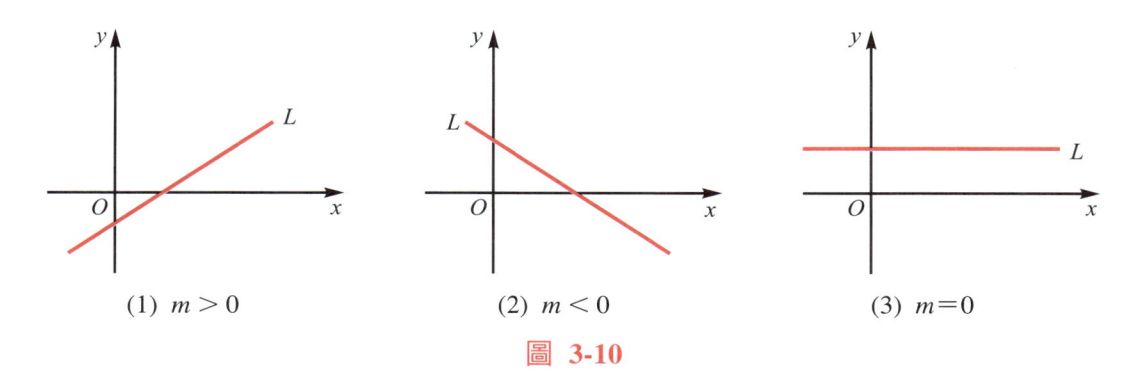

(1) $m > 0$　　　　　(2) $m < 0$　　　　　(3) $m = 0$

圖 3-10

解　(1) 斜率為 $m = \dfrac{6-2}{8-6} = \dfrac{2}{4} = 2$.

(2) 斜率為 $m = \dfrac{3-9}{4-2} = \dfrac{-6}{2} = -3$.

(3) 斜率為 $m = \dfrac{7-7}{6-(-2)} = 0$.

非垂直線 L 在 xy-平面上傾斜的情形有下列三種 (如圖 3-10 所示)：

1. 當 L 由左下到右上傾斜時，其斜率為正.
2. 當 L 由左上到右下傾斜時，其斜率為負.
3. 當 L 為水平時，其斜率為 0.

直線的斜率既然是用來表示該直線的傾斜程度，那麼，直觀看來，平行直線的傾斜程度一樣，所以它們的斜率應該相等. 現在，我們來證明這個事實.

定理 3-3

兩條非垂直線互相平行，若且唯若它們有相同的斜率.

證：設直線 L_1 與 L_2 均與 x-軸不垂直. 通過 $(x_1, 0)$ 作 x-軸的垂線，與 L_1、L_2 分別交於 $A(x_1, y_1)$、$B(x_1, y_1')$. 通過 $(x_2, 0)$ 作 x-軸的垂線，與 L_2、L_3 分別交於 $D(x_2, y_2)$、$C(x_2, y_2')$.

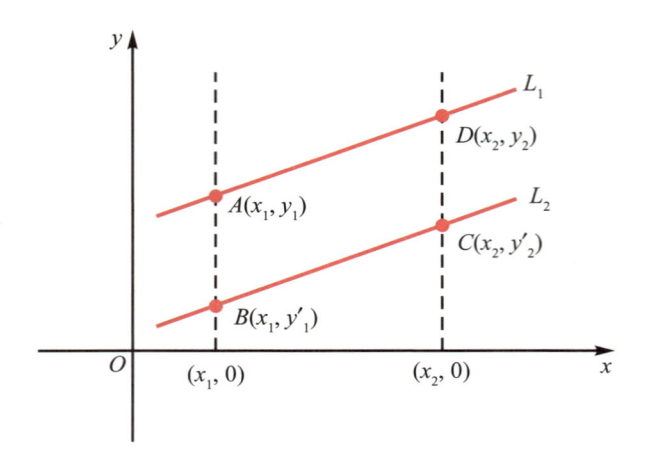

圖 3-11

$L_1 \parallel L_2 \Leftrightarrow ABCD$ 為平行四邊形
$\Leftrightarrow \overline{AB} = \overline{CD}$
$\Leftrightarrow y_1 - y'_1 = y_2 - y'_2$
$\Leftrightarrow y_2 - y_1 = y'_2 - y'_1$

但 L_1 的斜率 $= \dfrac{y_2 - y_1}{x_2 - x_1}$，$L_2$ 的斜率 $= \dfrac{y'_2 - y'_1}{x_2 - x_1}$．故 $L_1 \parallel L_2 \Rightarrow L_1$ 的斜率 $= L_2$ 的斜率．如圖 3-11 所示．

例題 2 試證：以 $A(-4, -2)$、$B(2, 0)$、$C(8, 6)$ 及 $D(2, 4)$ 為頂點的四邊形是平行四邊形．

解 我們以 m_{AB} 表示直線 AB 的斜率，則

$$m_{AB} = \frac{0-(-2)}{2-(-4)} = \frac{1}{3}$$

$$m_{CD} = \frac{4-6}{2-8} = \frac{1}{3}$$

$$m_{BC} = \frac{6-0}{8-2} = 1$$

$$m_{AD} = \frac{4-(-2)}{2-(-4)} = 1$$

因 $m_{AB} = m_{CD}$，$m_{BC} = m_{AD}$，故 $\overline{AB} \parallel \overline{CD}$，$\overline{BC} \parallel \overline{AD}$. 因此，四邊形 ABCD 是平行四邊形.

隨堂練習 2 試證：三點 $A(a, b+c)$、$B(b, c+a)$ 及 $C(c, a+b)$ 共線.

隨堂練習 3 若 $P(4, 3)$、$Q(-1, 5)$ 及 $R(1, k)$ 三點共線，試利用斜率之觀念求 k 值.

答案：$k = \dfrac{21}{5}$.

斜率除了可以用來判斷兩直線是否平行外，還可以用來判斷它們是否垂直.

定理 3-4

兩條非垂直線互相垂直，若且唯若它們之斜率的乘積為 -1.

證：設 m_1 與 m_2 分別為 L_1 與 L_2 的斜率. 令 L_1 與 L_2 交於 $P(a, b)$，通過 $(a+1, 0)$ 作一直線垂直於 x-軸，分別與 L_1、L_2 交於 $P_1(a+1, y_1)$、$P_2(a+1, y_2)$，如圖 3-12 所示，則

$$m_1 = \frac{y_1 - b}{(a+1) - a} = y_1 - b$$

$$m_2 = \frac{y_2 - b}{(a+1) - a} = y_2 - b$$

於是，$L_1 \perp L_2 \Leftrightarrow \triangle PP_1P_2$ 為直角三角形

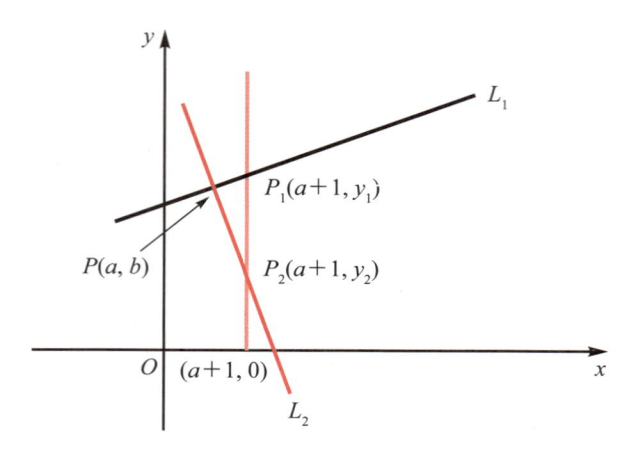

圖 3-12

$$\Leftrightarrow \overline{PP_1}^2 + \overline{PP_2}^2 = \overline{P_1P_2}^2$$
$$\Leftrightarrow (a+1-a)^2+(y_1-b)^2+(a+1-a)^2+(y_2-b)^2$$
$$=(a+1-a-1)^2+(y_1-y_2)^2$$
$$\Leftrightarrow 2+(y_1-b)^2+(y_2-b)^2=(y_1-y_2)^2$$
$$\Leftrightarrow 2+m_1^2+m_2^2=(m_1-m_2)^2$$
$$\Leftrightarrow m_1m_2=-1.$$

例題 3 設 $A(-5, 2)$、$B(1, 6)$ 及 $C(7, 4)$ 為 $\triangle ABC$ 的三頂點，求通過 B 點之高的斜率.

解 直線 $\overline{AC}$ 的斜率為 $m_{AC} = \dfrac{4-2}{7-(-5)} = \dfrac{1}{6}$. 設通過 B 點之高的斜率為 m，則 $\dfrac{1}{6}m = -1$，可得 $m = -6$.

隨堂練習 4 試利用斜率證明：$A(1, 3)$、$B(3, 7)$ 及 $C(7, 5)$ 為直角三角形的三個頂點.

二、直線的方程式

平行於 y-軸的直線交 x-軸於某點 $(a, 0)$，此直線恰由 x-坐標是 a 的那

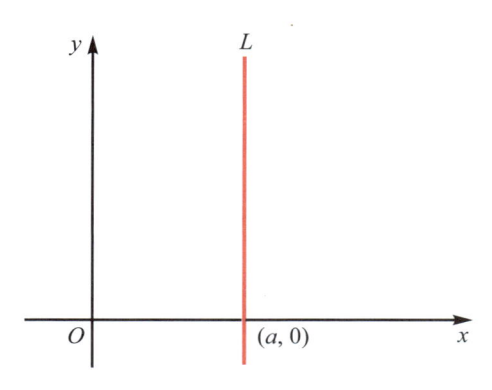

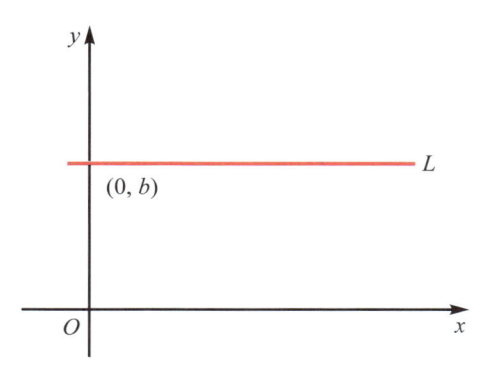

(a) 在直線 L 上的每一點具有 x-坐標 a

(b) 在直線 L 上的每一點具有 y-坐標 b

圖 3-13

些點所組成，如圖 3-13(a) 所示，因此，通過 $(a, 0)$ 的垂直線為 $x=a$。同理，平行於 x-軸的直線交 y-軸於某點 $(0, b)$，此直線恰由 y-坐標是 b 的那些點所組成，如圖 3-13(b) 所示，因此，通過 $(0, b)$ 的水平線為 $y=b$。

例題 4 $x=-2$ 的圖形是通過 $(-2, 0)$ 的垂直線，而 $y=5$ 的圖形是通過 $(0, 5)$ 的水平線。 ¶

通過平面上任一點的直線有無限多條；然而，若給定直線的斜率與直線上的一點，則該點與斜率決定了唯一的一條直線。

現在，我們考慮如何求通過 $P_1(x_1, y_1)$ 且斜率為 m 之非垂直線 L 的方程式。若 $P(x, y)$ 是 L 上異於 P_1 的一點，則 L 的斜率為 $m=\dfrac{y-y_1}{x-x_1}$，此可改寫成

$$y-y_1=m(x-x_1) \tag{3-2-1}$$

除了點 (x_1, y_1) 之外，我們已指出 L 上的每一點均滿足式 (3-2-1)。但 $x=x_1$，$y=y_1$ 也滿足式 (3-2-1)，故 L 上的所有點均滿足式 (3-2-1)。滿足式 (3-2-1) 的每一點均位於 L 上的證明留給讀者。

定理 3-5

通過 $P_1(x_1, y_1)$ 且斜率為 m 之直線的方程式為

$$y - y_1 = m(x - x_1) \tag{3-2-2}$$

此式稱為直線的**點斜式**.

例題 5 求通過點 $(4, -3)$ 且斜率為 2 之直線的方程式.

解 設 $P(x, y)$ 為所求直線上的任意點,則由點斜式可得

$$y - (-3) = 2(x - 4)$$

化成 $2x - y = 11$

此即為所求的直線方程式.

隨堂練習 5 試求通過點 $(-2, 3)$ 且斜率為 -1 之直線方程式.

答案:$x + y = 1$.

若 $P_1(x_1, y_1)$ 與 $P_2(x_2, y_2)$ 為非垂直線上的兩相異點,則直線的斜率為 $m = \dfrac{y_2 - y_1}{x_2 - x_1} = \dfrac{y_1 - y_2}{x_1 - x_2}$. 以此式代入式 (3-2-2),可得下面的結果.

定理 3-6

由兩點 $P_1(x_1, y_1)$ 與 $P_2(x_2, y_2)$ 所決定之非垂直線的方程式為

$$y - y_1 = \dfrac{y_1 - y_2}{x_1 - x_2}(x - x_1) \tag{3-2-3}$$

此式稱為直線的**兩點式**.

例題 6 求通過點 $(3, 4)$ 與點 $(2, -1)$ 之直線的方程式.

解 由兩點式可得直線的方程式為

$$y - 4 = \frac{4-(-1)}{3-2}(x-3) = 5(x-3)$$

即,	$5x - y = 11.$

例題 7 設兩直線 $L_1: x - 2y - 3 = 0$ 及直線 $L_2: 2x + 3y + 1 = 0$ 相交於 P；

(1) 求 P 點之坐標.

(2) 求過 P 點及原點之直線方程式.

解 (1) 解 $\begin{cases} x - 2y - 3 = 0 \\ 2x + 3y + 1 = 0 \end{cases}$

$\Rightarrow x = 1, y = -1$

故 L_1 與 L_2 之交點為 $P(1, -1)$.

(2) 由兩點式知	$\overleftrightarrow{OP}: y - 0 = \frac{0-(-1)}{0-1}(x-0)$

得	$y + x = 0.$

一條非垂直線 L 交 x-軸、y-軸於 $(a, 0)$、$(0, b)$ 二點，我們稱 a 為直線 L 的 *x*-截距，稱 b 為直線 L 的 *y*-截距，如圖 3-14 所示.

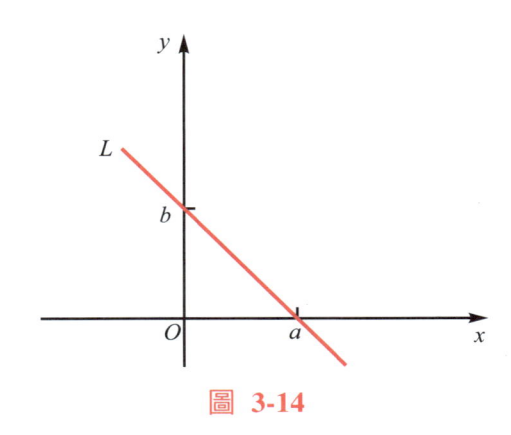

圖 3-14

定理 3-7

y-截距為 b 且斜率為 m 之直線 L 的方程式為

$$y = mx + b \qquad (3\text{-}2\text{-}4)$$

此式稱為直線的**斜截式**.

證：因為 L 的 y-截距為 b，所以，L 必過點 $(0, b)$，由式 (3-2-2)，得知直線 L 的方程式為

$$y - b = m(x - 0) \Rightarrow y = mx + b$$

註：注意方程式 (3-2-4) 的 y 單獨在一邊．當直線的方程式寫成這種形式時，直線的斜率與其 y-截距可藉方程式的觀察而確定：斜率是 x 的係數而 y-截距是常數項．

例題 8 求滿足下列所述條件之直線的方程式.

(1) 斜率為 -3；交 y-軸於點 $(0, -4)$.

(2) 斜率為 2；通過原點.

解 (1) 以 $m = -3$，$b = -4$ 代入式 (3-2-4)，可得 $y = -3x - 4$，即，$3x + y = -4$.

(2) 以 $m = 2$，$b = 0$ 代入式 (3-2-4)，可得 $y = 2x + 0$，即，$2x - y = 0$.

隨堂練習 6 設直線 $L: 3x - 5y - 4 = 0$，求過 $P(2, 3)$ 且與 L 垂直之直線方程式.

答案：$5x + 3y - 19 = 0$.

定理 3-8

設直線 L 的 x-截距為 a，y-截距為 b，若 $ab \neq 0$，則 L 的方程式為

$$\frac{x}{a} + \frac{y}{b} = 1 \qquad (3\text{-}2\text{-}5)$$

此式稱為 L 的**截距式**.

證：直線 L 的 x-截距為 a，y-截距為 b，即，L 通過點 $(a, 0)$ 與點 $(0, b)$.
由直線的兩點式可得 L 的方程式為

$$y - 0 = \frac{0-b}{a-0}(x-a) = -\frac{b}{a}(x-a)$$

即，
$$bx + ay = ab$$

故
$$\frac{x}{a} + \frac{y}{b} = 1.$$

形如 $ax + by = c$ 的方程式稱為二元一次方程式，此處 a、b 與 c 均為常數，且 a 與 b 不全為 0. 我們在前面已經介紹了許多形式的直線方程式，它們均可以化成形如 $ax + by = c$ 的一般式. 因此，在 xy-平面上，直線的方程式是二元一次方程式；反之，二元一次方程式 $ax + by = c$ 的圖形是直線.

1. 當 $b = 0$ 時，$x = \dfrac{c}{a}$，表示垂直 x-軸於點 $\left(\dfrac{c}{a}, 0\right)$ 的直線.

2. 當 $b \neq 0$ 時，$y = -\dfrac{a}{b}x + \dfrac{c}{b}$，表示斜率為 $-\dfrac{a}{b}$ 且 y-截距為 $\dfrac{c}{b}$ 的直線.

坐標平面上的直線既然均可以用二元一次方程式來表示，那麼，求坐標平面上兩直線的交點坐標，就是要解兩直線方程式所成的一次方程組. 一般而言，假設兩直線 L_1 與 L_2 的方程式分別為 $a_1 x + b_1 y = c_1$ 與 $a_2 x + b_2 y = c_2$，若 L_1 與 L_2 相交於點 $P(a, b)$，則 $x = a$，$y = b$ 就是方程組

$$\begin{cases} a_1x+b_1y=c_1 \\ a_2x+b_2y=c_2 \end{cases}$$

的解.

例題 9 化直線 $3x+5y=15$ 為截距式 $\dfrac{x}{a}+\dfrac{y}{b}=1$.

解 $3x+5y=15 \Rightarrow \dfrac{3x}{15}+\dfrac{5y}{15}=1 \Rightarrow \dfrac{x}{5}+\dfrac{y}{3}=1.$ ¶

隨堂練習 7 求過 $P(3,-1)$、$Q(-2,4)$ 之直線在 x-軸與 y-軸上之截距.
答案：x-軸之截距 $a=2$，y-軸之截距 $b=2$.

隨堂練習 8 求通過點 $P(-3,1)$，x、y 截距相等的直線方程式.
答案：$x+y=-2$.

若已知一直線 L 之方程式為 $ax+by+c=0$，點 $P(h_0,k_0)$ 不位於直線 L 上，通過點 P 可作一直線 Q 垂直於 L，並假設直線 Q 與直線 L 之交點為 K，則 $\overline{PK}$ 之長度就稱之為點 P 到直線 L 的距離，記為 $d(P,L)$.

定理 3-9

設直線 L 之方程式為 $ax+by+c=0$，且點 $P(h_0,k_0)$ 不在直線 L 上，則點 P 至直線 L 的垂直距離為

$$d(P,L)=\dfrac{|ah_0+bk_0+c|}{\sqrt{a^2+b^2}}.$$

(3-2-6)

證：過點 P 作一直線 $Q \perp L$，設 Q 與 L 的交點為 $K(h_1,k_1)$，如圖 3-15 所示.

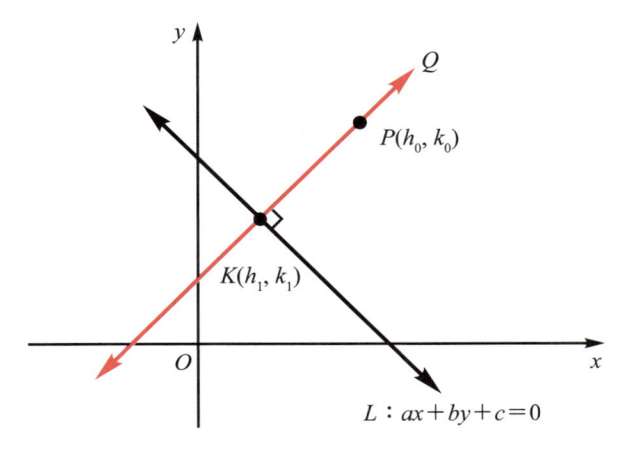

圖 3-15

因 L 的斜率 $m=-\dfrac{a}{b}$，所以 $\overline{KP}$ 之斜率

$$m=\dfrac{k_1-k_0}{h_1-h_0}=\dfrac{b}{a} \Leftrightarrow bh_1-bh_0=ak_1-ak_0$$
$$\Leftrightarrow bh_1-ak_1=bh_0-ak_0$$

又因 K 在直線 L 上，所以

$$ah_1+bk_1+c=0$$

解下列之聯立方程組

$$\begin{cases} bh_1-ak_1=bh_0-ak_0 & \cdots\cdots\cdots① \\ ah_1+bk_1=-c & \cdots\cdots\cdots② \end{cases}$$

①×b＋②×a，可得

$$(a^2+b^2)h_1=b^2h_0-abk_0-ca$$
$$\Rightarrow h_1=\dfrac{b^2h_0-abk_0-ca}{a^2+b^2}$$

①×a－②×b，可得

$$-(a^2+b^2)k_1=abh_0-a^2k_0+cb$$

$$\Rightarrow k_1 = \frac{a^2 k_0 - abh_0 - cb}{a^2 + b^2}$$

故

$$d(P, L) = \overline{PK} = \sqrt{(h_1 - h_0)^2 + (k_1 - k_0)^2}$$

$$= \sqrt{\left(\frac{b^2 h_0 - abk_0 - ca}{a^2 + b^2} - h_0\right)^2 + \left(\frac{a^2 k_0 - abh_0 - cb}{a^2 + b^2} - k_0\right)^2}$$

$$= \sqrt{\left(\frac{b^2 h_0 - abk_0 - ca - a^2 h_0 - b^2 h_0}{a^2 + b^2}\right)^2 + \left(\frac{a^2 k_0 - abh_0 - cb - a^2 k_0 - b^2 k_0}{a^2 + b^2}\right)^2}$$

$$= \sqrt{\left(\frac{-a^2 h_0 - abk_0 - ca}{a^2 + b^2}\right)^2 + \left(\frac{-b^2 k_0 - abh_0 - cb}{a^2 + b^2}\right)^2}$$

$$= \sqrt{\frac{[a(ah_0 + bk_0 + c)]^2}{(a^2 + b^2)^2} + \frac{[b(ah_0 + bk_0 + c)]^2}{(a^2 + b^2)^2}}$$

$$= \sqrt{\frac{a^2(ah_0 + bk_0 + c)^2 + b^2(ah_0 + bk_0 + c)^2}{(a^2 + b^2)^2}}$$

$$= \sqrt{\frac{(a^2 + b^2)(ah_0 + bk_0 + c)^2}{(a^2 + b^2)^2}}$$

$$= \frac{|ah_0 + bk_0 + c|}{\sqrt{a^2 + b^2}}.$$

例題 10 試求點 $P(1, -2)$ 到直線 $3x + 4y - 6 = 0$ 的距離.

解 所求距離為

$$D = \frac{|(3)(1) + (4)(-2) - 6|}{\sqrt{3^2 + 4^2}} = \frac{|-11|}{5} = \frac{11}{5}.$$

習題 3-2

1. 某質點在 $P(1, 2)$ 沿著斜率為 3 的直線到達 $Q(x, y)$.
   (1) 若 $x=5$，求 y.
   (2) 若 $y=-2$，求 x.

2. 已知點 $(k, 4)$ 位於通過點 $(1, 5)$ 與點 $(2, -3)$ 的直線上，求 k.

3. 已知點 $(3, k)$ 位於斜率為 5 且通過點 $(-2, 4)$ 的直線上，求 k.

4. 求頂點為 $(-1, 2)$、$(6, 5)$ 與 $(2, 7)$ 之三角形各邊的斜率.

5. 利用斜率判斷所給點是否共線？
   (1) $(1, 1)$、$(-2, -5)$、$(0, -1)$.
   (2) $(-2, 4)$、$(0, 2)$、$(1, 5)$.

6. 若通過點 $(0, 0)$ 及點 (x, y) 之直線的斜率為 $\frac{1}{2}$，而通過點 (x, y) 及點 $(7, 5)$ 之直線的斜率為 2，求 x 與 y.

7. 設三點 $(6, 6)$、$(4, 7)$ 與 $(k, 8)$ 共線，求 k 的值.

8. 求平行於直線 $3x+2y=5$ 且通過點 $(-1, 2)$ 之直線的方程式.

9. 求垂直於直線 $x-4y=7$ 且通過點 $(3, -4)$ 之直線的方程式.

10. 試求通過 $(3, 4)$ 與 $(-1, 2)$ 兩點之直線方程式.

11. 在下列每一部分中，求兩直線的交點.
    (1) $4x+3y=-2$, $5x-2y=9$.
    (2) $6x-2y=-3$, $-8x+3y=5$.

12. 利用斜率證明：$(3, 1)$、$(6, 3)$ 與 $(2, 9)$ 為直角三角形的三個頂點.

13. 求由兩坐標軸與通過點 $(1, 4)$ 及點 $(2, 1)$ 之直線所圍成三角形的面積.
    (提示：利用直線的點斜式求出直線方程式；再化成截距式.)

14. 若 $ab<0$, $bc>0$，則直線 $ax+by+c=0$ 經過第幾象限？

15. 直線 L 過點 $(2, 6)$，L 與 x-軸、y-軸截距和為 1，試求 L 之方程式.

16. 一直線過點 $(4, -4)$ 且與兩坐標軸所圍成之三角形面積為 4，試求此方程式.

17. 試求直線 $L: 3x+5y+6=0$ 與 x-軸、y-軸所圍成之三角形面積.

18. 設兩直線 $L_1：x-2y-3=0$ 及直線 $L_2：2x+3y+1=0$ 相交於 P.
    (1) 求 P 點之坐標.
    (2) 求過 P 及原點之直線方程式.
19. 設一直線之截距和為 1，且與兩軸所圍成三角形面積為 3，求此直線之方程式.
20. 設一直線交 x-軸、y-軸於 P、Q ($P \neq Q$ 或 $P=Q$) 且過 $(1, 3)$ 點，若 $\overline{OP}=\overline{OQ}$，求此直線方程式 ($O$ 表原點).
21. 試求點 $(2, 6)$ 到直線 $2x+y-8=0$ 的距離.

4

函數與函數的圖形

- ❀ 函數的意義
- ❀ 函數的運算與合成
- ❀ 函數的圖形
- ❀ 反函數

4-1 函數的意義

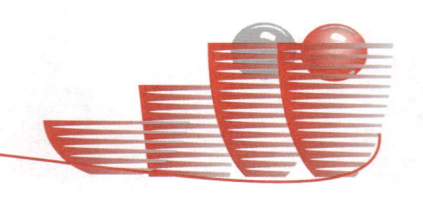

函數在數學上是一個非常重要的概念，許多數學理論皆需用到函數的觀念. 函數可以想成是兩個集合之間元素的對應，且滿足集合 A 中的每一個元素對應至集合 B 中的一個且為唯一的元素. 例如以 r 代表圓的半徑，A 代表圓的面積，則兩者之間存在的關係為：

$$A = \pi r^2$$

由上式讀者很容易知道，當半徑 r 給定某一值時，面積 A 就有一確定值，與 r 對應，故稱 A 是 r 的函數，其中 r 稱為**自變數**，A 稱為**應變數**.

例如：二集合 $A=\{1, 2, 3, 4\}$、$B=\{1, 4, 9, 16\}$，其元素間的對應方式為

$$1 \to 1, \ 2 \to 4, \ 3 \to 9, \ 4 \to 16$$

此對應亦可以如圖 4-1 所示.

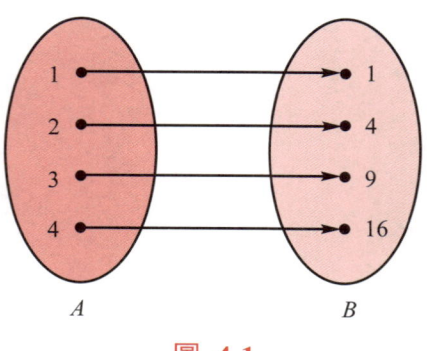

圖 4-1

第四章 函數與函數的圖形

定義 4-1

設 A、B 是兩個非空集合. 若對每一個 $x \in A$, 恰有一個 $y \in B$ 與之對應, 將此對應方式表為

$$f : A \to B$$

則稱 f 為從 A 映到 B 之一函數 (簡稱 f 為 x 的函數), 集合 A 稱為函數 f 的**定義域**, 記為 D_f, 集合 B 稱為函數 f 的**對應域**. 元素 y 稱為 x 在 f 之下的**像**或**值**, 以 $f(x)$ 表示之. 函數 f 的定義域 A 中之所有元素在 f 之下的像所成的集合, 稱為 f 的**值域**, 記為 R_f, 即,

$$R_f = f(A) = \{ f(x) \mid x \in A \}$$

x 稱為**自變數**, 而 y 稱為**應變數**.

此定義的說明如圖 4-2 所示.

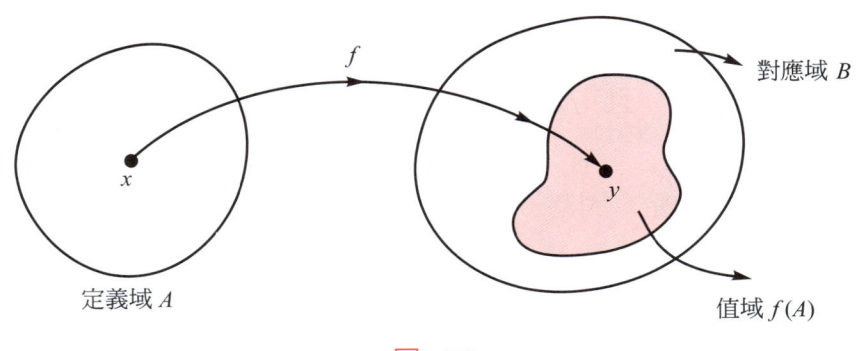

圖 4-2

例題 1 設 $A = \{3, 4, 5, 6\}$、$B = \{a, b, c, d\}$, 下列各對應圖形是否為函數？若為函數, 則求其值域.

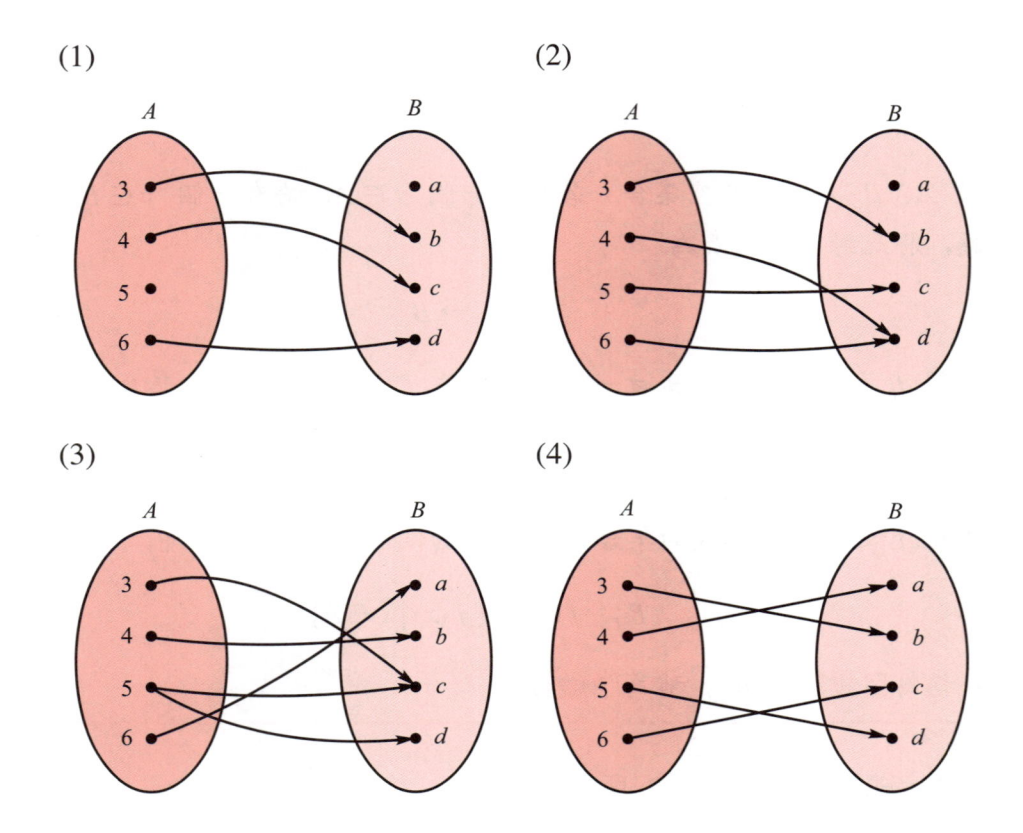

(1)

(2)

(3)

(4)

解 (1) 此對應不是函數，因為 A 中的元素 5，在 B 中無元素與之對應.
(2) 此對應為函數，且 $f(3)=b$, $f(4)=d$, $f(5)=c$, $f(6)=d$，其值域為 $\{b, c, d\}$.
(3) 此對應不是函數，因為 A 中的元素 5，在 B 中有兩個元素 c 與 d 與其對應.
(4) 此對應為函數，且 $f(3)=b$, $f(4)=a$, $f(5)=d$, $f(6)=c$，其值域為 $\{a, b, c, d\}$.

隨堂練習 1 設 $A=\{a, b, c\}$, $B=\{3, 4, 5, 6\}$, $f: A \rightarrow B$，其對應關係如下圖所示. 求 $f(a)$、$f(b)$ 與 $f(c)$.

第四章　函數與函數的圖形

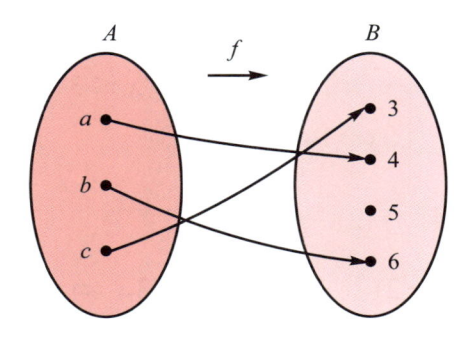

答案：$f(a)=4,\ f(b)=6,\ f(c)=3$.

例題 2　令函數 f 表示圓的半徑與圓面積之間的對應，則其定義域為

$$A=\{x\,|\,x>0\}=(0,\ \infty)$$

而其對應關係為

$$f:x\to \pi x^2,\ 記作\ f(x)=\pi x^2,\ x\in A\ 或\ f(x)=\pi x^2,\ x>0.$$

例題 3　若 $f(x)=\sqrt{x^2-1}$，試求 $f(-2)$ 與 $f(2)$ 之值.

解　$f(-2)=\sqrt{(-2)^2-1}=\sqrt{4-1}=\sqrt{3}$

$f(2)=\sqrt{2^2-1}=\sqrt{4-1}=\sqrt{3}$.

例題 4　試寫出下列各函數的定義域.

(1) $f(x)=\dfrac{1}{x^2-2}$，　(2) $g(x)=\dfrac{3}{x(x-2)}$，　(3) $h(x)=\sqrt{4-x}$.

解　(1) $D_f=\{x\,|\,x\in \mathbb{R},\ x\neq \pm\sqrt{2}\,\}$
　　$=(-\infty,\ -\sqrt{2}\,)\cup(-\sqrt{2},\ \sqrt{2}\,)\cup(\sqrt{2}\,,\ \infty)$.

(2) $D_g=\{x\,|\,x(x-2)\neq 0\}=\mathbb{R}-\{0,\ 2\}$.

(3) $D_h=\{x\,|\,4-x\geq 0\}=(-\infty,\ 4]$.

例題 5 設函數 $f(x)=\begin{cases} 2x+3, & \text{若 } x<-2 \\ x^2-2, & \text{若 } -2 \leq x \leq 3 \\ 3x-1, & \text{若 } x>3 \end{cases}$

求 f 的定義域及 $f(4)$, $f(2)$, $f(-5)$.

解 (1) $D_f=(-\infty, -2) \cup [-2, 3] \cup (3, \infty)=(-\infty, \infty)$

(2) $\because 4 \in (3, \infty)$, $\quad \therefore f(4)=3(4)-1=11.$

$\because 2 \in [-2, 3]$, $\quad \therefore f(2)=(2)^2-2=2.$

$\because -5 \in (-\infty, -2)$, $\quad \therefore f(-5)=2(-5)+3=-7.$

定義 4-2

設 A 是一集合，f、h 都是定義於 A 的函數，若對所有的 $x \in A$，$f(x)=h(x)$ 恆成立，則稱 f 與 h 相等，記作 $f=h.$

例題 6 設 $A=\{-1, 0, 1\}$，f、h 都是定義於 A 的函數，且對每一個 $x \in A$，$f(x)=x^3+x$；$h(x)=2x$，試證 $f=h.$

解 因 f、h 都是定義於 A 的函數，又

$$f(-1)=h(-1)=-2, \quad f(0)=h(0)=0, \quad f(1)=h(1)=2$$

$$\therefore f=h.$$

每一個函數都有一個定義域，由定義 4-2 知：凡定義域不同的函數，必不會相等，如二函數 f、h 定義如下：

$$f(x)=x^2, \ x \in \{1, 2\}.$$
$$h(x)=x^2, \ x \in \{1, 3\}.$$

因其定義域不同，故 $f \neq h.$

隨堂練習 2 若 $f(x)=\sqrt{x+2}$，試求 $f(-1)$ 與 $f(2)$ 之值.

答案：$f(-1)=1$，$f(2)=2$.

隨堂練習 3 試求函數 $f(x)=\dfrac{5}{x^2-5x+6}$ 之定義域.

答案：$D_f=\{x\mid x\in \mathbb{R}, x\neq 2, x\neq 3\}=(-\infty, 2)\cup(2, 3)\cup(3, \infty)$.

在數學上有些常用的實值函數，敘述如下：

1. **多項式函數**

  若 $f(x)=a_0x^n+a_1x^{n-1}+a_2x^{n-2}+\cdots+a_{n-1}x+a_n$ 為一多項式，則函數 $f: x \to f(x)$ 稱為多項式函數. 若 $a_0\neq 0$，則 f 稱為 n 次多項式函數.

2. **恆等函數**

  若 $f(x)=x$，此時函數 $f: x \to x$ 將每一元素映至其本身，稱為恆等函數.

3. **常數函數**

  若 $f(x)=c$ $(c\in \mathbb{R})$，$\forall x\in \mathbb{R}$，此時函數 $f: x \to c$ 將每一元素映至一常數 c，稱為常數函數.

4. **零函數**

  $f(x)=0$，$\forall x\in \mathbb{R}$，稱為零函數.

5. **線性函數**

  $f(x)=ax+b$ $(a\neq 0)$ 稱為線性函數.

6. **二次函數**

  $f(x)=ax^2+bx+c$ $(a\neq 0)$ 稱為二次函數.

7. **平方根函數**

  若 $f(x)=\sqrt{x}$，則稱為平方根函數，其定義域為 $D_f=\{x\mid x\geq 0\}$，值域為 $R_f=\{y\mid y=f(x)\geq 0\}$.

8. 有理函數

若 $p(x)$、$q(x)$ 均為多項式函數，則函數 $f: x \to \dfrac{p(x)}{q(x)}$ （亦即 $f(x) = \dfrac{p(x)}{q(x)}$）

稱為**有理函數**，其定義域為 $D_f = \{x \mid q(x) \neq 0\}$。

9. 絕對值函數

$f(x) = |x|$ 或 $f(x) = \begin{cases} x, & \text{若 } x \geq 0 \\ -x, & \text{若 } x < 0 \end{cases}$，稱為**絕對值函數**。其定義域為 $D_f = \{x \mid x \in I\!R\}$，值域為 $R_f = \{y \mid y = f(x) \geq 0\}$。

例題 7 設 $f(x) = \sqrt{x^2 + 5x + 6}$，試求 $f(2)$ 之值。

解 當 $x = 2$ 時，則 $f(2) = \sqrt{(2)^2 + 5 \cdot 2 + 6} = \sqrt{20} = 2\sqrt{5}$。

習題 4-1

1. 設 $A = \{1, 2, 3, 4\}$，$B = \{10, 15, 20, 25\}$，下列各對應圖形是否為函數？若為函數，則求其值域。

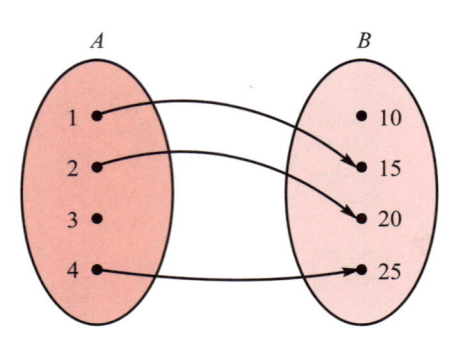

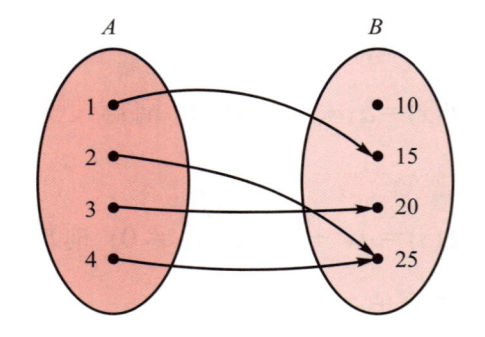

   (1)   (2)

(3)

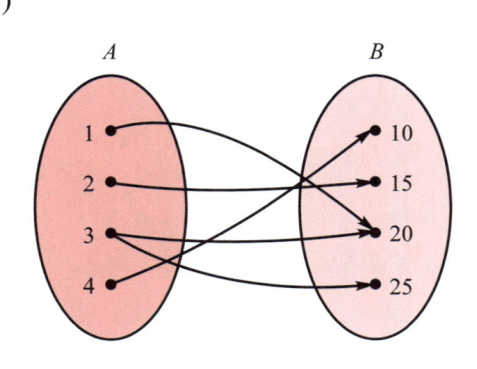

(4)

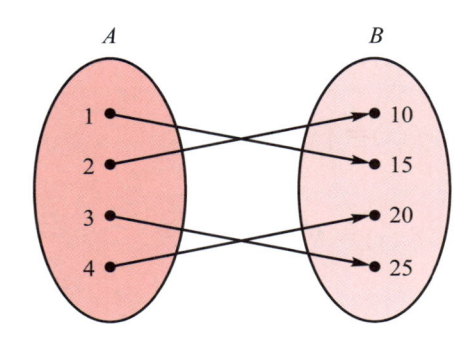

2. 下列圖形中，何者為函數圖形？

(1)

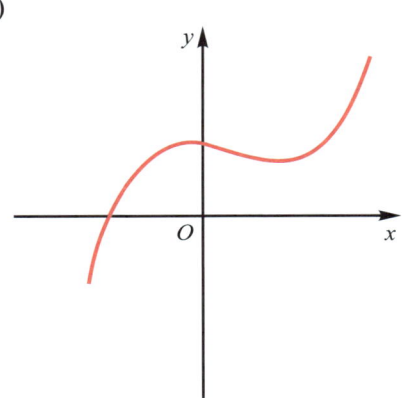

(2)

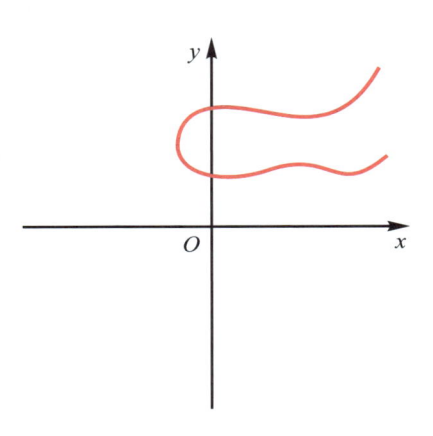

(3)

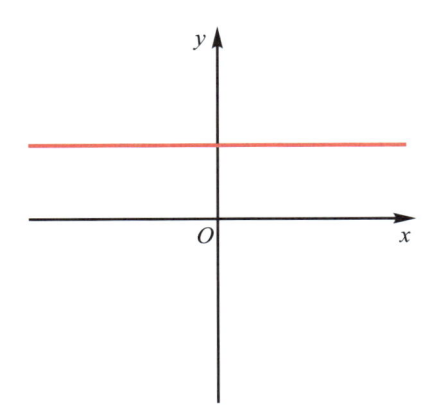

(4)

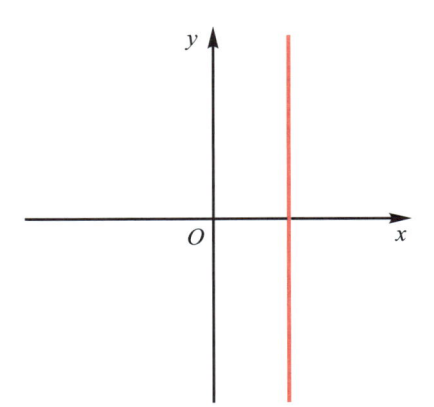

3. 若 $f(x)=\sqrt{x-1}+2x$，求 $f(1)$、$f(3)$ 與 $f(10)$。

求下列各函數的定義域 D_f.

4. $f(x)=4-x^2$

5. $f(x)=\sqrt{x^2-4}$

6. $f(x)=|x|-4$

7. $f(x)=\dfrac{x}{|x|}$

8. $f(x)=\sqrt{x-x^2}$

9. $g(x)=\dfrac{1}{\sqrt{3x-5}}$

10. $h(x)=\dfrac{2x+5}{\sqrt{(x-2)(x-1)^2}}$

11. 設函數 $f(x)=|x|+|x-1|+|x-2|$，求 $f\left(\dfrac{1}{2}\right)$ 與 $f\left(\dfrac{3}{2}\right)$.

12. 若 f 為線性函數，已知 $f(1)=-2$, $f(2)=3$，求 $f(x)=$?

13. 設 $f(x)$ 為二次多項式函數，且 $f(0)=1$, $f(-1)=3$, $f(1)=5$，求此多項式函數.

14. 設 $f(x)=\begin{cases} x+4, & \text{若 } x<-2 \\ x^2-2, & \text{若 } -2\leq x\leq 2 \\ x^3-x^2-2, & \text{若 } 2<x \end{cases}$，試計算 $f(-3)$、$f(-2)$、$f(0)$ 與 $f(3)$.

15. 設函數 $f(x)=ax+b$，試證

$$f\left(\dfrac{p+q}{2}\right)=\dfrac{1}{2}[f(p)+f(q)].$$

16. 設 $f(x)=ax^2+bx+c$，已知 $f(0)=1$, $f(-1)=2$, $f(1)=3$. 求 a、b 與 c 的值.

17. 已知函數 $f(x)$ 具有下列的性質：
    (i) $f(x+1)=f(x)$
    (ii) $f(-x)=-f(x)$
    求 (1) $f(0)$, (2) $f(11)$.

18. 設 $f(x)=2x^3-x^2+3x-5$，且 $g(x)=f(x-1)$，求 $g\left(\dfrac{1}{2}\right)=$?

19. 已知函數 $g(x)=\begin{cases} -3x^2+5, & \text{若 } x>2 \\ 4x-8, & \text{若 } -1<x\leq 2 \\ 3, & \text{若 } x\leq -1 \end{cases}$

   求 $g(4)$、$g(0)$、$g(-3)$ 之值.

4-2 函數的運算與合成

　　一個實數可經四則運算而得其**和**、**差**、**積**、**商**，同樣地，對於兩個實值函數 $f: A \to B$, $g: C \to D$，只要在兩者定義域的交集中，即 $A \cap C \neq \phi$，則我們可定義其和、差、積、商的函數，分別記為 $f+g$, $f-g$, $f \cdot g$, $\dfrac{f}{g}$，定義如下：

定義 4-3

若 $f: A \to B$, $g: C \to D$,
則 $f+g: x \to f(x)+g(x)$, $\forall x \in A \cap C$
　　$f-g: x \to f(x)-g(x)$, $\forall x \in A \cap C$
　　$f \cdot g: x \to f(x) \cdot g(x)$, $\forall x \in A \cap C$
　　$\dfrac{f}{g}: x \to \dfrac{f(x)}{g(x)}$, $\forall x \in A \cap C \cap \{x \mid g(x) \neq 0\}$

例題 1 設 $f(x)=\sqrt{x+3}$, $g(x)=\sqrt{9-x}$，求 $f+g$、$f-g$、$f \cdot g$ 及 $\dfrac{f}{g}$.

解 f 的定義域為
$$A=\{x \mid x+3 \geq 0\}=[-3, \infty)$$

g 的定義域為

$$C=\{x\,|\,9-x\geq 0\}=(-\infty,\,9]$$

故 $A\cap C=\{x\,|\,-3\leq x\leq 9\}=[-3,\,9]$

$$(f+g)(x)=\sqrt{x+3}+\sqrt{9-x},\ x\in[-3,\,9]$$
$$(f-g)(x)=\sqrt{x+3}-\sqrt{9-x},\ x\in[-3,\,9]$$
$$(f\cdot g)(x)=\sqrt{x+3}\sqrt{9-x}=\sqrt{(x+3)(9-x)},\ x\in[-3,\,9]$$
$$\left(\frac{f}{g}\right)(x)=\frac{\sqrt{x+3}}{\sqrt{9-x}}=\sqrt{\frac{x+3}{9-x}},\ x\in[-3,\,9).$$

隨堂練習 4 設 $f(x)=\sqrt{x-3}$，$g(x)=\sqrt{x^2-4}$，求 $f\cdot g$ 及 $\dfrac{f}{g}$．

答案：$(f\cdot g)(x)=\sqrt{x-3}\cdot\sqrt{x^2-4},\ x\in[3,\,\infty)$

$$\left(\frac{f}{g}\right)(x)=\frac{\sqrt{x-3}}{\sqrt{x^2-4}},\ x\in[3,\,\infty).$$

二實值函數除了可作上述的結合外，兩者亦可作一種很有用的結合，稱其為合成．現在我們考慮函數 $y=f(x)=(x^2+1)^3$，如果我們將它寫成下列的形式

$$y=f(u)=u^3$$

且 $$u=g(x)=x^2+1$$

則依取代的過程，我們可得到原來的函數，亦即，

$$y=f(x)=f(g(x))=(x^2+1)^3$$

此一過程稱為合成，故原來的函數可視為一合成函數．

一般而言，如果有二函數 $g:A\to B$，$f:B\to C$，且假設 x 為 g 函數定義域中之一元素，則可找到 x 在 g 之下的像 $g(x)$．若 $g(x)$ 在 f 的定義內，我們又可在 f 之下找到 C 中的像 $f(g(x))$．因此，就存在一個從 A 到 C 的函數：

$$f\circ g:A\to C$$

其對應於 $x \in A$ 的像為

$$(f \circ g)(x) = f(g(x))$$

此一函數稱為 g 與 f 的 合成函數.

定義 4-4

給予二函數 f 與 g，則 g 與 f 的合成函數記作 $f \circ g$（讀作 "f circle g"），定義為

$$(f \circ g)(x) = f(g(x))$$

此處 $f \circ g$ 的定義域為函數 g 定義域內所有 x 的集合，使得 $g(x)$ 在 f 的定義域內，如圖 4-3 的深色部分.

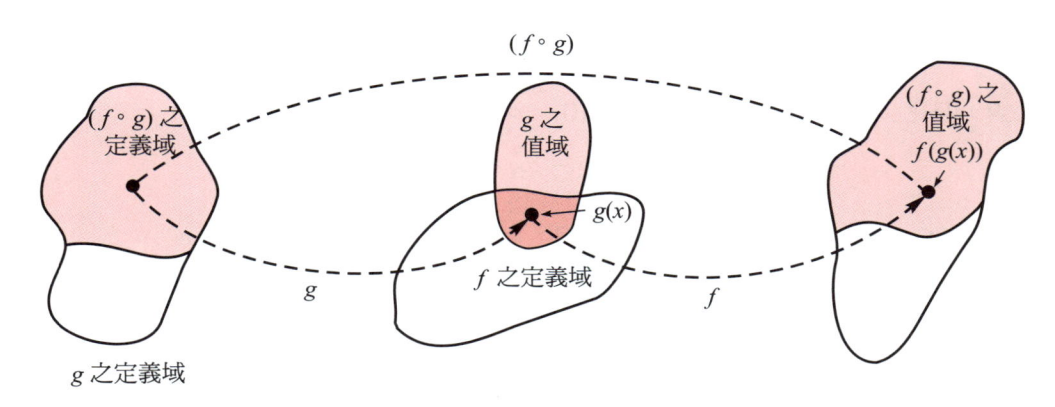

圖 4-3

例題 2 若 $g(x) = x - 4$，且 $f(x) = 3x + \sqrt{x}$，試求 $(f \circ g)(x)$ 與 $(f \circ g)(x)$ 的定義域.

解 依 g 與 f 的定義，求得 $(f \circ g)(x)$.

$$(f \circ g)(x) = f(g(x)) = f(x-4) = 3(x-4) + \sqrt{x-4} = 3x - 12 + \sqrt{x-4}$$

由上面最後一個等式顯示，僅當 $x \geq 4$ 時，$(f \circ g)(x)$ 始為實數，所以合成函數 $(f \circ g)(x)$ 的定義域必須將 x 限制在區間 $[4, \infty)$.

隨堂練習 5 若 $f(x)=\dfrac{6x}{x^2-9}$，且 $g(x)=\sqrt{3x}$，求 $(f\circ g)(4)$，並求 $(f\circ g)(x)$ 與其定義域.

答案：$(f\circ g)(4)=4\sqrt{2}$；$(f\circ g)(x)=\dfrac{2\sqrt{3x}}{x-3}$；$(f\circ g)(x)$ 之定義域為 $[0,3)\cup(3,\infty)$.

例題 3 若 $f(x)=x^2-2$，且 $g(x)=3x+4$，求 $(f\circ g)(x)$ 與 $(g\circ f)(x)$.

解 $(f\circ g)(x)=f(g(x))=f(3x+4)=(3x+4)^2-2=9x^2+24x+14$
$(g\circ f)(x)=g(f(x))=g(x^2-2)=3(x^2-2)+4=3x^2-2$.

例題 4 已知二函數 $f(x)=\sqrt{x}$ 及 $g(x)=x^2+1$，求合成函數 $g\circ f$，$f\circ g$ 是否有意義？若有意義，則求之.

解 由已知得 f 的定義域 $A=[0,\infty)$，$f(A)=[0,\infty)$
g 的定義域 $B=(-\infty,\infty)$，$g(B)=[1,\infty)$

因 $f(A)\subset B$，故 $g\circ f$ 有意義，且

$$(g\circ f)(x)=g(f(x))=g(\sqrt{x})=(\sqrt{x})^2+1=x+1.$$

因 $g(B)\subset A$，故 $f\circ g$ 有意義，且

$$(f\circ g)(x)=f(g(x))=f(x^2+1)=\sqrt{x^2+1}.$$

讀者應注意 $f\circ g$ 與 $g\circ f$ 並不相等，即函數的合成不具有交換律.

隨堂練習 6 若 $f(x)=x^3-1$，且 $g(x)=\sqrt[3]{x+1}$，試求 $(f\circ g)(x)$ 與 $(g\circ f)(x)$.

答案：$(f\circ g)(x)=x$，$(g\circ f)(x)=x$.

例題 5 若 $H(x)=\sqrt[3]{2-3x}$，求 f 與 g 使得 $(f\circ g)(x)=H(x)$.

解 令 $f(x)=\sqrt[3]{x}$，$g(x)=2-3x$

∴ $(f\circ g)(x)=f(g(x))=f(2-3x)=\sqrt[3]{2-3x}=H(x)$. ¶

隨堂練習 7 若 $H(x)=\left(1-\dfrac{1}{x^2}\right)^2$，求 f 與 g 使得 $(f\circ g)(x)=H(x)$.

答案：$f(x)=x^2$，$g(x)=1-\dfrac{1}{x^2}$.

習題 4-2

1. 設 $f(x)=x^2-1$，$g(x)=\sqrt{2x-1}$，求 $(f+g)(x)$，$(f-g)(x)$，$(f\cdot g)(x)$，$\left(\dfrac{f}{g}\right)(x)$.

2. 設 $f(x)=\dfrac{x-3}{2}$，$g(x)=\sqrt{x}$，求 $(f+g)(x)$，$(f-g)(x)$，$(f\cdot g)(x)$，$\left(\dfrac{f}{g}\right)(x)$.

3. 設 $f(x)=x^2+x$，且 $g(x)=\dfrac{2}{x+3}$，試求

    (1) $(f-g)(2)$ (2) $\left(\dfrac{f}{g}\right)(1)$ (3) $g^2(3)$.

4. 已知二函數 $f(x)=2x+1$，$g(x)=x^2$，試問 $f\circ g$ 與 $g\circ f$ 是否相等？

5. 已知 $f(x)$ 與 $g(x)$ 的函數值如下：

x	1	2	3	4
$f(x)$	2	3	1	4

x	1	2	3	4
$g(x)$	4	3	2	1

求 $(f\circ g)(2)$，$(f\circ g)(4)$，$(g\circ f)(1)$，$(g\circ f)(3)$.

6. 在下列各函數中，求 $(f\circ g)(x)$ 與 $(g\circ f)(x)$.

(1) $f(x)=\sqrt{x^2+4}$，$g(x)=\sqrt{7x^2+1}$．

(2) $f(x)=3x^2+2$，$g(x)=\dfrac{1}{3x^2+2}$．

7. 設 $f(x)=x^2+1$ 且 $g(x)=x+1$，試證明 $(f\circ g)(x)\neq(g\circ f)(x)$．

8. 若 $H(x)=\left(\dfrac{1}{x+1}\right)^{10}$，求 f 與 g 使得 $(f\circ g)(x)=H(x)$．

9. 若 $H(x)=\sqrt[4]{x^2+2}$，求 f 與 g 使得 $(f\circ g)(x)=H(x)$．

10. 若 $H(x)=\sqrt{x^2+x-1}$，求 f 與 g 使得 $(f\circ g)(x)=H(x)$．

11. 設 $g(x)=\dfrac{ax+b}{cx-a}$，求 $g(g(x))$，$(a^2+bc\neq 0)$．

12. 設函數 $f\left(\dfrac{1}{x}\right)=\dfrac{1-x}{1+x}$ （其中 $x\neq 0,-1$），求 $f(x)$．

13. 若 $f\left(\dfrac{1+x}{1-x}\right)=\dfrac{2+x}{2-x}$，求 $f\left(\dfrac{1}{2}\right)$．

若 $f(x)=\begin{cases}1-x, & x\leq 1\\ 2x-1, & x>1\end{cases}$，$g(x)=\begin{cases}0, & x<2\\ -1, & x\geq 2\end{cases}$ 求下列各函數，並求其定義域．

14. $(f+g)(x)$ 15. $(f-g)(x)$ 16. $(f\cdot g)(x)$

17. $f(x)=\begin{cases}\vdots\\ -3, & -3\leq x<-2\\ -2, & -2\leq x<-1\\ -1, & -1\leq x<0\\ 0, & 0\leq x<1\\ 1, & 1\leq x<2\\ 2, & 2\leq x<3\\ 3, & 3\leq x<4\\ \vdots\end{cases}$ 求 (1) $f(0.2)$，(2) $f(2.5)$，(3) $f(3)$ 之值．

18. 若 $f(x)=|x|$，$g(x)=x^2+1$，試證明 $(f\circ g)(x)=x^2+1$．

4-3 函數的圖形

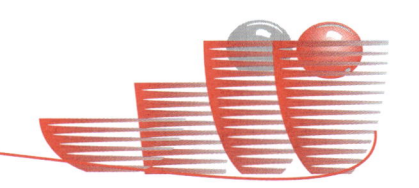

設 f 為定義於 A 的實值函數,則對任意 $x \in A$,坐標平面上恰有一點 $(x, f(x))$ 與之對應,所有這種點所成的集合

$$\{(x, f(x)) \mid x \in A\} \text{ 稱為函數 } f \text{ 的圖形}$$

若 A 為有限集合,則其圖形亦為有限點的集合,故可於坐標平面上完全描出. 若 A 為無限集合,則其圖形亦為無限點的集合,此時可描出更多點,再將這些點連接起來以得其概略圖形.

例題 1 試作函數 $y = 3x - 6$ 的圖形.

解 求出一串 x 與 y 的對應值,列表如下:

x	$\cdots$	-1	0	1	2	3	$\cdots$
y	$\cdots$	-9	-6	-3	0	3	$\cdots$

描出表中各組對應數為坐標之點,並連接各點,可得所求的圖形為直線 $\overline{AB}$,凡是一次函數的圖形,均是直線,如圖 4-4 所示.

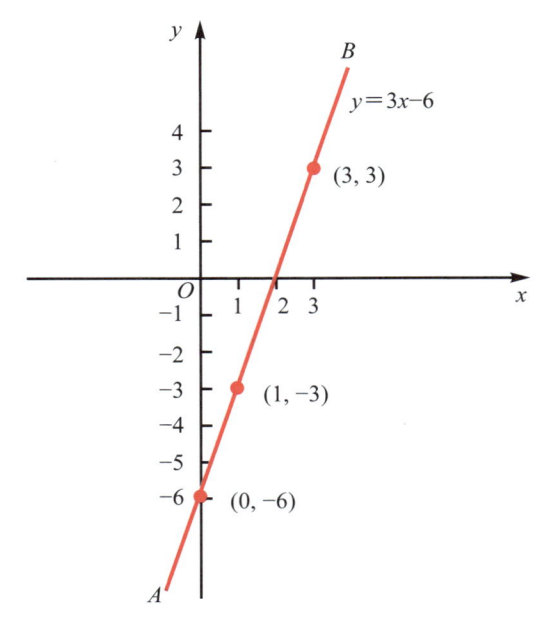

圖 4-4

隨堂練習 8 試作函數 $f(x) = |x-2|$ 的圖形.

凡是由方程式 $y = ax^2 + bx + c$，其中 a、b、$c \in \mathbb{R}$，且 $a \neq 0$ 所表示的函數稱為**二次函數**，記為 $y = f(x) = ax^2 + bx + c$，x 為自變數，y 為應變數. 一個二次函數 $y = ax^2 + bx + c$ 的圖形為拋物線，就是集合

$$\{(x, y) \mid y = ax^2 + bx + c\}$$

在坐標平面上所對應的點集合.

例題 2 試繪二次函數 $y = x^2$ 與 $y = x^2 + 3$ 的圖形.

解 依據函數圖形的描繪，其圖形如圖 4-5 所示.

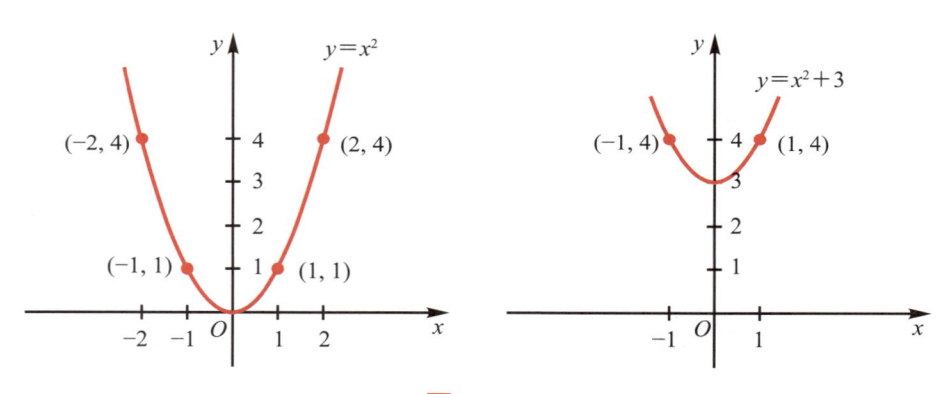

圖 4-5

例題 3 試作函數 $y = 6x - 2x^2$ 的圖形，並求此函數的最大值或最小值.

解 $y = 6x - 2x^2 = -2(x^2 - 3x)$

$$= -2\left[x^2 - 3x + \frac{9}{4} - \frac{9}{4}\right]$$

$$= -2\left[\left(x - \frac{3}{2}\right)^2 - \frac{9}{4}\right]$$

$$= \frac{9}{2} - 2\left(x - \frac{3}{2}\right)^2$$

第四章　函數與函數的圖形

故求得二次函數所表拋物線之頂點為 $\left(\dfrac{3}{2}, \dfrac{9}{2}\right)$，且拋物線之開口向下.

再依大小順序給予 x 一串的實數值，並求出函數 y 的各對應值，列表如下：

x	$\cdots$	-2	-1	0	1	2	3	4	$\cdots$
y	$\cdots$	-20	-8	0	4	4	0	-8	$\cdots$

用表中各組對應值為坐標，描出各點，再用平滑的曲線連接這些點，即得所求的圖形，如圖 4-6 所示.

因為圖形沒有最低點，所以函數沒有最小值. 圖形的最高點為 $\left(\dfrac{3}{2}, \dfrac{9}{2}\right)$，因此，函數有最大值 $\dfrac{9}{2}$.

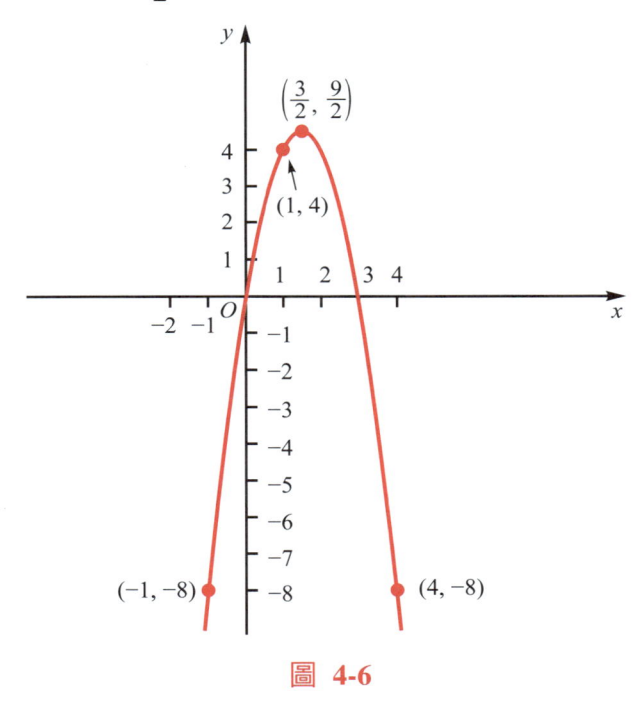

圖 4-6

隨堂練習 9　試作函數

$$f(x) = \begin{cases} \sqrt{x-1}, & \text{若 } x \geq 1 \\ 1-x, & \text{若 } x < 1 \end{cases}$$

的圖形.

描繪函數圖形時，若知圖形的對稱性，則對於圖形的描繪，助益甚多．

定義 4-5

設 f 為實函數，若 $f(x)=f(-x)$，$\forall x\in D_f$，則稱 f 為偶函數；若 $-f(x)=f(-x)$，$\forall x\in D_f$，則稱 f 為奇函數．

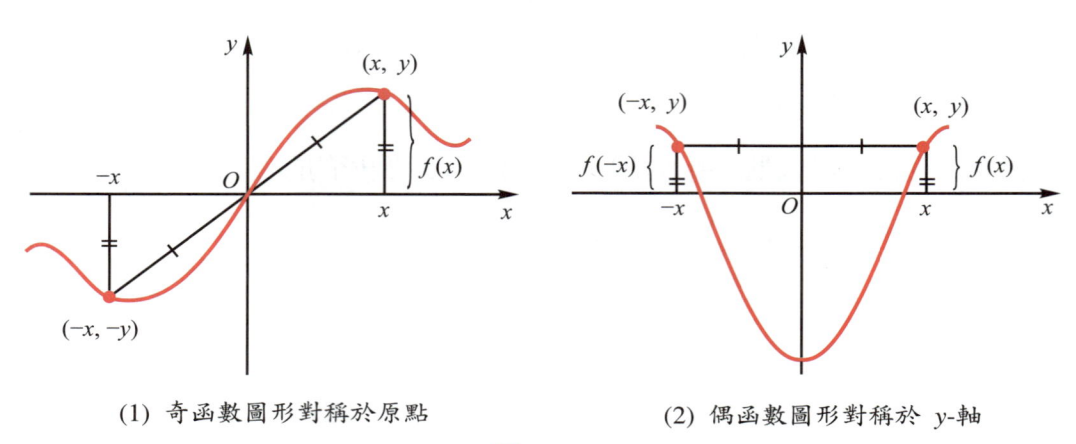

(1) 奇函數圖形對稱於原點　　　　(2) 偶函數圖形對稱於 y-軸

圖 4-7

上面兩個圖形（圖 4-7），分別表奇函數與偶函數，奇函數之圖形對稱於原點，偶函數之圖形對稱於 y-軸．

由上述之定義，我們可以考慮函數圖形的對稱性．

若 f 為偶函數，則

$$\text{點 }(x_0, y_0) \text{ 在 } f \text{ 的圖形上}$$
$$\Leftrightarrow y_0 = f(x_0) = f(-x_0)$$
$$\Leftrightarrow \text{點 }(-x_0, y_0) \text{ 在 } f \text{ 的圖形上}$$

因 (x_0, y_0) 與 $(-x_0, y_0)$ 對 y-軸為對稱點，故 f 的圖形對稱於 y-軸．

若 f 為奇函數，則

$$\text{點 }(x_0, y_0) \text{ 在 } f \text{ 的圖形上}$$
$$\Leftrightarrow y_0 = f(x_0)$$
$$\Leftrightarrow -y_0 = -f(x_0) = f(-x_0)$$

⇔ 點 $(-x_0, y_0)$ 在 f 的圖形上

因 (x_0, y_0) 與 $(-x_0, -y_0)$ 對原點為對稱點，故 f 的圖形對稱於原點.

隨堂練習 10　試證函數 $f(x)=3x^4+2x^2+5$ 為一偶函數.

例題 4　試繪出 $f(x)=|x|$ 的圖形.

解　$f(x)=|x|=|-x|=f(-x), \forall x \in \mathbb{R}$

故 f 為偶函數，且 f 的圖形對稱於 y-軸，如圖 4-8 所示，

當 $x \geq 0, f(x)=|x|=x.$

當 $x < 0, f(x)=|x|=-x.$

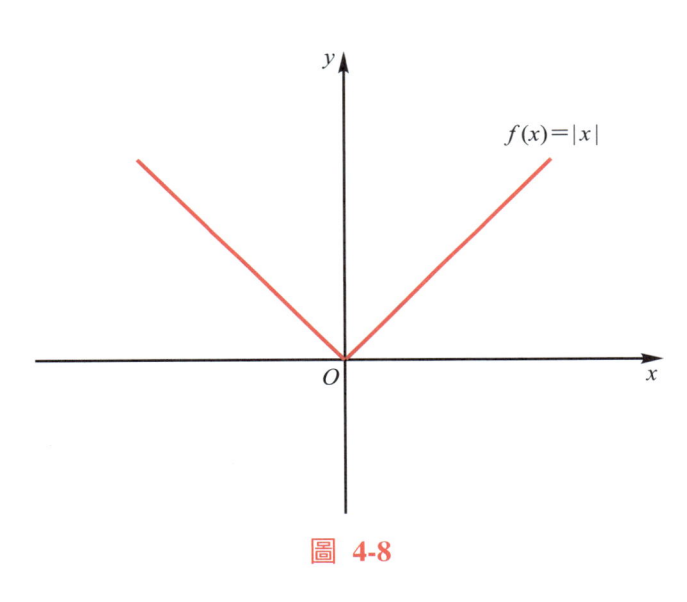

圖 4-8

例題 5　試繪出 $f(x)=\dfrac{1}{x}$ 的圖形.

解　$f(x)=\dfrac{1}{x}, \ -f(x)=-\dfrac{1}{x}=f(-x)$，故 f 為奇函數，且 f 的圖形對稱於原點，如圖 4-9 所示.

當 $x>0$ 時，$f(x)=\dfrac{1}{x}>0$；當 $x<0$ 時，$f(x)=\dfrac{1}{x}<0.$

圖 4-9

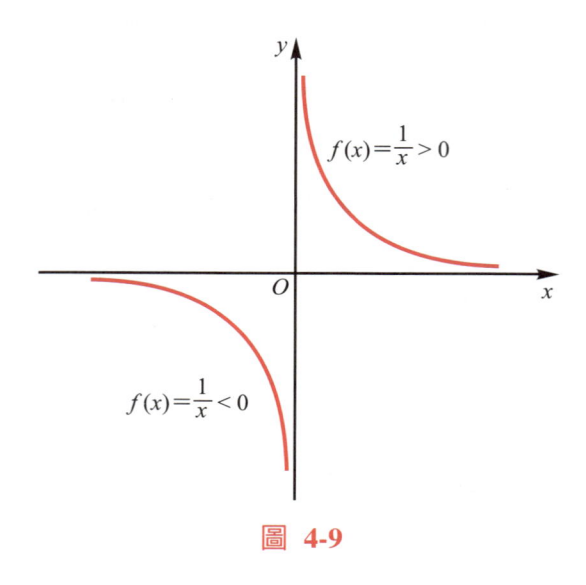

某些較複雜之函數圖形可由較簡單之函數圖形，利用平移之方法而得之．例如，對相同的 x 值，$y=x^2+2$ 的 y 值較 $y=x^2$ 的 y 值多 2，故 $y=x^2+2$ 之圖形在形狀上與 $y=x^2$ 之圖形相同，但位於 $y=x^2$ 圖形上方 2 個單位，如圖 4-10 所示．

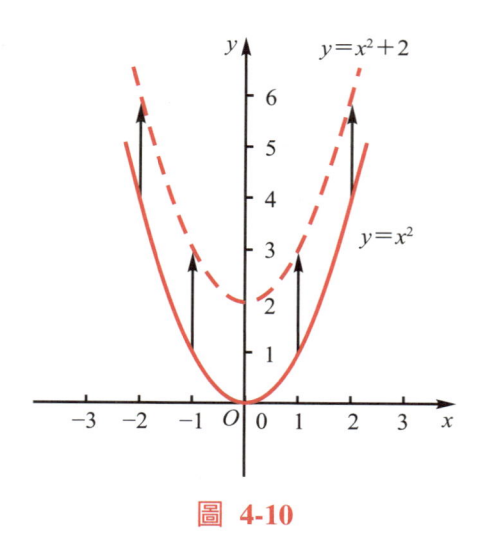

圖 4-10

一般而言，垂直平移 $(c>0)$ 敘述如下：

$y=f(x)+c$ 的圖形位於 $y=f(x)$ 的圖形上方 c 個單位．
$y=f(x)-c$ 的圖形位於 $y=f(x)$ 的圖形下方 c 個單位．

第四章　函數與函數的圖形

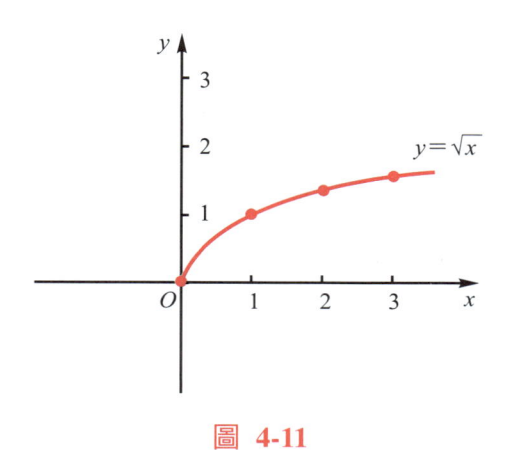

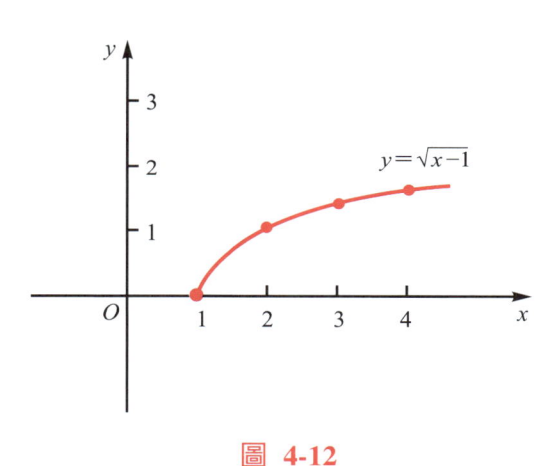

圖 4-11

圖 4-12

現在，我們考慮水平平移，例如，平方根函數 $f(x)=\sqrt{x}$ 的定義域為 $D_f=\{x\,|\,x\geq 0\}$，其圖形「開始」處在 $x=0$，如圖 4-11 所示.

考慮函數 $f(x)=\sqrt{x-1}$，其定義域為 $D_f=\{x\,|\,x\geq 1\}$，圖形的「開始」處在 $x=1$，如圖 4-12 所示. $y=\sqrt{x-1}$ 之圖形是將 $y=\sqrt{x}$ 之圖形向右平移一個單位而得.

一般而言，水平平移 ($c>0$) 敘述如下：

> $y=f(x-c)$ 之圖形是在 $y=f(x)$ 之圖形右邊 c 個單位.
> $y=f(x+c)$ 之圖形是在 $y=f(x)$ 之圖形左邊 c 個單位.

如圖 4-13 所示.

圖 4-13

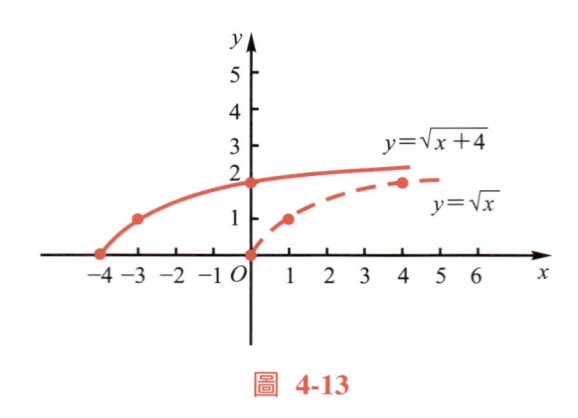

隨堂練習 11 試繪出下列函數之圖形：

(1) $f(x)=|x-4|$，(2) $f(x)=|x+4|$.

習題 4-3

試決定下列各函數為偶函數抑或奇函數？

1. $f(x)=x^4+1$
2. $f(x)=\dfrac{3x}{x^2+1}$
3. $f(x)=x^3+x$
4. $f(x)=\dfrac{2x^2}{x^4+2}$
5. $f(x)=x^3$
6. $f(x)=x^6+x^4+1$
7. $f(x)=|x^2-4|$

試作下列各函數的圖形.

8. $f(x)=-x-1$，$-2 \leq x \leq 1$
9. $y=f(x)=x^2-2$
10. $y=f(x)=-x^2$
11. $y=f(x)=|x+1|$
12. $y=f(x)=\begin{cases} |x-1|, & \text{若 } x \neq 1 \\ 1, & \text{若 } x=1 \end{cases}$
13. $y=f(x)=\dfrac{2}{x-1}$
14. $y=f(x)=\begin{cases} x^2, & \text{若 } x \leq 0 \\ 2x+1, & \text{若 } x > 0 \end{cases}$
15. $f(x)=\begin{cases} -x, & \text{若 } x < 0 \\ 2, & \text{若 } 0 \leq x < 1 \\ x^2, & \text{若 } x \geq 1 \end{cases}$

16. $f(x) = \begin{cases} x, & \text{若 } x \leq 1 \\ -x^2, & \text{若 } 1 < x < 2 \\ x, & \text{若 } x \geq 2 \end{cases}$

17. 設 $x \in \mathbb{R}$，令 $[[x]]$ 表示小於或等於 x 的最大整數，即，若 $n \leq x < n+1$，則 $[[x]] = n$, $n \in \mathbb{Z}$. $f(x) = [[x]]$ 稱之為**高斯函數**，試繪其圖形.

18. 試繪 $f(x) = x - [[x]]$ 之圖形.

19. 先作 $h(x) = |x|$ 之圖形後，再利用平移方法作出 $g(x) = |x+3| - 4$ 之圖形.

20. 在同一坐標平面上先作 $f(x) = 2x^2$ 之圖形，再利用平移方法作出 $g(x) = 2(x-1)^2$ 之圖形.

4-4 反函數

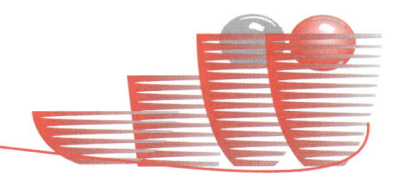

若函數 f 由定義域 A 中取某一數 x，則在值域 B 中有一單一值 y 與其對應. 反過來，如果對 B 中某一 y 值，可找到另外的函數將 y 對應到 x，則此新函數可定義為 $x = f^{-1}(y)$，注意 f^{-1} 的定義域為 B 且值域為 A，而此一函數 f^{-1} 就稱為 f 的**反函數**.

如圖 4-14 所示，我們考慮兩函數 $y = f(x) = 2x$ 與 $y = f(x) = x^3$，則求得 $x = f^{-1}(y) = \frac{1}{2}y$ 與 $x = f^{-1}(y) = y^{1/3}$. 在每一種情形中，我們只要在方程式 $y = f(x)$ 中解出 x，以 y 表示之，則可得 $x = f^{-1}(y)$，但必須注意並非每一函數均有反函數. 例如 $y = f(x) = x^2$，給予一 y 值就有兩個 x 值與之對應，如圖 4-15 所示，此函數沒有反函數，除非對 x 之值加以限制.

在此，我們可利用一簡單的方法來判斷函數 f 是否具有反函數，那就是如果函數 f 為一對一函數，就有反函數存在.

(1)　　　　　　　　　　　　　　(2)

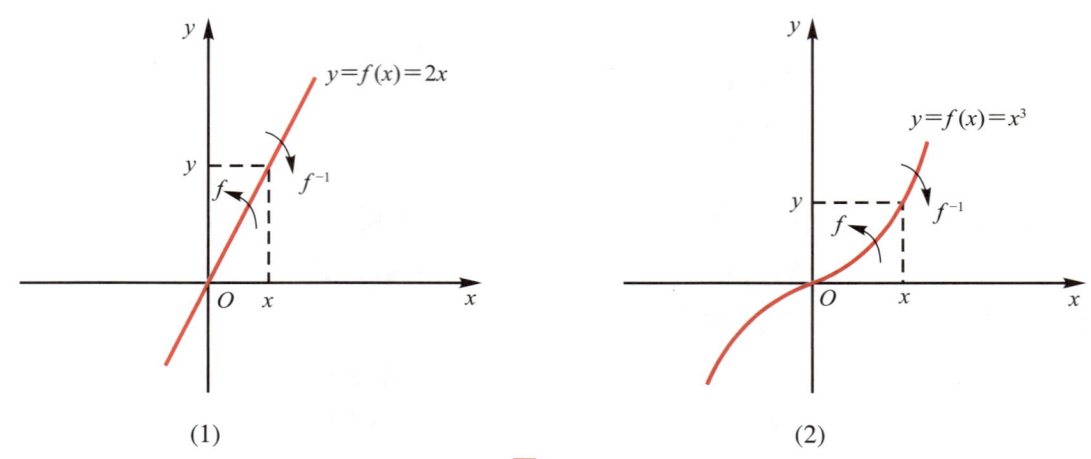

圖 4-14

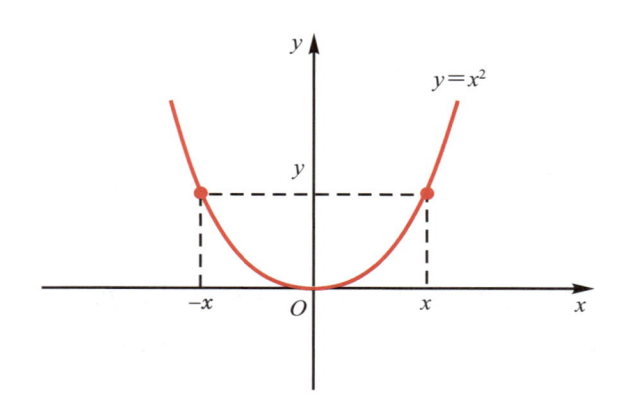

函數 f 為一對一 $\Leftrightarrow$ "$\forall x_1, x_2 \in D_f, f(x_1)=f(x_2) \Rightarrow x_1=x_2$"
$\Leftrightarrow$ "$\forall x_1, x_2 \in D_f, x_1 \neq x_2 \Rightarrow f(x_1) \neq f(x_2)$"

圖 4-15

換句話說，設 $f: A \rightarrow B$ 為一對一函數，則對 $f(A)$ 的任一個元素 b，在 A 中必有一個且僅有一個元素 a，使得 $f(a)=b$，同理，對於 A 中的元素 a，在 $f(A)$ 中必有一個且僅有一個元素 b 與之對應使得 $f^{-1}(b)=a$. 由反函數之定義得知

$$f^{-1}(f(x))=x, \quad \forall x \in A$$
$$f(f^{-1}(y))=y, \quad \forall y \in f(A)$$

(4-4-1)

由上面討論，一對一函數 f 具有反函數 f^{-1}，故 f 為可逆函數.

註：(1) 符號 f^{-1} 唸成 "f inverse" 並不表示 $\dfrac{1}{f}$．

(2) f^{-1} 的定義域＝f 的值域，f^{-1} 的值域＝f 的定義域．

例題 1 設 $X=\{1, 2, 3, 4\}$，$Y=\{a, b, c, d\}$，試問下列各對應圖形何者為一對一函數？

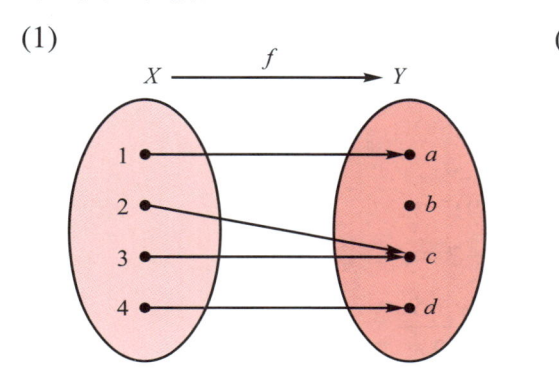

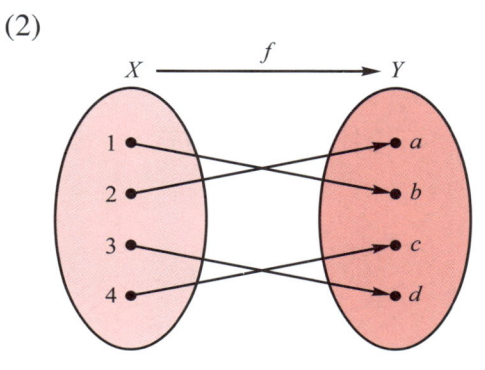

(1)

(2)

解 (1) 因 $2 \neq 3$ 且 $f(2)=f(3)=c$，所以 f 不是一對一函數．

(2) 因 $f(1)=b$，$f(2)=a$，$f(3)=d$，$f(4)=c$，任意兩元素 x_1、x_2，$x_1 \neq x_2$ 時，$f(x_1) \neq f(x_2)$ 恆成立，故 f 是一對一函數．

定理 4-1

設 f 為可逆函數，f^{-1} 為其反函數，則 f^{-1} 亦為可逆函數．

定理 4-2

設 f 為可逆函數，則 $(f^{-1})^{-1}=f$．

例題 2 設 $f(x)=2x-7$，(1) 試證 f 有反函數，(2) 求其反函數，並驗證式 (4-4-1)．

解 (1) 欲證 f 有反函數，只須證明 f 為一對一函數.

f 的定義域為 $\mathbb{R}$，對任意 $x_1 \cdot x_2 \in \mathbb{R}$，若 $f(x_1)=f(x_2)$，則

$$2x_1 - 7 = 2x_2 - 7$$

$$x_1 = x_2$$

可知 f 為一對一函數，故 f 具有反函數.

(2) $y = f(x) = 2x - 7 \Rightarrow x = f^{-1}(y) = \dfrac{y+7}{2}$

對任一 $y \in f(\mathbb{R})$，

$$f(f^{-1}(y)) = y$$
$$2f^{-1}(y) - 7 = y$$
$$f^{-1}(y) = \dfrac{y+7}{2}$$

故 $f^{-1} : x \to \dfrac{x+7}{2}$ 為 f 的反函數.

另外，

$$f^{-1}(f(x)) = f^{-1}(2x-7) = \dfrac{2x-7+7}{2} = x$$

$$f(f^{-1}(y)) = f\left(\dfrac{y+7}{2}\right) = 2 \cdot \dfrac{y+7}{2} - 7 = y.$$

例題 3 求 $f(x) = \sqrt{x-2}\ (x \geq 2)$ 的反函數.

解 令 $y = \sqrt{x-2}$，則 $y^2 = x - 2$，可得 $x = y^2 + 2$，

即 $x = f^{-1}(y) = y^2 + 2,\ y \geq 0$

故 $y = f^{-1}(x) = x^2 + 2\ (x \geq 0)$

為 f 的反函數.

第四章　函數與函數的圖形

隨堂練習 12　求 $f(x)=2x^3-5$ 的反函數.

答案：$y=f^{-1}(x)=\sqrt[3]{\dfrac{x+5}{2}}$.

隨堂練習 13　設 $f(x)=2x^3+5x+3$，若 $f^{-1}(x)=1$，試求 x 之值.

答案：$x=10$.

　　有了平面直角坐標系與函數圖形的觀念後，現就 $y=f(x)$ 與 $y=f^{-1}(x)$ 之圖形間的關係加以說明．假設 f 有一反函數，則由定義知 $y=f(x)$ 與 $x=f^{-1}(y)$ 確定同一點 (x, y)，得到相同的圖形．至於 $y=f^{-1}(x)$ 的圖形呢？由於我們已將 x 及 y 交換成不同變數，所以我們應該會想到將變數 x 與 y 交換之後所得的圖形為<u>鏡射</u>於直線 $x=y$ 的圖形．因而 $y=f^{-1}(x)$ 的圖形正好是將 $y=f(x)$ 的圖形對直線 $y=x$ 作對稱而獲得的圖形，如圖 4-16 所示．

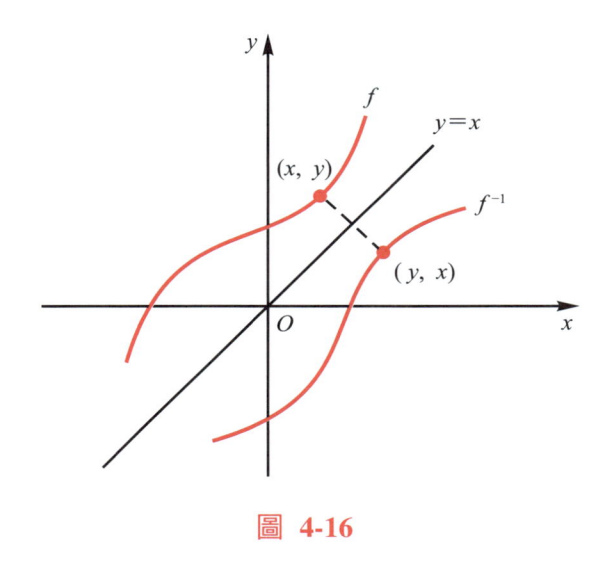

圖 4-16

例題 4　因函數 $f(x)=2x-5$ 與函數 $f^{-1}(x)=\dfrac{1}{2}(x+5)$ 互為反函數，故 $f(x)=2x-5$ 與 $f^{-1}(x)=\dfrac{1}{2}(x+5)$ 的圖形必對稱於直線 $y=x$，如圖 4-17 所示．

$y=f^{-1}(x)=\frac{1}{2}(x+5)$

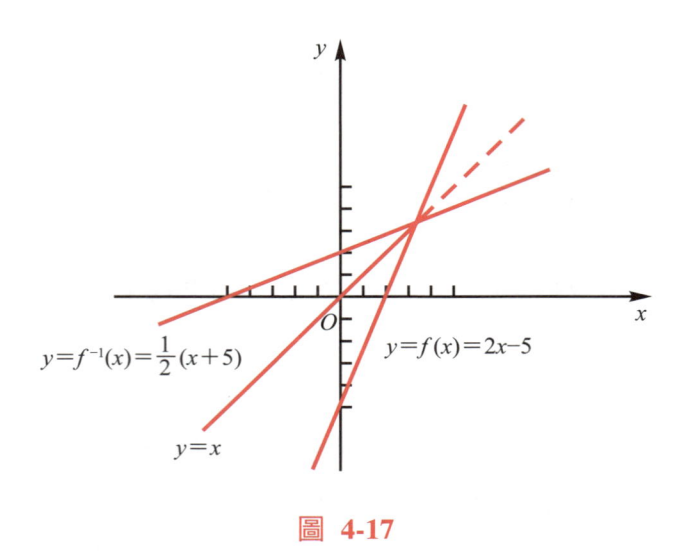

$y=f(x)=2x-5$

$y=x$

圖 4-17

隨堂練習 14 試將 $f(x)=x^2\ (x\geq 0)$ 之圖形與其反函數的圖形繪在同一坐標平面上.

答案：$f^{-1}(x)=\sqrt{x}$.

習題 4-4

1. 設 $A=\{2,4,6,8\}$，$B=\{a,b,c,d\}$，試問下列各對應關係，何者為一對一函數？

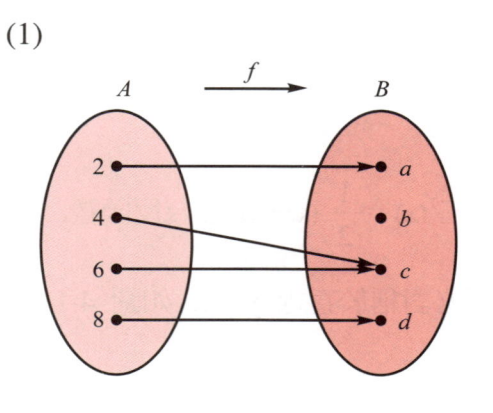

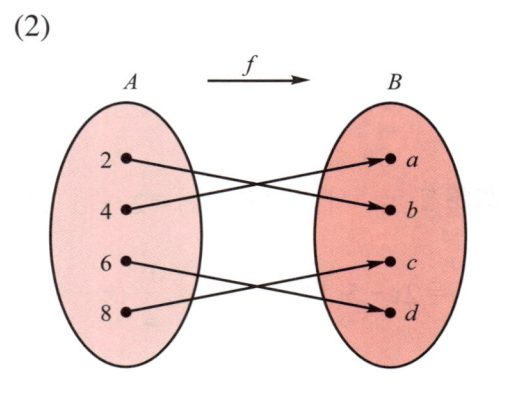

(1)

(2)

試指出下列各函數中何者為可逆函數.

2. $f(x) = x+5$
3. $f(x) = x^2 - 2$
4. $f(x) = \dfrac{x-3}{2}$
5. $f(x) = -(x+3)$
6. $f(x) = x^3$
7. $f(x) = \sqrt{1-4x^2} \left(0 \leq x \leq \dfrac{1}{2} \right)$
8. $f(x) = x^2 + 4 \ (x \geq 0)$

試求下列各函數的反函數.

9. $f(x) = x+5$
10. $f(x) = \dfrac{x-3}{2}$
11. $f(x) = x^3$
12. $f(x) = 6 - x^2, \ 0 \leq x \leq \sqrt{6}$
13. $f(x) = 2x^3 - 5$
14. $f(x) = \sqrt[3]{x} + 2$
15. $f(x) = \sqrt{1-4x^2} \left(0 \leq x \leq \dfrac{1}{2} \right)$.

16. 設 $f(x) = x^2, \ x \in I\!R$
    (1) 試問 $f(x)$ 是否有反函數,為什麼?
    (2) 我們應如何限制 x 之值使 $f(x)$ 具有反函數.
    (3) 試將 $f(x)$ 與 $f^{-1}(x)$ 之圖形繪在同一坐標平面上.

17. 試求 $f(x) = x^3 + 1$ 的反函數並證明 $f(f^{-1}(x)) = x$.

18. 試證:$f(x) = \dfrac{3-x}{1-x}$ 為其本身的反函數.

19. 設 $f(x) = 3x+1$,$g(x) = 2x-3$,試證 $f \circ g$、$g \circ f$ 均為可逆函數,並分別求其反函數.

5

指數與對數

- ❀ 指數與其運算
- ❀ 指數函數與其圖形
- ❀ 對數與其運算
- ❀ 常用對數
- ❀ 對數函數與其圖形

5-1 指數與其運算

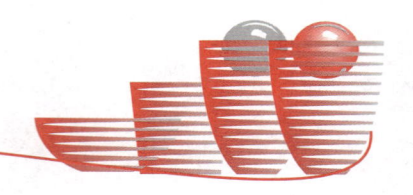

指數符號是十七世紀法國數學家笛卡兒所提出的，在天文學、物理學、生物學及統計學常常會用到．

有關數字的計算，經常需要將某一個數字連續自乘若干次，其結果就是這個數字的連乘積．例如：

$$2\times 2\times 2\times 2\times 2\times 2 = 64$$

為 2 的連乘積，此一連乘積為了書寫方便，常記作

$$2\times 2\times 2\times 2\times 2\times 2 = 2^6.$$

定義 5-1

對於每一個實數 a，以記號 "a^n" 代表 a 自乘 n 次的乘積，即

$$\underbrace{a \cdot a \cdot a \cdot \cdots \cdot a}_{\text{共 } n \text{ 個}} = a^n$$

讀作 "a 的 n 次方"，或 "a 的 n 次冪"．
此時，a^n 稱為指數式，其中 a 叫做底數，n 叫做指數．

一般而言，"a^2" 讀作 "a 的平方" 而 "a^3" 讀作 "a 的立方"．

定理 5-1　指數律

設 $a \neq 0, b \neq 0, a, b \in \mathbb{R}, m, n \in \mathbb{N}$，則指數的運算有下列的性質，稱為**指數律**：

(1) $a^m \cdot a^n = a^{m+n}$

(2) $(a^m)^n = a^{mn}$

(3) $(a \cdot b)^n = a^n \cdot b^n$

(4) $\dfrac{a^m}{a^n} = a^{m-n}$ $(a \neq 0, \ m > n)$

(5) $\left(\dfrac{a}{b}\right)^n = \dfrac{a^n}{b^n}$ $(b \neq 0)$

證：(1) $a^m \cdot a^n = \underbrace{(a \cdot a \cdot \cdots \cdot a)}_{m \text{ 個}} \cdot \underbrace{(a \cdot a \cdot \cdots \cdot a)}_{n \text{ 個}}$

$= \underbrace{a \cdot a \cdot \cdots \cdot a \cdot a \cdot a \cdot \cdots \cdot a}_{m+n \text{ 個}}$

$= a^{m+n}$.

(2) $(a^m)^n = \underbrace{(a \cdot a \cdot \cdots \cdot a)}_{m \text{ 個}} \cdot \underbrace{(a \cdot a \cdot \cdots \cdot a)}_{m \text{ 個}} \cdots \underbrace{(a \cdot a \cdot \cdots \cdot a)}_{m \text{ 個}}$

$= \underbrace{(a \cdot a \cdot \cdots \cdot a \cdot a \cdot a \cdot a \cdot \cdots \cdot a \cdot a \cdot a \cdot \cdots \cdot a)}_{mn \text{ 個}}$

$= a^{mn}$.

(3)、(4) 與 (5) 留給讀者自行證明。

在上述指數律中的指數，均限定為正整數，我們亦可將指數推廣到整數、有理數，甚至於實數，並使指數律仍然成立，現在討論如何定義整數指數，才能使指數律仍然成立。

設 a 是一個不等於 0 的實數，n 是一個正整數，欲使
$$a^0 \cdot a^n = a^{0+n} = a^n$$
成立，必須規定 $a^0 = 1$．

又欲使
$$a^{-n} \cdot a^n = a^{-n+n} = a^0 = 1$$
成立，必須規定
$$a^{-n} = \frac{1}{a^n}$$

因此，對整數指數，我們有下面定義：

定義 5-2

設 a 是一個不等於 0 的實數，n 是正整數，我們規定
(1) $a^0 = 1$
(2) $a^{-n} = \dfrac{1}{a^n}$．

依照上述定義，我們可以證明在整數系 $\mathbb{Z}$ 中，指數律仍然成立．

例題 1 求 (1) $2^3 \cdot 4^2$，(2) $2^4 \cdot 32^4$．

解 (1) $2^3 \cdot 4^2 = 2^3 \cdot (2^2)^2 = 2^3 \cdot 4^2 = 2^7$．
(2) $2^4 \cdot 32^4 = 2^4 \cdot (2^5)^4 = 2^4 \cdot 2^{20} = 2^{24}$．

隨堂練習 1 試求下列各式的值．
(1) $(\sqrt{2}+3)^0$，(2) 4^{-3}，(3) $(\sqrt{2}+1)^{-2}$，(4) $3^3 \cdot 9^4$．

答案：(1) 1，(2) $\dfrac{1}{64}$，(3) $3-2\sqrt{2}$，(4) 3^{11}．

定理 5-2

設 a、b 是兩個實數，$ab \neq 0$，m、n 是兩個整數，則有

(1) $a^m \cdot a^n = a^{m+n}$

(2) $(a^m)^n = a^{mn}$

(3) $(ab)^m = a^m b^m$.

我們僅證明 (1) 式，其餘留給讀者自證.

證：(1) 若 m、n 均是正整數，則 $a^m \cdot a^n = a^{m+n}$ 成立.

(2) 設 $m > 0$，$n < 0$.

$n < 0 \Rightarrow -n > 0$

① $m > -n \Rightarrow a^m \cdot a^n = \dfrac{a^m}{a^{-n}} = a^{m-(-n)} = a^{m+n}$

② $m < -n \Rightarrow a^m \cdot a^n = \dfrac{a^m}{a^{-n}} = \dfrac{1}{a^{-n-m}} = \dfrac{1}{a^{-(n+m)}} = a^{m+n}$

綜上討論，可得
$$a^m \cdot a^n = a^{m+n}$$

對 $m < 0$，$n > 0$，同理可證.

(3) 若 $m < 0$，$n < 0$，則
$$a^m \cdot a^n = \dfrac{1}{a^{-m}} \cdot \dfrac{1}{a^{-n}} = \dfrac{1}{a^{-(m+n)}} = a^{m+n}$$

由 (1)、(2)、(3)，證得 $a^m \cdot a^n = a^{m+n}$.

例題 2 若 $n + n^{-1} = 5$，求 $n^2 + n^{-2}$.

解 $n^2 + n^{-2} = n^2 + 2 + n^{-2} - 2 = (n + n^{-1})^2 - 2 = 5^2 - 2 = 25 - 2 = 23$.

例題 3 試化簡下列各式：

(1) $(a^2+b^{-2})(a^2-b^{-2})$

(2) $[a^3(a^{-2})^4]^{-1}$

(3) $(a^{-3}b^2)^{-2}$

解 (1) $(a^2+b^{-2})(a^2-b^{-2})=(a^2)^2-(b^{-2})^2=a^4-b^{-4}$.

(2) $[a^3(a^{-2})^4]^{-1}=(a^3 \cdot a^{-8})^{-1}=(a^{3-8})^{-1}=(a^{-5})^{-1}=a^5$.

(3) $(a^{-3}b^2)^{-2}=(a^{-3})^{-2}(b^2)^{-2}=a^{(-3)(-2)} \cdot b^{2(-2)}=a^6 \cdot b^{-4}=\dfrac{a^6}{b^4}$. ¶

例題 4 化簡 $(3^2 \cdot 3^{-3})^{-2}+(3^5+5^4)^0$.

解 $(3^2 \cdot 3^{-3})^{-2}+(3^5+5^4)^0=(3^{2-3})^{-2}+1=(3^{-1})^{-2}+1$
$\qquad\qquad\qquad\qquad\qquad\quad =3^{(-1) \cdot (-2)}+1=3^2+1$
$\qquad\qquad\qquad\qquad\qquad\quad =10.$ ¶

隨堂練習 2 試化簡下列各式：

(1) $[a^4 \cdot (a^{-3})^2]^5$

(2) $(2-\sqrt{3})^{10}(2+\sqrt{3})^8$

(3) $(\sqrt{3}+\sqrt{2})^{-3}(\sqrt{3}-\sqrt{2})^{-5}$

答案：(1) $\dfrac{1}{a^{10}}$， (2) $7-4\sqrt{3}$， (3) $5+2\sqrt{6}$.

定理 5-3

設 $a \in \mathbb{R}$, $a>1$, m、$n \in \mathbb{Z}$, $m>n$, 則 $a^m>a^n$.

證：$a^m-a^n=a^n\left(\dfrac{a^m}{a^n}-1\right)=a^n(a^{m-n}-1)$ ……………①

$n \in \mathbb{Z}$, $a>1 \Rightarrow a^n>0$ ……………②

$m-n>0 \ (m>n), \ a>1 \Rightarrow a^{m-n}>1 \Rightarrow a^{m-n}-1>0$ ·············· ③

由 ①、② 與 ③，可知 $a^m-a^n>0$，所以 $a^m>a^n$.

在討論過整數指數的意義之後，現在我們將整數指數的意義，推廣到有理數系 $\mathbb{Q}$ 中，使指數律仍然成立，並討論我們應如何定義有理數指數，才能使指數律仍然成立.

定義 5-3

設 a 是一個正實數，m 與 n 是兩個整數，且 $n>0$. 我們規定
(1) $a^{1/n} = \sqrt[n]{a}$
(2) $a^{m/n} = \sqrt[n]{a^m} = (\sqrt[n]{a})^m$.

依照上述定義，可以證明在有理數系 $\mathbb{Q}$ 中，指數律仍然成立.

定理 5-4

設 a、b 是兩個正實數，r、s 是兩個有理數，則有
(1) $a^r \cdot a^s = a^{r+s}$
(2) $(a^r)^s = a^{rs}$
(3) $(ab)^r = a^r b^r$.

例題 5 化簡下列各式：
(1) $a^{3/2} \cdot a^{1/6}$
(2) $\sqrt{a} \cdot \sqrt[3]{a} \cdot \sqrt[8]{a}$ $(a \geq 0)$.

解 (1) $a^{3/2} \cdot a^{1/6} = a^{3/2+1/6} = a^{(9+1)/6} = a^{10/6} = a^{5/3}$.
(2) $\sqrt{a} \cdot \sqrt[3]{a} \cdot \sqrt[8]{a} = a^{1/2} \cdot a^{1/3} \cdot a^{1/8} = a^{1/2+1/3+1/8} = a^{23/24} = \sqrt[24]{a^{23}}$.

例題 6 設 $a>0$，$b>0$，試化簡下列各式：

(1) $\dfrac{a^3 \cdot a^{-3/2}}{a^{3/4}}$

(2) $(125\, a^{-3}\, b^9)^{-2/3}$

解 (1) $\dfrac{a^3 \cdot a^{-3/2}}{a^{3/4}} = a^3 \cdot a^{-3/4} \cdot a^{-3/2} = a^{3-3/2-3/4} = a^{3/4} = \sqrt[4]{a^3}$.

(2) $(125\, a^{-3}\, b^9)^{-2/3} = (125)^{-2/3}(a^{-3})^{-2/3}(b^9)^{-2/3}$
$= (5^3)^{-2/3}(a)^2(b)^{-6}$
$= (5)^{-2}(a)^2(b)^{-6}$
$= \dfrac{a^2}{25b^6}$.

隨堂練習 3 化簡 $\dfrac{a^{-1/3} \cdot b^3}{a^{5/3} \cdot b^{-1/2}}$.

答案：$\dfrac{b^3 \cdot \sqrt{b}}{a^2}$.

定理 5-5

設 $a \in \mathbb{R}$，$a > 1$，$m > n$，m、$n \in \mathbb{Q}$，則 $a^m > a^n$.

證：設 $m = \dfrac{q}{p}$，$n = \dfrac{s}{r}$，其中 p、q、r、$s \in \mathbb{Z}$，且 $p > 0$，$r > 0$.

$$m > n \Rightarrow \dfrac{q}{p} > \dfrac{s}{r}$$
$$\Rightarrow qr > ps$$
$$\Rightarrow a^{qr} > a^{ps}$$
$$\Rightarrow a^{qr/pr} > a^{ps/pr}$$
$$\Rightarrow a^{q/p} > a^{s/r}$$
$$\Rightarrow a^m > a^n.$$

定理 5-6

設 $a \in \mathbb{R}$, $0 < a < 1$, $m > n$, $m \cdot n \in \mathbb{Q}$, 則 $a^m < a^n$.

若 a 為任意正實數, r 為一無理數, 我們亦可定義 a^r, 只是它的定義比較繁複且超出課本範圍, 故在此省略. 至此, 對於任意的實數 $a \cdot r$, 且 $a > 0$, 則 a^r 均有意義. 亦即 a^r 亦為實數. 例如, $2^{\sqrt{2}}$、2^{π} 等均為實數.

定理 5-7

設 $a \cdot b \cdot r$ 與 s 均為任意實數, 且 $a > 0$, $b > 0$, 則下列性質成立.

(1) $a^r \cdot a^s = a^{r+s}$

(2) $(a^r)^s = a^{rs}$

(3) $a^r \cdot b^r = (ab)^r$

(4) $\left(\dfrac{a}{b}\right)^r = \dfrac{a^r}{b^r} = a^r b^{-r}$

(5) $\dfrac{a^r}{a^s} = a^{r-s}$

定理 5-8

(1) 設 $a \in \mathbb{R}$, $a > 1$, $m > n$, $m \cdot n \in \mathbb{R}$, 則 $a^m > a^n$.

(2) 設 $a \in \mathbb{R}$, $0 < a < 1$, $m > n$, $m \cdot n \in \mathbb{R}$, 則 $a^m < a^n$.

例題 7 試化簡下列各式：

(1) $(3^{\sqrt{2}})^{\sqrt{2}}$

(2) $36^{\sqrt{5}} \div 6^{\sqrt{20}}$

(3) $10^{\sqrt{3}+1} \cdot 100^{-\sqrt{3}/2}$

解 (1) $(3^{\sqrt{2}})^{\sqrt{2}} = 3^{\sqrt{2} \cdot \sqrt{2}} = 3^2 = 9$

(2) $36^{\sqrt{5}} \div 6^{\sqrt{20}} = (6^2)^{\sqrt{5}} \cdot 6^{-\sqrt{20}} = 6^{2\sqrt{5} - 2\sqrt{5}} = 6^0 = 1$

(3) $10^{\sqrt{3}+1} \cdot 100^{-\sqrt{3}/2} = 10^{\sqrt{3}+1} \cdot (10^2)^{-\sqrt{3}/2} = 10^{\sqrt{3}+1} \cdot 10^{-\sqrt{3}}$
$= 10^{(\sqrt{3}+1) - \sqrt{3}} = 10^1$
$= 10.$

例題 8 已知 $\sqrt{2} = 1.41421\cdots$，試比較下列各數的大小關係.
$2^{\sqrt{2}}, 2^{1.4}, 2^{1.5}, 2^{1.41}, 2^{1.42}, 2^{1.414}, 2^{1.415}, 2^{1.4142}, 2^{1.4143}, 2^{1.41421}, 2^{1.41422}.$

解 因 $\sqrt{2} = 1.41421\cdots$，而以 2 為底時，指數愈大，其值愈大，故

$$2^{1.4} < 2^{1.41} < 2^{1.414} < 2^{1.4142} < 2^{1.41421} < 2^{\sqrt{2}}$$
$$< 2^{1.41422} < 2^{1.4143} < 2^{1.415} < 2^{1.42} < 2^{1.5}.$$

例題 9 若 $3^{2x-1} = \dfrac{1}{27}$，試求 x 之值.

解 因 $$3^{2x-1} = \dfrac{1}{27} = \dfrac{1}{3^3} = 3^{-3}$$

所以, $$2x - 1 = -3$$
$$2x = -2$$
故 $$x = -1.$$

例題 10 試解 $4^{3x^2} = 2^{10x+4}$.

解 $4^{3x^2} = (2^2)^{3x^2} = 2^{6x^2}$，可得 $2^{6x^2} = 2^{10x+4}.$

於是, $$6x^2 = 10x + 4$$
即, $$6x^2 - 10x - 4 = 0$$
$$3x^2 - 5x - 2 = 0$$
$$(3x+1)(x-2) = 0$$

所以, $x = -\dfrac{1}{3}$ 或 $x = 2.$

第五章　指數與對數　153

隨堂練習 4　試解方程式 $9^x+3=4\cdot 3^x$.

答案：$x=0$ 或 $x=1$.

例題 11　令某正圓錐容器的底半徑為 r，高為 h，則其體積為 $V=\dfrac{1}{3}\pi r^2 h$（其中 π 為圓周率，約等於 3.14），若該容器的底半徑為 3.5×10^3 公分，高為 6.5×10^5 公分，試求該容器的體積.（答案取五位有效數字，第六位四捨五入.）

解　由 $V=\dfrac{1}{3}\pi r^2 h$，可得

$$V=\dfrac{1}{3}\cdot 3.14\cdot (3.5\times 10^3)^2\cdot (6.5\times 10^5)$$

$$=\dfrac{3.14}{3}\cdot (3.5)^2\cdot 10^6\cdot 6.5\times 10^5$$

$$\approx 8.3341\times 10^{12}$$

即容器的體積約為 8.3341×10^{12} 立方公分.

由例題 11 得知，對於一些很大或很小數字的運算，我們可以用科學記號的表示法來表示. 所謂科學記號，就是將每個正數 a，寫成 10 的 n 次乘冪乘以只含個位數的小數的乘積，稱為科學記號，亦即

$$a=b\times 10^n \quad (\text{其中 } n\in\mathbb{Z},\ 1\leq |b|<10)$$

例如：$4538=4.538\times 10^3$，$0.00453=4.53\times 10^{-3}$.

例題 12　試寫出下列各數的科學記號.
(1) 0.051364
(2) 4325.48
(3) 396000

解 (1) $0.051364 = 5.1364 \times 10^{-2}$

(2) $4325.48 = 4.32548 \times 10^3$

(3) $396000 = 3.96 \times 10^5$.

例題 13 試將下列用科學記號所表示的數化為原來的形式.

(1) 3.6×10^6

(2) 4.18×10^{-6}

(3) 2×10^5

解 (1) $3.6 \times 10^6 = 3600000$

(2) $4.18 \times 10^{-6} = 0.00000418$

(3) $2 \times 10^5 = 200000$.

隨堂練習 試用科學記號表示下列各題的結果.

(1) $\dfrac{(2 \times 10^4) \times (4 \times 10^{-6})}{16 \times 10^5}$

(2) $(5 \times 10^{-4}) \times (6 \times 10^{-5}) \times (2 \times 10^7)$

(3) 168.7×10^{-8}

答案：(1) 5×10^{-8}，(2) 6×10^{-1}，(3) 1.687×10^{-6}.

習題 5-1

化簡下列各式.

1. $1000(8^{-2/3})$

2. $3\left(\dfrac{9}{4}\right)^{-3/2}$

3. $(0.027)^{2/3}$

4. $\dfrac{9a^{4/3} \cdot a^{-1/2}}{2a^{3/2} \cdot 3a^{1/3}}$

5. $\dfrac{\sqrt{a^3}\cdot\sqrt[3]{b^2}}{\sqrt[6]{b^{-2}}\cdot\sqrt[4]{a^6}}$

6. $(3a^{-1/3}+a+2a^{2/3})\cdot(a^{1/3}-2)$

7. $2(\sqrt{5})^{\sqrt{3}}(\sqrt{5})^{-\sqrt{3}}$

8. $\pi^{-\sqrt{3}}\cdot\left(\dfrac{1}{\pi}\right)^{\sqrt{3}}$

9. $\left(\dfrac{b^{3/2}}{a^{1/4}}\right)^{-2}$

10. $(a^{\frac{1}{\sqrt{2}}})^{\sqrt{2}}(b^{\sqrt{3}})^{\sqrt{3}}$

11. $32^{-0.4}+36^{\sqrt{5}}\cdot 81^{0.75}\cdot 6^{-\sqrt{20}}$

12. $(2-\sqrt{3})^{-3}+(2+\sqrt{3})^{-3}$

13. $[a^2\cdot(a^{-3})^2]^{-1}$

14. $(a^{-2})^3\cdot a^4$

15. $(2^2\cdot 2^{-1})^2+(3^2+5^3)^0$

16. $(a^{-3}-b^{-3})(a^{-3}+b^{-3})$

17. $2^{b-c}\cdot 2^{c-b}$

18. $(a^2)^3-(a^3)^2$

19. $(a-a^{-1})(a^2+1+a^{-2})$

20. 設 $a>b>0$，試化簡 $(a-2\sqrt{ab}+b)^{1/2}$.

21. 試將 $\sqrt{9a^{-2}b^3}$、$\sqrt[3]{x^2y}$、$\sqrt[5]{a^{20}}\cdot\sqrt{\sqrt{a^{12}}}$ 化成指數型式.

22. 設 x、y、z 為正數，$x^y=1$，$y^z=\dfrac{1}{2}$，$z^x=\dfrac{1}{3}$，求 xyz 之值.

23. 設 $a^{2x}=5$，求 $(a^{3x}+a^{-3x})\div(a^x+a^{-x})$ 的值.

24. 用科學記號表示下列各題的結果.

    (1) $(6\times 10^4)\times(8\times 10^{-1})$

    (2) $(0.5\times 10^6)\times(0.2\times 10^4)$

    (3) $(3\times 10^{-3})\div(60\times 10^{-7})$

    (4) 239.6×10^7

5-2 指數函數與其圖形

在前節中，我們已定義了有理指數，亦即，對任一 $a>0$，$r\in\mathbb{Q}$，a^r 是有意義的；同時，我們將指數的定義擴充至實數指數，同樣也會滿足指數律及一

切性質.

設 $a>0$，對任意的實數 x，a^x 已有明確的定義，因此，若視 x 為自變數，則 $y=a^x$ 可視為一函數.

定義 5-4

若 $a>0$，$a\neq 1$，對任意實數 x，恰有一個對應值 a^x，因而 a^x 是實數 x 的函數，常記為

$$f：\mathbb{R} \to \mathbb{R}^+，f(x)=a^x,$$

則稱此函數為以 a 為底的指數函數.

在此定義中，$D_f=\{x\,|\,x\in\mathbb{R}\}$，$\mathbb{R}_f=\{y\,|\,y\in\mathbb{R}^+\}$（$\mathbb{R}^+$ 表示正實數所成的集合）.

定理 5-9

設 $a>0$，x、$y\in\mathbb{R}$，$f：x\to a^x$，則

(1) $f(x)f(y)=f(x+y)$

(2) $\dfrac{f(x)}{f(y)}=f(x-y)$.

證：(1) $f(x)f(y)=a^x\cdot a^y=a^{x+y}=f(x+y)$

(2) $\dfrac{f(x)}{f(y)}=\dfrac{a^x}{a^y}=a^x\cdot a^{-y}=a^{x-y}=f(x-y)$.

定義 5-5

設 A、B 為 $\mathbb{R}$ 的子集合，$f：A \to B$ 為一函數，若對於 A 中任意兩個數 x_1、x_2，恆有

$$x_1 < x_2 \Rightarrow f(x_1) < f(x_2)$$

我們稱 f 是一個由 A 映至 B 的**遞增函數**；反之，

$$x_1 < x_2 \Rightarrow f(x_1) > f(x_2)$$

我們稱 f 是一個由 A 映至 B 的**遞減函數**.

遞增函數或遞減函數，稱為**單調函數**. 單調函數必為一對一函數.

定理 5-10

設 $a > 0$，x_1、$x_2 \in \mathbb{R}$，$f：x \to a^x$.

(1) 若 $a > 1$，且 $x_1 > x_2$，則

$$f(x_1) > f(x_2) \quad (a^{x_1} > a^{x_2})$$

即，f 為**遞增函數**.

(2) 若 $0 < a < 1$，$x_1 > x_2$，則

$$f(x_1) < f(x_2) \quad (a^{x_1} < a^{x_2})$$

即，f 為**遞減函數**.

例題 1 試解下列各不等式：

(1) $5^x < 625$，(2) $\left(\dfrac{1}{2}\right)^{x+2} \leq \dfrac{1}{64}$.

解 (1) $5^x < 625 = 5^4$. 因底數 $a = 5 > 1$，故指數 $x < 4$.

(2) $\left(\dfrac{1}{2}\right)^{x+2} \leq \dfrac{1}{64} = \left(\dfrac{1}{2}\right)^{6}$. 因底數 $a=\dfrac{1}{2}<1$，故指數 $x+2 \geq 6$，即 $x \geq 4$.

例題 2 試解下列方程式：
$$2 \cdot 2^x - 3 \cdot 2^{-x} + 5 = 0.$$

解 令 $2^x = y > 0$，則 $2^{-x} = \dfrac{1}{y}$ 代入原方程式中，得

$$2 \cdot y - 3 \cdot \dfrac{1}{y} + 5 = 0$$
$$\Rightarrow 2y^2 + 5y - 3 = 0$$
$$(2y-1)(y+3) = 0$$
$$\therefore y = \dfrac{1}{2} \quad (y = -3 \text{ 不合})$$
$$\therefore 2^x = \dfrac{1}{2} = 2^{-1}$$

故 $x = -1.$

隨堂練習 6 試解不等式 $3^{x^2+x} < 3^{3x} \cdot 27$.

答案：$-1 < x < 3$.

例題 3 已知 e 為一無理數，其值約為 2.71828. 函數 $f(x)=e^x$, $x \in \mathbb{R}$，稱為**自然指數函數**. 今假設
$$f(x) = e^x + e^{-x}$$
試證：
(1) $f(x+y)f(x-y) = f(2x) + f(2y)$
(2) $[f(x)]^2 = f(2x) + 2.$

解 (1) $f(x+y)f(x-y) = [e^{x+y} + e^{-(x+y)}][e^{x-y} + e^{-(x-y)}]$

$$= e^{x+y} \cdot e^{x-y} + e^{-(x+y)} \cdot e^{x-y} + e^{x+y} \cdot e^{-(x-y)}$$
$$+ e^{-(x+y)} \cdot e^{-(x-y)}$$
$$= e^{2x} + e^{-2y} + e^{2y} + e^{-2x}$$
$$= (e^{2x} + e^{-2x}) + (e^{2y} + e^{-2y})$$
$$= f(2x) + f(2y)$$

(2) $[f(x)]^2 = (e^x + e^{-x})^2 = e^{2x} + 2 \cdot e^x \cdot e^{-x} + e^{-2x}$
$$= e^{2x} + e^{-2x} + 2$$
$$= f(2x) + 2.$$

例題 4 設 $g(x) = \dfrac{1}{2}(a^x - a^{-x})$，$a > 0$，試將 $g(3x)$ 以 $g(x)$ 表示之.

解 $g(3x) = \dfrac{1}{2}(a^{3x} - a^{-3x}) = \dfrac{1}{2}(a^x - a^{-x})[(a^x)^2 + a^x a^{-x} + (a^{-x})^2]$

$$= \dfrac{1}{2}(a^x - a^{-x})[(a^x)^2 + a^0 + (a^{-x})^2]$$

$$= \dfrac{1}{2}(a^x - a^{-x})[(a^x)^2 + 1 + (a^{-x})^2]$$

$$= \dfrac{1}{2}(a^x - a^{-x})[(a^x - a^{-x})^2 + 3]$$

$$= \dfrac{1}{2}(2g(x))[(2g(x))^2 + 3]$$

$$= g(x)[4(g(x))^2 + 3]$$

$$= 4(g(x))^3 + 3g(x).$$

關於指數函數 $f(x) = a^x$ ($a > 0$, $a \neq 1$, $x \in \mathbb{R}$) 的圖形，我們分別就下列三種情形來加以討論：

1. 當 $a = 1$ 時，$f(x) = 1$ 為常數函數，其圖形是通過點 $(0, 1)$ 的水平線，如圖 5-1 所示.

160 數學

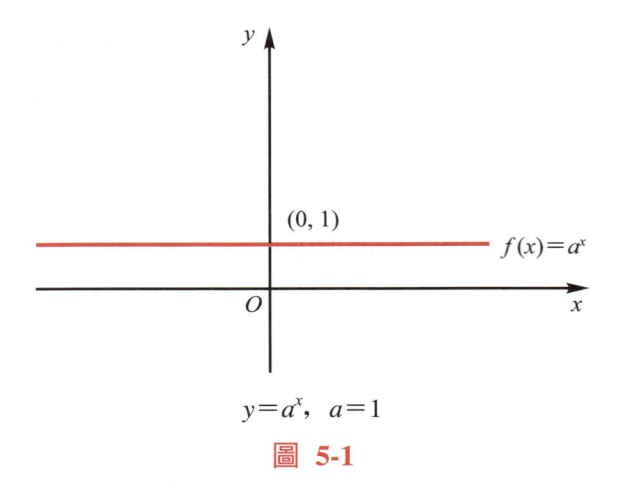

$y = a^x,\ a = 1$

圖 5-1

2. 當 $a > 1$ 時，若 $x_1 > x_2$，則 $a^{x_1} > a^{x_2}$（定理 5-10），亦即，$a > 1$ 時，$f(x) = a^x$ 的圖形隨著 x 的增加而上升，且經過點 $(0, 1)$，如圖 5-2 所示．

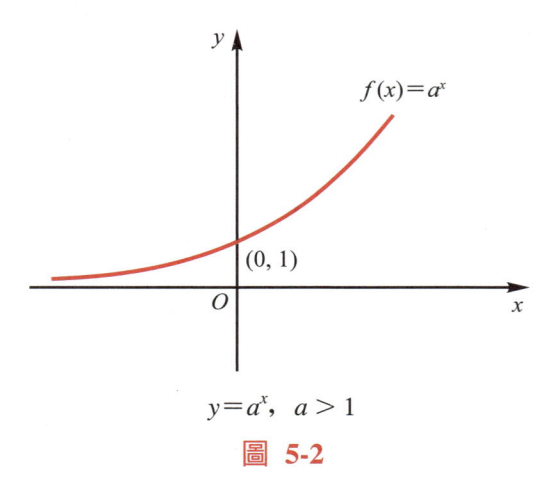

$y = a^x,\ a > 1$

圖 5-2

3. 當 $0 < a < 1$ 時，若 $x_1 > x_2$，則 $a^{x_1} < a^{x_2}$（定理 5-10），亦即，$0 < a < 1$ 時，$f(x) = a^x$ 的圖形隨著 x 的增加而下降，且經過點 $(0, 1)$，如圖 5-3 所示．

第五章　指數與對數　161

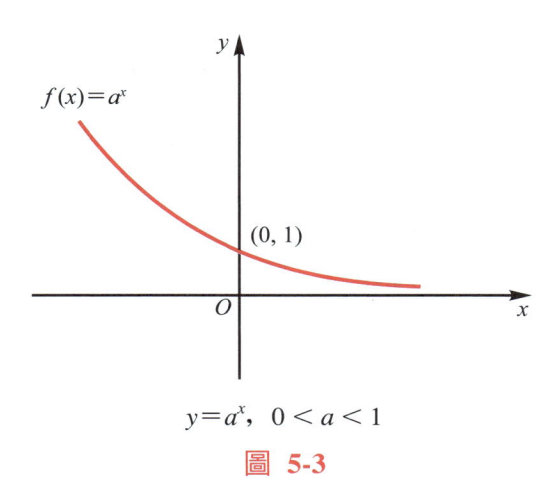

$y = a^x$, $0 < a < 1$

圖 5-3

例題 5　作 $y = f(x) = 2^x$ 的圖形．

解　依不同的 x 值列表如下：

x	-3	-2	-1	0	$\dfrac{1}{2}$	1	$\dfrac{3}{2}$	2	$\dfrac{5}{2}$	3
$y = f(x)$	$\dfrac{1}{8}$	$\dfrac{1}{4}$	$\dfrac{1}{2}$	1	$\sqrt{2}$	2	$2\sqrt{2}$	4	$4\sqrt{2}$	8

用平滑曲線將這些點連接起來，可得 $y = 2^x$ 的圖形，如圖 5-4 所示．

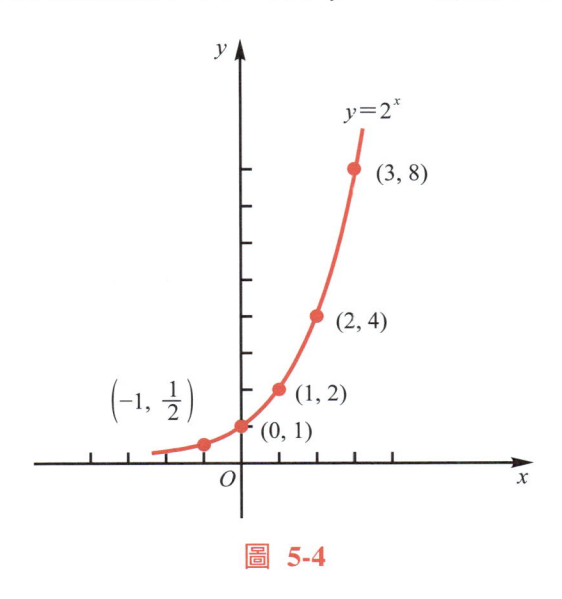

圖 5-4

例題 6 作 $y=f(x)=3^x$ 與 $y=f(x)=2^x$ 的圖形於同一坐標平面上，並加以比較.

解 (1) 依不同的 x 值列表如下：

x	-2	-1	0	$\dfrac{1}{2}$	1	$\dfrac{3}{2}$	2
$y=3^x$	$\dfrac{1}{9}$	$\dfrac{1}{3}$	1	$\sqrt{3}$	3	$3\sqrt{3}$	9

圖形如圖 5-5 所示.

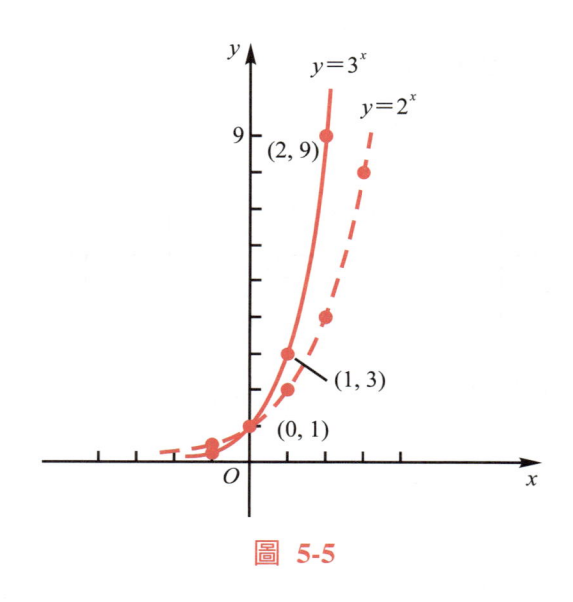

圖 5-5

(2) 討論：當 $x>0$ 時，$y=3^x$ 的圖形恆在 $y=2^x$ 的圖形的上方；當 $x<0$ 時，$y=3^x$ 的圖形恆在 $y=2^x$ 的圖形的下方．換句話說，當 $x>0$ 時，$3^x>2^x$；當 $x<0$ 時，$3^x<2^x$.

隨堂練習 7 試比較 $8\sqrt{2}$，$4\sqrt[3]{4}$，$\sqrt[3]{256\sqrt{2}}$，$4^{\sqrt{3}}$，2^{π} 的大小.

答案：$4\sqrt[3]{4} < \sqrt[3]{256\sqrt{2}} < 2^{\pi} < 4^{\sqrt{3}} < 8\sqrt{2}$.

第五章 指數與對數

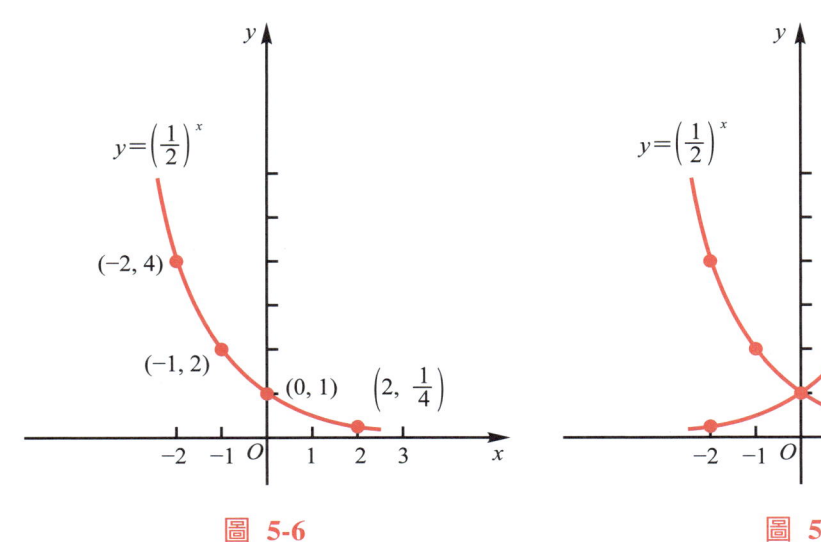

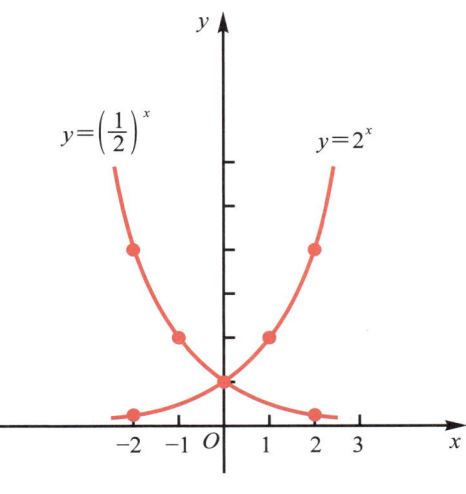

圖 5-6

圖 5-7

例題 7 作 $y=f(x)=\left(\dfrac{1}{2}\right)^x$ 的圖形.

解 (1) 依不同的 x 值列表如下：

x	-2	$-\dfrac{3}{2}$	-1	$-\dfrac{1}{2}$	0	1	2	3
$y=\left(\dfrac{1}{2}\right)^x$	4	$2\sqrt{2}$	2	$\sqrt{2}$	1	$\dfrac{1}{2}$	$\dfrac{1}{4}$	$\dfrac{1}{8}$

圖形如圖 5-6 所示.

(2) 討論：如果我們將 $y=2^x$ 與 $y=\left(\dfrac{1}{2}\right)^x$ 的圖形畫在同一坐標平面上，如圖 5-7 所示，我們發現這兩個圖形對稱於 y-軸，這是因為 $y=\left(\dfrac{1}{2}\right)^x=2^{-x}$. 所以，當點 (x, y) 在 $y=2^x$ 的圖形上時，點 $(-x, y)$ 就在 $y=\left(\dfrac{1}{2}\right)^x$ 的圖形上，反之亦然. 此外，連接點 (x, y) 與點 $(-x, y)$ 的線段被 y-軸垂直平分，所以，點 (x, y) 與點 $(-x, y)$ 對稱於 y-軸. 因此，$y=2^x$ 的圖形與 $y=\left(\dfrac{1}{2}\right)^x$ 的圖形對稱於 y-軸. 也就是說，只要將 $y=2^x$ 的圖形對 y-軸作鏡射，即得 $y=\left(\dfrac{1}{2}\right)^x$ 的圖形.

習題 5-2

1. 已知 $4^x = 5$，求下列各值.
   (1) 2^x (2) 2^{-x} (3) 8^x (4) 8^{-x}

解下列各指數方程式.

2. $8^{x^2} = (8^x)^2$
3. $5^{x-2} = \dfrac{1}{125}$
4. $3^{2x-1} = 243$
5. $\dfrac{2^{x^2+1}}{2^{x-1}} = 16$
6. $(\sqrt{2})^x = 32 \cdot 2^{-2x}$
7. $2^{3x+1} = \dfrac{1}{32}$
8. $10^x - 5^x - 2^x + 1 = 0$
9. $6^x - 4 \cdot 3^x - 3 \cdot 2^x + 12 = 0$
10. $2^{2x+1} + 2^{3x} = 5 \cdot 2^{x+4}$
11. 試解下列各指數不等式.
    (1) $8^x \leq 4$ (2) $(\sqrt{3})^x > 27$ (3) $2^{2x} - 5 \cdot 2^{x-1} + 1 < 0$
12. 若 $f(x) = 2^x$, $g(x) = 3^x$，求 $f(g(2))$ 與 $g(f(2))$.
13. 設 $a > 0$, $a \neq 1$, $f(x) = a^x$，試證：$f(xy) = \{f(x)\}^y = \{f(y)\}^x$.
14. 設 $2^x + 2^{-x} = 3$，求下列各值.
    (1) $|2^x - 2^{-x}|$ (2) $4^x + 4^{-x}$ (3) $8^x + 8^{-x}$
15. 試比較下列各組數的大小.
    (1) $\sqrt{6}, \sqrt[3]{15}, \sqrt[4]{25}$ (2) $a = 5^{999}, b = 2^{3330}$
16. 設 $pqr \neq 0$ 且 $2^p = 5^q = 10^r$，試證：$\dfrac{1}{p} + \dfrac{1}{q} = \dfrac{1}{r}$.
17. 若 $(\sqrt{2})^{3x-1} = \dfrac{\sqrt{32}}{2^x}$，則 x 之值為何？
18. 若 $4^{3x^2} = 2^{10x+4}$，則 x 之值為何？
19. 若 $\sqrt{25^{x^2+x-(1/2)}} = \sqrt[4]{5}$，則 x 之值為何？

5-3 對數與其運算

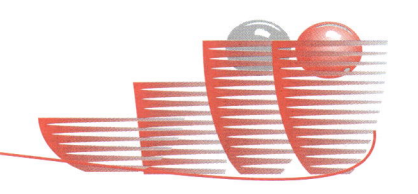

我們在前面已介紹過指數的概念，就是對於正實數 a 與任意實數 n，給予符號 a^n 明確的意義．現在，我們利用這種概念再介紹一個新的符號如下：

定義 5-6

給予一個不等於 1 的正實數 a，對於正實數 b，如果存在一個實數 c，滿足下列關係：

$$a^c = b$$

則稱 c 是以 a 為底 b 的**對數**，b 稱為**真數**．以符號

$$c = \log_a b$$

表示．

註：(1) 如果 $\log_a b = c$，那麼 $a^c = b$，即

$$a^c = b \Leftrightarrow c = \log_a b$$

(2) 討論指數 a^c 時，a 必須大於 0，所以規定對數時，我們也設 $a > 0$．

(3) 因為 $a > 0$，所以 a^c 恆為正，因此只有正數的對數才有意義．0 和負數的對數都沒有意義，即對數的真數恆為正．

(4) 對任意實數 c，$1^c = 1$．在 $a^c = b$ 中，當 $a = 1$ 時，b 非要等於 1 不可，而 c 可以是任意的實數，所以，以 1 為底的對數沒有意義，即，對數的底恆為正但不等於 1．

例題 1　$3^5 = 243 \Leftrightarrow \log_3 243 = 5$

$$4^{1/4} = \sqrt{2} \Leftrightarrow \log_4 \sqrt{2} = \frac{1}{4}$$

$$3^{-1} = \frac{1}{3} \Leftrightarrow \log_3 \frac{1}{3} = -1.$$

例題 2 求下列各式中的 a、x 或 N．

(1) $\log_{1/4} 64 = x$ (2) $\log_8 \frac{1}{2} = x$

(3) $\log_{\sqrt{5}} N = -4$ (4) $\log_{16} N = -0.75$

(5) $\log_a 5 = \frac{1}{2}$ (6) $\log_a \frac{1}{2} = -\frac{1}{3}$

解 (1) 因 $64 = \left(\frac{1}{4}\right)^x$，即 $2^6 = 2^{-2x}$．

可得 $x = -3$，故 $\log_{1/4} 64 = -3$．

(2) 因 $\frac{1}{2} = 8^x$，即 $2^{-1} = 2^{3x}$．

可得 $x = -\frac{1}{3}$，故 $\log_8 \frac{1}{2} = -\frac{1}{3}$．

(3) $N = (\sqrt{5})^{-4} = \frac{1}{(\sqrt{5})^4} = \frac{1}{25}$．

(4) $N = (16)^{-0.75} = (16)^{-3/4} = \frac{1}{8}$．

(5) 因 $5 = a^{1/2}$，故 $a = 25$．

(6) 因 $\frac{1}{2} = a^{-1/3}$，可得 $\frac{1}{8} = a^{-1}$，故 $a = 8$．

由對數的定義，我們可得下述的性質：

定理 5-11

設 a 為不等於 1 的正實數，b 為任意正實數，c 為任意實數，則

$$a^{\log_a b} = b, \quad \log_a (a^c) = c.$$

證：(1) 令 $c = \log_a b$，則 $a^c = b$，故 $a^{\log_a b} = b$.

(2) $a^c = a^c \Leftrightarrow \log_a a^c = c$.

例題 3 試求下列各題之值.

(1) $3^{\log_3 243}$ (2) $\log_3(3^5)$ (3) $3^{\log_3 1/3}$ (4) $\log_3(3^{-1})$.

解 (1) $3^{\log_3 243} = 243$

(2) $\log_3(3^5) = 5$

(3) $3^{\log_3 1/3} = \dfrac{1}{3}$

(4) $\log_3(3^{-1}) = -1$.

隨堂練習 8 求下列對數之值：

(1) $\log_5 25\sqrt{5}$,   (2) $\log_{0.1} 100$,   (3) $\log_{\frac{2}{5}} \dfrac{25}{4}$.

答案：(1) $\dfrac{5}{2}$, (2) -2, (3) -2.

定理 5-12

若真數與底相同，則對數等於 1，即 $\log_a a = 1$.

證：因 $c = \log_a a^c$，當 $c = 1$ 時，$1 = \log_a a^1 = \log_a a$，故 $\log_a a = 1$.

定理 5-13

若真數為 1，則對數等於 0，即 $\log_a 1 = 0$.

證：因 $c = \log_a a^c$，當 $c = 0$ 時，$0 = \log_a a^0 = \log_a 1$，故 $\log_a 1 = 0$.

定理 5-14

若 $a \neq 1$, $a > 0$, r、$s > 0$,則

(1) $\log_a rs = \log_a r + \log_a s$

(2) $\log_a \dfrac{r}{s} = \log_a r - \log_a s$

(3) $\log_a \dfrac{1}{s} = -\log_a s$

(4) $\log_a r^s = s \log_a r$, $\log_{a^s} r = \dfrac{1}{s} \log_a r$

證：(1) 令 $x = \log_a r$, $y = \log_a s$, 由定義可得 $a^x = r$, $a^y = s$.
利用指數律, $rs = a^x \cdot a^y = a^{x+y}$,

故 $\log_a rs = x + y = \log_a r + \log_a s.$

(2) 令 $x = \log_a r$, $y = \log_a s$, 由定義可得 $a^x = r$, $a^y = s$.

因 $\dfrac{r}{s} = \dfrac{a^x}{a^y} = a^{x-y}$

故 $\log_a \dfrac{r}{s} = x - y = \log_a r - \log_a s$.

(3) 於 (2) 中取 $r = 1$, 可得

$$\log_a \dfrac{1}{s} = \log_a 1 - \log_a s = 0 - \log_a s = -\log_a s.$$

(4) 令 $x = \log_a r$, 則 $a^x = r$, 可得 $a^{xs} = r^s$, 故

$$\log_a r^s = xs = s \log_a r.$$

令 $x = \log_a r$, 則 $a^x = r$, 可得 $a^{sx} = (a^s)^x = r^s$, $\log_{a^s} r^s = x$,

即 $s \log_{a^s} r = x$

故 $\log_{a^s} r = \dfrac{x}{s} = \dfrac{1}{s} \log_a r.$

定理 5-15

設 $a \neq 1$, $a > 0$, $b \neq 1$, $b > 0$, 則 $\log_a r = \dfrac{\log_b r}{\log_b a}$.

證：令 $A = \log_b r$, $B = \log_b a$, 則 $b^A = r$, $b^B = a$.

$$a^{A/B} = (b^B)^{A/B} = b^A = r$$

由定義, $\log_a r = \dfrac{A}{B} = \dfrac{\log_b r}{\log_b a}$

此定理中的式子稱為 換底公式.

推論 1

設 $a \neq 1$, $a > 0$, $p \cdot q \in \mathbb{R}$, $p \neq 0$, 則 $\log_{a^p} a^q = \dfrac{q}{p}$.

證：由定理 5-15, 設 $b \neq 1$, $b > 0$, 則

$$\log_{a^p} a^q = \dfrac{\log_b a^q}{\log_b a^p} = \dfrac{q \log_b a}{p \log_b a} = \dfrac{q}{p}.$$

推論 2

設 $a \neq 1$, $b \neq 1$, $a > 0$, $b > 0$, 則 $\log_a b \cdot \log_b a = 1$.

證：由定理 5-15, 令 $r = b$,

則 $\log_a r = \dfrac{\log_b r}{\log_b a} = \dfrac{\log_b b}{\log_b a} = \dfrac{1}{\log_b a}$

故 $\log_a b \cdot \log_b a = 1$.

例題 4 已知 $\log_{10} 2 = 0.3010$，求 $\log_{10} 8$、$\log_{10} \sqrt[5]{2}$、$\log_2 5$ 的值.

解 $\log_{10} 8 = \log_{10} 2^3 = 3 \log_{10} 2 = 3 \times 0.3010 = 0.9030$

$\log_{10} \sqrt[5]{2} = \log_{10} 2^{1/5} = \dfrac{1}{5} \log_{10} 2 = \dfrac{1}{5} \times 0.3010 = 0.0602$

$\log_2 5 = \log_2 \dfrac{10}{2} = \log_2 10 - \log_2 2 = \dfrac{\log_{10} 10}{\log_{10} 2} - 1$

$= \dfrac{1}{0.3010} - 1 \approx 2.3223.$ ¶

例題 5 試化簡下列各式：

(1) $\log_2 (\log_2 49) + \log_2 (\log_7 2)$

(2) $\log_{10} \dfrac{4}{7} - \dfrac{4}{3} \log_{10} \sqrt{8} + \dfrac{2}{3} \log_{10} \sqrt{343}$

(3) $\log_4 \dfrac{28}{15} - 2 \log_4 \dfrac{3}{14} + 3 \log_4 \dfrac{6}{7} - \log_4 \dfrac{2}{5}.$

解 (1) $\log_2 (\log_2 49) + \log_2 (\log_7 2)$

$= \log_2 (\log_2 49 \cdot \log_7 2) = \log_2 \left(\dfrac{\log 49}{\log 2} \cdot \dfrac{\log 2}{\log 7} \right)$

$= \log_2 \left(\dfrac{2 \log 7}{\log 2} \cdot \dfrac{\log 2}{\log 7} \right) = \log_2 2$

$= 1.$

(2) $\log_{10} \dfrac{4}{7} - \dfrac{4}{3} \log_{10} \sqrt{8} + \dfrac{2}{3} \log_{10} \sqrt{343}$

$= \log_{10} \dfrac{4}{7} - \log_{10} (2^{3/2})^{4/3} + \log_{10} (7^{3/2})^{2/3}$

$= \log_{10} \dfrac{4}{7} - \log_{10} 4 + \log_{10} 7$

$= \log_{10} 4 - \log_{10} 7 - \log_{10} 4 + \log_{10} 7$

$=0$

(3) $\log_4 \dfrac{28}{15} - 2\log_4 \dfrac{3}{14} + 3\log_4 \dfrac{6}{7} - \log_4 \dfrac{2}{5}$

$= \log_4 \dfrac{28}{15} - \log_4 \dfrac{3^2}{(14)^2} + \log_4 \dfrac{6^3}{7^3} - \log_4 \dfrac{2}{5}$

$= \log_4 \dfrac{\dfrac{28}{15}}{\dfrac{3^2}{(14)^2}} + \log_4 \dfrac{\dfrac{6^3}{7^3}}{\dfrac{2}{5}}$

$= \log_4 \dfrac{28 \times (14)^2 \times 6^3 \times 5}{15 \times 3^2 \times 7^3 \times 2}$

$= \log_4 64 = \log_4 4^3$

$= 3$

例題 6 化簡 $(\log_2 3 + \log_4 9)(\log_3 4 + \log_9 2)$.

解 $(\log_2 3 + \log_4 9)(\log_3 4 + \log_9 2)$

$= \left(\dfrac{\log_{10} 3}{\log_{10} 2} + \dfrac{2\log_{10} 3}{2\log_{10} 2} \right) \left(\dfrac{2\log_{10} 2}{\log_{10} 3} + \dfrac{\log_{10} 2}{2\log_{10} 3} \right)$

$= \dfrac{4\log_{10} 3}{2\log_{10} 2} \cdot \dfrac{5\log_{10} 2}{2\log_{10} 3}$

$= 5.$

隨堂練習 9 化簡 $\log_{\sqrt{2}} 1 + \log_2 \dfrac{4\sqrt{3}}{3} + \log_4 6$.

答案：$\dfrac{5}{2}$.

隨堂練習 10 設 a、b、c 與 d 均為正數，且 a、b、c 不等於 1，試證 $\log_a b \cdot \log_b c \cdot \log_c d = \log_a d$.

例題 7 解對數方程式 $\dfrac{1}{2}\log_{\sqrt{10}}(x+1)+2\log_{100}(x-2)=1$.

解 因 $x+1>0$ 且 $x-2>0$，故

$$x>2 \quad\cdots\cdots\cdots\cdots\cdots\cdots\cdots\cdots\cdots\cdots\cdots\cdots ①$$

現將原式的底數換成以 10 為底數，則

$$\dfrac{1}{2}\cdot\dfrac{\log_{10}(x+1)}{\log_{10}\sqrt{10}}+2\cdot\dfrac{\log_{10}(x-2)}{\log_{10}100}=1$$

$$\Rightarrow \dfrac{1}{2}\dfrac{\log_{10}(x+1)}{\dfrac{1}{2}\log_{10}10}+2\dfrac{\log_{10}(x-2)}{2\log_{10}10}=1$$

$$\Rightarrow \log_{10}(x+1)+\log_{10}(x-2)=1$$
$$\Rightarrow \log_{10}(x+1)(x-2)=\log_{10}10$$
$$\Rightarrow (x+1)(x-2)=10$$
$$\Rightarrow x^2-x-12=0$$
$$\Rightarrow (x-4)(x+3)=0$$

故 $\quad x=4$ 或 $x=-3 \cdots\cdots\cdots\cdots\cdots\cdots\cdots\cdots ②$

由 ① 與 ② 可得 $x=4$.

隨堂練習 11 試解對數方程式 $\log_2(x+1)+\log_2(x-2)=2$.

答案：$x=3$.

例題 8 解不等式 $\log_{\frac{1}{2}}(3x+1)-2>0$.

解 $\log_{\frac{1}{2}}(3x+1)>2 \Rightarrow \log_{\frac{1}{2}}(3x+1)>\log_{\frac{1}{2}}\dfrac{1}{4}$，

以 $\dfrac{1}{2}$ 為底的對數函數，圖形是下降的，即真數愈大時，對數值愈小，故

$3x+1<\dfrac{1}{4}$.

又，真數應為正數，故 $0 < 3x+1 < \dfrac{1}{4}$.

所以，$-1 < 3x < -\dfrac{3}{4}$，得 $-\dfrac{1}{3} < x < -\dfrac{1}{4}$. ∎

習題 5-3

試求下列對數的值.

1. $\log_2 64$
2. $\log_{\sqrt{3}} 81$
3. $\log_{32} 2$

求下列各式中的 x 值.

4. $\log_3 x = -4$
5. $\log_x 144 = 2$
6. $10^{-\log_2 x} = \dfrac{1}{\sqrt{1000}}$
7. $\log_{10} \sqrt{100000} = x$
8. $2^{\log_{10} 5^x} = 32$
9. $5^x + 5^{x+1} = 10^x + 10^{x+1}$
10. $\log_{25} x = -\dfrac{3}{2}$
11. $\log_x \dfrac{1}{\sqrt{5}} = \dfrac{1}{4}$
12. $\log_{2\sqrt{2}} 32 \cdot \sqrt[3]{4} = x$
13. $\log_3 (\log_{1/2} x) = 2$
14. 設 $\log_{10} 2 = 0.3010$，求 $\log_{10} 40$、$\log_{10} \sqrt{5}$ 與 $\log_2 \sqrt{5}$ 的值.

化簡下列各式.

15. $\log_2 \dfrac{1}{16} + \log_5 125 + \log_3 9$

16. $\log_{10} \dfrac{50}{9} - \log_{10} \dfrac{3}{70} + \log_{10} \dfrac{27}{35}$

17. $\dfrac{1}{2} \log_6 15 + \log_6 18\sqrt{3} - \log_6 \dfrac{\sqrt{5}}{4}$

18. $\log_{10} 4 - \log_{10} 5 + 2\log_{10} \sqrt{125}$

19. $\dfrac{1}{2}\log_{10}\dfrac{16}{125}+\log_{10}\dfrac{125}{3\sqrt{8}}-\log_{10}\dfrac{5}{3}$

20. 設 $\log_{10} 2=0.3010$, $\log_{10} 3=0.4771$, 試比較下列各組數的大小.

(1) $\log_{10} 20$, $\log_{10}\dfrac{25}{4}$, $\log_{10}\dfrac{1}{4}$, $\log_{10}\dfrac{128}{5}$

(2) $6^{\sqrt{8}}$, $8^{\sqrt{6}}$

21. 試證 $\log_a \dfrac{x+\sqrt{x^2-1}}{x-\sqrt{x^2-1}}=2\log_a(x+\sqrt{x^2-1})$.

試解下列的對數方程式.

22. $\log(3x+4)+\log(5x+1)=2+\log 9$

23. $2\log_2 x-3\log_x 2+5=0$

24. $\log_3(x^2-2x)=\log_3(-x+2)+1$

25. $x^{\log_{10} x}=10^6 x$

26. 設 $a>0$, $b>0$, $a^2+b^2=7ab$, 試證

$$\log_{10}\dfrac{a+b}{3}=\dfrac{1}{2}(\log_{10} a+\log_{10} b).$$

5-4 常用對數

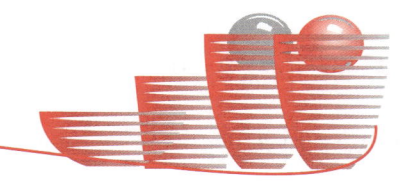

由於我們習慣用十進位制, 而以 10 為底的對數, 在計算時較為方便, 故稱為**常用對數**. $\log_{10} a$ 常簡寫成 $\log a$, 即將底數省略不寫. 常用對數的值可以寫成整數部分 (稱為**首數**) 與正純小數部分或 0 (稱為**尾數**) 的和, 亦即, 常用對數可表示為

$$\log a = k+b \text{ (其中 } a>0, k \text{ 為整數}, 0 \leq b < 1)$$

此時, k 稱為對數 $\log a$ 的首數, b 稱為對數 $\log a$ 的尾數, 而尾數規定恆介

於 0 與 1 之間.

首數的定法

我們由對數的性質得知：

1. 真數大於或等於 1：

$$10^0 = 1 \qquad \log 1 = 0$$
$$10^1 = 10 \qquad \log 10 = 1$$
$$10^2 = 100 \qquad \log 100 = 2$$
$$10^3 = 1000 \qquad \log 1000 = 3$$
$$\vdots$$

由以上可知，若正實數 a 的整數部分為 n 位數，則 $(n-1) \leq \log a < n$，故其首數為 $n-1$.

例如：$\log 78$ 的首數為 1.

$\log 378$ 的首數為 2.

$\log 5438.43$ 的首數為 3.

$\log 77456.43$ 的首數為 4.

2. 真數小於 1：

$$10^{-1} = \frac{1}{10} = 0.1 \qquad \log 0.1 = -1$$

$$10^{-2} = \frac{1}{100} = 0.01 \qquad \log 0.01 = -2$$

$$10^{-3} = \frac{1}{1000} = 0.001 \qquad \log 0.001 = -3$$

$$10^{-4} = \frac{1}{1000} = 0.0001 \qquad \log 0.0001 = -4$$

由以上可知，若正純小數 a 在小數點以後第 n 位始出現非零的數，則 $-n \leq \log a < -n+1$，故其首數為 $-n$.

例如：$\log 0.01 < \log 0.035 < \log 0.1$，可得

$$-2 < \log 0.035 < -1$$

故 $\log 0.035 = -2 + 0.5441$．為了方便起見，寫成 $\log 0.035 = \bar{2}.5441$，其首數為 -2，可記為 $\bar{2}$．

同理得知：

$\log 0.69$ 的首數為 $\bar{1}$

$\log 0.093$ 的首數為 $\bar{2}$ (因小數後有一個 0)

$\log 0.00541$ 的首數為 $\bar{3}$ (因小數後有二個 0)

$\log 0.00085$ 的首數為 $\bar{4}$ (因小數後有三個 0)

3. 設 $a = p \times 10^n$，其中 $1 \leq p < 10$，而 n 為整數，則

$$\log a = \log(p \times 10^n) = n + \log p \quad (\text{此處 } 0 \leq \log p < 1)$$

$\log a$ 的首數為 n，尾數為 $\log p$．"$n + \log p$"稱為 $\log a$ 的標準式．若 $1 < p < 10$，則 $\log p$ 的值可由常用對數表查出，即對數的尾數可由對數表求出．

例題 1 若已知 $\log 2 = 0.3010$，求 $\log 20$、$\log 2000$ 與 $\log 0.0002$ 的值．

解 $\log 20 = \log(2 \times 10) = \log 2 + \log 10 = 0.3010 + 1 = 1.3010$

$\log 2000 = \log(2 \times 10^3) = \log 2 + 3 \log 10 = 0.3010 + 3 = 3.3010$

$\log 0.0002 = \log(2 \times 10^{-4}) = \log 2 + (-4)\log 10$

$\qquad\qquad\quad = 0.3010 - 4$

$\qquad\qquad\quad = -3.6990.$

例題 2 求 $\log 5436.2$ 的首數．

解 首數為 $4 - 1 = 3$．

例題 3 求 $\log 0.0325$ 的首數．

解 首數為 $-(1+1) = -2$，常記為 $\bar{2}$．

例題 4 若 $\log a = -3.0706$，求首數與尾數．

解 $\log a = -3.0706 = -4 + 4 - 3.0706 = -4 + 0.9294 = \bar{4}.9294$

故知 $\log a$ 的首數為 -4，即 $\bar{4}$，尾數為 0.9294.

下面將介紹如何查對數表．本書的對數表稱為四位常用對數表，意指以本表查一數的對數之尾數，取到小數點以下四位的近似值．本表適用於查三位數字的對數之尾數．

例題 5 求 $\log 32.8$ 的值．

解 $\log 32.8$ 之真數的整數部分有二位數，故其首數為 1，尾數則可利用附錄的常用對數表查得．常用對數表於首行為 N 之行找 32 所在之列，再找行首為 8 之行，其交點數為 5159，可得尾數為 0.5159，故 $\log 32.8 = 1.5159$.

N	0	1	2	3	4	5	6	7	8	9
30	4771	4786	4800	4814	4829	4843	4857	4871	4886	4900
31	4914	4928	4942	4955	4969	4983	4997	5011	5024	5038
32	5051	5065	5079	5092	5105	5119	5132	5145	5159	5172

例題 6 若 $\log a = -1.5171$，求 a 的值．

解 將 $\log a$ 表為標準式，

$$\log a = -1.5171 = -2 + 2 - 1.5171 = \bar{2} + 0.4829$$

$\log a$ 的尾數為 0.4829，由對數表知其為 $\log 304$ 的尾數．又因首數為 -2，而小數點後第二位以前均為 0 且第二位不是 0，故 $a = 0.0304$．

對於以任意正實數為底的指數值，例如 $e^{1.8}$ 或 3.5^7，以及對數值，例如 $\ln 1.1$ 或 $\log 1.9$，均可利用計算器求得其值．現以 CASIO 3600 型計算器來說明計算器的使用方法.

註：以無理數 e (其值大約 $2.71828\cdots$) 為底 a 的對數 $\log_e a$ 常記為 $\ln a$，稱為自然對數.

例題 7 利用計算器求 $e^{1.8}$ 的值.

解 先在數字鍵上按 1.8，然後按 SHIFT 鍵，最後再按功能鍵 e^x，即可顯示出 $e^{1.8}$ 的值為 6.04965.

例題 8 利用計算器求 3.5^7 的值.

解 先在數字鍵上按 3.5，再按功能鍵 x^y，然後按數字鍵 7，之後再按等號 "="，即可顯示出 3.5^7 的值為 6433.93.

例題 9 利用計算器求 $\ln 120.5$ 與 $\log 120.5$ 的值.

解 先在數字鍵上按 120.5，再按功能鍵 $\ln$，即可顯示出 $\ln 120.5$ 的值為 4.79165. 同理，在數字鍵上按 120.5，再按功能鍵 $\log$，則求得 $\log 120.5$ 的值為 2.08098.

習題 5-4

1. 求下列各數的首數與尾數.
   (1) $\log 51600$ (2) $\log 0.00457$ (3) $\log 43.1$

2. 已知 $\log 0.0375 = \bar{2}.5740$，試求下列各對數的首數與尾數.
   (1) $\log 3.75$ (2) $\log 37500$ (3) $\log 0.0000375$

3. 已知 $\log x = -2.5714$，試求下列各數的首數與尾數.
   (1) $\log x$ (2) $\log \dfrac{x}{1000}$ (3) $\log \dfrac{1000}{x}$

4. 查表求出下列各真數 x 至三位小數 (以下四捨五入).

   (1) $\log x = 0.4823$　　(2) $\log x = 1.8547$　　(3) $\log x = -1 + 0.3417$

5. 2^{50} 是幾位數？

6. 若已知 $\log 2 = 0.3010$，$\log 3 = 0.4771$，則

   (1) 12^{10} 為幾位數？

   (2) 設 $n \in \mathbb{N}$，若 12^n 為 16 位數，則 n 之值為何？

7. 若 x 為整數且 $\log (\log x) = 2$，則 x 為幾位數？

8. 將 3^{100} 以科學記號表示：$3^{100} = a \times 10^m$，其中 $1 \leq a < 10$，$m \in \mathbb{Z}$，則 m 之值為何？又 a 的整數部分為多少？

9. 若 $\log x$ 與 $\log 555$ 的尾數相同且 $10^{-3} < x < 10^{-2}$，則 x 之值為何？

10. 設 $\left(\dfrac{50}{49}\right)^n > 100$，試問 n 的最小整數值為何？

11. 如果我們把 5^{-30} 表為小數時，從小數點後第幾位起開始出現不為 0 的數字？

12. 已知半徑為 r 的球，其體積為 $\dfrac{4}{3}\pi r^3$，如果有一球之半徑為 0.875 公尺，試利用計算器求其體積.

13. 設 $\log 2 = 0.3010$，$\log 3 = 0.4771$，$\log 5 = 0.6990$，若 $3^{10} < 5^n < 3^{11}$，試求自然數 n 之值為何？

利用計算器求下列各值.

14. $e^{3.8}$　　　　　　　　　　　　　**15.** $(3.5)^8$

16. $\log 114.58$　　　　　　　　　　**17.** $\ln 19.77$

18. $\log \sqrt[3]{0.00293}$　　　　　　　　**19.** $\dfrac{725 \times 492 \times 3670}{872 \times 975}$

5-5 對數函數與其圖形

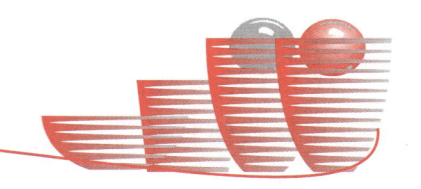

什麼是對數函數呢？我們可由指數函數來定義，由 5-2 節，指數函數 $f(x)=a^x$ $(a>0, a\neq 1)$ 為<u>單調函數</u>，其定義域為 $\mathbb{R}$，值域為 $(0, \infty)$。因單調函數必為一對一函數，即必為可逆，故存在反函數，以符號 $\log_a$ 表之，稱為以 a 為底的<u>對數函數</u>。

定義 5-7

若 $a>0$, $a\neq 1$, $x>0$，則函數 $f: x \to \log_a x$ 稱為以 a 為底的<u>對數函數</u>，其定義域為 $D_f=\{x \mid x>0\}$，值域為 $R_f=\{y \mid y\in \mathbb{R}\}$。

由於指數函數與對數函數互為反函數，故可得出下列二個關係式：

$$a^{\log_a x}=x, \text{ 對每一 } x\in \mathbb{R}^+ \text{ 成立}.$$
$$\log_a a^x=x, \text{ 對每一 } x\in \mathbb{R} \text{ 成立}.$$

註：若 a 換成 e，$\log_e x = \ln x$ 稱為自然對數函數，上述關係亦成立。

對數函數為指數函數的反函數，故對數函數 $y=\log_a x$ 的圖形與指數函數 $y=a^x$ 的圖形對稱於直線 $y=x$，如圖 5-8 所示。

討論：(1) 由圖 5-8(1) 知，當 $a>1$ 時，若 $x_1>x_2>0$，則 $\log_a x_1 > \log_a x_2$，亦即 $a>1$ 時，$f(x)=\log_a x$ 的圖形隨 x 增加而上升，且通過點 $(1, 0)$。

(2) 由圖 5-8(2) 知，當 $0<a<1$ 時，若 $x_1>x_2>0$，則 $\log_a x_1 < \log_a x_2$，亦即 $0<a<1$ 時，$f(x)=\log_a x$ 的圖形隨 x 增加而下降，且通過點 $(1, 0)$。

(1) $a > 1$　　　　　　　　　　(2) $0 < a < 1$

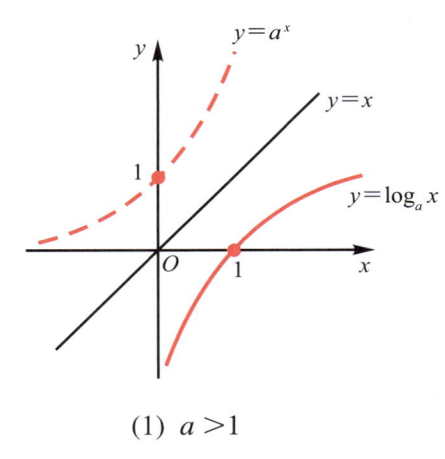

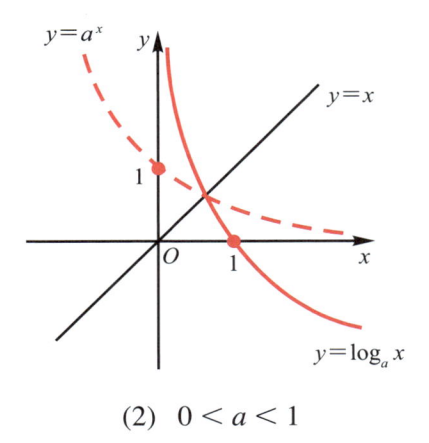

圖 5-8

定理 5-16

設 $a > 0$，且 $a \neq 1$，則 $\log_a x = y \Leftrightarrow a^y = x$.

證：(1) 若 $\log_a x = y$，則 $a^{\log_a x} = a^y$ $(y \in \mathbb{R})$，但 $a^{\log_a x} = x$，故 $x = a^y$.

(2) 若 $a^y = x$，則 $\log_a a^y = \log_a x$ $(x > 0)$，但 $\log_a a^y = y$，故 $y = \log_a x$.

由 (1) 與 (2) 得證.

定理 5-17

設 $f(x) = \log_a x$ $(a > 0,\ a \neq 1,\ x > 0)$，則

(1) $f(x_1 x_2) = f(x_1) + f(x_2)$　　　$(x_1 > 0,\ x_2 > 0)$

(2) $f\left(\dfrac{x_1}{x_2}\right) = f(x_1) - f(x_2)$　　　$(x_1 > 0,\ x_2 > 0)$

證：(1) $f(x_1 x_2) = \log_a (x_1 x_2) = \log_a x_1 + \log_a x_2 = f(x_1) + f(x_2)$

(2) $f\left(\dfrac{x_1}{x_2}\right) = \log_a \left(\dfrac{x_1}{x_2}\right) = \log_a x_1 - \log_a x_2 = f(x_1) - f(x_2)$.

例題 1 設 $f(x)=\log_2 x$，試求當 $x=1, 2, 3, \dfrac{1}{2}, \dfrac{1}{3}$ 時，$f(x)$ 的值為何？

解
$f(1)=\log_2 1=0$

$f(2)=\log_2 2=1$

$f(3)=\log_2 3=\dfrac{\log_{10} 3}{\log_{10} 2}=\dfrac{0.4771}{0.3010}\approx 1.5850$

$f\left(\dfrac{1}{2}\right)=\log_2 \dfrac{1}{2}=\log_2 1-\log_2 2=0-1=-1$

$f\left(\dfrac{1}{3}\right)=\log_2 \dfrac{1}{3}=\log_2 1-\log_2 3=0-\dfrac{\log_{10} 3}{\log_{10} 2}\approx -1.5850.$

例題 2 試利用例 1 中的數據，描出 $f(x)=\log_2 x$ 的圖形。

解 將例 1 中所得結果列表如下：

x	$\dfrac{1}{3}$	$\dfrac{1}{2}$	1	2	3
$f(x)$	-1.5850	-1	0	1	1.5850

圖形如圖 5-9 所示．

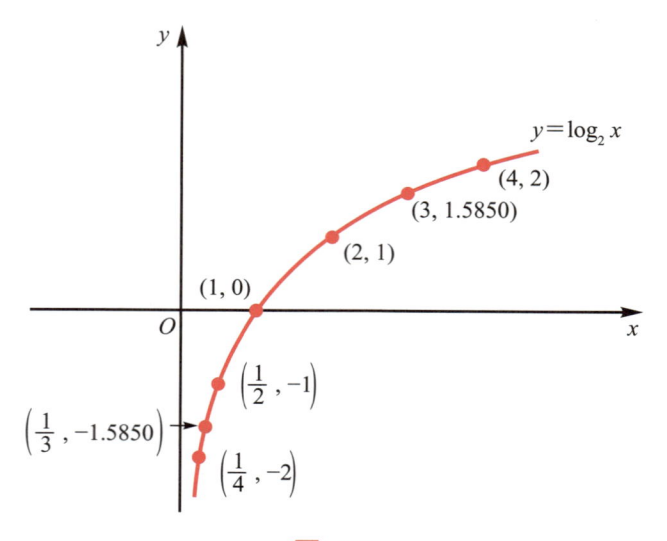

圖 5-9

隨堂練習 12 描繪 $y=\log_{1/2} x$ 的圖形.

例題 3 試將 $y=2^x$ 與 $y=\log_2 x$ 的圖形畫在同一坐標平面上.

解 我們已畫過指數函數 $y=2^x$ 的圖形,將它對直線 $y=x$ 作鏡射,作法如下:

我們在 $y=2^x$ 的圖形上選取一些點,例如 $\left(-2, \dfrac{1}{4}\right)$, $\left(-1, \dfrac{1}{2}\right)$, $(0,1)$, $(1,2)$, $(2,4)$,分別以這些點為端點作一線段,使直線 $y=x$ 為其垂直平分線,再將這些線段的另外端點以平滑的曲線連接起來,就可得 $y=\log_2 x$ 的圖形,如圖 5-10 所示.

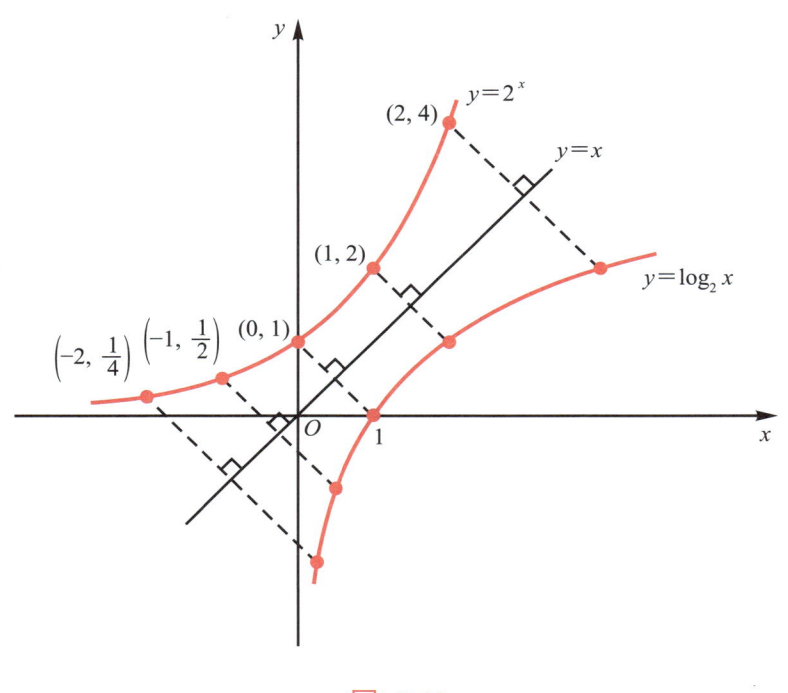

圖 5-10

隨堂練習 13 方程式 $x-1=\log_2 x$ 有幾個解?請說明其理由.

答案:有二個解.

例題 4 試求對數函數 $f(x) = \log_3 (x+5)$, $x > -5$ 之反函數 $f^{-1}(x)$.

解 令

$$y = f(x) = \log_3 (x+5)$$

則

$$x + 5 = 3^y \Rightarrow x = 3^y - 5$$

所以 $f(x) = \log_3 (x+5)$ 之反函數為 $f^{-1}(x) = 3^x - 5$, $x \in I\!R$.

隨堂練習 14 試求 $y = \dfrac{10^x}{10^x + 1}$ 之反函數.

答案：$y = f^{-1}(x) = \log_{10} \dfrac{x}{1-x}$ $(0 < x < 1)$.

習題 5-5

1. 設 $f(x) = \log_3 x$，求 $f(1)$、$f(2)$、$f(3)$、$f\left(\dfrac{1}{2}\right)$ 與 $f\left(\dfrac{1}{3}\right)$ 的值.

2. 試將 $y = \left(\dfrac{1}{2}\right)^x$ 與 $y = \log_{1/2} x$ 的圖形畫在同一坐標平面上.

3. 設 $f(x) = 2^x$, $g(x) = \log_2 x$, 試求 $f(g(x))$ 和 $g(f(x))$ 的值.

試利用 $y = \log_2 x$ 之圖形為基礎，作下列各函數之圖形.

4. $y = \log_2 (-x)$
5. $y = |\log_2 x|$
6. $y = \log_2 |x|$
7. $y = -\log_2 (-x)$

試利用函數圖形之交點，判斷下列方程式之實根個數.

8. $x - 1 = \log_2 x$
9. $\log_2 |x| = x - 2$
10. $x = |\log_2 x|$
11. $|\log_2 x| = x - 1$
12. 設 $f(x) = a^x$ $(a > 0, a \neq 1)$，試求 $f^{-1}(x)$.

試確定下列各函數之定義域.

13. $f(x) = \log_{10}(1-x)$

14. $f(x) = \log_e(4-x^2)$

15. $f(x) = \sqrt{x}\,\log_e(x^2-1)$

16. $f(x) = \log\log\log\log x$

試求下列各函數的反函數.

17. $y = f(x) = 1 + 3^{2x+1}$

18. $y = 2^{10^x}$

19. $y = (\ln x)^2,\ x \geq 1$

20. 設 $f(x) = \left(\dfrac{1}{3}\right)^x,\ g(x) = \log_{1/3} x$,求 $f(g(x))$ 與 $g(f(x))$.

21. 令 $f(x) = \dfrac{2^x+1}{2^x-1}$,其中 x 為非零之實數,試求 f 的反函數 $f^{-1}(x)$.

6

三角函數

- 銳角的三角函數
- 廣義角的三角函數
- 弧　度
- 三角函數的圖形
- 正弦定理與餘弦定理
- 和角公式
- 倍角與半角公式，和與積互化公式

6-1 銳角的三角函數

初等函數含有 正弦、餘弦、正切、餘切、正割及餘割 等的三角函數，並得到一些基本關係式．現在，我們先將這些函數的定義敘述一下．設 $\triangle ABC$ 為一個直角三角形，如圖 6-1 所示，其中 $\angle C$ 是直角，$\overline{AB}$ 是斜邊，兩股 $\overline{BC}$ 與 $\overline{AC}$ 分別是 $\angle B$ 的鄰邊與對邊，我們定義：

$$\angle B \text{ 的正弦} = \sin B = \frac{\text{對邊}}{\text{斜邊}} = \frac{\overline{AC}}{\overline{AB}}$$

$$\angle B \text{ 的餘弦} = \cos B = \frac{\text{鄰邊}}{\text{斜邊}} = \frac{\overline{BC}}{\overline{AB}}$$

$$\angle B \text{ 的正切} = \tan B = \frac{\text{對邊}}{\text{鄰邊}} = \frac{\overline{AC}}{\overline{BC}}$$

$$\angle B \text{ 的餘切} = \cot B = \frac{\text{鄰邊}}{\text{對邊}} = \frac{\overline{BC}}{\overline{AC}}$$

$$\angle B \text{ 的正割} = \sec B = \frac{\text{斜邊}}{\text{鄰邊}} = \frac{\overline{AB}}{\overline{BC}}$$

$$\angle B \text{ 的餘割} = \csc B = \frac{\text{斜邊}}{\text{對邊}} = \frac{\overline{AB}}{\overline{AC}}$$

如果已知一個角的三角函數值，即使我們不知道此角的度數，也可以求出其他的三角函數值．

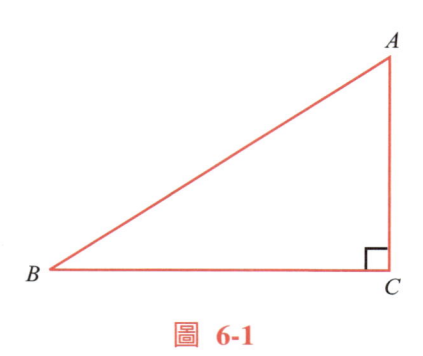

圖 6-1

第六章　三角函數

例題 1　設 $\angle A$ 為銳角，且 $\sin A = \dfrac{24}{25}$，試求 $\angle A$ 的其他三角函數值．

解　作一直角三角形，使斜邊長為 $\overline{AB}=25$，一股長 $\overline{BC}=24$，利用商高定理知

$$\overline{AC}=\sqrt{\overline{AB}^2-\overline{BC}^2}=\sqrt{(25)^2-(24)^2}=7$$

滿足 $\sin A = \dfrac{\overline{BC}}{\overline{AB}} = \dfrac{24}{25}$

其他三角函數值為

$$\cos A = \dfrac{\overline{AC}}{\overline{AB}} = \dfrac{7}{25}$$

$$\tan A = \dfrac{\overline{BC}}{\overline{AC}} = \dfrac{24}{7}$$

$$\cot A = \dfrac{\overline{AC}}{\overline{BC}} = \dfrac{7}{24}$$

$$\sec A = \dfrac{\overline{AB}}{\overline{AC}} = \dfrac{25}{7}$$

$$\csc A = \dfrac{\overline{AB}}{\overline{BC}} = \dfrac{25}{24}.$$

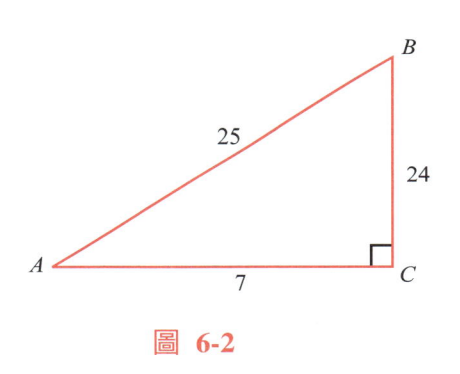

如圖 6-2 所示．

圖 6-2

隨堂練習 1　設 $\sin\theta = \dfrac{3}{5}$，試求 θ 的其他三角函數值．

答案：$\cos\theta = \dfrac{4}{5}$，$\tan\theta = \dfrac{3}{4}$，$\cot\theta = \dfrac{4}{3}$，$\sec\theta = \dfrac{5}{4}$，$\csc\theta = \dfrac{5}{3}$．

其次，我們列出三角函數之間的一些關係式：

1. 倒數關係式：

$$\frac{1}{\sin \theta} = \csc \theta \qquad \frac{1}{\cos \theta} = \sec \theta$$

$$\frac{1}{\tan \theta} = \cot \theta \qquad \frac{1}{\cot \theta} = \tan \theta$$

$$\frac{1}{\sec \theta} = \cos \theta \qquad \frac{1}{\csc \theta} = \sin \theta$$

2. 商數關係式：

$$\tan \theta = \frac{\sin \theta}{\cos \theta} \qquad \cot \theta = \frac{\cos \theta}{\sin \theta}$$

3. 餘角關係式：

$$\sin(90° - \theta) = \cos \theta$$
$$\cos(90° - \theta) = \sin \theta$$
$$\tan(90° - \theta) = \cot \theta$$
$$\cot(90° - \theta) = \tan \theta$$
$$\sec(90° - \theta) = \csc \theta$$
$$\csc(90° - \theta) = \sec \theta$$

4. 平方關係式：

$$\sin^2 \theta + \cos^2 \theta = 1$$
$$1 + \tan^2 \theta = \sec^2 \theta$$
$$1 + \cot^2 \theta = \csc^2 \theta$$

例題 2 設 θ 為銳角，試用 $\sin \theta$ 表出 $\cos \theta$ 與 $\tan \theta$.

解 因 $\sin^2 \theta + \cos^2 \theta = 1$，即，$\cos^2 \theta = 1 - \sin^2 \theta$，又 $\cos \theta > 0$，故

$$\cos \theta = \sqrt{1 - \sin^2 \theta}$$

$$\tan \theta = \frac{\sin \theta}{\cos \theta} = \frac{\sin \theta}{\sqrt{1 - \sin^2 \theta}}.$$

例題 3 設 $\sin\theta + \sin^2\theta = 1$，試求 $\cos^2\theta + \cos^4\theta$ 之值.

解 $\sin\theta + \sin^2\theta = 1 \Rightarrow \sin\theta = 1 - \sin^2\theta = \cos^2\theta$

故
$$\cos^2\theta + \cos^4\theta = \cos^2\theta + (\cos^2\theta)^2 = \cos^2\theta + (\sin\theta)^2$$
$$= \cos^2\theta + \sin^2\theta = 1.$$

現在，我們利用上述的基本關係式來證明一些三角恆等式.

例題 4 試證：$\tan\theta + \cot\theta = \sec\theta\csc\theta$.

解 $\tan\theta + \cot\theta = \dfrac{\sin\theta}{\cos\theta} + \dfrac{\cos\theta}{\sin\theta} = \dfrac{\sin^2\theta + \cos^2\theta}{\sin\theta\cos\theta}$

$= \dfrac{1}{\sin\theta\cos\theta} = \dfrac{1}{\cos\theta} \cdot \dfrac{1}{\sin\theta}$

$= \sec\theta\csc\theta.$

例題 5 試證：$\sec^4\theta - \sec^2\theta = \tan^4\theta + \tan^2\theta$.

解 $\sec^4\theta - \sec^2\theta = (1 + \tan^2\theta)^2 - (1 + \tan^2\theta)$
$= 1 + 2\tan^2\theta + \tan^4\theta - 1 - \tan^2\theta$
$= \tan^4\theta + \tan^2\theta.$

隨堂練習 2 設 θ 為銳角，且 $\tan\theta = \dfrac{3}{4}$，試求 $\dfrac{\sin\theta}{1 - \cot\theta} + \dfrac{\cos\theta}{1 - \tan\theta}$ 之值.

答案：$\dfrac{7}{5}$.

隨堂練習 3 試求 $(1 - \tan^4\theta)\cos^2\theta + \tan^2\theta$ 之值.

答案：1.

習題 6-1

1. 已知 $\cos\theta = \dfrac{1}{2}$，且 θ 為銳角，求 θ 角的其他三角函數值.

2. 設 θ 為銳角，$\tan\theta = 2\sqrt{2}$，試求 θ 的其餘五個三角函數值.

3. 試證：$\dfrac{\cos\theta\tan\theta + \sin\theta}{\tan\theta} = 2\cos\theta$.

4. 設 $\sin\theta - \cos\theta = \dfrac{1}{2}$，且 θ 為銳角，求下列各值.
   (1) $\sin\theta\cos\theta$
   (2) $\sin\theta + \cos\theta$
   (3) $\tan\theta + \cot\theta$

5. 設 $\tan\theta + \cot\theta = 3$，且 θ 為銳角，求下列各值.
   (1) $\sin\theta\cos\theta$
   (2) $\sin\theta + \cos\theta$

6. 設 θ 為銳角，試用 $\tan\theta$ 表示 $\sin\theta$ 及 $\cos\theta$.

7. 試化簡下列各式.
   (1) $(\sin\theta + \cos\theta)^2 + (\sin\theta - \cos\theta)^2$
   (2) $(\tan\theta + \cot\theta)^2 - (\tan\theta - \cot\theta)^2$
   (3) $(1 - \tan^4\theta)\cos^2\theta + \tan^2\theta$

試證下列各恆等式.

8. $(\sec\theta - \tan\theta)^2 = \dfrac{1 - \sin\theta}{1 + \sin\theta}$

9. $\tan\theta + \cot\theta = \sec\theta\csc\theta$

10. $\dfrac{\sin\theta}{1 + \cos\theta} + \dfrac{1 + \cos\theta}{\sin\theta} = 2\csc\theta$

11. $\sin^4\theta - \cos^4\theta = 1 - 2\cos^2\theta$

12. $(\sin\theta + \cos\theta)^2 = 1 + 2\sin\theta\cos\theta$

13. $\tan^2\theta - \sin^2\theta = \tan^2\theta\sin^2\theta$

14. $2 + \cot^2\theta = \csc^2\theta + \sec^2\theta - \tan^2\theta$

15. 設 θ 為銳角，且 $\tan\theta = \dfrac{5}{12}$，求 $\dfrac{\sin\theta}{1-\tan\theta} + \dfrac{\cos\theta}{1-\cot\theta}$ 之值．

16. 設 θ 為銳角，且一元二次方程式 $x^2 - (\tan\theta + \cot\theta)x + 1 = 0$ 有一根為 $2 + \sqrt{3}$，求 $\sin\theta\cos\theta$ 的值．

6-2 廣義角的三角函數

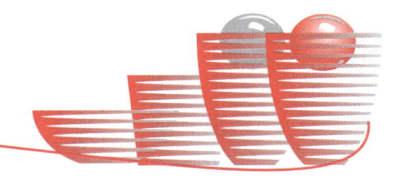

　　已知 $\angle AOB$ 為一個角，其兩邊為 $\overline{OA}$ 與 $\overline{OB}$，如圖 6-3 所示，若該角是從 $\overline{OA}$ 轉到 $\overline{OB}$，則 $\overline{OA}$ 是始邊，而 $\overline{OB}$ 是終邊．從始邊轉到終邊就是旋轉方向，所以我們可以將角看作是由始邊沿著旋轉方向到終邊的旋轉量．為了方便起見，通常規定逆時鐘的旋轉方向是正的，順時鐘的旋轉方向是負的．旋轉方向是正的角稱為正向角，簡稱為正角；旋轉方向是負的角稱為負向角，簡稱為負角．正向角與負向角均稱為有向角．例如，就圖 6-4(1) 所示，從 $\overline{OA}$ 轉到 $\overline{OB}$ 的有向角是 $60°$；就圖 6-4(2) 所示，從 $\overline{OA}$ 轉到 $\overline{OB}$ 的有向角是 $-60°$．

　　大家也許還記得在國中學習過的角都一律被限制在 $180°$ 以內．但是，現在既然將角看作是由始邊沿著旋轉方向的旋轉量，我們就要打破這個限制，而將角度的範圍擴充到 $180°$ 以上，像這樣打破了 $180°$ 限制的有向角被稱為廣義角．若在同一平面上之兩個角有共同的始邊與共同的終邊，則稱它們是同界

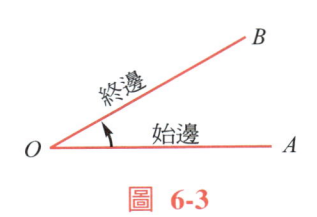

圖 6-3

194 數學

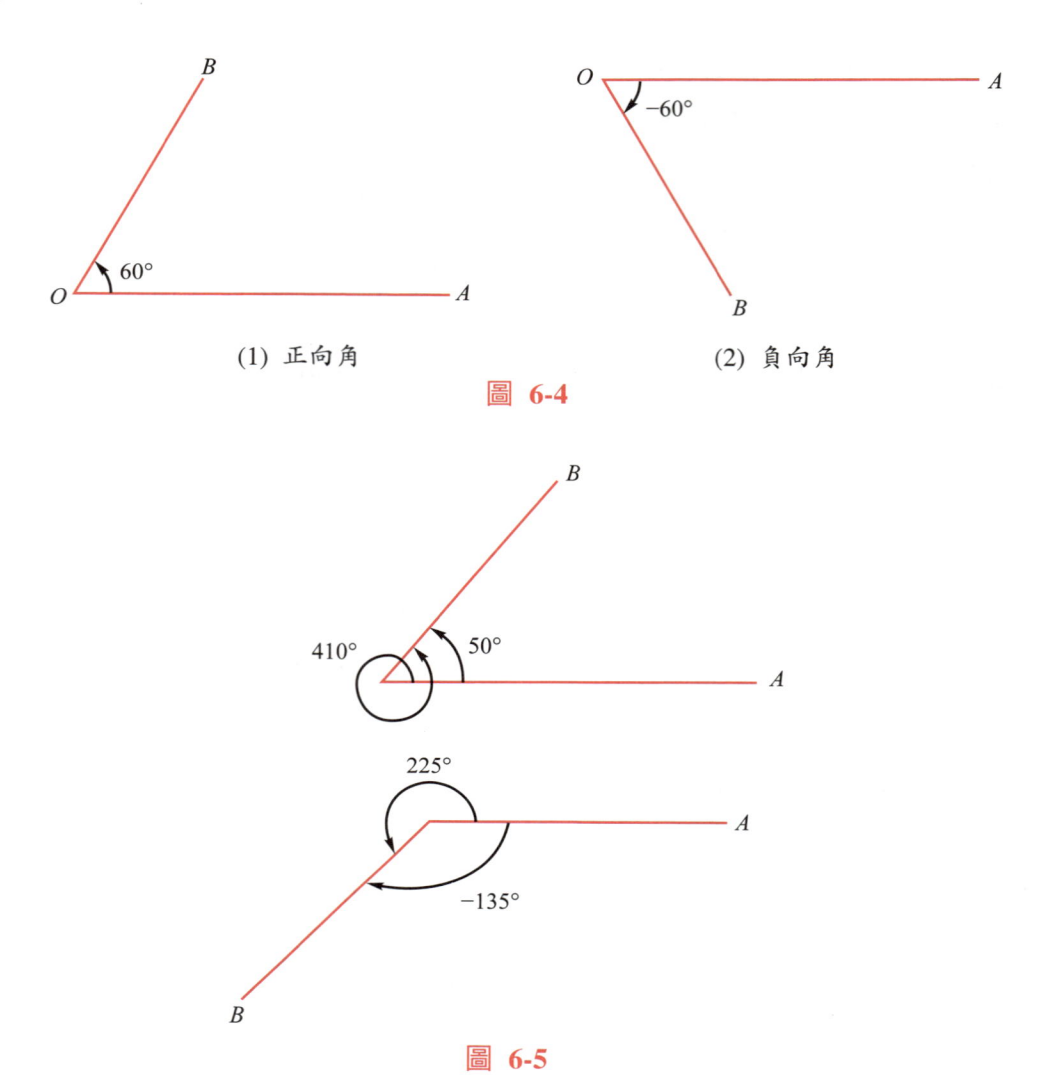

(1) 正向角

(2) 負向角

圖 6-4

圖 6-5

角．角 θ 的同界角可用 $n \times 360° + \theta$ (n 為整數) 表示，換言之，同界角就是角度差為 $360°$ 的整數倍的角．圖 6-5 中的 $410°$ 角與 $50°$ 角為同界角，$225°$ 角與 $-135°$ 角為同界角。

例題 1 找出下列各有向角的同界角 θ，使 $0° \leq \theta < 360°$.
(1) $1234°$，(2) $1440°$，(3) $-123°$，(4) $-2000°$.

解 (1) $1234° = 360° \times 3 + 154°$，故 $\theta = 154°$.

(2) $1440° = 360° \times 4$，故 $\theta = 0°$.

(3) $-123° = 360° \times (-1) + 237°$，故 $\theta = 237°$．

(4) $-2000° = 360° \times (-6) + 160°$，故 $\theta = 160°$．

在坐標平面上，若角的頂點位於原點且始邊放在 x-軸的正方向上，則稱該角位於**標準位置**，而該角為**標準位置角**．若標準位置角的終邊落在第 I (I = 1, 2, 3, 4) 象限內，則稱該角為第 **I 象限角**．

現在，我們將銳角的三角函數加以推廣．假設 θ 為標準位置角，則 θ 的終邊可能落在第一象限，也可能落在第二象限、第三象限或第四象限，如圖 6-6 所示，其中 $0 < \theta < 360°$．

當然，終邊有可能落在 x-軸或 y-軸上．我們在終邊上任取異於原點 O 的一點 P，設其坐標為 (x, y)，且令 $\overline{OP} = r$，則定義廣義角的三角函數如下：

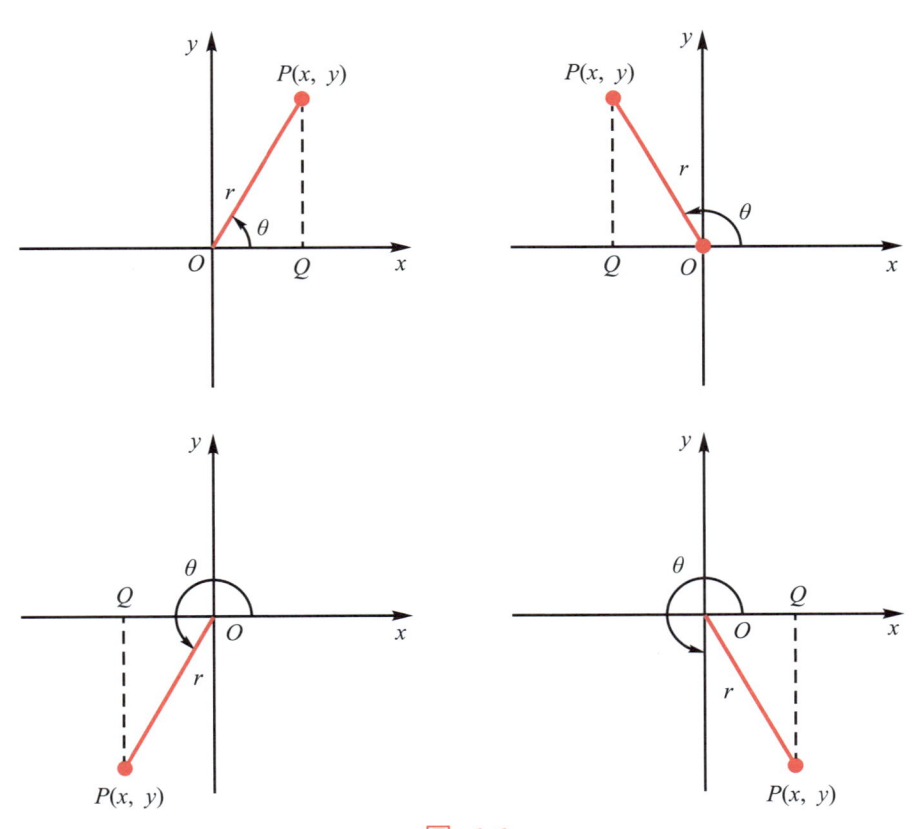

圖 6-6

定義 6-1

$$\sin\theta = \frac{y}{r}, \qquad \cos\theta = \frac{x}{r}, \qquad \tan\theta = \frac{y}{x}$$

$$\cot\theta = \frac{x}{y}, \qquad \sec\theta = \frac{r}{x}, \qquad \csc\theta = \frac{r}{y}$$

此定義中的 θ 適合所有角──正角、負角、銳角或鈍角。特別注意的是，我們必須在它的比值有意義的情況下，才能定義廣義角的三角函數。例如，若 θ 的終邊在 y-軸 (即，$x=0$) 上，則 $\tan\theta$ 與 $\sec\theta$ 均無意義；若 θ 的終邊在 x-軸 (即，$y=0$) 上，則 $\cot\theta$ 與 $\csc\theta$ 均無意義。

由於 r 恆為正，故 θ 角之三角函數的正、負號隨 P 點所在的象限而定，今列表如下：

函數＼象限	I	II	III	IV
$\sin\theta$ $\csc\theta$	+	+	−	−
$\cos\theta$ $\sec\theta$	+	−	−	+
$\tan\theta$ $\cot\theta$	+	−	+	−

例題 2 計算六個三角函數在 $\theta = 150°$ 的值。

解 以原點作為圓心且半徑是 1 的圓，並將角 $\theta = 150°$ 置於標準位置，如圖 6-7 所示。因 $\angle AOP = 30°$，且 $\triangle OAP$ 為一個 30°-60°-90° 的三角形，故 $\overline{AP} = \frac{1}{2}$，可得 $\overline{AO} = \frac{\sqrt{3}}{2}$。於是，$P$ 的坐標為 $\left(-\frac{\sqrt{3}}{2}, \frac{1}{2}\right)$。

$$\sin 150° = \frac{1}{2} \qquad\qquad \cos 150° = -\frac{\sqrt{3}}{2}$$

第六章 三角函數

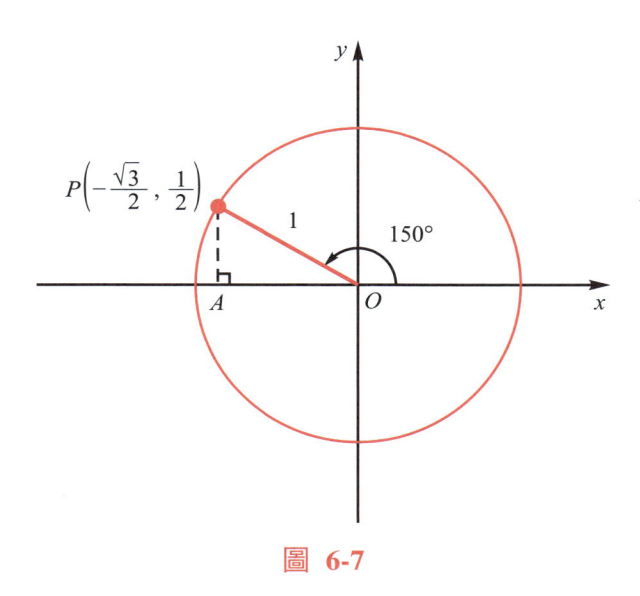

圖 6-7

$$\tan 150° = \frac{\frac{1}{2}}{-\frac{\sqrt{3}}{2}} = -\frac{1}{\sqrt{3}} = -\frac{\sqrt{3}}{3}$$

$$\cot 150° = \frac{1}{\tan 150°} = -\sqrt{3}$$

$$\sec 150° = \frac{1}{\cos 150°} = -\frac{2}{\sqrt{3}} = -\frac{2\sqrt{3}}{3}$$

$$\csc 150° = \frac{1}{\sin 150°} = 2.$$

例題 3 若 $\cos \theta = -\frac{4}{5}$，且 $\sin \theta > 0$，求 θ 的其餘三角函數值.

解 因 $\cos \theta < 0$ 且 $\sin \theta > 0$，故 θ 為第二象限. 如圖 6-8 所示.

又 $\cos \theta = \frac{x}{r} = \frac{-4}{5}$，取 $x = -4$，$r = 5$，

故 $y = \sqrt{r^2 - x^2} = \sqrt{(5)^2 - (-4)^2} = 3$

圖 6-8

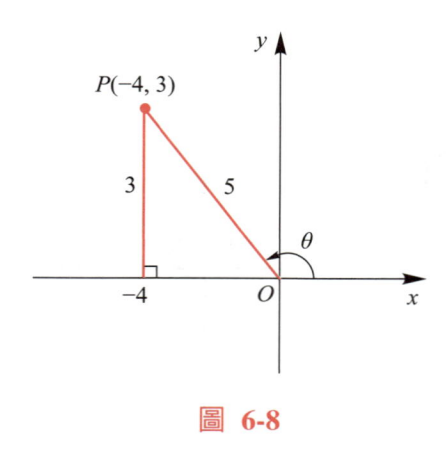

$$\sin\theta = \frac{3}{5}, \quad \tan\theta = \frac{3}{-4} = -\frac{3}{4}, \quad \cot\theta = \frac{-4}{3} = -\frac{4}{3},$$

$$\sec\theta = \frac{5}{-4} = -\frac{5}{4}, \quad \csc\theta = \frac{5}{3}.$$

隨堂練習 4 設點 $p(-5\sqrt{3}, y)$ 在角 θ 的終邊上，若 $\tan\theta = \dfrac{1}{\sqrt{3}}$，求 $\csc\theta$ 與 $\sin\theta$ 之值．

答案：$\csc\theta = -2, \sin\theta = -\dfrac{1}{2}$．

從廣義角之三角函數的定義可知，凡是同界角均有相同的三角函數值．因此，若 n 為整數，則有下列的結果：

$$\begin{aligned}\sin(n \times 360° + \theta) &= \sin\theta \\ \cos(n \times 360° + \theta) &= \cos\theta \\ \tan(n \times 360° + \theta) &= \tan\theta \\ \cot(n \times 360° + \theta) &= \cot\theta \\ \sec(n \times 360° + \theta) &= \sec\theta \\ \csc(n \times 360° + \theta) &= \csc\theta\end{aligned}$$

(6-2-1)

我們利用這些性質可將任意角的三角函數化成 0° 到 360° 之間的三角函

第六章 三角函數

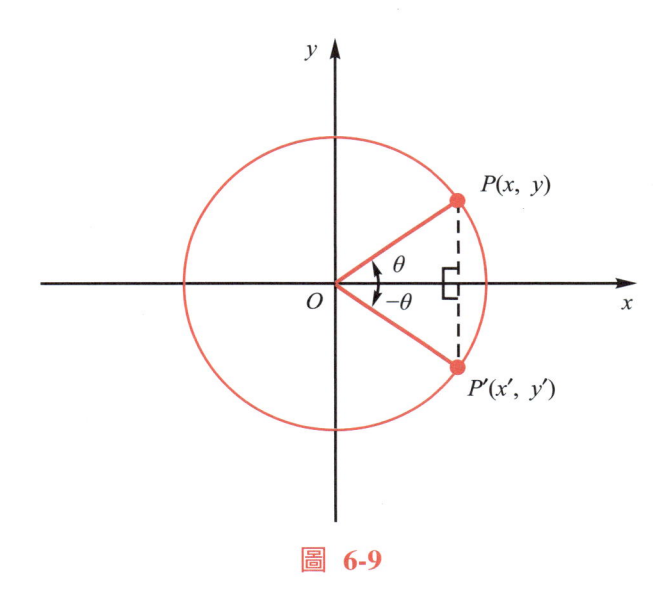

圖 6-9

數．例如，

$$\sin 730° = \sin (2 \times 360° + 10°) = \sin 10°$$
$$\tan (-330°) = \tan [(-1) \times 360° + 30°) = \tan 30°$$

設兩個角 θ 與 $-\theta$ 的終邊與<u>單位圓</u> (即，圓心在原點且半徑是 1 的圓) 的交點分別為 $P(x, y)$ 與 $P'(x', y')$，如圖 6-9 所示．

因為 $\overline{OP}$ 與 $\overline{OP'}$ 對於 x-軸成對稱，所以

$$x' = x, \quad y' = -y$$

可得

$$\sin (-\theta) = y' = -y = -\sin \theta$$
$$\cos (-\theta) = x' = x = \cos \theta$$
$$\tan (-\theta) = \frac{y'}{x'} = \frac{-y}{x} = -\tan \theta$$
$$\cot (-\theta) = \frac{x'}{y'} = \frac{x}{-y} = -\cot \theta \quad \text{(6-2-2)}$$
$$\sec (-\theta) = \frac{1}{x'} = \frac{1}{-x} = \sec \theta$$
$$\csc (-\theta) = \frac{1}{y'} = \frac{1}{-y} = -\csc \theta$$

圖 6-10

例如，
$$\sin(-58°) = -\sin 58°$$
$$\cos(-25°) = \cos 25°$$
$$\cot(-66°) = -\cot 66°$$

設兩個角 θ 與 $180°-\theta$ 的終邊與單位圓的交點分別為 $P(x, y)$ 與 $P'(x', y')$，如圖 6-10 所示．

因為 $\overline{OP}$ 與 $\overline{OP'}$ 對於 y-軸成對稱，所以
$$x' = -x, \quad y' = y$$
可得

$$\sin(180°-\theta) = y' = y = \sin\theta$$

$$\cos(180°-\theta) = x' = -x = -\cos\theta$$

$$\tan(180°-\theta) = \frac{y'}{x'} = \frac{y}{-x} = -\tan\theta$$

$$\cot(180°-\theta) = \frac{x'}{y'} = \frac{-x}{y} = -\cot\theta \qquad \textbf{(6-2-3)}$$

$$\sec(180°-\theta) = \frac{1}{x'} = \frac{1}{-x} = -\sec\theta$$

$$\csc(180°-\theta) = \frac{1}{y'} = \frac{1}{y} = \csc\theta$$

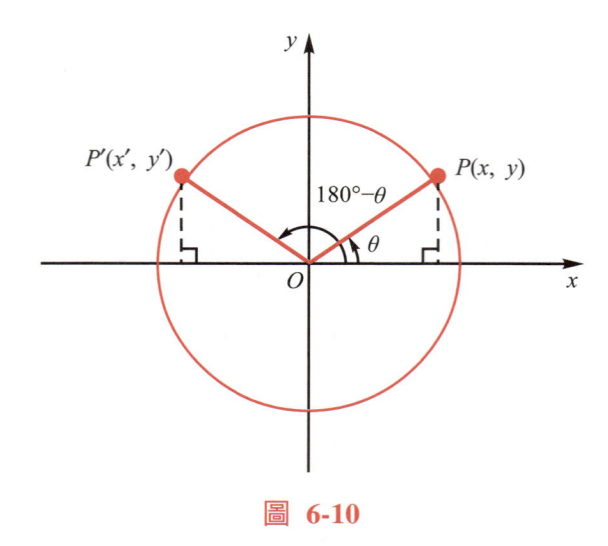

第六章 三角函數

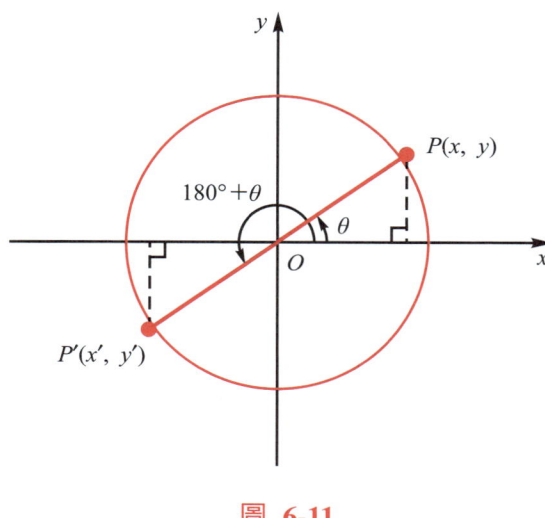

圖 6-11

例如,
$$\sin 120° = \sin(180° - 60°) = \sin 60°$$
$$\cos 150° = \cos(180° - 30°) = -\cos 30°$$

設兩個角 θ 與 $180° + \theta$ 的終邊與單位圓的交點分別為 $P(x, y)$ 與 $P'(x', y')$，如圖 6-11 所示.

因為 $\overline{OP}$ 與 $\overline{OP'}$ 對於原點 O 成對稱，所以
$$x' = -x, \quad y' = -y$$
可得

$$\sin(180° + \theta) = y' = -y = -\sin\theta$$
$$\cos(180° + \theta) = x' = -x = -\cos\theta$$
$$\tan(180° + \theta) = \frac{y'}{x'} = \frac{-y}{-x} = \frac{y}{x} = \tan\theta$$

(6-2-4)

$$\cot(180° + \theta) = \frac{x'}{y'} = \frac{-x}{-y} = \frac{x}{y} = \cot\theta$$

$$\sec(180° + \theta) = \frac{1}{x'} = \frac{1}{-x} = -\sec\theta$$

$$\csc(180° + \theta) = \frac{1}{y'} = \frac{1}{-y} = -\csc\theta$$

例如，
$$\cos 215° = \cos(180° + 35°) = -\cos 35°$$
$$\tan 250° = \tan(180° + 70°) = \tan 70°$$

綜上討論，我們列表如下：

	sin	cos	tan	cot	sec	csc
$-\theta$	$-\sin\theta$	$\cos\theta$	$-\tan\theta$	$-\cot\theta$	$\sec\theta$	$-\csc\theta$
$90°-\theta$	$\cos\theta$	$\sin\theta$	$\cot\theta$	$\tan\theta$	$\csc\theta$	$\sec\theta$
$90°+\theta$	$\cos\theta$	$-\sin\theta$	$-\cot\theta$	$-\tan\theta$	$-\csc\theta$	$\sec\theta$
$180°-\theta$	$\sin\theta$	$-\cos\theta$	$-\tan\theta$	$-\cot\theta$	$-\sec\theta$	$\csc\theta$
$180°+\theta$	$-\sin\theta$	$-\cos\theta$	$\tan\theta$	$\cot\theta$	$-\sec\theta$	$-\csc\theta$
$270°-\theta$	$-\cos\theta$	$-\sin\theta$	$\cot\theta$	$\tan\theta$	$-\csc\theta$	$-\sec\theta$
$270°+\theta$	$-\cos\theta$	$\sin\theta$	$-\cot\theta$	$-\tan\theta$	$\csc\theta$	$-\sec\theta$
$360°-\theta$	$-\sin\theta$	$\cos\theta$	$-\tan\theta$	$-\cot\theta$	$\sec\theta$	$-\csc\theta$
$360°+\theta$	$\sin\theta$	$\cos\theta$	$\tan\theta$	$\cot\theta$	$\sec\theta$	$\csc\theta$

註：上表的記法為

(1) 當角度為 $180°\pm\theta$, $360°\pm\theta$ 時，sin → sin，cos → cos，tan → tan，⋯，函數不變。當角度為 $90°\pm\theta$, $270°\pm\theta$ 時，sin 互換 cos，tan 互換 cot，sec 互換 csc。

(2) 將 θ 視為銳角，再求角度在哪一象限，而決定正負符號。

例題 4 求下列各三角函數值．

(1) $\sin(-690°)$ (2) $\sin(-7350°)$

(3) $\cot(1200°)$ (4) $\tan(-2730°)$

解 (1) $\sin(-690°) = -\sin 690° = -\sin(720° - 30°)$
$$= -(-\sin 30°) = \sin 30° = \frac{1}{2}.$$

(2) $\sin(-7350°) = -\sin 7350° = -\sin(360° \times 20 + 150°) = -\sin 150°$
$$= -\sin(180° - 30°) = -\sin 30° = -\frac{1}{2}.$$

(3) $\cot(1200°) = \cot(360° \times 3 + 120°) = \cot 120°$
$= \cot(90° + 30°) = -\tan 30°$
$= -\dfrac{1}{\sqrt{3}} = -\dfrac{\sqrt{3}}{3}.$

(4) $\tan(-2730°) = -\tan 2730° = -\tan(360° \times 7 + 210°)$
$= -\tan 210° = -\tan(180° + 30°)$
$= -\tan 30° = -\dfrac{1}{\sqrt{3}} = -\dfrac{\sqrt{3}}{3}.$ ¶

隨堂練習 5 試求 $\sin 120° \tan 210° - \cos 135° \sec(-45°)$ 之值.

答案：$\dfrac{3}{2}$.

隨堂練習 6 試求 $\sin^2 240° + \cos^2 300° - 2\tan(-585°)$ 的值.

答案：3.

習題 6-2

1. 下列各角是何象限內的角？
   (1) 460°　　(2) 1305°
2. 求 $-1384°$ 角的同界角中的最大負角，並問其為第幾象限角？
3. 設 $\theta = 35°$，ϕ 與 θ 為同界角，若 $-1080° \leq \phi \leq -720°$，求 ϕ.
4. 求下列諸角的最小正同界角及最大負同界角.
   (1) 675°　　(2) $-1520°$　　(3) $-1473°$　　(4) $-21508°$
5. 設標準位置角 θ 的終邊通過下列的點，求 θ 的各三角函數值.
   (1) $(3, 4)$　　(2) $(-4, -1)$　　(3) $(-1, 2)$

6. 若已知 $\tan\theta=\dfrac{1}{3}$，$\sin\theta<0$，求 θ 的各三角函數值．

7. 若 $\cos\theta=\dfrac{12}{13}$，且 $\cot\theta<0$，求 θ 的其餘三角函數值．

8. 若 $\tan\theta=\dfrac{7}{24}$，求 $\sin\theta$ 及 $\cos\theta$ 的值．

9. 已知 $\tan\theta=-\dfrac{1}{\sqrt{3}}$，求 θ 的其餘三角函數值．

10. 已知 θ 為第三象限內的角，且 $\tan\theta=\dfrac{3}{2}$，求 $\dfrac{\sin\theta+\cos\theta}{1+\sec\theta}$ 的值．

11. 已知 $\cos\theta=-\dfrac{3}{7}$，$\tan\theta>0$，求 $\dfrac{\tan\theta}{1-\tan^2\theta}$ 的值．

12. 求下列各三角函數值．
    (1) $\sin 120°$
    (2) $\cos 120°$
    (3) $\tan 150°$
    (4) $\sin 210°$
    (5) $\tan 225°$
    (6) $\sin 300°$
    (7) $\tan 300°$
    (8) $\cos 315°$
    (9) $\cos(-6270°)$
    (10) $\tan(-240°)$

13. 試化簡：$\sin(-1590°)\cos 1860°+\tan 960°\cot 1395°$．

14. 試證：$a\sin(\theta-90°)+b\cos(\theta-180°)=-(a+b)\cos\theta$．

15. 試證：$4\sin^2(-840°)-3\cos^2(1800°)=0$．

16. 已知 $\sin 598°=t$，試以 t 表示 $\tan 212°$．

17. 化簡 $\dfrac{\sin(180°-\theta)\cdot\cot(90°-\theta)\cdot\cos(360°-\theta)}{\tan(180°+\theta)\cdot\tan(90°+\theta)\cdot\sin(-\theta)}$．

6-3 弧度

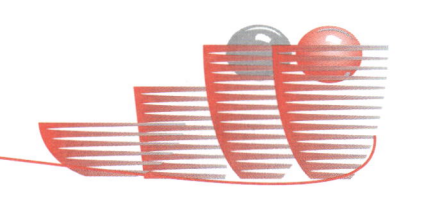

一般常用的角度量有兩種，一種稱為**度度量**，是將一圓分成 360 等分，每一等分稱為 1 度（記為 1°），而 1 度分成 60 分（記為 1°＝60′），1 分分成 60 秒（記為 1′＝60″），故 1°＝60′＝3600″．另一種稱為**弧度度量**，是將與半徑等長的圓弧所對的圓心角當成 1 弧度．就半徑為 r 的圓而言，其周長等於 $2\pi r$，所以整個圓周所對的角等於 2π 弧度；半圓弧長為 πr，所以平角等於 π 弧度；四分之一圓弧長為 $\frac{1}{2}\pi r$，所以直角等於 $\frac{\pi}{2}$ 弧度．

註：弧度的大小僅與角度有關，與圓的半徑無關．

一般而言，度與弧度之間有下列的互換關係，因為

$$360° = 2\pi \text{ 弧度}$$

所以

$$1° = \frac{2\pi}{360} \text{ 弧度} = \frac{\pi}{180} \text{ 弧度} \approx 0.01745 \text{ 弧度}$$

$$1 \text{ 弧度} = \left(\frac{360}{2\pi}\right)° = \left(\frac{180}{\pi}\right)° \approx 57°\ 17′\ 45″$$

往後，我們常將弧度省略不寫，例如，一個角是 $\frac{\pi}{6}$ 的意思就是它是 $\frac{\pi}{6}$ 弧度的角．當所用的單位是度時，我們必須將度標出來，例如，不可以將 30° 記為 30．

一些常用角的單位度與弧度的換算如下表：

度	30°	45°	60°	90°	120°	135°	150°	180°	270°
弧度	$\dfrac{\pi}{6}$	$\dfrac{\pi}{4}$	$\dfrac{\pi}{3}$	$\dfrac{\pi}{2}$	$\dfrac{2\pi}{3}$	$\dfrac{3\pi}{4}$	$\dfrac{5\pi}{6}$	π	$\dfrac{3\pi}{2}$

例題 1 化 210°，225°，240°，300°，315°，330° 為弧度．

解 $210° = \dfrac{\pi}{180} \times 210 = \dfrac{7\pi}{6}$， $225° = \dfrac{\pi}{180} \times 225 = \dfrac{5\pi}{4}$

$240° = \dfrac{\pi}{180} \times 240 = \dfrac{4\pi}{3}$， $300° = \dfrac{\pi}{180} \times 300 = \dfrac{5\pi}{3}$

$315° = \dfrac{\pi}{180} \times 315 = \dfrac{7\pi}{4}$， $330° = \dfrac{\pi}{180} \times 330 = \dfrac{11\pi}{6}$．

例題 2 化 23° 15′ 30″ 為弧度．

解 23° 15′ 30″ = 23° 15.5′ ≈ 23.2583°

≈ 0.01745 × 23.2583 弧度 ≈ 0.406 弧度．

例題 3 化 $\dfrac{5\pi}{3}$，$\dfrac{5\pi}{8}$ 為度．

解 $\dfrac{5\pi}{3} = \left(\dfrac{180}{\pi}\right)° \times \dfrac{5\pi}{3} = 108°$

$\dfrac{5\pi}{8} = \left(\dfrac{180}{\pi}\right)° \times \dfrac{5\pi}{8} = 112.5°$．

例題 4 試求與 $-\dfrac{11\pi}{4}$ 為同界角的最小正角與最大負角．

解 因角 θ 的同界角可表為 $2n\pi + \theta$（n 為整數），故

$$-\dfrac{11\pi}{4} = (-2) \times 2\pi + \dfrac{5\pi}{4}$$

$$-\frac{11\pi}{4} = -2\pi + \left(-\frac{3\pi}{4}\right)$$

所以，$\frac{5\pi}{4}$ 是 $-\frac{11\pi}{4}$ 的最小正同界角，$-\frac{3\pi}{4}$ 是 $-\frac{11\pi}{4}$ 的最大負同界角．

隨堂練習 7 求 $1178°$ 之最小正同界角與最大負同界角．

答案：最小正同界角為 $98°$，而最大負同界角為 $-262°$．

例題 5 求下列各三角函數值．

(1) $\cos\left(\frac{4\pi}{3}\right)$, (2) $\sec\left(-\frac{23\pi}{4}\right)$．

解 (1) $\cos\left(\frac{4\pi}{3}\right) = \cos\left(\pi + \frac{\pi}{3}\right) = -\cos\frac{\pi}{3} = -\frac{1}{2}$．

(2) $\sec\left(-\frac{23\pi}{4}\right) = \sec\frac{23\pi}{4}$

$$= \sec\left(2 \times 2\pi + \frac{7\pi}{4}\right) = \sec\frac{7\pi}{4}$$

$$= \sec\left(2\pi - \frac{\pi}{4}\right) = \sec\frac{\pi}{4} = \sqrt{2}．$$

隨堂練習 8 求 $\dfrac{\tan\frac{\pi}{4} + \tan\frac{\pi}{6}}{1 - \tan\frac{\pi}{4}\tan\frac{\pi}{6}}$ 之值．

答案：$2 + \sqrt{3}$．

弧是圓周的一部分，所以欲求弧長時，只要求出該段圓弧是佔整個圓周的幾分之幾，就可求出弧長．同樣地，扇形面積也是從該扇形佔整個圓區域的幾分之幾去求得．若圓的半徑為 r，則圓周長為 $2\pi r$，圓面積為 πr^2，故當圓心角為 θ (弧度) 時，其所對的弧長為 $s = \dfrac{\theta}{2\pi} \times 2\pi r = r\theta$，而扇形面積為

$$A = \dfrac{\theta}{2\pi} \times \pi r^2 = \dfrac{1}{2} r^2 \theta = \dfrac{1}{2} rs$$

如果圓心角為 $\alpha°$ 時，弧長為 $s = \dfrac{\alpha}{360} \times 2\pi r$，扇形面積為

$$A = \dfrac{\alpha}{360} \times \pi r^2$$

因此，我們有下面的定理．

定理 6-1

若圓的半徑為 r，則

(1) 圓心角 θ (弧度) 所對的弧長為 $s = r\theta$，而扇形面積為

$$A = \dfrac{1}{2} r^2 \theta = \dfrac{1}{2} rs.$$

(2) 圓心角 $\alpha°$ 所對的弧長為 $s = \dfrac{\alpha}{360} \times 2\pi r$，而扇形面積為

$$A = \dfrac{\alpha}{360} \times \pi r^2.$$

例題 6 求半徑為 8 公分的圓上一弧長為 2 公分所對的圓心角．

解 圓心角 $= \dfrac{弧長}{半徑} = \dfrac{2}{8} = \dfrac{1}{4}$ (弧度)．

例題 7 若一圓的半徑為 8 公分，圓心角為 $\dfrac{\pi}{4}$，求此扇形的面積．

解 面積 $= \dfrac{1}{2} r^2 \theta = \dfrac{1}{2} \times 8^2 \times \dfrac{\pi}{4} = 8\pi$ (平方公分).

例題 8 已知一扇形的半徑為 25 公分，弧長為 16 公分，求其圓心角的度數及面積.

解 因 $\theta = \dfrac{s}{r}$，故

$$\theta = \dfrac{s}{r} = \dfrac{16}{25} = 0.64 \text{ (弧度)} = \left(\dfrac{180}{\pi}\right)^\circ \times 0.64 \approx 36.67^\circ$$

扇形面積為

$$A = \dfrac{1}{2} rs = \dfrac{1}{2} \times 25 \times 16 = 200 \text{ (平方公分)}.$$

隨堂練習 9 試求半徑為 6 公分，中心角為 135° 之扇形面積為何？

答案：$\dfrac{27}{2}\pi$ (平方公分).

習題 6-3

1. 求下列各角的弧度數.
   (1) 15°　　(2) 144°　　(3) 540°　　(4) 45° 20′ 35″

2. 化下列各角度量為度度量.
   (1) $\dfrac{7\pi}{10}$　　(2) $\dfrac{7\pi}{4}$　　(3) $\dfrac{3\pi}{16}$　　(4) $\dfrac{5\pi}{12}$　　(5) 3

3. 試求與 $-\dfrac{10\pi}{3}$ 為同界角的最小正角與最大負角.

4. 求 $\sin \dfrac{\pi}{3} \tan \dfrac{\pi}{4} \cos \dfrac{\pi}{6} \sec \dfrac{\pi}{3} \cot \dfrac{\pi}{6}$ 的值.

5. 求 $\tan^2 \dfrac{\pi}{4} \sin \dfrac{\pi}{3} \cos \dfrac{\pi}{3} \tan \dfrac{\pi}{6} \sec \dfrac{\pi}{4}$ 的值．

6. 設一圓的半徑為 6，求圓心角為 $\dfrac{2\pi}{3}$ 所對的弧長．

7. 若一圓的半徑為 16 公分，圓心角為 $\dfrac{\pi}{3}$，求此扇形的面積．

8. 已知一扇形的半徑為 25 公分，弧長為 16 公分，求其圓心角的度數及面積．

9. 某扇形的半徑為 15 公分，圓心角為 $\dfrac{\pi}{3}$，求其面積及弧長．

10. 有一腳踏車的車輪直徑為 60 公分，今旋轉 500 圈，問其所走的距離為何？

11. 試求 $\sec\left(-\dfrac{29\pi}{6}\right)$ 之值．

試求下列各式之值．

12. $\sec\left(\dfrac{3\pi}{2} - \theta\right) \tan(\pi - \theta) \cos(-\theta)$

13. $\cos^2 \dfrac{5\pi}{4} \csc \dfrac{11\pi}{6} - \cos\left(-\dfrac{\pi}{3}\right)$

14. 試求 $\left(\cos^4 \dfrac{\pi}{4} - \sin^4 \dfrac{\pi}{4}\right)\left(\cos^4 \dfrac{\pi}{4} + \sin^4 \dfrac{\pi}{4}\right)$ 之值．

15. 試求 $\sin^2\left(\dfrac{19\pi}{2}\right)$ 之值．

6-4 三角函數的圖形

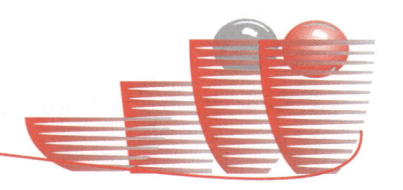

三角函數有一個非常重要的性質，稱為**週期性**．描繪六個三角函數的圖形

必先瞭解三角函數的週期.

定義 6-2

設 f 為定義於 $A \subset \mathbb{R}$ 的函數，且 $f(A) \subset \mathbb{R}$，若存在一正數 T，使得

$$f(x+T) = f(x)$$

對於任一 $x \in A$ 均成立，則稱 f 為 週期函數，而使得上式成立的最小正數 T 稱為函數 f 的 週期.

定理 6-2

若 T 為 $f(x)$ 所定義函數的週期，則 $f(kx)$ 所定義之函數亦為週期函數，其週期為 $\dfrac{T}{k}$ ($k>0$).

證：因為 $f(x)$ 的週期為 T，所以 $f(x+T)=f(x)$.

又 $$f\left(k\left(x+\dfrac{T}{k}\right)\right) = f(kx+T) = f(kx)$$

可知 $\dfrac{T}{k}$ 亦為 $f(kx)$ 的週期. 因

$$\sin(x+2\pi) = \sin x$$
$$\cos(x+2\pi) = \cos x$$
$$\tan(x+\pi) = \tan x$$
$$\cot(x+\pi) = \cot x$$
$$\sec(x+2\pi) = \sec x$$
$$\csc(x+2\pi) = \csc x$$

故三角函數為週期函數，$\sin x$、$\cos x$、$\sec x$、$\csc x$ 的週期均為 2π，而 $\tan x$、$\cot x$ 的週期均為 π. 瞭解三角函數的週期，對於作三角函數之圖形

有很大的幫助. 因作週期函數的圖形時，僅需作出一個週期長之區間中的部分圖形，然後不斷重複地往 x-軸的左右方向延伸，即可得到函數的全部圖形.

例題 1 求下列各函數的週期.

(1) $|\sin x|$ (2) $\cos^2 x$ (3) $\cos kx$

解 (1) 令 $f(x)=|\sin x|$，則

$$f(x+\pi)=|\sin(x+\pi)|=|-\sin x|=|\sin x|=f(x)$$

故週期為 π.

(2) 令 $f(x)=\cos^2 x$，則

$$f(x+\pi)=\cos^2(x+\pi)=[\cos(x+\pi)]^2$$
$$=(-\cos x)^2=\cos^2 x=f(x)$$

故週期為 π.

(3) 令 $f(x)=\cos kx$，則

$$f\left(x+\frac{2\pi}{k}\right)=\cos k\left(x+\frac{2\pi}{k}\right)=\cos(kx+2\pi)$$
$$=\cos kx=f(x)$$

故週期為 $\frac{2\pi}{k}$.

隨堂練習 10 試求函數 $|\sin kx|$ 之週期.

答案：$\frac{\pi}{k}$.

有關三角函數之圖形

1. 正弦函數 $y = \sin x$

因正弦函數的週期為 2π，又 $-1 \leq \sin x \leq 1$，故正弦函數的值域為 $[-1, 1]$. 今將 x 由 0 至 2π 之間，先對於某些特殊的 x 值，求出其對應的函數值 y，列表如下：

x	0	$\dfrac{\pi}{6}$	$\dfrac{\pi}{4}$	$\dfrac{\pi}{3}$	$\dfrac{\pi}{2}$	$\dfrac{2\pi}{3}$	$\dfrac{3\pi}{4}$	$\dfrac{5\pi}{6}$	π	$\dfrac{7\pi}{6}$	$\dfrac{5\pi}{4}$	$\dfrac{4\pi}{3}$	$\dfrac{3\pi}{2}$	$\dfrac{5\pi}{3}$	$\dfrac{7\pi}{4}$	$\dfrac{11\pi}{6}$	2π	$\cdots$
y	0	$\dfrac{1}{2}$	$\dfrac{\sqrt{2}}{2}$	$\dfrac{\sqrt{3}}{2}$	1	$\dfrac{\sqrt{3}}{2}$	$\dfrac{\sqrt{2}}{2}$	$\dfrac{1}{2}$	0	$-\dfrac{1}{2}$	$-\dfrac{\sqrt{2}}{2}$	$-\dfrac{\sqrt{3}}{2}$	-1	$-\dfrac{\sqrt{3}}{2}$	$-\dfrac{\sqrt{2}}{2}$	$-\dfrac{1}{2}$	0	$\cdots$

將各對應點描出，先作出 $[0, 2\pi]$ 中的圖形，然後向左右重複作出相同的圖形，即得 $y = \sin x$ 的圖形，如圖 6-12 所示.

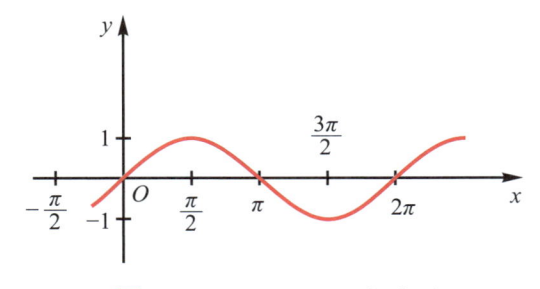

圖 6-12 $y = \sin x$ 的圖形

2. 餘弦函數 $y = \cos x$

因為 $\sin\left(\dfrac{\pi}{2} + x\right) = \cos x$，故作 $\cos x$ 的圖形時，可利用函數圖形的水平平移技巧，將 $\sin x$ 的圖形向左平行移動 $\dfrac{\pi}{2}$ 之距離而得，如圖 6-13 所示.

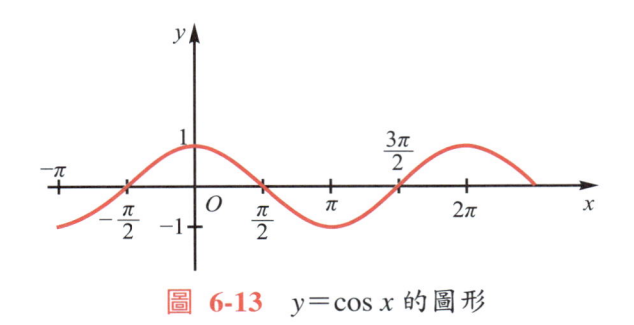

圖 6-13 $y = \cos x$ 的圖形

3. 正切函數 $y = \tan x$

因正切函數的週期為 π，故先對於 0 至 π 間某些特殊的 x 值，求出其對應的函數值 y，列表如下：

x	0	$\dfrac{\pi}{6}$	$\dfrac{\pi}{4}$	$\dfrac{\pi}{3}$	$\dfrac{\pi}{2}$	$\dfrac{2\pi}{3}$	$\dfrac{3\pi}{4}$	$\dfrac{5\pi}{6}$	π	...
y	0	$\dfrac{\sqrt{3}}{3}$	1	$\sqrt{3}$	$\infty : -\infty$	$-\sqrt{3}$	-1	$-\dfrac{\sqrt{3}}{3}$	0	...

由於 $\tan x$ 在 $x = \dfrac{\pi}{2}$ 處沒有定義，尤須注意 $\tan x$ 在 $x = \dfrac{\pi}{2}$ 前後的變化情形，如圖 6-14 所示．

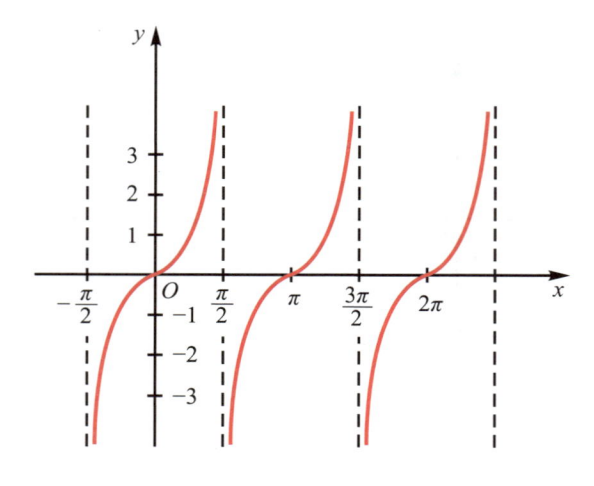

圖 6-14　$y = \tan x$ 的圖形

4. 餘切函數 $y = \cot x$

因餘切函數的週期為 π，故只需作出 0 至 π 間的圖形，然後沿 x-軸的左右，每隔 π 長重複作出其圖形，如圖 6-15 所示．

x	0	$\dfrac{\pi}{6}$	$\dfrac{\pi}{4}$	$\dfrac{\pi}{3}$	$\dfrac{\pi}{2}$	$\dfrac{2\pi}{3}$	$\dfrac{3\pi}{4}$	$\dfrac{5\pi}{6}$	π
y	∞	$\sqrt{3}$	1	$\dfrac{\sqrt{3}}{3}$	0	$-\dfrac{\sqrt{3}}{3}$	-1	$-\sqrt{3}$	$-\infty$

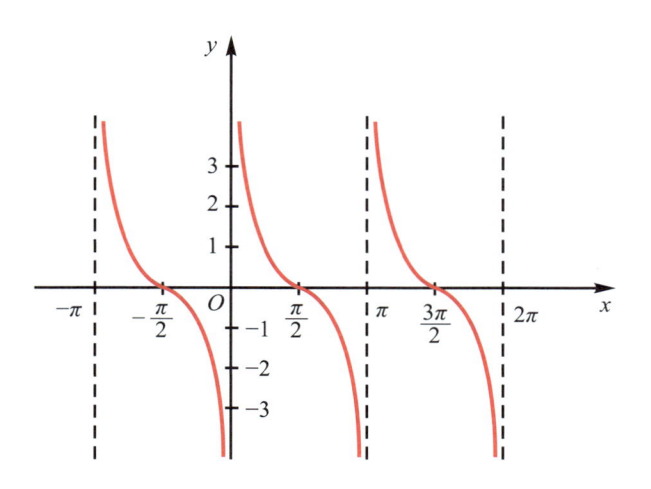

圖 6-15　$y=\cot x$ 的圖形

5. 正割函數　$y=\sec x$

因正割函數的週期為 2π，故先作出 $[0, 2\pi]$ 中的圖形，然後沿 x-軸的左右重複作出其圖形，如圖 6-16 所示．

x	0	$\frac{\pi}{6}$	$\frac{\pi}{4}$	$\frac{\pi}{3}$	$\frac{\pi}{2}$	$\frac{2\pi}{3}$	$\frac{3\pi}{4}$	$\frac{5\pi}{6}$	π	$\frac{7\pi}{6}$	$\frac{5\pi}{4}$	$\frac{4\pi}{3}$	$\frac{3\pi}{2}$	$\frac{5\pi}{3}$	$\frac{7\pi}{4}$	$\frac{11\pi}{6}$	2π	$\cdots$
y	0	$\frac{2}{\sqrt{3}}$	$\sqrt{2}$	2	$\infty \vdots -\infty$	-2	$-\sqrt{2}$	$-\frac{2}{\sqrt{3}}$	-1	$-\frac{2}{\sqrt{3}}$	$-\sqrt{2}$	-2	$-\infty \vdots \infty$	2	$\sqrt{2}$	$\frac{2}{\sqrt{3}}$	1	$\cdots$

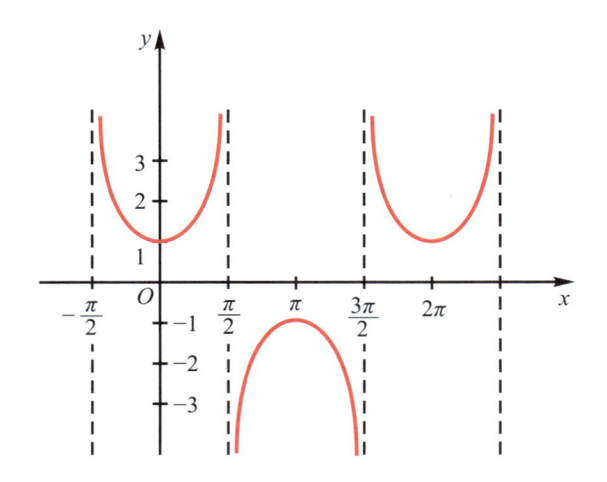

圖 6-16　$y=\sec x$ 的圖形

圖 6-17　$y=\csc x$ 的圖形

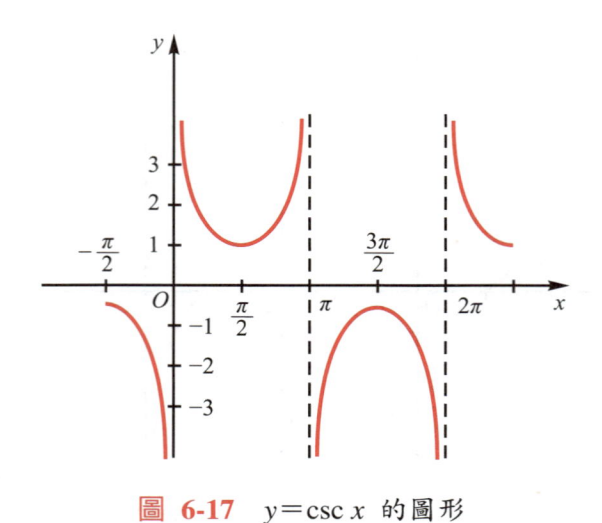

6. 餘割函數 $y=\csc x$

因為 $\csc\left(\dfrac{\pi}{2}+x\right)=\sec x$，故 $\sec x$ 的圖形可由 $\csc x$ 的圖形，向左平移 $\dfrac{\pi}{2}$ 而得．今已作出 $\sec x$ 的圖形，則可將 $\sec x$ 的圖形向右平移 $\dfrac{\pi}{2}$ 長而得，如圖 6-17 所示．

下面列出這六個三角函數的定義域與值域：

$y=\sin x$，$-\infty<x<\infty$，$-1\leq y\leq 1$

$y=\cos x$，$-\infty<x<\infty$，$-1\leq y\leq 1$

$y=\tan x$，$-\infty<x<\infty$ $\left(x\neq(2n+1)\dfrac{\pi}{2}\right)$，$-\infty<y<\infty$

$y=\cot x$，$-\infty<x<\infty$ $(x\neq n\pi)$，$-\infty<y<\infty$

$y=\sec x$，$-\infty<x<\infty$ $\left(x\neq(2n+1)\dfrac{\pi}{2}\right)$，$y\geq 1$ 或 $y\leq -1$

$y=\csc x$，$-\infty<x<\infty$ $(x\neq n\pi)$，$y\geq 1$ 或 $y\leq -1$

其中 n 為整數．

例題 2 作 $y = \sin 2x$ 的圖形.

解 此函數的週期為 $\dfrac{2\pi}{2} = \pi$，所以，當 x 以 π 改變時，$y = \sin 2x$ 的圖形重複一次，如圖 6-18 所示.

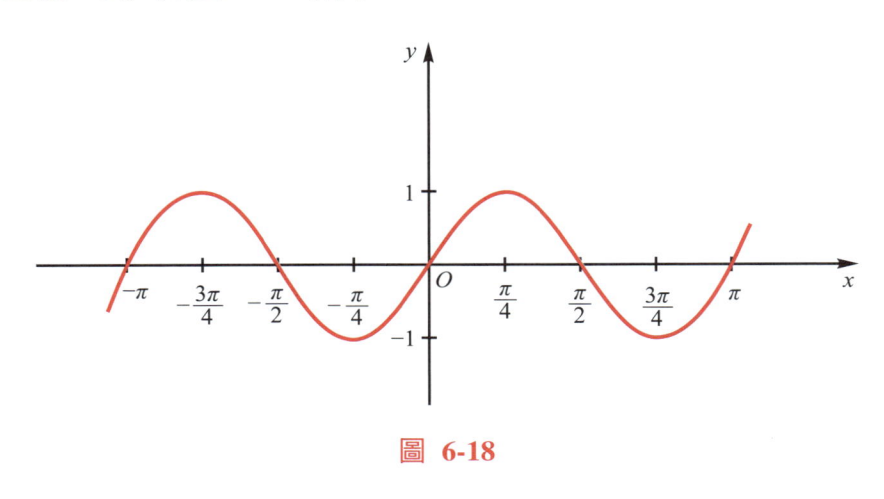

圖 6-18

例題 3 作函數 $y = |\sin x|$ 的圖形.

解 若 $\sin x \geq 0$，即 x 在第一、二象限內，則 $|\sin x| = \sin x$；若 $\sin x < 0$，即 x 在第三、四象限內，則 $|\sin x| = -\sin x$. 所以作圖時，只需將 x-軸下方的圖形代以其對 x-軸的對稱圖形，如圖 6-19 所示.

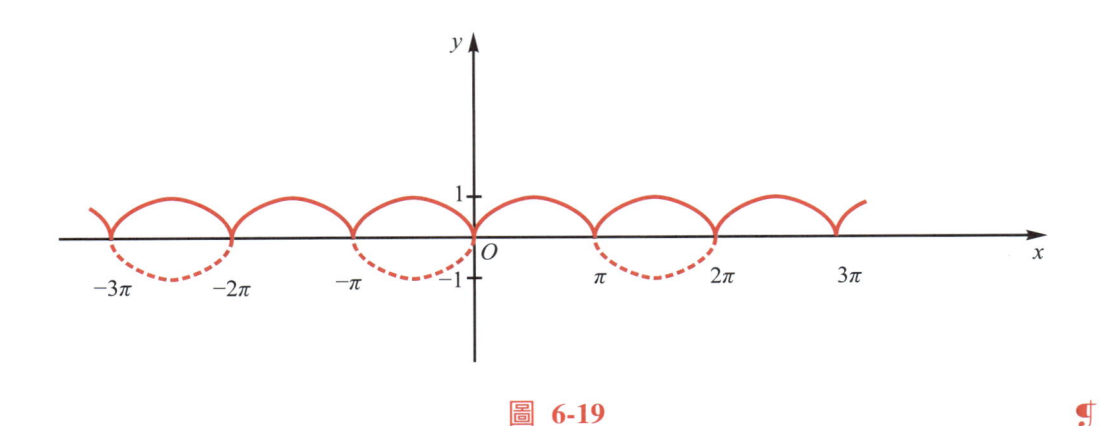

圖 6-19

隨堂練習 11 試繪出 $y=|\tan x|$ 之圖形.

答案：

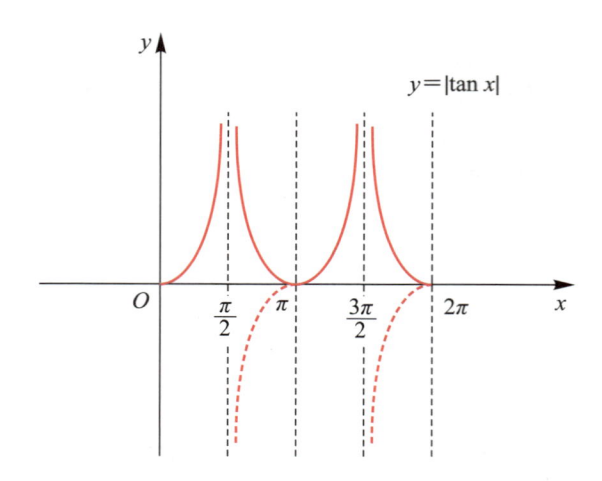

習題 6-4

試求下列各函數的週期.

1. $y=\sin \dfrac{x}{2}$
2. $y=\tan 2x$
3. $y=|\cos x|$
4. $y=|\tan 3x|$
5. $y=|\csc 2x|$
6. $y=\sin^2 x$
7. $y=\cos\left(3x+\dfrac{\pi}{3}\right)$
8. $y=\dfrac{3}{2}\sin 2\left(x-\dfrac{\pi}{4}\right)$
9. $y=|\sin x|+|\cos x|$
10. $y=\tan\left(x+\dfrac{\pi}{4}\right)$
11. $f(x)=3\cos 5x+6$
12. $y=\left|\tan\left(4x-\dfrac{\pi}{4}\right)\right|$
13. $f(x)=\sin \dfrac{x}{3}$
14. $y=\sin 2x-3\cos 6x+5$

試作下列各函數的圖形.

15. $y=-\cos x$
16. $y=2\cos 3x$

17. $y = \sin 4x$

18. $y = |\cos x|$

19. $y = \tan \dfrac{x}{2}$

20. $y = \sin x + 2$

6-5 正弦定理與餘弦定理

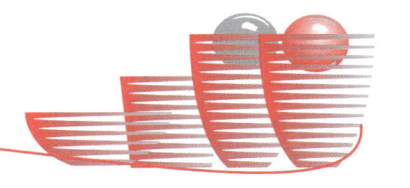

測量問題衍生出三角學．如何去測山高、河寬、飛機的高度、船的位置遠近等等，皆為測量問題．在解測量問題時，常常需要用到很多的三角形邊角關係，而利用已學過的三角函數性質，可求得一般三角形的邊角關係——正弦定理與餘弦定理，此二定理是三角形邊角關係中最實用的基本公式．

定理 6-3 面積公式

在 $\triangle ABC$ 中，若 a、b 與 c 分別表 $\angle A$、$\angle B$ 與 $\angle C$ 的對邊長，則
$\triangle ABC$ 面積 $= \dfrac{1}{2}ab\sin C = \dfrac{1}{2}bc\sin A = \dfrac{1}{2}ca\sin B$．

證：$\triangle ABC$ 依 $\angle A$ 是銳角、直角或鈍角，如圖 6-20 所示的情況．
　　在任何一種情況，均自 C 點作邊 $\overline{AB}$ 上的高 $\overline{CD}$（當 $\angle A$ 是直角時，$\overline{CD} = \overline{CA}$），可得 $\overline{CD} = b\sin A$，故

$$\triangle ABC \text{ 的面積} = \dfrac{1}{2}c \cdot (b\sin A) = \dfrac{1}{2}bc\sin A$$

同理可得，

$$\triangle ABC \text{ 的面積} = \dfrac{1}{2}ca\sin B = \dfrac{1}{2}ab\sin C.$$

(1) ∠A 是銳角

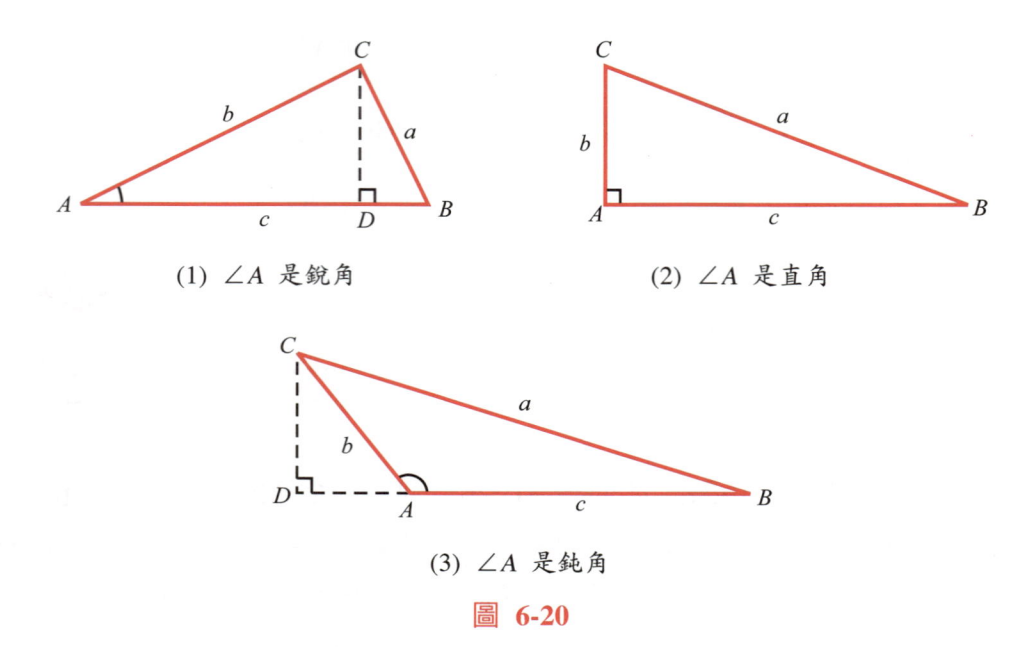

(2) ∠A 是直角

(3) ∠A 是鈍角

圖 6-21

定理 6-4　正弦定理

在 △ABC 中，若 a、b、c 分別表 ∠A、∠B 與 ∠C 的對邊長，R 表 △ABC 的外接圓半徑，則

$$\frac{a}{\sin A} = \frac{b}{\sin B} = \frac{c}{\sin C} = 2R.$$

證：如圖 6-21：

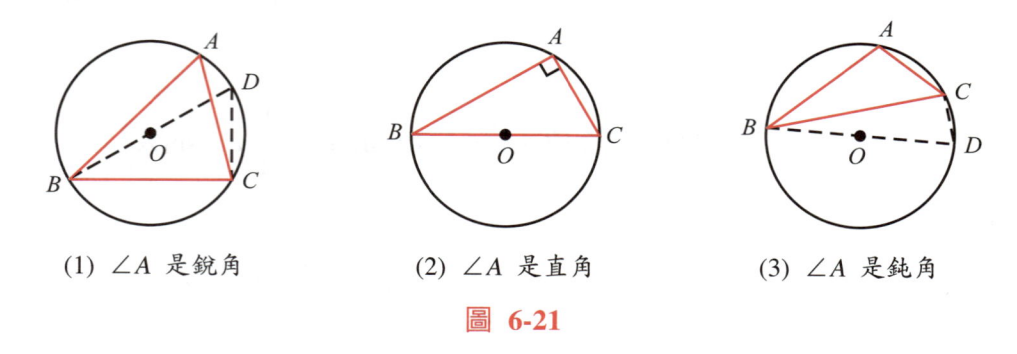

(1) ∠A 是銳角

(2) ∠A 是直角

(3) ∠A 是鈍角

圖 6-21

(1) 若 ∠A 為銳角，則連接 B 及圓心 O，交圓於 D 點．作 $\overline{CD}$，則 ∠A

$= \angle D$ (對同弧)，可知 $\sin A = \sin D$，又 $\overline{BD}$ 為直徑，$\angle BCD = 90°$，故 $\sin D = \dfrac{\overline{BC}}{\overline{BD}} = \dfrac{a}{2R}$. 於是，$\sin A = \dfrac{a}{2R}$，即，$\dfrac{a}{\sin A} = 2R$.

(2) 若 $\angle A$ 為直角，則 $\sin A = 1$. 又 $a = \overline{BC} = 2R$，故 $\dfrac{a}{\sin A} = \dfrac{2R}{1} = 2R$.

(3) 若 $\angle A$ 為鈍角，則作直徑 $\overline{BD}$ 及 $\overline{CD}$，可知 $\angle A + \angle D = 180°$ （因 A、B、C、D 四點共圓），故 $\angle A = 180° - \angle D$，$\sin A = \sin(180° - \angle D) = \sin D$. 又 $\angle BCD = 90°$，因而 $\sin D = \dfrac{\overline{BC}}{\overline{BD}} = \dfrac{a}{2R}$.

於是，$\sin A = \dfrac{a}{2R}$，即，$\dfrac{a}{\sin A} = 2R$.

由 (1)、(2)、(3) 知，$\dfrac{a}{\sin A} = 2R$. 同理可得

$$\dfrac{b}{\sin B} = 2R, \quad \dfrac{c}{\sin C} = 2R$$

故

$$\dfrac{a}{\sin A} = \dfrac{b}{\sin B} = \dfrac{c}{\sin C} = 2R.$$

註：$\dfrac{a}{\sin A} = \dfrac{b}{\sin B} = \dfrac{c}{\sin C}$ 的另一證法如下：

我們由面積公式可得

$$\dfrac{1}{2} bc \sin A = \dfrac{1}{2} ca \sin B = \dfrac{1}{2} ab \sin C$$

上式同時除以 $\dfrac{1}{2} abc$，可得

$$\dfrac{\sin A}{a} = \dfrac{\sin B}{b} = \dfrac{\sin C}{c}$$

故

$$\dfrac{a}{\sin A} = \dfrac{b}{\sin B} = \dfrac{c}{\sin C}.$$

例題 1 在 $\triangle ABC$ 中，試證：$\sin A + \sin B > \sin C$.

解 因三角形的任意兩邊之和大於第三邊，故 $a+b>c$. 由正弦定理可知

$$a = 2R\sin A,\ b = 2R\sin B,\ c = 2R\sin C$$

於是，
$$2R\sin A + 2R\sin B > 2R\sin C$$

兩邊同時除以 $2R$，可得
$$\sin A + \sin B > \sin C.$$

例題 2 在 $\triangle ABC$ 中，a、b 與 c 分別表 $\angle A$、$\angle B$ 與 $\angle C$ 的對邊長，若 $\angle A:\angle B:\angle C = 1:2:3$，求 $a:b:c$.

解 因三角形的內角和為 $180°$，故

$$\angle A = 180° \times \frac{1}{1+2+3} = 30°$$

$$\angle B = 180° \times \frac{2}{1+2+3} = 60°$$

$$\angle C = 180° \times \frac{3}{1+2+3} = 90°$$

由正弦定理可知

$$a:b:c = \sin A : \sin B : \sin C$$
$$= \sin 30° : \sin 60° : \sin 90°$$
$$= \frac{1}{2} : \frac{\sqrt{3}}{2} : 1$$
$$= 1 : \sqrt{3} : 2.$$

隨堂練習 12 $\triangle ABC$ 中，$\overline{AC}=5$，$\overline{AB}=12$，$\angle A=60°$，試求 $\triangle ABC$ 之面積.

答案：$15\sqrt{3}$.

定理 6-5　餘弦定理

在 △ABC 中，若 a、b 與 c 分別表 $\angle A$、$\angle B$ 與 $\angle C$ 的對邊長，則

$$a^2 = b^2 + c^2 - 2bc \cos A$$
$$b^2 = c^2 + a^2 - 2ca \cos B$$
$$c^2 = a^2 + b^2 - 2ab \cos C.$$

證：△ABC 依 $\angle A$ 為銳角、直角或鈍角，如圖 6-22 所示的情況：

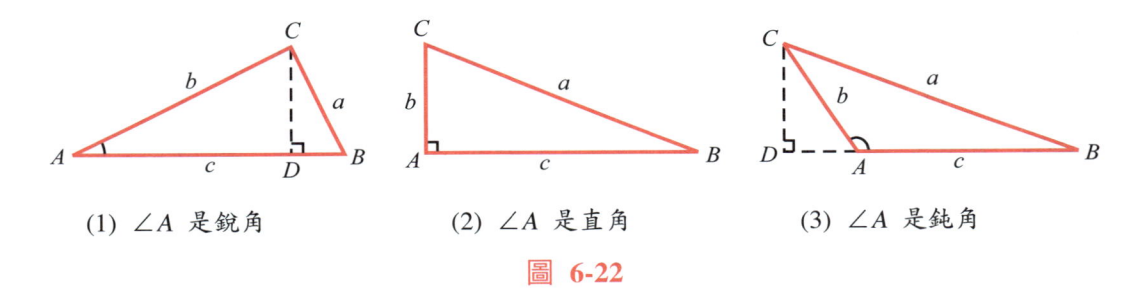

(1) $\angle A$ 是銳角　　(2) $\angle A$ 是直角　　(3) $\angle A$ 是鈍角

圖 6-22

(1) 若 $\angle A$ 為銳角，則作 $\overline{CD} \perp \overline{AB}$，可得

$$\begin{aligned}
a^2 &= \overline{CD}^2 + \overline{BD}^2 = (b \sin A)^2 + (c - \overline{AD})^2 \\
&= b^2 \sin^2 A + (c - b \cos A)^2 \\
&= b^2 (\sin^2 A + \cos^2 A) + c^2 - 2bc \cos A \\
&= b^2 + c^2 - 2bc \cos A.
\end{aligned}$$

(2) 若 $\angle A$ 為直角，則 $\cos A = 0$，故 $a^2 = b^2 + c^2 = b^2 + c^2 - 2bc \cos A$.

(3) 若 $\angle A$ 為鈍角，則作 $\overline{CD} \perp \overline{AD}$，可得

$$\begin{aligned}
a^2 &= \overline{CD}^2 + \overline{BD}^2 \\
&= [b \sin (180° - \angle A)]^2 + [c + b \cos (180° - \angle A)]^2 \\
&= b^2 \sin^2 A + (c - b \cos A)^2 \\
&= b^2 + c^2 - 2bc \cos A.
\end{aligned}$$

由 (1)、(2)、(3) 知，

$$a^2 = b^2 + c^2 - 2bc \cos A$$

數學

同理，
$$b^2 = c^2 + a^2 - 2ca \cos B$$
$$c^2 = a^2 + b^2 - 2ab \cos C.$$

註：當 $\angle A = 90°$ 時，$\cos A = 0$，此時，餘弦定理 $a^2 = b^2 + c^2 - 2bc \cos A$ 變成畢氏定理
$$a^2 = b^2 + c^2$$

換句話說，畢氏定理是餘弦定理的特例，而餘弦定理是畢氏定理的推廣.

例題 3 設 a、b 與 c 分別為 $\triangle ABC$ 的三邊長，且 $a - 2b + c = 0$，$3a + 4b - 5c = 0$，求 $\sin A : \sin B : \sin C$.

解 解聯立方程組

$$\begin{cases} a - 2b + c = 0 \cdots\cdots ① \\ 3a + 4b - 5c = 0 \cdots\cdots ② \end{cases}$$

$①\times③ - ② \Rightarrow \begin{cases} 3a - 6b + 3c = 0 \cdots\cdots ③ \\ 3a + 4b - 5c = 0 \cdots\cdots ④ \end{cases}$

得 $-10b = -8c$，$b = \dfrac{4}{5} c$

$a = 2b - c = \dfrac{8}{5} c - c = \dfrac{3}{5} c \Rightarrow \dfrac{3}{5} c : \dfrac{4}{5} c : c = 3 : 4 : 5$

由正弦定理知：$\sin A : \sin B : \sin C = a : b : c = 3 : 4 : 5$.

隨堂練習 13 設 $\triangle ABC$ 滿足下列條件，試判定其形狀

$$\cos B \sin C = \sin B \cos C.$$

答案：等腰三角形.

習題 6-5

1. 在 $\triangle ABC$ 中，a、b 與 c 分別表 $\angle A$、$\angle B$ 與 $\angle C$ 的對邊長，已知 $a-2b+c=0$，$3a+b-2c=0$，求 $\cos A：\cos B：\cos C$.

2. 於 $\triangle ABC$ 中，$\angle A=80°$，$\angle B=40°$，$c=3\sqrt{3}$，求 $\triangle ABC$ 外接圓的半徑.

3. 於 $\triangle ABC$ 中，a、b、c 分別表 $\angle A$、$\angle B$、$\angle C$ 之對邊長，且 $a\sin A=2b\sin B=3c\sin C$，求 $a：b：c$.

4. 已知一三角形 ABC 之二邊 $b=10\sqrt{3}$、$c=10$ 及其一對角 $\angle B=120°$，試求 $\triangle ABC$ 之面積.

5. 於 $\triangle ABC$ 中，a、b、c 分別表 $\angle A$、$\angle B$、$\angle C$ 之對邊長，若 $a=\sqrt{2}$，$b=1+\sqrt{2}$，$\angle C=45°$，試求 c 之邊長.

6. 於 $\triangle ABC$ 中，$\sin A：\sin B：\sin C=4：5：6$，求 $\cos A：\cos B：\cos C$.

7. 於 $\triangle ABC$ 中，若 $\angle C=\dfrac{\pi}{3}$，求 $\dfrac{b}{a+c}+\dfrac{a}{b+c}$ 之值.

8. 於 $\triangle ABC$ 中，$(a+b)：(b+c)：(c+a)=5：6：7$，試求 $\sin A：\sin B：\sin C$.

9. 設 $\triangle ABC$ 中，$\overline{AB}=2$，$\overline{AC}=1+\sqrt{3}$，$\angle A=\dfrac{\pi}{6}$，試求 $\overline{BC}$ 之長及 $\angle C$ 之角度有多大？

10. $\triangle ABC$ 中，a、b、c 分別表 $\angle A$、$\angle B$、$\angle C$ 的對應邊.
    (1) 若 $\sin^2 A+\sin^2 B=\sin^2 C$，試問此三角形之形狀為何？
    (2) 若 $a\sin A=b\sin B=c\sin C$，試問此三角形之形狀為何？

6-6 和角公式

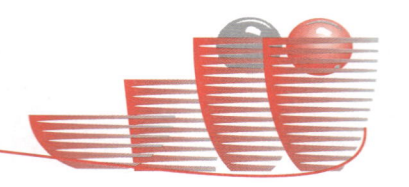

本節要導出如何利用 α、β 的三角函數值求出 $\alpha \pm \beta$ 的三角函數值的公式，稱為和角公式.

定理 6-6　和角公式

設 α、β 為任意實數，則

$$\cos(\alpha-\beta) = \cos\alpha\,\cos\beta + \sin\alpha\,\sin\beta.$$

證：若 $\alpha = \beta$，則 $\cos(\alpha-\beta) = 1$ 滿足以上的結果.

若 $\alpha \neq \beta$，則 $\cos(\alpha-\beta) = \cos(\beta-\alpha)$，因此我們可以假設 $\alpha > \beta$，而在不失其一般性下，就 $0 < \beta < \alpha < 2\pi$ 來討論.

於坐標平面上，以原點 O 為圓心，作一單位圓，分別將 α 與 β 畫於標準位置上. 設角 α、β 之終邊與此圓的交點分別為 P 與 Q，如圖 6-23 所示，則 P 與 Q 的坐標分別為 $(\cos\alpha, \sin\alpha)$ 與 $(\cos\beta, \sin\beta)$，故由距離公式得知，

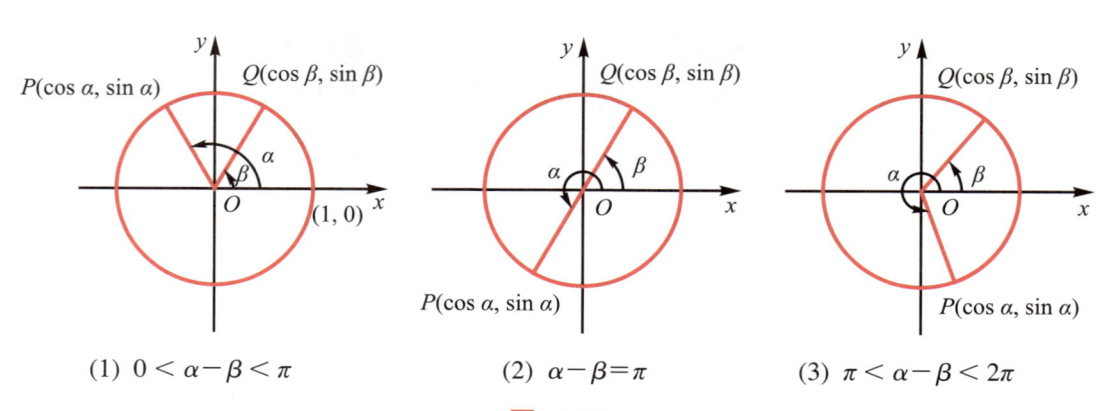

(1) $0 < \alpha-\beta < \pi$　　(2) $\alpha-\beta = \pi$　　(3) $\pi < \alpha-\beta < 2\pi$

圖 **6-23**

$$\overline{PQ}^2 = (\cos\alpha - \cos\beta)^2 + (\sin\alpha - \sin\beta)^2$$
$$= \cos^2\alpha - 2\cos\alpha\cos\beta + \cos^2\beta + \sin^2\alpha - 2\sin\alpha\sin\beta + \sin^2\beta$$
$$= (\sin^2\alpha + \cos^2\alpha) + (\sin^2\beta + \cos^2\beta) - 2(\cos\alpha\cos\beta + \sin\alpha\sin\beta)$$
$$= 2 - 2(\cos\alpha\cos\beta + \sin\alpha\sin\beta) \quad \cdots\cdots ①$$

現在討論 $0 < \alpha - \beta < \pi$ 的情況，$\angle POQ = \alpha - \beta$，根據餘弦定理可得

$$\overline{PQ}^2 = 1^2 + 1^2 - 2\cos(\alpha - \beta) = 2 - 2\cos(\alpha - \beta) \quad \cdots\cdots ②$$

由 ①、② 可得

$$2 - 2\cos(\alpha - \beta) = 2 - 2(\cos\alpha\cos\beta + \sin\alpha\sin\beta)$$

故 $$\cos(\alpha - \beta) = \cos\alpha\cos\beta + \sin\alpha\sin\beta$$

另外兩種情況留給讀者自證.

定理 6-7

對任意 $\alpha \in \mathbb{R}$ 而言，皆有

$$\sin\left(\frac{\pi}{2} - \alpha\right) = \cos\alpha, \qquad \cos\left(\frac{\pi}{2} - \alpha\right) = \sin\alpha$$

$$\sec\left(\frac{\pi}{2} - \alpha\right) = \csc\alpha, \qquad \csc\left(\frac{\pi}{2} - \alpha\right) = \sec\alpha$$

$$\tan\left(\frac{\pi}{2} - \alpha\right) = \cot\alpha, \qquad \cot\left(\frac{\pi}{2} - \alpha\right) = \tan\alpha.$$

證：由定理 6-6 知，

$$\sin\left(\frac{\pi}{2} - \alpha\right) = \cos\left[\frac{\pi}{2} - \left(\frac{\pi}{2} - \alpha\right)\right] = \cos\alpha$$

$$\cos\left(\frac{\pi}{2} - \alpha\right) = \cos\frac{\pi}{2}\cos\alpha + \sin\frac{\pi}{2}\sin\alpha = \sin\alpha$$

$$\tan\left(\frac{\pi}{2}-\alpha\right)=\frac{\sin\left(\frac{\pi}{2}-\alpha\right)}{\cos\left(\frac{\pi}{2}-\alpha\right)}=\frac{\cos\alpha}{\sin\alpha}=\cot\alpha$$

$$\cot\left(\frac{\pi}{2}-\alpha\right)=\frac{\cos\left(\frac{\pi}{2}-\alpha\right)}{\sin\left(\frac{\pi}{2}-\alpha\right)}=\frac{\sin\alpha}{\cos\alpha}=\tan\alpha$$

$$\sec\left(\frac{\pi}{2}-\alpha\right)=\frac{1}{\cos\left(\frac{\pi}{2}-\alpha\right)}=\frac{1}{\sin\alpha}=\csc\alpha$$

$$\csc\left(\frac{\pi}{2}-\alpha\right)=\frac{1}{\sin\left(\frac{\pi}{2}-\alpha\right)}=\frac{1}{\cos\alpha}=\sec\alpha.$$

定理 6-8 和角公式

設 α、β 為任意實數，則

$$\sin(\alpha-\beta)=\sin\alpha\ \cos\beta-\cos\alpha\ \sin\beta.$$

證：利用餘角公式及負角公式，可得

$$\sin(\alpha-\beta)=\cos\left[\frac{\pi}{2}-(\alpha-\beta)\right]=\cos\left[\left(\frac{\pi}{2}-\alpha\right)-(-\beta)\right]$$
$$=\cos\left(\frac{\pi}{2}-\alpha\right)\cos(-\beta)+\sin\left(\frac{\pi}{2}-\alpha\right)\sin(-\beta)$$
$$=\sin\alpha\ \cos\beta-\cos\alpha\ \sin\beta.$$

定理 6-9 和角公式

設 α、β 為任意實數，則有

$$\sin(\alpha+\beta) = \sin\alpha\,\cos\beta + \cos\alpha\,\sin\beta$$
$$\cos(\alpha+\beta) = \cos\alpha\,\cos\beta - \sin\alpha\,\sin\beta.$$

證：
$$\sin(\alpha+\beta) = \cos\left[\frac{\pi}{2}-(\alpha+\beta)\right] = \cos\left[\left(\frac{\pi}{2}-\alpha\right)-\beta\right)]$$
$$= \cos\left(\frac{\pi}{2}-\alpha\right)\cos\beta + \sin\left(\frac{\pi}{2}-\alpha\right)\sin\beta$$
$$= \sin\alpha\,\cos\beta + \cos\alpha\,\sin\beta$$

$$\cos(\alpha+\beta) = \cos[\alpha-(-\beta)] = \cos\alpha\,\cos(-\beta) + \sin\alpha\,\sin(-\beta)$$
$$= \cos\alpha\,\cos\beta - \sin\alpha\,\sin\beta.$$

定理 6-10 正切的和角公式

設 α、β 為任意實數，則

$$\tan(\alpha+\beta) = \frac{\tan\alpha + \tan\beta}{1 - \tan\alpha\,\tan\beta}$$

$$\tan(\alpha-\beta) = \frac{\tan\alpha - \tan\beta}{1 + \tan\alpha\,\tan\beta}.$$

證：
$$\tan(\alpha+\beta) = \frac{\sin(\alpha+\beta)}{\cos(\alpha+\beta)} = \frac{\sin\alpha\cos\beta + \cos\alpha\sin\beta}{\cos\alpha\cos\beta - \sin\alpha\sin\beta}$$

上式右端的分子與分母同除以 $\cos\alpha\,\cos\beta$，得

230 數學

$$\tan(\alpha+\beta) = \frac{\dfrac{\sin\alpha}{\cos\alpha}+\dfrac{\sin\beta}{\cos\beta}}{1-\dfrac{\sin\alpha\sin\beta}{\cos\alpha\cos\beta}} = \frac{\tan\alpha+\tan\beta}{1-\tan\alpha\tan\beta}$$

依同樣的方法亦可證得第二個恆等式.

例題 1 試證：$\cos(\alpha+\beta)\cos(\alpha-\beta) = \cos^2\alpha - \sin^2\beta = \cos^2\beta - \sin^2\alpha$.

解
$\cos(\alpha+\beta)\cos(\alpha-\beta)$
$= (\cos\alpha\cos\beta - \sin\alpha\sin\beta)(\cos\alpha\cos\beta + \sin\alpha\sin\beta)$
$= \cos^2\alpha\cos^2\beta - \sin^2\alpha\sin^2\beta$
$= \cos^2\alpha(1-\sin^2\beta) - (1-\cos^2\alpha)\sin^2\beta$
$= \cos^2\alpha - \cos^2\alpha\sin^2\beta - \sin^2\beta + \cos^2\alpha\sin^2\beta$
$= \cos^2\alpha - \sin^2\beta$
$= (1-\sin^2\alpha) - (1-\cos^2\beta)$
$= \cos^2\beta - \sin^2\alpha$.

例題 2 試求下列三角函數的值.

(1) $\cos 15°$ (2) $\cos 75°$.

解 (1) $\cos 15° = \cos(45°-30°) = \cos 45°\cos 30° + \sin 45°\sin 30°$

$$= \frac{\sqrt{2}}{2}\cdot\frac{\sqrt{3}}{2} + \frac{\sqrt{2}}{2}\cdot\frac{1}{2}$$

$$= \frac{\sqrt{6}+\sqrt{2}}{4}.$$

(2) $\cos 75° = \cos(45°+30°) = \cos 45°\cos 30° - \sin 45°\sin 30°$

$$= \frac{\sqrt{2}}{2}\cdot\frac{\sqrt{3}}{2} - \frac{\sqrt{2}}{2}\cdot\frac{1}{2}$$

第六章 三角函數

$$= \frac{\sqrt{6}-\sqrt{2}}{4}.$$

隨堂練習 14 求 $\sin 105°$ 之值.

答案：$\dfrac{\sqrt{6}+\sqrt{2}}{4}$.

例題 3 設 $\sin \alpha = \dfrac{12}{13}$，$\alpha$ 為第一象限角，$\sec \beta = -\dfrac{3}{5}$，$\beta$ 為第二象限角，求 $\tan(\alpha+\beta)$ 的值.

解 由圖 6-24 得知 $\tan \alpha = \dfrac{12}{5}$，$\tan \beta = -\dfrac{4}{3}$，故

$$\tan(\alpha+\beta) = \frac{\tan\alpha+\tan\beta}{1-\tan\alpha\tan\beta} = \frac{\dfrac{12}{5}+\left(-\dfrac{4}{3}\right)}{1-\dfrac{12}{5}\left(-\dfrac{4}{3}\right)}$$

$$=\frac{\dfrac{16}{15}}{\dfrac{63}{15}} = \frac{16}{63}.$$

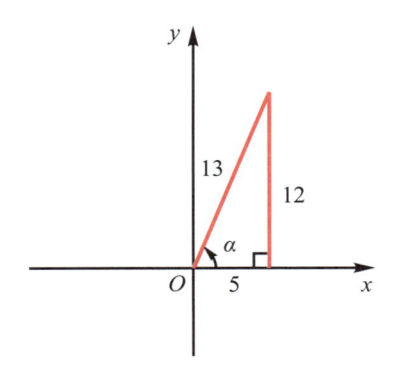

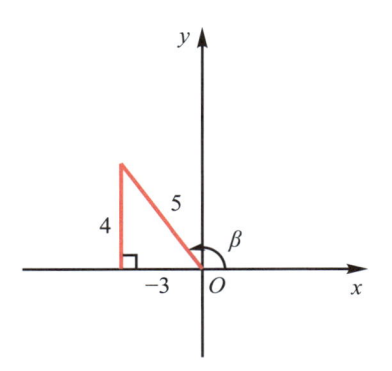

圖 6-24

例題 4 若 $x^2+2x-7=0$ 的二根為 $\tan \alpha$、$\tan \beta$，試求 $\dfrac{\cos(\alpha-\beta)}{\sin(\alpha+\beta)}$ 之值．

解 利用一元二次方程式根與係數的關係，得知

$$\begin{cases} \tan \alpha + \tan \beta = -2 \\ \tan \alpha \tan \beta = -7 \end{cases}$$

$$\dfrac{\cos(\alpha-\beta)}{\sin(\alpha+\beta)} = \dfrac{\cos \alpha \cos \beta + \sin \alpha \sin \beta}{\sin \alpha \cos \beta + \cos \alpha \sin \beta}$$

$$= \dfrac{\dfrac{\cos \alpha \cos \beta + \sin \alpha \sin \beta}{\cos \alpha \cos \beta}}{\dfrac{\sin \alpha \cos \beta + \cos \alpha \sin \beta}{\cos \alpha \cos \beta}}$$

$$= \dfrac{1 + \tan \alpha \tan \beta}{\tan \alpha + \tan \beta}$$

$$= \dfrac{1+(-7)}{-2} = 3.$$

例題 5 試證：$\tan(\beta+45°)+\cot(\beta-45°)=0.$

解 左式 $= \dfrac{\tan \beta + \tan 45°}{1 - \tan \beta \tan 45°} + \dfrac{1}{\tan(\beta-45°)}$

$$= \dfrac{\tan \beta + 1}{1 - \tan \beta} + \dfrac{1}{\dfrac{\tan \beta - \tan 45°}{1 + \tan \beta \tan 45°}}$$

$$= \dfrac{\tan \beta + 1}{1 - \tan \beta} + \dfrac{1 + \tan \beta}{\tan \beta - 1}$$

$$= \dfrac{\tan \beta + 1}{1 - \tan \beta} - \dfrac{1 + \tan \beta}{1 - \tan \beta}$$

$$= 0.$$

隨堂練習 15 於坐標平面上，O 表原點，$A(2，4)$ 與 $B(3，1)$ 表坐標平面上二點．設 $\angle AOB = \phi$，如圖 6-25 所示，試求 $\tan \phi$ 之值及 ϕ．

答案：1，$\phi = 45°$．

圖 6-25

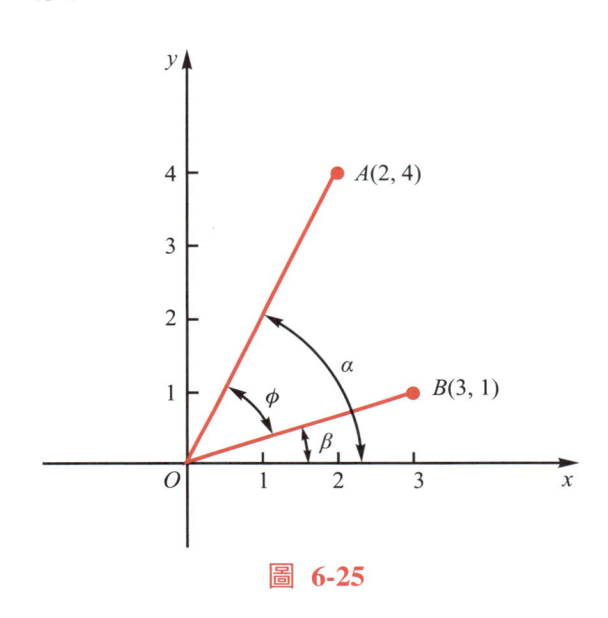

例題 6 試證：$\tan 3\alpha - \tan 2\alpha - \tan \alpha = \tan 3\alpha \tan 2\alpha \tan \alpha$．

解 因
$$\tan 3\alpha = \tan(2\alpha + \alpha) = \frac{\tan 2\alpha + \tan \alpha}{1 - \tan 2\alpha \tan \alpha}$$

故 $\tan 3\alpha (1 - \tan 2\alpha \tan \alpha) = \tan 2\alpha + \tan \alpha$

移項得 $\tan 3\alpha - \tan 2\alpha - \tan \alpha = \tan 3\alpha \tan 2\alpha \tan \alpha$．

習題 6-6

1. 求：(1) $\tan 75°$，(2) $\tan 15°$ 的值．
2. 求 $\sin 20° \cos 25° + \cos 20° \sin 25°$ 的值．
3. 設 $\dfrac{3\pi}{2} < \alpha < 2\pi$，$\dfrac{\pi}{2} < \beta < \pi$，$\cos \alpha = \dfrac{3}{5}$，$\sin \beta = \dfrac{12}{13}$，求 $\sin(\alpha + \beta)$

的值.

4. 設 $0<\alpha<\dfrac{\pi}{4}$, $0<\beta<\dfrac{\pi}{4}$, 且 $\tan\alpha=\dfrac{1}{2}$, $\tan\beta=\dfrac{1}{3}$, 求 $\tan(\alpha+\beta)$ 及 $\alpha+\beta$ 的值.

5. 設 $\alpha+\beta=\dfrac{\pi}{4}$, 求 $(1+\tan\alpha)(1+\tan\beta)$ 的值.

6. 設 A、B、C 為 $\triangle ABC$ 之三內角的度量, 求 $\tan\dfrac{A}{2}\tan\dfrac{B}{2}+\tan\dfrac{B}{2}\tan\dfrac{C}{2}+\tan\dfrac{C}{2}\tan\dfrac{A}{2}$ 的值.

7. 設 $\cos\alpha$ 與 $\cos\beta$ 為一元二次方程式 $x^2-3x+2=0$ 的兩根, 求 $\cos(\alpha+\beta)\cos(\alpha-\beta)$ 的值.

8. 設 $\dfrac{\pi}{2}<\alpha<\pi$, 且 $\tan\left(\alpha-\dfrac{\pi}{4}\right)=3-2\sqrt{2}$, 求 $\tan\alpha$ 及 $\sin\alpha$ 的值.

9. 設 A、B 均為銳角, $\tan A=\dfrac{1}{3}$, $\tan B=\dfrac{1}{2}$, 求 $A+B$ 的值.

10. 設 α、β 與 γ 為一三角形的內角, 試證:
$$\tan\alpha+\tan\beta+\tan\gamma=\tan\alpha\tan\beta\tan\gamma.$$

11. 設 $\tan\alpha$ 與 $\tan\beta$ 為二次方程式 $x^2+6x+7=0$ 的兩根, 求 $\tan(\alpha+\beta)$ 的值.

12. 試求 $\tan 85°+\tan 50°-\tan 85°\tan 50°$ 之值.

13. 設 $\tan\alpha=1$, $\tan(\alpha-\beta)=\dfrac{1}{\sqrt{3}}$, 試求 $\tan\beta$ 之值.

14. 在 $\triangle ABC$ 中, $\cos A=\dfrac{4}{5}$, $\cos B=\dfrac{12}{13}$, 試求 $\cos C$.

15. 試求 $\sqrt{3}\cot 20°\cot 40°-\cot 20°-\cot 40°$ 之值.

16. 若 $\alpha+\beta+\gamma=\dfrac{\pi}{2}$, 試證: $\cot\alpha+\cot\beta+\cot\gamma=\cot\alpha\cot\beta\cot\gamma$.

17. 試證: $1-\tan 12°-\tan 33°=\tan 12°\tan 33°$.

6-7 倍角與半角公式，和與積互化公式

我們在正弦、餘弦、正切的和角公式中，令 $\alpha = \beta = \theta$，可得**倍角公式**.

定理 6-11 二倍角公式

$$\sin 2\theta = 2\sin\theta\cos\theta$$
$$\cos 2\theta = \cos^2\theta - \sin^2\theta = 1 - 2\sin^2\theta$$
$$= 2\cos^2\theta - 1$$
$$\tan 2\theta = \frac{2\tan\theta}{1-\tan^2\theta}$$

證：$\sin 2\theta = \sin(\theta+\theta) = \sin\theta\cos\theta + \cos\theta\sin\theta = 2\sin\theta\cos\theta$

$\cos 2\theta = \cos(\theta+\theta) = \cos\theta\cos\theta - \sin\theta\sin\theta = \cos^2\theta - \sin^2\theta$
$= \cos^2\theta - (1-\cos^2\theta) = 2\cos^2\theta - 1 = 1 - \sin^2\theta - \sin^2\theta$
$= 1 - 2\sin^2\theta$

$\tan 2\theta = \tan(\theta+\theta) = \dfrac{\tan\theta + \tan\theta}{1 - \tan\theta\tan\theta} = \dfrac{2\tan\theta}{1-\tan^2\theta}$.

例題 1 試證：$\sin 2\theta = \dfrac{2\tan\theta}{1+\tan^2\theta}$.

解 $\sin 2\theta = 2\sin\theta\cos\theta = \dfrac{2\sin\theta}{\cos\theta}\cdot\cos^2\theta$

$= 2\tan\theta \cdot \dfrac{1}{\sec^2\theta} = \dfrac{2\tan\theta}{1+\tan^2\theta}$.

定理 6-12　半角公式

$$\sin\frac{\theta}{2} = \pm\sqrt{\frac{1-\cos\theta}{2}} \qquad \cos\frac{\theta}{2} = \pm\sqrt{\frac{1+\cos\theta}{2}}$$

$$\tan\frac{\theta}{2} = \pm\sqrt{\frac{1-\cos\theta}{1+\cos\theta}} \qquad \cot\frac{\theta}{2} = \pm\sqrt{\frac{1+\cos\theta}{1-\cos\theta}}$$

以上諸式中，根號前正負號的取捨，視角 $\frac{\theta}{2}$ 所在的象限而定.

證：因

$$\cos\theta = \cos\left(2\cdot\frac{\theta}{2}\right) = 1 - 2\sin^2\frac{\theta}{2}$$

故

$$\sin^2\frac{\theta}{2} = \frac{1-\cos\theta}{2}$$

$$\sin\frac{\theta}{2} = \pm\sqrt{\frac{1-\cos\theta}{2}}$$

又因

$$\cos\theta = 2\cos^2\frac{\theta}{2} - 1$$

故

$$\cos^2\frac{\theta}{2} = \frac{1+\cos\theta}{2}$$

$$\cos\frac{\theta}{2} = \pm\sqrt{\frac{1+\cos\theta}{2}}$$

$$\tan\frac{\theta}{2} = \frac{\sin\frac{\theta}{2}}{\cos\frac{\theta}{2}} = \pm\frac{\sqrt{\frac{1-\cos\theta}{2}}}{\sqrt{\frac{1+\cos\theta}{2}}} = \pm\sqrt{\frac{1-\cos\theta}{1+\cos\theta}}$$

$$\cot\frac{\theta}{2}=\frac{\cos\dfrac{\theta}{2}}{\sin\dfrac{\theta}{2}}=\pm\frac{\sqrt{\dfrac{1+\cos\theta}{2}}}{\sqrt{\dfrac{1-\cos\theta}{2}}}=\pm\sqrt{\frac{1+\cos\theta}{1-\cos\theta}}.$$

例題 2 設 $x=\tan\dfrac{\theta}{2}$，試證明 $\sin\theta=\dfrac{2x}{1+x^2}$．

解 因 $\sin\theta=\sin 2\cdot\dfrac{\theta}{2}=2\sin\dfrac{\theta}{2}\cos\dfrac{\theta}{2}$

$$=\frac{2\sin\dfrac{\theta}{2}\cos^2\dfrac{\theta}{2}}{\cos\dfrac{\theta}{2}}=\frac{2\tan\dfrac{\theta}{2}}{\sec^2\dfrac{\theta}{2}}=\frac{2\tan\dfrac{\theta}{2}}{1+\tan^2\dfrac{\theta}{2}}$$

故 $\sin\theta=\dfrac{2x}{1+x^2}$．

例題 3 試證：$\tan\dfrac{\theta}{2}=\dfrac{\sin\theta}{1+\cos\theta}$．

解 $\tan\dfrac{\theta}{2}=\dfrac{\sin\dfrac{\theta}{2}}{\cos\dfrac{\theta}{2}}=\dfrac{2\sin\dfrac{\theta}{2}\cos\dfrac{\theta}{2}}{2\cos^2\dfrac{\theta}{2}}$

$$=\frac{\sin\theta}{2\cdot\dfrac{1+\cos\theta}{2}}=\frac{\sin\theta}{1+\cos\theta}.$$

定理 6-13　積化和差公式

$$\sin \alpha \cos \beta = \frac{1}{2}[\sin(\alpha+\beta)+\sin(\alpha-\beta)]$$

$$\cos \alpha \sin \beta = \frac{1}{2}[\sin(\alpha+\beta)-\sin(\alpha-\beta)]$$

$$\cos \alpha \cos \beta = \frac{1}{2}[\cos(\alpha+\beta)+\cos(\alpha-\beta)]$$

$$\sin \alpha \sin \beta = -\frac{1}{2}[\cos(\alpha+\beta)-\cos(\alpha-\beta)]$$

證：

$\sin(\alpha+\beta)=\sin \alpha \cos \beta+\cos \alpha \sin \beta$ ……①

$\sin(\alpha-\beta)=\sin \alpha \cos \beta-\cos \alpha \sin \beta$ ……②

$\cos(\alpha+\beta)=\cos \alpha \cos \beta-\sin \alpha \sin \beta$ ……③

$\cos(\alpha-\beta)=\cos \alpha \cos \beta+\sin \alpha \sin \beta$ ……④

①＋② 得

$$2\sin \alpha \cos \beta = \sin(\alpha+\beta)+\sin(\alpha-\beta)$$

①－② 得

$$2\cos \alpha \sin \beta = \sin(\alpha+\beta)-\sin(\alpha-\beta)$$

③＋④ 得

$$2\cos \alpha \cos \beta = \cos(\alpha+\beta)+\cos(\alpha-\beta)$$

③－④ 得

$$2\sin \alpha \sin \beta = -[\cos(\alpha+\beta)-\cos(\alpha-\beta)]$$

故

$$\sin \alpha \cos \beta = \frac{1}{2}[\sin(\alpha+\beta)+\sin(\alpha-\beta)]$$

$$\cos\alpha \sin\beta = \frac{1}{2}[\sin(\alpha+\beta) - \sin(\alpha-\beta)]$$

$$\cos\alpha \cos\beta = \frac{1}{2}[\cos(\alpha+\beta) + \cos(\alpha-\beta)]$$

$$\sin\alpha \sin\beta = -\frac{1}{2}[\cos(\alpha+\beta) - \cos(\alpha-\beta)].$$

定理 6-14 和差化積公式

$$\sin x + \sin y = 2\sin\frac{x+y}{2}\cos\frac{x-y}{2}$$

$$\sin x - \sin y = 2\cos\frac{x+y}{2}\sin\frac{x-y}{2}$$

$$\cos x + \cos y = 2\cos\frac{x+y}{2}\cos\frac{x-y}{2}$$

$$\cos x - \cos y = -2\sin\frac{x+y}{2}\sin\frac{x-y}{2}$$

證：若 $\alpha+\beta=x$，$\alpha-\beta=y$，則 $\alpha=\frac{x+y}{2}$，$\beta=\frac{x-y}{2}$，將 $\alpha=\frac{x+y}{2}$ 及 $\beta=\frac{x-y}{2}$ 分別代入定理 6-13 中各式，我們可得

$$\sin x + \sin y = 2\sin\frac{x+y}{2}\cos\frac{x-y}{2}$$

$$\sin x - \sin y = 2\cos\frac{x+y}{2}\sin\frac{x-y}{2}$$

$$\cos x + \cos y = 2\cos\frac{x+y}{2}\cos\frac{x-y}{2}$$

$$\cos x - \cos y = -2\sin\frac{x+y}{2}\sin\frac{x-y}{2}.$$

例題 4 已知 $\cos\theta = -\dfrac{4}{5}$ 且 $\dfrac{\pi}{2} < \theta < \pi$，求 $\sin 2\theta$ 及 $\cos\dfrac{\theta}{2}$ 的值．

解 $\sin\theta = \pm\sqrt{1-\cos^2\theta} = \pm\sqrt{1-\left(-\dfrac{4}{5}\right)^2} = \pm\dfrac{3}{5}$

由 $\dfrac{\pi}{2} < \theta < \pi$，可知 $\sin\theta = \dfrac{3}{5}$，

$$\sin 2\theta = 2\sin\theta\cos\theta = 2\left(\dfrac{3}{5}\right)\left(-\dfrac{4}{5}\right) = -\dfrac{24}{25}$$

$$\cos\dfrac{\theta}{2} = \pm\sqrt{\dfrac{1+\cos\theta}{2}} = \pm\sqrt{\dfrac{1+\left(-\dfrac{4}{5}\right)}{2}}$$

$$= \pm\sqrt{\dfrac{1}{10}} = \pm\dfrac{\sqrt{10}}{10}$$

但 $\dfrac{\pi}{2} < \theta < \pi$，可知 $\dfrac{\theta}{2}$ 為第一象限內的角，故

$$\cos\dfrac{\theta}{2} = \dfrac{\sqrt{10}}{10}．$$

隨堂練習 16 若 $\sin\theta = \dfrac{3}{\sqrt{10}}$ 且 $\tan\theta < 0$，求 $\sin 2\theta$ 及 $\cos 2\theta$ 之值．

答案：$\sin 2\theta = -\dfrac{3}{5}$，$\cos 2\theta = -\dfrac{4}{5}$．

例題 5 試證：$\left(\dfrac{\sin 2\theta}{1+\cos 2\theta}\right)\left(\dfrac{\cos\theta}{1+\cos\theta}\right) = \tan\dfrac{\theta}{2}$．

解 $\left(\dfrac{\sin 2\theta}{1+\cos 2\theta}\right)\left(\dfrac{\cos\theta}{1+\cos\theta}\right) = \left(\dfrac{2\sin\theta\cos\theta}{1+2\cos^2\theta-1}\right)\left(\dfrac{\cos\theta}{1+\cos\theta}\right)$

$$= \left(\frac{\sin\theta}{\cos\theta}\right)\left(\frac{\cos\theta}{1+\cos\theta}\right) = \frac{\sin\theta}{1+\cos\theta}$$

$$= \frac{2\sin\frac{\theta}{2}\cos\frac{\theta}{2}}{2\cos^2\frac{\theta}{2}} = \frac{\sin\frac{\theta}{2}}{\cos\frac{\theta}{2}}$$

$$= \tan\frac{\theta}{2}.$$

例題 6 設 $\cos 2\theta = \dfrac{3}{5}$，求 $\sin^4\theta + \cos^4\theta$ 的值.

解

$$\cos 2\theta = 1 - 2\sin^2\theta = \frac{3}{5} \Rightarrow \sin^2\theta = \frac{1}{5}$$

$$\cos 2\theta = 2\cos^2\theta - 1 = \frac{3}{5} \Rightarrow \cos^2\theta = \frac{4}{5}$$

故

$$\sin^4\theta + \cos^4\theta = \left(\frac{1}{5}\right)^2 + \left(\frac{4}{5}\right)^2 = \frac{17}{25}.$$

隨堂練習 17

(1) 設 θ 為任意角，試證明 $\sin 3\theta = 3\sin\theta - 4\sin^2\theta$，$\cos 3\theta = 4\cos^3\theta - 3\cos\theta$.

(2) 利用 (1) 之結果求 $\sin 18°$ 之值.

答案：(1) 略，(2) $\sin 18° = \dfrac{-1+\sqrt{5}}{4}$.

例題 7 求 $\cos 20° \cos 40° \cos 80°$ 的值.

解 令 $k = \cos 20° \cos 40° \cos 80°$，

則 $8\sin 20° \, k = 8\sin 20° \cos 20° \cos 40° \cos 80°$

$$8\sin 20° \; k = 4\sin 40° \cos 40° \cos 80°$$
$$= 2\sin 80° \cos 80° = \sin 160°$$
$$= \sin 20°$$

可得 $k=\dfrac{1}{8}$，故

$$\cos 20° \cos 40° \cos 80° = \dfrac{1}{8}.$$

隨堂練習 18 求 $\sin 10° \sin 50° \sin 70°$ 的值.

答案：$\dfrac{1}{8}$.

例題 8 求 $\cos 80° + \cos 40° - \cos 20°$ 的值.

解
$$\cos 80° + \cos 40° - \cos 20° = 2\cos 60° \cos 20° - \cos 20°$$
$$= 2 \cdot \dfrac{1}{2} \cos 20° - \cos 20°$$
$$= \cos 20° - \cos 20° = 0.$$

例題 9 若 $f(\theta) = \dfrac{\sin\theta + \sin 2\theta + \sin 4\theta + \sin 5\theta}{\cos\theta + \cos 2\theta + \cos 4\theta + \cos 5\theta}$，試求 $f(20°) = ?$

解
$$f(\theta) = \dfrac{(\sin 5\theta + \sin\theta) + (\sin 4\theta + \sin 2\theta)}{(\cos 5\theta + \cos\theta) + (\cos 4\theta + \cos 2\theta)}$$
$$= \dfrac{2\sin 3\theta \cos 2\theta + 2\sin 3\theta \cos\theta}{2\cos 3\theta \cos 2\theta + 2\cos 3\theta \cos\theta}$$
$$= \dfrac{2\sin 3\theta (\cos 2\theta + \cos\theta)}{2\cos 3\theta (\cos 2\theta + \cos\theta)}$$
$$= \tan 3\theta$$

故
$$f(20°) = \tan 60° = \sqrt{3}.$$

隨堂練習 19 求 $\cos 20° + \cos 100° + \cos 140°$ 的值.

答案：0.

習題 6-7

1. 設 $\tan\theta + \cot\theta = 3$，求 $\sin\theta + \cos\theta$ 的值.

2. 已知 $\cos\theta = -\dfrac{4}{5}$，且 $90° < \theta < 180°$，求 $\sin 2\theta$ 及 $\cos\dfrac{\theta}{2}$ 的值.

3. 求 $\sin 195°$ 的值.

4. 設 $\sin\theta = -\dfrac{2}{3}$，$\pi < \theta < \dfrac{3\pi}{2}$，求 $\sin 2\theta$ 及 $\cos 3\theta$ 的值.

5. 設 $\tan x = -\dfrac{24}{7}$，$\dfrac{3\pi}{2} < x < 2\pi$，求 $\sin\dfrac{x}{2}$、$\cos\dfrac{x}{2}$ 及 $\tan\dfrac{x}{2}$ 的值.

6. 設 $\tan(\alpha+\beta) = \sqrt{3}$，$\tan(\alpha-\beta) = \sqrt{2}$，求 $\tan 2\alpha$ 的值.

7. 求 $\cos 36°$ 與 $\sin 36°$ 的值.

8. 設 $\sin\theta = 3\cos\theta$，試求 $\cos 2\theta$ 及 $\sin 2\theta$ 之值.

9. 設 $\tan\theta = \dfrac{1}{2}$，試求 $\cos 4\theta$ 之值.

10. 已知 $0° < \theta < 90°$，$\sin\theta = \dfrac{4}{5}$，試求 $\tan\dfrac{\theta}{2}$ 之值.

11. 設 $\sin\theta + \cos\theta = \dfrac{1}{5}$，$\dfrac{3\pi}{2} < \theta < 2\pi$，求 $\cos\dfrac{\theta}{2}$ 的值.

12. 求 $\sin 5° \sin 25° \sin 35° \sin 55° \sin 65° \sin 85°$ 的值.

13. 設 $\sin\theta = -\dfrac{3}{5}$，$\dfrac{3\pi}{2} < \theta < 2\pi$，試求下列三角函數之值.

    (1) $\sin 2\theta$, (2) $\cos 2\theta$, (3) $\tan 2\theta$.

14. 若 $\sin 2\theta = \dfrac{2\tan\theta}{k+\tan^2\theta}$，試求 k 值.

15. 在 $\triangle ABC$ 中，試證：
$$\sin A + \sin B + \sin C = 4\cos\dfrac{A}{2}\cos\dfrac{B}{2}\cos\dfrac{C}{2}.$$

16. 試證：$\dfrac{\sin\theta+\sin 2\theta+\sin 4\theta+\sin 5\theta}{\cos\theta+\cos 2\theta+\cos 4\theta+\cos 5\theta}=\tan 3\theta.$

17. 求 $\cos 20°\cos 40°\cos 60°\cos 80°$ 之值.

7

反三角函數

- ❖ 反三角函數的定義域與值域
- ❖ 反正切函數與反餘切函數
- ❖ 反正割函數與反餘割函數

7-1 反三角函數的定義域與值域

我們曾在 3-4 節討論過，一個函數 f 有反函數的條件是 f 為一對一．因為六個基本的三角函數均為週期函數，而不為一對一函數，所以它們沒有反函數．若想使三角函數的逆對應符合函數關係，我們須將三角函數的定義域加以限制，以使三角函數成為一對一的函數關係，如此我們的逆對應就能符合一對一．我們在限制條件下建立三角函數的反函數，也就是反三角函數．

首先，我們將限制下的三角函數列於下：

$$\sin : \left[-\frac{\pi}{2}, \frac{\pi}{2}\right] \to [-1, 1]$$

$$\cos : [0, \pi] \to [-1, 1]$$

$$\tan : \left(-\frac{\pi}{2}, \frac{\pi}{2}\right) \to \mathbb{R}$$

$$\cot : (0, \pi) \to \mathbb{R}$$

$$\sec : \left[0, \frac{\pi}{2}\right) \cup \left[\pi, \frac{3\pi}{2}\right) \to (-\infty, -1] \cup [1, \infty)$$

$$\csc : \left(0, \frac{\pi}{2}\right] \cup \left(\pi, \frac{3\pi}{2}\right] \to (-\infty, -1] \cup [1, \infty)$$

定義 7-1

反正弦函數，記為 $\sin^{-1}$，定義如下：

$$\sin^{-1} x = y \Leftrightarrow \sin y = x$$

其中 $-1 \leq x \leq 1$ 且 $-\frac{\pi}{2} \leq y \leq \frac{\pi}{2}$．

$\sin^{-1}$ 讀作 "arcsine"．符號 $\sin^{-1} x$ 絕不是用來表示 $\dfrac{1}{\sin x}$，若需要，$\dfrac{1}{\sin x}$ 可寫成 $(\sin x)^{-1}$ 或 $\csc x$．在比較古老的文獻上，$\sin^{-1} x$ 記為 $\arcsin x$．

註：為了定義 $\sin^{-1} x$，我們將 $\sin x$ 的定義域限制到區間 $\left[-\dfrac{\pi}{2}, \dfrac{\pi}{2}\right]$ 而得到一對一函數．此外，有其他的方法限制 $\sin x$ 的定義域而得到一對一函數；例如，我們或許需要 $\dfrac{3\pi}{2} \leq x \leq \dfrac{5\pi}{2}$ 或 $-\dfrac{5\pi}{2} \leq x \leq -\dfrac{3\pi}{2}$．然而，習慣上選取 $-\dfrac{\pi}{2} \leq x \leq \dfrac{\pi}{2}$．

我們由定義 7-1 可知，$y=\sin^{-1} x$ 的圖形可由作 $x=\sin y$ 的圖形而求出，此處 $-\dfrac{\pi}{2} \leq y \leq \dfrac{\pi}{2}$，如圖 7-1 所示，所以，$y=\sin^{-1} x$ 的圖形與 $y=\sin x$ 在 $\left[-\dfrac{\pi}{2}, \dfrac{\pi}{2}\right]$ 上的圖形對稱於直線 $y=x$．因 $\sin$ 與 $\sin^{-1}$ 互為反函數，故

$$\sin^{-1}(\sin x)=x, \text{ 此處 } -\dfrac{\pi}{2} \leq x \leq \dfrac{\pi}{2};$$

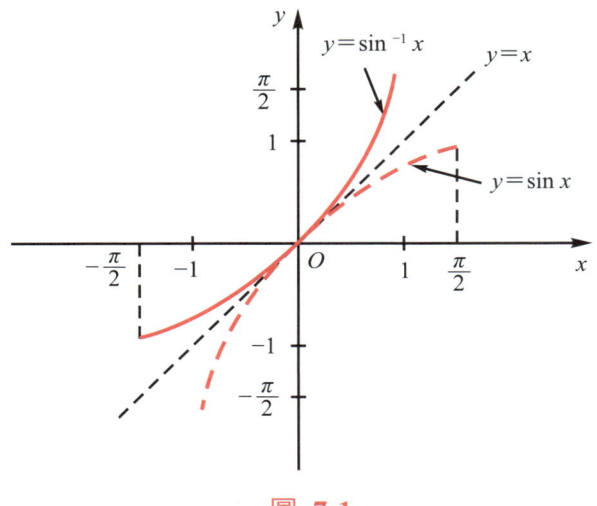

圖 7-1

$$\sin(\sin^{-1} x) = x, \text{ 此處 } -1 \leq x \leq 1.$$

我們從圖 7-1 可以看出，反正弦函數 $y = \sin^{-1} x$ 的圖形對稱於原點，這說明了它是奇函數，即

$$\sin^{-1}(-x) = -\sin^{-1} x, \; x \in [-1, 1].$$

例題 1 求 (1) $\sin^{-1} \dfrac{\sqrt{2}}{2}$，(2) $\sin^{-1}\left(-\dfrac{1}{2}\right)$．

解 (1) 令 $\theta = \sin^{-1} \dfrac{\sqrt{2}}{2}$，則 $\sin \theta = \dfrac{\sqrt{2}}{2}\left(-\dfrac{\pi}{2} \leq \theta \leq \dfrac{\pi}{2}\right)$，

可得 $\theta = \dfrac{\pi}{4}$，故 $\sin^{-1} \dfrac{\sqrt{2}}{2} = \dfrac{\pi}{4}$．

(2) 令 $\theta = \sin^{-1}\left(-\dfrac{1}{2}\right)$，則 $\sin \theta = -\dfrac{1}{2}\left(-\dfrac{\pi}{2} \leq \theta \leq \dfrac{\pi}{2}\right)$，

可得 $\theta = -\dfrac{\pi}{6}$，故 $\sin^{-1}\left(-\dfrac{1}{2}\right) = -\dfrac{\pi}{6}$．

隨堂練習 1 求 $\sin^{-1}(-1)$．

答案：$-\dfrac{\pi}{2}$．

例題 2 求 (1) $\sin\left(\sin^{-1} \dfrac{2}{3}\right)$， (2) $\sin\left[\sin^{-1}\left(-\dfrac{1}{2}\right)\right]$，

(3) $\sin^{-1}\left(\sin \dfrac{\pi}{4}\right)$， (4) $\sin^{-1}\left(\sin \dfrac{2\pi}{3}\right)$．

解 (1) 因 $\dfrac{2}{3} \in [-1, 1]$，故 $\sin\left(\sin^{-1} \dfrac{2}{3}\right) = \dfrac{2}{3}$．

(2) 因 $-\dfrac{1}{2} \in [-1, 1]$，故 $\sin\left[\sin^{-1}\left(-\dfrac{1}{2}\right)\right] = -\dfrac{1}{2}$．

(3) 因 $\frac{\pi}{4} \in \left[-\frac{\pi}{2}, \frac{\pi}{2} \right]$，故 $\sin^{-1}\left(\sin\frac{\pi}{4}\right) = \frac{\pi}{4}$.

(4) $\sin^{-1}\left(\sin\frac{2\pi}{3}\right) = \sin^{-1}\frac{\sqrt{3}}{2} = \frac{\pi}{3}$.

隨堂練習 2 求 $\sin^{-1}(\sin 10)$.

答案：$3\pi - 10$.

例題 3 求 (1) $\tan\left(\sin^{-1}\frac{\sqrt{3}}{2}\right)$，(2) $\cos\left(\sin^{-1}\frac{4}{5}\right)$.

解 (1) $\tan\left(\sin^{-1}\frac{\sqrt{3}}{2}\right) = \tan\frac{\pi}{3} = \sqrt{3}$.

(2) 設 $\theta = \sin^{-1}\frac{4}{5}$，則 $\sin\theta = \frac{4}{5}$.

由於 $\theta \in \left[-\frac{\pi}{2}, \frac{\pi}{2} \right]$，可知 $\cos\theta \geq 0$，

故 $\cos\theta = \sqrt{1 - \sin^2\theta} = \sqrt{1 - \left(\frac{4}{5}\right)^2} = \frac{3}{5}$

即 $\cos\left(\sin^{-1}\frac{4}{5}\right) = \frac{3}{5}$.

隨堂練習 3 求 $\sin\left(2\sin^{-1}\frac{3}{5}\right)$.

答案：$\frac{24}{25}$.

定義 7-2

反餘弦函數，記為 $\cos^{-1}$，定義如下：

$$\cos^{-1} x = y \Leftrightarrow \cos y = x$$

其中 $-1 \leq x \leq 1$ 且 $0 \leq y \leq \pi$.

$y = \cos^{-1} x$ 的圖形如圖 7-2 所示.

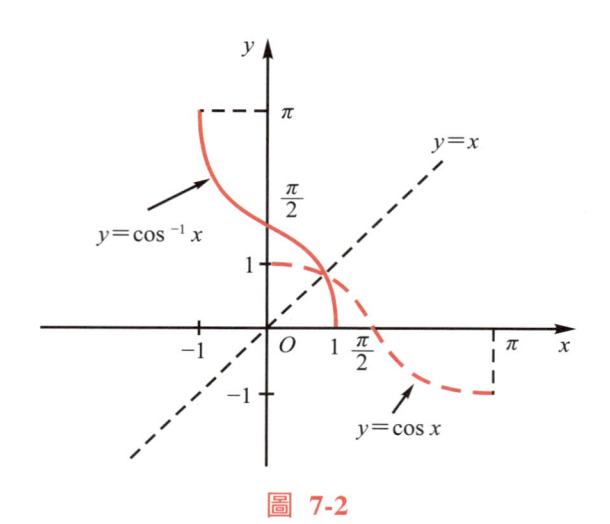

圖 7-2

注意：$\cos^{-1}(\cos x) = x$，此處 $0 \leq x \leq \pi$.

$\cos(\cos^{-1} x) = x$，此處 $-1 \leq x \leq 1$.

例題 4 求 (1) $\cos^{-1} \dfrac{\sqrt{3}}{2}$，(2) $\cos^{-1}\left(-\dfrac{\sqrt{2}}{2}\right)$

(3) $\cos\left(\cos^{-1}\left(-\dfrac{\sqrt{2}}{3}\right)\right)$, (4) $\cos^{-1}\left(\cos \dfrac{11\pi}{6}\right)$.

解 (1) 令 $\theta = \cos^{-1} \dfrac{\sqrt{3}}{2}$，則 $\cos \theta = \dfrac{\sqrt{3}}{2}$ $(0 \leq \theta \leq \pi)$，

可得 $\theta = \dfrac{\pi}{6}$，故 $\cos^{-1}\dfrac{\sqrt{3}}{2} = \dfrac{\pi}{6}$.

(2) 令 $\theta = \cos^{-1}\left(-\dfrac{\sqrt{2}}{2}\right)$，則 $\cos\theta = -\dfrac{\sqrt{2}}{2}$ ($0 \leq \theta \leq \pi$)，

可得 $\theta = \dfrac{3\pi}{4}$，故 $\cos^{-1}\left(-\dfrac{\sqrt{2}}{2}\right) = \dfrac{3\pi}{4}$.

(3) 因 $-\dfrac{\sqrt{2}}{3} \in [-1,\ 1]$，故 $\cos\left(\cos^{-1}\left(-\dfrac{\sqrt{2}}{3}\right)\right) = -\dfrac{\sqrt{2}}{3}$.

(4) $\cos^{-1}\left(\cos\dfrac{11\pi}{6}\right) = \cos^{-1}\left(\cos\dfrac{\pi}{6}\right) = \cos^{-1}\dfrac{\sqrt{3}}{2} = \dfrac{\pi}{6}$.

隨堂練習 4 求 $\cos^{-1}\left(\cos\dfrac{7\pi}{5}\right)$.

答案：$\dfrac{3\pi}{5}$.

例題 5 求 $\sin\left[\cos^{-1}\left(-\dfrac{4}{5}\right)\right]$.

解 設 $\theta = \cos^{-1}\left(-\dfrac{4}{5}\right)$，則 $\cos\theta = -\dfrac{4}{5}$，由於 $\theta \in [0,\ \pi]$，

可知 $\sin\theta \geq 0$，故

$$\sin\theta = \sqrt{1-\cos^2\theta} = \sqrt{1-\left(-\dfrac{4}{5}\right)^2} = \dfrac{3}{5},$$

即 $$\sin\left[\cos^{-1}\left(-\dfrac{4}{5}\right)\right] = \dfrac{3}{5}.$$

隨堂練習 5 求 $\cos\left[\cos^{-1}\dfrac{4}{5} + \cos^{-1}\left(-\dfrac{5}{13}\right)\right]$.

答案：$-\dfrac{56}{65}$.

例題 6 已知 $\log 2 = 0.3010$，$\log 3 = 0.4771$，試求 $\log \sin\left(\cos^{-1}\dfrac{1}{2}\right)$ 之值.

解
$$\log \sin\left(\cos^{-1}\dfrac{1}{2}\right) = \log \sin 60° = \log \dfrac{\sqrt{3}}{2} = \dfrac{1}{2}\log 3 - \log 2$$

$$= \dfrac{1}{2} \times 0.4771 - 0.3010$$

$$\approx -0.0625.$$

習題 7-1

試求下列各函數值.

1. $\sin^{-1}\left(\dfrac{1}{2}\right) = ?$

2. $\cos^{-1}\left(\dfrac{1}{2}\right) = ?$

3. $\cos^{-1}\left(\dfrac{-\sqrt{3}}{2}\right) = ?$

4. $\sin \sin^{-1}\left(-\dfrac{1}{2}\right) = ?$

5. $\cos \cos^{-1}(-1) = ?$

6. $\sin^{-1}\left(\sin \dfrac{3\pi}{7}\right) = ?$

7. $\cos^{-1}\left(\cos \dfrac{4\pi}{3}\right) = ?$

8. $\cos \sin^{-1} x = ?$ $(x > 0)$

9. $\sin^{-1}\left(\sin \dfrac{\pi}{7}\right) = ?$

10. $\sin^{-1}\left(\sin \dfrac{5\pi}{7}\right) = ?$

11. $\cos^{-1}\left(\cos \dfrac{12\pi}{7}\right) = ?$

12. $\sin\left(2\cos^{-1}\dfrac{3}{5}\right) = ?$

13. $\sin\left(\sin^{-1}\dfrac{2}{3} + \cos^{-1}\dfrac{1}{3}\right) = ?$

14. $\sin(\cos^{-1} x) = ?$

15. $\tan(\cos^{-1} x) = ?$

試求下列函數的定義域及值域.

16. $y = \sin^{-1} 3x$

17. $y = \dfrac{1}{3} \sin^{-1} (x-1)$

18. $y = \dfrac{3}{5} \sin^{-1} (2-x)$

19. $y = \dfrac{\pi}{2} + \sin^{-1} \dfrac{x}{2}$

20. $y = \cos^{-1} \left(\dfrac{1}{2} - x \right)$

21. 已知 $\theta = \sin^{-1} \left(-\dfrac{\sqrt{3}}{2} \right)$，求 $\cos \theta$、$\tan \theta$ 及 $\csc \theta$ 之值.

7-2 反正切函數與反餘切函數

正切函數 $y = \tan x \left(-\dfrac{\pi}{2} < x < \dfrac{\pi}{2} \right)$ 為一對一函數，故有反函數，稱為**反正切函數**.

定義 7-3

反正切函數，記為 $\tan^{-1}$，定義如下：

$$\tan^{-1} x = y \Leftrightarrow \tan y = x$$

其中 $-\infty < x < \infty$ 且 $-\dfrac{\pi}{2} \leq y \leq \dfrac{\pi}{2}$．

關於直線 $y = x$ 作出與 $y = \tan x$ 之圖形對稱的圖形，可得 $y = \tan^{-1} x$ 的圖形，如圖 7-3.

圖 7-3

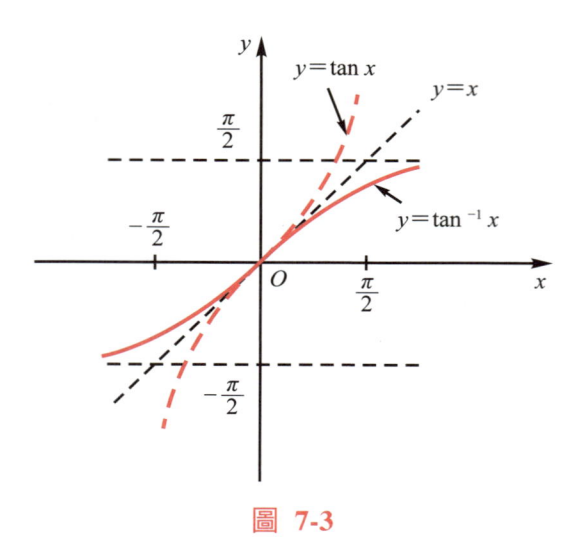

注意：$\tan^{-1}(\tan x)=x$，此處 $-\dfrac{\pi}{2}<x<\dfrac{\pi}{2}$．

$\tan(\tan^{-1} x)=x$，此處 $-\infty<x<\infty$．

我們可得知 $y=\tan^{-1} x$ 是奇函數，即

$$\tan^{-1}(-x)=-\tan^{-1} x,\ x\in(-\infty,\ \infty).$$

例題 1 求 (1) $\tan^{-1}(-\sqrt{3})$， (2) $\tan(\tan^{-1} 1000)$，

(3) $\tan^{-1}\left(\tan\left(-\dfrac{\pi}{5}\right)\right)$， (4) $\tan^{-1}\left(\tan\dfrac{3\pi}{5}\right)$．

解 (1) $\tan^{-1}(-\sqrt{3})=-\dfrac{\pi}{3}$

(2) $\tan(\tan^{-1} 1000)=1000$

(3) $\tan^{-1}\left(\tan\left(-\dfrac{\pi}{5}\right)\right)=-\dfrac{\pi}{5}$

(4) $\tan^{-1}\left(\tan\dfrac{3\pi}{5}\right)=\tan^{-1}\left(\tan\left(-\dfrac{2\pi}{5}\right)\right)=-\dfrac{2\pi}{5}$．

隨堂練習 6 求 $\sin\left[2\tan^{-1}\left(-\dfrac{3}{4}\right)\right]$.

答案：$-\dfrac{24}{25}$.

例題 2 試證：$\cos(2\tan^{-1}x)=\dfrac{1-x^2}{1+x^2}$.

解 令 $\theta=\tan^{-1}x$，則 $\tan\theta=x$. 於是，

$$\cos(2\tan^{-1}x)=\cos 2\theta=2\cos^2\theta-1$$
$$=\dfrac{2}{\sec^2\theta}-1=\dfrac{2}{1+\tan^2\theta}-1$$
$$=\dfrac{2}{1+x^2}-1$$
$$=\dfrac{1-x^2}{1+x^2}.$$

定義 7-4

反餘切函數，記為 $\cot^{-1}$，定義如下：

$$\cot^{-1}x=y \Leftrightarrow \cot y=x$$

其中 $-\infty<x<\infty$，$0<y<\pi$.

$y=\cot^{-1}x$ 的圖形如圖 7-4 所示.

注意：$\cot^{-1}(\cot x)=x$，此處 $0<x<\pi$.
$\cot(\cot^{-1}x)=x$，此處 $-\infty<x<\infty$.

圖 7-4

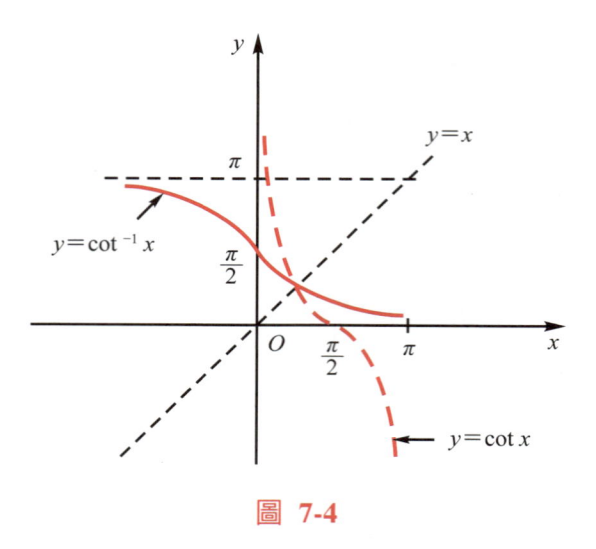

反餘切函數有下述關係：

$$\cot^{-1} x + \cot^{-1}(-x) = \pi, \quad x \in (-\infty, \infty)$$

例題 3 $\cot^{-1}(-\sqrt{3}) = \pi - \cot^{-1}\sqrt{3} = \pi - \dfrac{\pi}{6} = \dfrac{5\pi}{6}$.

隨堂練習 7 求 $\cot^{-1}(-1)$.

答案：$\dfrac{3\pi}{4}$.

習題 7-2

試求下列各函數值.

1. $\tan^{-1} 0 = ?$
2. $\tan^{-1}(-\sqrt{3}) = ?$
3. $\tan^{-1}(-1) = ?$
4. $\cot^{-1}(-\sqrt{3}) = ?$
5. $\cot^{-1}\left(\cot \dfrac{4\pi}{3}\right) = ?$
6. $\tan\left(\tan^{-1}\left(-\dfrac{1}{2}\right)\right) = ?$

7. $\tan(\tan^{-1} 10) = ?$

8. $\tan^{-1}\tan\left(\dfrac{5\pi}{4}\right) = ?$

9. $\tan^{-1}\left(\tan\dfrac{5\pi}{3}\right) = ?$

10. $\tan(\tan^{-1} 2000\pi) = ?$

11. $\tan^{-1}\left(\tan\dfrac{\pi}{2}\right) = ?$

12. $\cot(\cot^{-1}(-3)) = ?$

13. $\cot^{-1}\left(\cot\dfrac{7\pi}{6}\right) = ?$

14. $\tan\left(\cot^{-1}\left(-\dfrac{4}{3}\right) + \tan^{-1}\dfrac{5}{12}\right) = ?$

15. 已知 $\theta = \tan^{-1}\dfrac{4}{3}$，求 $\sin\theta$、$\cos\theta$ 及 $\cot\theta$ 之值.

試將下列各式表為 x 的代數式.

16. $\sin(\tan^{-1} x) = ?$

17. $\tan(\cot^{-1} x) = ?$

18. $\tan(\sin^{-1} x) = ?$

19. 試求下列函數之定義域及值域.

(1) $y = \tan^{-1}\sqrt{x}$

(2) $y = \sqrt{\cot^{-1} x}$

20. 試求 $\cos\dfrac{1}{2}\tan^{-1}\dfrac{\sqrt{5}}{2}$ 之值.

7-3 反正割函數與反餘割函數

反三角函數還有反正割函數與反餘割函數，茲討論如下：

定義 7-5

反正割函數，記為 $\sec^{-1}$，定義如下：

$$\sec^{-1} x = y \Leftrightarrow \sec y = x$$

其中 $|x| \geq 1$，$0 \leq y < \dfrac{\pi}{2}$ 或 $\pi \leq y < \dfrac{3\pi}{2}$。

$y = \sec^{-1} x$ 的圖形如圖 7-5 所示．

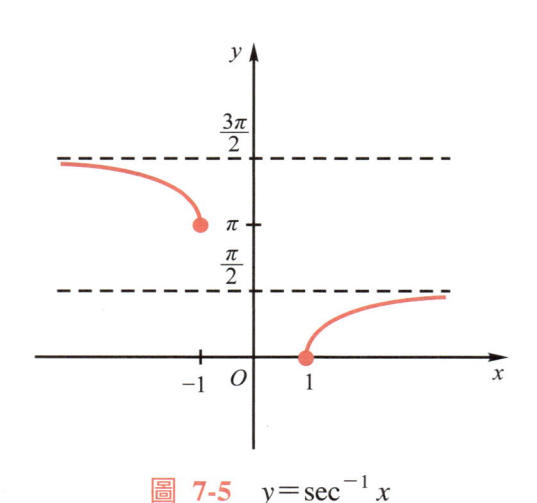

圖 7-5　$y = \sec^{-1} x$

注意：$\sec^{-1}(\sec x) = x$，此處 $0 \leq x < \dfrac{\pi}{2}$ 或 $\pi \leq x < \dfrac{3\pi}{2}$。

$\sec(\sec^{-1} x) = x$，此處 $x \leq -1$ 或 $x \geq 1$。

註： 數學家們對於 $\sec^{-1} x$ 的定義沒有一致的看法．例如，有些作者限制 x 使得 $0 \le x < \dfrac{\pi}{2}$ 或 $\dfrac{\pi}{2} < x \le \pi$ 來定義 $\sec^{-1} x$．

反正割函數有下述關係：

$$\sec^{-1}(-x) = \pi - \sec^{-1} x, \text{ 若 } x \ge 1.$$

例題 1 試求 $\sec^{-1} 1$，$\sec^{-1}(-1)$，$\sec^{-1}\sqrt{2}$，$\sec^{-1}(-\sqrt{2})$，$\sec^{-1}(-2)$ 的值．

解 因為 $\sec 0 = 1$，$\sec \pi = -1$，$\sec \dfrac{\pi}{4} = \sqrt{2}$，

$$\sec \dfrac{3\pi}{4} = -\sqrt{2}, \quad \sec \dfrac{2\pi}{3} = -2$$

所以，$\sec^{-1} 1 = 0$，$\sec^{-1}(-1) = \pi$，$\sec^{-1}\sqrt{2} = \dfrac{\pi}{4}$，

$$\sec^{-1}(-\sqrt{2}) = \pi - \dfrac{\pi}{4} = \dfrac{3\pi}{4}, \quad \sec^{-1}(-2) = \pi - \dfrac{\pi}{3} = \dfrac{2\pi}{3}.$$

隨堂練習 8 求 $\tan\left(2\sec^{-1}\dfrac{3}{2}\right)$．

答案：$-4\sqrt{5}$．

定義 7-6

反餘割函數，記為 $\csc^{-1}$，定義如下：

$$\csc^{-1} x = y \Leftrightarrow \csc y = x$$

其中 $|x| \ge 1$，$0 < y \le \dfrac{\pi}{2}$ 或 $\pi < y \le \dfrac{3\pi}{2}$．

圖 7-6 $y = \csc^{-1} x$

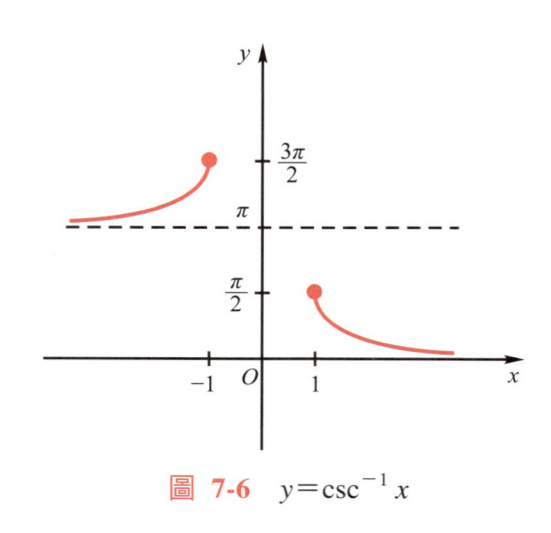

$y = \csc^{-1} x$ 的圖形如圖 7-6 所示.

注意：$\csc^{-1}(\csc x) = x$，此處 $0 < x \leq \dfrac{\pi}{2}$ 或 $\pi < x \leq \dfrac{3\pi}{2}$.

$\csc(\csc^{-1} x) = x$，此處 $|x| \geq 1$.

註：數學家們對於 $\csc^{-1} x$ 的定義也沒有一致的看法.

例題 2 求 $\csc^{-1}(-2)$.

解 令 $\csc^{-1}(-2) = x$，則 $\csc x = -2$，

所以，$\sin x = -\dfrac{1}{2}$，$x \in \left[-\dfrac{\pi}{2}, \dfrac{\pi}{2}\right]$，$x \neq 0$.

故 $x = -\dfrac{\pi}{6}$，$\csc^{-1}(-2) = -\dfrac{\pi}{6}$.

隨堂練習 9 試證 $\sin(\csc^{-1} x) = \dfrac{1}{x}$，$|x| \geq 1$.

習題 7-3

試求下列各函數值.

1. $\sec^{-1} 0 = ?$

2. $\sec^{-1} 2 = ?$

3. $\sec^{-1}\left(-\dfrac{2}{\sqrt{3}}\right) = ?$

4. $\csc^{-1}\left(-\dfrac{2}{\sqrt{3}}\right) = ?$

5. $\csc^{-1}(-1) = ?$

6. $\sec^{-1}\left(\sin\dfrac{5\pi}{4}\right) = ?$

7. $\csc^{-1}\left(\csc\dfrac{5\pi}{3}\right) = ?$

8. 試將 $\sin(\sec^{-1} x)$ 表為 x 的代數式.

9. 若 $y = \sec^{-1}\left(\dfrac{\sqrt{5}}{2}\right)$，試求 $\tan y$.

8

不等式

- ❀ 不等式的意義，絕對不等式
- ❀ 一元不等式的解法
- ❀ 一元二次不等式
- ❀ 二元一次不等式
- ❀ 二元線性規劃

8-1 不等式的意義，絕對不等式

一、不等式的意義

含有實數的次序關係符號 "$<$"、"$>$"、"$\leq$"、"$\geq$" 等的式子，稱為**不等式**，下列各式：

$$2x+6 > 4$$
$$x+2y-5 \leq 0$$
$$5x^2-x-4 > 0$$
$$x^2+x+2 > 0$$
$$|2x+5| \geq |x-1|$$

均稱為不等式.

使不等式成立之未知數的值，稱為不等式的**解**，求不等式所有解所成的集合，稱為這個不等式的**解集合**.

我們知道，實數可以比較大小. 在實數軸上，兩個不同的點 A 與 B 分別表示兩個不同的實數 a 與 b，右邊的點所表示的數比左邊的點所表示的數大.

$$a-b > 0 \Leftrightarrow a > b$$
$$a-b = 0 \Leftrightarrow a = b$$
$$a-b < 0 \Leftrightarrow a < b$$

由此可見，欲比較兩個實數的大小，只要考慮它們的差就可以了.

例題 1 比較 $(x^2+2)^2$ 與 x^4+2x^2+3 的大小.

解
$$(x^2+2)^2 - (x^4+2x^2+3)$$
$$= x^4+4x^2+4-x^4-2x^2-3$$
$$= 2x^2+1 > 0$$

故 $(x^2+2)^2 > (x^4+2x^2+3)$.

隨堂練習 1 比較 $(x+2)(x+3)$ 與 $(x-1)(x+6)$ 的大小．

答案：$(x+2)(x+3) > (x-1)(x+6)$．

二、絕對不等式

凡含變數的不等式在變數限制範圍內恆成立者，我們稱為**絕對不等式**．例如：$x^2 \geq 0$；$x^4+y^4 \geq 0$．此外，若不等式有解且非絕對不等式，則稱其為**條件不等式**，如：$|x-1| > 2$，$\sqrt{x} > 3$．

解不等式以及證明不等式，均得依據不等式的基本性質．這些性質也就是實數的次序關係，敘述如下：

設 a、b、c、$d \in \mathbb{R}$，

1. 若 $a > b$，且 $b > c$，則 $a > c$ (遞移律)．

2. (a) 若 $a > b > 0$，則 $\dfrac{1}{b} > \dfrac{1}{a} > 0$．

   (b) 若 $0 > a > b$，則 $0 > \dfrac{1}{b} > \dfrac{1}{a}$．

3. 若 $a > b$，則 $-b > -a$，反之亦然．
4. 若 $a > b$，則 $a+c > b+c$．
5. 若 $a > b$，且 $c > d$，則 $a+c > b+d$．
6. (a) 若 $a > b$，且 $c > 0$，則 $ac > bc$．
   (b) 若 $a > b$，且 $c < 0$，則 $ac < bc$．
7. 若 $a > b > 0$，且 $c > d > 0$，則 $ac > bd$．
8. $a > b > 0 \Rightarrow a^n > b^n$ ($n \in \mathbb{N}$)．
9. $a > b > 0 \Rightarrow \sqrt[n]{a} > \sqrt[n]{b}$ ($n \in \mathbb{N}$)．

由於不等式的形式是多樣的，所以不等式的證明方法也就不同．下面將舉例說明一些常用的證明方法．

我們已經知道，$a-b>0 \Leftrightarrow a>b$．因此，欲證明 $a>b$，只要證明 $a-b>0$．這是證明不等式時常用的一種方法，稱為**比較法**．

例題 2 試證：$x^2+4>3x$．

解 因 $(x^2+4)-3x = x^2-3x+\left(\dfrac{3}{2}\right)^2-\left(\dfrac{3}{2}\right)^2+4$

$$= \left(x-\dfrac{3}{2}\right)^2+\dfrac{7}{4} \geq \dfrac{7}{4} > 0$$

故 $x^2+4 > 3x$．

例題 3 設 a、b、c 為三個實數，試證：$a^2+b^2+c^2 \geq ab+bc+ca$．

解 $a^2+b^2+c^2-(ab+bc+ca) = \dfrac{1}{2}[2a^2+2b^2+2c^2-2(ab+bc+ca)]$

$$= \dfrac{1}{2}[(a-b)^2+(b-c)^2+(c-a)^2]$$

因 a、b、c 為實數，可知 $(a-b)^2 \geq 0$，$(b-c)^2 \geq 0$，$(c-a)^2 \geq 0$，所以，

$$\dfrac{1}{2}[(a-b)^2+(b-c)^2+(c-a)^2] \geq 0$$

故 $a^2+b^2+c^2 \geq ab+bc+ca$．

上式等號成立的充要條件為 $a=b=c$．

隨堂練習 2 設 a 為正數，試證 $a+\dfrac{1}{a} \geq 2$．

我們還常常利用下面的性質證明不等式．

1. 若 $a \cdot b \in \mathbb{R}$，則 $a^2+b^2 \geq 2ab$ (等號成立的充要條件是 $a=b$).

2. 若 $a>0, b>0$，則 $\dfrac{a+b}{2} \geq \sqrt{ab}$，即，算術平均數 $\geq$ 幾何平均數 (等號成立的充要條件是 $a=b$).

3. 若 $a_1, a_2, \cdots, a_n > 0$，則 $\dfrac{a_1+a_2+\cdots+a_n}{n} \geq \sqrt[n]{a_1 a_1 \cdots a_n}$
(等號成立的充要條件是 $a_1=a_2=\cdots=a_n$).

例題 4 已知 $x>0, y>0, z>0$，試證：$\dfrac{x}{y}+\dfrac{y}{z}+\dfrac{z}{x} \geq 3$.

解 因 $x>0, y>0, z>0$，可得

$$\dfrac{\dfrac{x}{y}+\dfrac{y}{z}+\dfrac{z}{x}}{3} \geq \sqrt[3]{\dfrac{x}{y} \cdot \dfrac{y}{z} \cdot \dfrac{z}{x}}=1$$

故 $$\dfrac{x}{y}+\dfrac{y}{z}+\dfrac{z}{x} \geq 3.$$

例題 5 若 $a \cdot b \cdot c$ 均為正數，試證：$(a+b)(b+c)(c+a) \geq 8abc$.

(提示：利用算術平均數 $\geq$ 幾何平均數，即 $\dfrac{a+b}{2} \geq \sqrt{ab}$.)

解 因 $a \cdot b \cdot c$ 均為相異的正數，可得

$$\dfrac{a+b}{2} \geq \sqrt{ab}, \quad \dfrac{b+c}{2} \geq \sqrt{bc}, \quad \dfrac{c+a}{2} \geq \sqrt{ca}$$

則 $$a+b \geq 2\sqrt{ab}, \quad b+c \geq 2\sqrt{bc}, \quad c+a \geq 2\sqrt{ca}$$

故 $$(a+b)(b+c)(c+a) \geq 8\sqrt{a^2b^2c^2}=8abc.$$

我們可以利用某些已經證明過的不等式 (如上面所給的性質) 作為基礎，

再運用不等式的性質推導出所要證明的不等式，這種證明的方法稱為**綜合法**．

例題 6 設 a、b、c、d 均非負數，試證：

$$\frac{a+b+c+d}{4} \geq \sqrt[4]{abcd} .$$

解 因為 $\dfrac{a+b}{2} \geq \sqrt{ab}$，$\dfrac{c+d}{2} \geq \sqrt{cd}$

$$\therefore \frac{\dfrac{a+b}{2}+\dfrac{c+d}{2}}{2} \geq \sqrt{\left(\frac{a+b}{2}\right) \cdot \left(\frac{c+d}{2}\right)}$$

$$\Rightarrow \frac{a+b+c+d}{4} \geq \sqrt{\left(\frac{a+b}{2}\right) \cdot \left(\frac{c+d}{2}\right)}$$

$$\Rightarrow \left(\frac{a+b+c+d}{4}\right)^2 \geq \frac{a+b}{2} \cdot \frac{c+d}{2} \geq \sqrt{ab} \cdot \sqrt{cd} = \sqrt{abcd}$$

$$\therefore \frac{a+b+c+d}{4} \geq \sqrt[4]{abcd} .$$

例題 7 設 $x>0$，$y>0$，且 $6x+5y=8$，試求 xy 的最大值，此時 x 與 y 之值各為多少？

解 因 $x>0$，$y>0$

所以， $8=6x+5y \geq 2\sqrt{6x \cdot 5y}$

於 $6x=5y=4$ 時 "$=$" 成立，即

$$4 \geq \sqrt{30xy} \Leftrightarrow 16 \geq 30xy \Leftrightarrow xy \leq \frac{8}{15}$$

故 $x=\dfrac{2}{3}$，$y=\dfrac{4}{5}$ 時，xy 有最大值 $\dfrac{8}{15}$．

例題 8 設 xy 為整數，且 $xy=8$，試求 x^2+y^2 的最小值．

解 因
$$\frac{x^2+y^2}{2} \geq \sqrt{x^2 y^2}$$

故 $x^2+y^2 \geq 2\sqrt{(xy)^2} \Rightarrow x^2+y^2 \geq 2|xy| \Rightarrow x^2+y^2 \geq 16$

故 x^2+y^2 的最小值為 16．

隨堂練習 3 設 $x>0$，$y>0$，求 $\left(4x-\dfrac{1}{y}\right)\left(9y-\dfrac{1}{x}\right)$ 的最小值．

答案：-1．

證明不等式時，有時可以由所求證的不等式出發，分析出使這個不等式成立的條件，將證明這個不等式轉化為判定這些條件是否具備的問題．如果能夠肯定這些條件都已具備，那麼就可以斷定原不等式成立，這種證明方法通常稱為分析法．

例題 9 試證：$\sqrt{2}+\sqrt{7} < \sqrt{3}+\sqrt{6}$．

解 方法 1：為了要證明
$$\sqrt{2}+\sqrt{7} < \sqrt{3}+\sqrt{6}$$

只需證明 $(\sqrt{2}+\sqrt{7})^2 < (\sqrt{3}+\sqrt{6})^2$

展開得 $9+2\sqrt{14} < 9+2\sqrt{18}$

即 $2\sqrt{14} < 2\sqrt{18}$

$\sqrt{14} < \sqrt{18}$

$14 < 18$

因為 $14 < 18$ 成立，所以

$$\sqrt{2}+\sqrt{7} < \sqrt{3}+\sqrt{6}$$

成立．

方法 2：因 $14 < 18$，可得

$$\sqrt{14} < \sqrt{18}，2\sqrt{14} < 2\sqrt{18}$$

$$9 + 2\sqrt{14} < 9 + 2\sqrt{18}$$

$$(\sqrt{2} + \sqrt{7})^2 < (\sqrt{3} + \sqrt{6})^2$$

所以 $\sqrt{2} + \sqrt{7} < \sqrt{3} + \sqrt{6}$.

隨堂練習 4 已知 a、b 與 c 均為正數，且 $a < b$，試證：

$$\frac{a+c}{b+c} > \frac{a}{b} .$$

答案：略

習題 8-1

1. 已知 $x > 1$，比較 x^3 與 $x^2 - x + 1$ 的大小.
2. 比較 $(x+5)(x+7)$ 與 $(x+6)^2$ 的大小.
3. 比較 $(2a+1)(a-3)$ 與 $(a-6)(2a+7)+45$ 的大小.
4. 已知 $a > 0$，$b > 0$，且 $a \neq b$，試證：$a^4 + b^4 > a^3b + ab^3$.
5. 試證：若 $a > 0$，$b > 0$，$c > 0$，則 $a^3 + b^3 + c^3 \geq 3abc$ (等號成立的充要條件是 $a = b = c$).
6. 已知 $a > 0$，$b > 0$，且 $a \neq b$，試證：$a^5 + b^5 > a^3b^2 + a^2b^3$. (提示：$a^3 - b^3 = (a-b)(a^2 + ab + b^2)$.)
7. 設 $a > 0$，$b > 0$，試證：$\dfrac{a+b}{2} \geq \sqrt{ab} \geq \dfrac{2ab}{a+b}$ (即，算術平均數 $\geq$ 幾何平均數 $\geq$ 調和平均數).
8. 設 a、b、c 為正數，試證：$\dfrac{1}{a} + \dfrac{1}{b} + \dfrac{1}{c} \geq \dfrac{9}{a+b+c}$.

9. 設 x、y 與 z 均為正數，試證：$(x+y+z)^3 \geq 27xyz$.

10. 已知 a、b、c 均為相異的正數，試證：$a+b+c > \sqrt{ab}+\sqrt{bc}+\sqrt{ca}$.

11. 已知 $x>0, y>0$，試證：$\dfrac{x}{y}+\dfrac{y}{x} \geq 2$.

12. 試證：當 $x>0$ 時，$x+\dfrac{16}{x}$ 的最小值為 8.

13. 求函數 $f(x)=3x^2+\dfrac{1}{2x^2}$ 的最小值.

14. 設 $x>0$，$y=x+\dfrac{1}{x}$，試求 $x+2y$ 的最小值. (提示：將 $y=x+\dfrac{1}{x}$ 代入 $x+2y$ 中，再利用算術平均數 $\geq$ 幾何平均數，則可求得 $x+2y$ 的最小值.)

15. 求函數 $f(x)=x^2+\dfrac{9}{x^2}+4$ 的最小值.

16. 已知 a、b、c 是不全相等的正數，試證：
$$\log\dfrac{a+b}{2}+\log\dfrac{b+c}{2}+\log\dfrac{c+a}{2} > \log a+\log b+\log c$$

17. 設 $a、b \in \mathbb{R}$，試證明 $a^2+b^2 > a+b-1$.

18. 設 $a>0, b>0$，試證明 $(a+b)(a^3+b^3) \geq (a^2+b^2)^2$.

19. 設 $\alpha、\beta \in \mathbb{R}$，若 $\alpha\beta>1$，試證：$\alpha^2+\beta^2>2$.

20. 設 $x>0, y>0$，試證：$\dfrac{1}{x}+\dfrac{1}{y} > \dfrac{1}{x+y}$.

8-2 一元不等式的解法

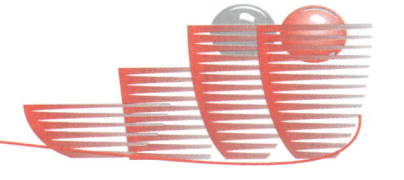

一個不等式在經過移項化簡之後，凡是可寫成形如下列的不等式，稱為一元一次不等式：

$$ax+b>0$$
$$ax+b\geq 0$$
$$ax+b<0$$
$$ax+b\leq 0$$

其中 a、b 均是實數，且 $a\neq 0$.

我們都知道，如果兩個不等式的解集合相等，那麼這兩個不等式就稱為同解不等式. 一個不等式變形為另一個不等式時，如果這兩個不等式是同解不等式，那麼這種變形就稱為不等式的同解變形.

1. 設 $a>0$.

$$ax+b>0 \Leftrightarrow x>-\frac{b}{a}, \text{ 解集合為 } A=\left\{x\,\middle|\, x>-\frac{b}{a}\right\}.$$

$$ax+b\geq 0 \Leftrightarrow x\geq -\frac{b}{a}, \text{ 解集合為 } A=\left\{x\,\middle|\, x\geq -\frac{b}{a}\right\}.$$

如圖 8-1 所示.

(1) $A=\left\{x\,\middle|\, x>-\frac{b}{a}\right\}$ 其中 "○" 表示解集合不包含點 $-\frac{b}{a}$.

(2) $A=\left\{x\,\middle|\, x\geq -\frac{b}{a}\right\}$ 其中 "●" 表示解集合包含點 $-\frac{b}{a}$.

圖 8-1

2. 設 $a<0$.

$$ax+b>0 \Leftrightarrow x<-\frac{b}{a}, \text{ 解集合為 } A=\left\{x\,\middle|\, x<-\frac{b}{a}\right\}.$$

$$ax+b\geq 0 \Leftrightarrow x\leq -\frac{b}{a}, \text{ 解集合為 } A=\left\{x\,\middle|\, x\leq -\frac{b}{a}\right\}.$$

如圖 8-2 所示.

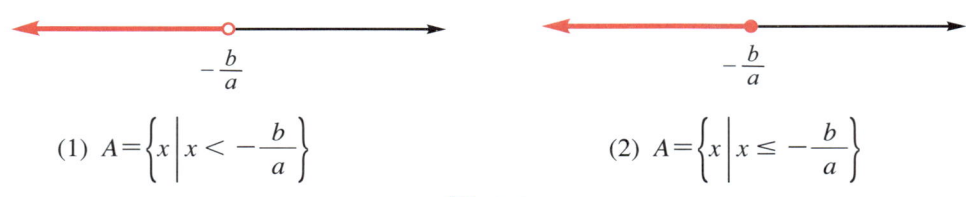

(1) $A = \left\{x \mid x < -\dfrac{b}{a}\right\}$ (2) $A = \left\{x \mid x \leq -\dfrac{b}{a}\right\}$

圖 8-2

對於一元一次不等式

$$ax + b < 0$$

的解亦可以同樣方式討論，其解集合為

$$A = \left\{x \mid x < -\dfrac{b}{a}\right\}, \text{ 當 } a > 0 ;$$

或

$$A = \left\{x \mid x > -\dfrac{b}{a}\right\}, \text{ 當 } a < 0.$$

如圖 8-3 所示.

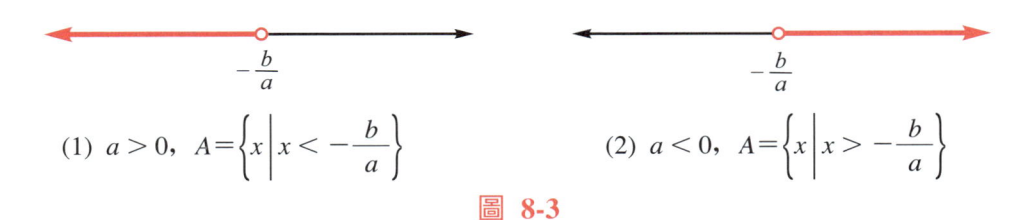

(1) $a > 0$, $A = \left\{x \mid x < -\dfrac{b}{a}\right\}$ (2) $a < 0$, $A = \left\{x \mid x > -\dfrac{b}{a}\right\}$

圖 8-3

同理，我們可探討一元一次不等式 $ax + b \leq 0$ 的解集合為

$$A = \left\{x \mid x \leq -\dfrac{b}{a}\right\}, \text{ 當 } a > 0 ;$$

或

$$A = \left\{x \mid x \geq -\dfrac{b}{a}\right\}, \text{ 當 } a < 0.$$

例題 1 解不等式 $2(x+1) + \dfrac{x-2}{3} > \dfrac{7}{2}x - 1.$

解 兩邊乘以 6，可得

$$12(x+1) + 2(x-2) > 21x - 6$$

$$14x + 8 > 21x - 6$$

移項整理，

$$-7x > -14$$
$$x < 2$$

故解集合為 $A = \{x \mid x < 2\}$，圖形如圖 8-4 所示.

圖 8-4

例題 2 求解 $5 \leq |2x-1| + |x+3| < 8$.

解 分成 $x \geq \dfrac{1}{2}$，$-3 < x < \dfrac{1}{2}$，$x \leq -3$ 等三個情形討論：

(a) 當 $x \geq \dfrac{1}{2}$ 時，

$$5 \leq |2x-1| + |x+3| < 8 \Rightarrow 5 \leq (2x-1) + (x+3) < 8$$
$$\Rightarrow 5 \leq 3x + 2 < 8 \Rightarrow 3 \leq 3x < 6$$
$$\Rightarrow 1 \leq x < 2$$

但 $x \geq \dfrac{1}{2}$，故 $1 \leq x < 2$.

(b) 當 $-3 < x < \dfrac{1}{2}$ 時，

$$5 \leq |2x-1| + |x+3| < 8 \Rightarrow 5 \leq (1-2x) + (x+3) < 8$$
$$\Rightarrow 5 \leq -x + 4 < 8$$
$$\Rightarrow 1 \leq -x < 4$$
$$\Rightarrow -4 < x \leq -1$$

但 $-3 < x < \dfrac{1}{2}$，故 $-3 < x \leq -1$.

(c) 當 $x \leq -3$ 時,

$$5 \leq |2x-1| + |x+3| < 8 \Rightarrow 5 \leq (1-2x)-(x+3) < 8$$
$$\Rightarrow 5 \leq -2-3x < 8$$
$$\Rightarrow 7 \leq -3x < 10$$
$$\Rightarrow -\frac{10}{3} < x \leq -\frac{7}{3}$$

但 $x \leq -3$, 故 $-\frac{10}{3} < x \leq -3$.

由 (a)、(b)、(c) 可得 $1 \leq x < 2$ 或 $-\frac{10}{3} < x \leq -1$.

例題 3 解不等式 $|3-2x| \leq |x+4|$, 並作解集合之圖形.

解
$$|3-2x| \leq |x+4| \Rightarrow \sqrt{(3-2x)^2} \leq \sqrt{(x+4)^2}$$
$$\Rightarrow (3-2x)^2 \leq (x+4)^2$$
$$\Rightarrow 9-12x+4x^2 \leq x^2+8x+16$$
$$\Rightarrow 3x^2-20x-7 \leq 0$$
$$\Rightarrow (x-7)(3x+1) \leq 0$$
$$\Rightarrow -\frac{1}{3} \leq x \leq 7$$

故解集合為 $\left\{x \mid -\frac{1}{3} \leq x \leq 7\right\} = \left[-\frac{1}{3},\ 7\right]$, 如圖 8-5 所示.

圖 8-5

例題 4 解不等式

$$\begin{cases} 2(1+2x) < 3(3+x) \\ \dfrac{1}{3}(x-1) > \dfrac{x}{2} - \dfrac{1}{5} \end{cases}$$

解 將原式整理為

$$\begin{cases} x-7<0 \\ 5x+4<0 \end{cases} \Rightarrow \begin{cases} x<7 \quad\cdots\cdots\cdots\cdots\cdots\cdots\cdots\cdots\cdots\cdots\text{①} \\ x<-\dfrac{4}{5} \quad\cdots\cdots\cdots\cdots\cdots\cdots\text{②} \end{cases}$$

如圖 8-6 所示 ① 與 ② 之交集，故 $x<-\dfrac{4}{5}$.

圖 8-6

隨堂練習 5 解 $|3x-1|<x+2$，並作解集合之圖形.

答案：$x\in\left(-\dfrac{1}{4},\ \dfrac{3}{2}\right)$.

習題 8-2

試解下列各不等式.

1. $2x-11>5-3x$

2. $\dfrac{2}{3}(x+3)<\dfrac{4}{5}(2x+5)$

3. $\dfrac{1}{3}(x-6)+5<\dfrac{1}{4}(2-3x)$

4. $|x+2|>\dfrac{3x+14}{5}$

5. $3(x+5)-\dfrac{2}{3}\geq 2x-\dfrac{3}{2}$

6. $\dfrac{5x+7}{5}-\dfrac{x+7}{5}>\dfrac{3x+2}{3}-\dfrac{2}{7}x$

7. $2\leq |x-1|\leq 5$

8. $|5-|x-1||\leq 3$

9. $||x-2|-3|>1$

10. $|2x-1|+|x-5|-|x-7|=15$

11. $|x+1|+3x \leq |7x-4|$

12. $|x-3|+1>2|2-5x|+15$

試解下列不等式組.

13. $\begin{cases} 2x+1<7 \\ 3x-1>2 \end{cases}$

14. $\begin{cases} \dfrac{x}{2}+\dfrac{1}{3} > \dfrac{x}{4}+\dfrac{1}{5} \\ |x| \leq 2 \end{cases}$

15. $\begin{cases} x+1<2x-4 \\ 3x-2>1 \end{cases}$

16. $\begin{cases} x-1<0 \\ 2x+5>0 \\ 3x-6<0 \end{cases}$

8-3 一元二次不等式

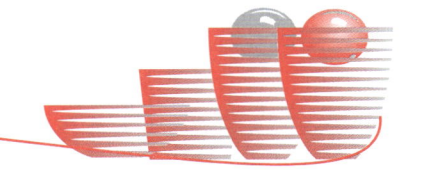

我們在第二章與第四章中已分別介紹過一元二次方程式與二次函數. 現在我們要來討論如何解一元二次不等式.

設 a、b、c 均為實數,且 $a \neq 0$,則形如

$$ax^2+bx+c>0$$
$$ax^2+bx+c \geq 0$$
$$ax^2+bx+c<0$$
$$ax^2+bx+c \leq 0$$

的式子,稱為一元二次不等式.

若 α 為一實數,以 $x=\alpha$ 代入 x 的二次不等式中,能使不等式成立,則實數 α 稱為此二次不等式的一解;一元二次不等式有解時,常有無限多個解,不能一一列舉,於是所有這些解所成的集合,稱為一元二次不等式的解集合.

例題 1 解不等式 $x^2 - 7x + 12 > 0$.

解 由原不等式可得
$$(x-3)(x-4) > 0$$

將 $x-3$ 與 $x-4$ 看作兩個數，其乘積大於 0，必定兩數均大於 0，或兩數均小於 0. 再利用下表討論上式的解：

x 的範圍	$x < 3$	$3 < x < 4$	$4 < x$
$x-3$	−	+	+
$x-4$	−	−	+
$(x-3)(x-4)$	+	−	+

故此不等式的解為
$$x < 3 \text{ 或 } x > 4$$
或
$$x \in (-\infty, 3) \cup (4, \infty)$$

以圖形表示即得圖 8-7 中的深顏色的部分，但不含端點.

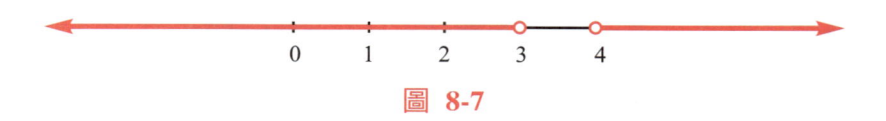

圖 8-7

例題 2 解 $x^2 - 2x - 3 < 0$.

解 由原不等式可得
$$(x+1)(x-3) < 0$$

將 $x+1$ 與 $x-3$ 看作兩個數，它們的乘積小於 0，則它們必定為異號. 再利用下表討論上式的解：

x 的範圍	$x < -1$	$-1 < x < 3$	$3 < x$
$x+1$	−	+	+
$x-3$	−	−	+
$(x+1)(x-3)$	+	−	+

故此不等式的解為

$$-1 < x < 3$$

或 $$x \in (-1, 3)$$

若以圖形表示，則為圖 8-8 中的深顏色的部分，但不含端點.

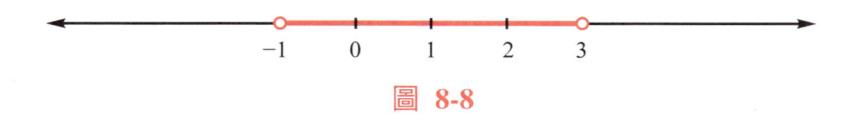

圖 8-8

隨堂練習 6 解一元二次不等式 $2x^2 + x - 3 < 0$.

答案：$x \in \left(-\dfrac{3}{2}, 1\right)$.

一元二次不等式的解與二次函數有密切的關係，設 $f(x) = ax^2 + bx + c$ ($a > 0$)，其圖形為開口向上且最低點為 $\left(-\dfrac{b}{2a}, f\left(-\dfrac{b}{2a}\right)\right)$ 的拋物線，其中 $f\left(-\dfrac{b}{2a}\right) = \dfrac{4ac - b^2}{4a}$.

設 $a \neq 0$,

$$f(x) = ax^2 + bx + c = 0 \Leftrightarrow f(x) = a\left(x + \dfrac{b}{2a}\right)^2 + \dfrac{4ac - b^2}{4a} = 0$$

$$\Leftrightarrow f(x) = a\left(x + \dfrac{b}{2a}\right)^2 - \dfrac{b^2 - 4ac}{4a} = 0$$

$$\Leftrightarrow a\left(x + \dfrac{b}{2a}\right)^2 = \dfrac{b^2 - 4ac}{4a}$$

$$\Leftrightarrow x + \dfrac{b}{2a} = \pm \sqrt{\dfrac{b^2 - 4ac}{4a^2}}$$

$$\Leftrightarrow x = -\dfrac{b}{2a} \pm \dfrac{\sqrt{b^2 - 4ac}}{2a}$$

$$\Leftrightarrow x = \frac{-b \pm \sqrt{\Delta}}{2a} \tag{8-3-1}$$

故二次方程式 $f(x) = ax^2 + bx + c = 0$ 的二根分別為 $\alpha = \frac{-b + \sqrt{\Delta}}{2a}$ 與 $\beta = \frac{-b - \sqrt{\Delta}}{2a}$．現就 $\Delta > 0$、$\Delta = 0$ 與 $\Delta < 0$ 分別討論一元二次不等式的解．

1. 設 $a > 0$，$\Delta > 0$．$f(x) = ax^2 + bx + c = a(x - \alpha)(x - \beta) > 0 \Leftrightarrow (x - \alpha)(x - \beta) > 0 \Leftrightarrow x < \alpha$ 或 $x > \beta$（設 $\alpha < \beta$）．由圖 8-9 所示，亦可得知，$ax^2 + bx + c \geq 0 \Leftrightarrow x \leq \alpha$ 或 $x \geq \beta$（設 $\alpha < \beta$），又知 $ax^2 + bx + c \leq 0 \Leftrightarrow \alpha \leq x \leq \beta$．

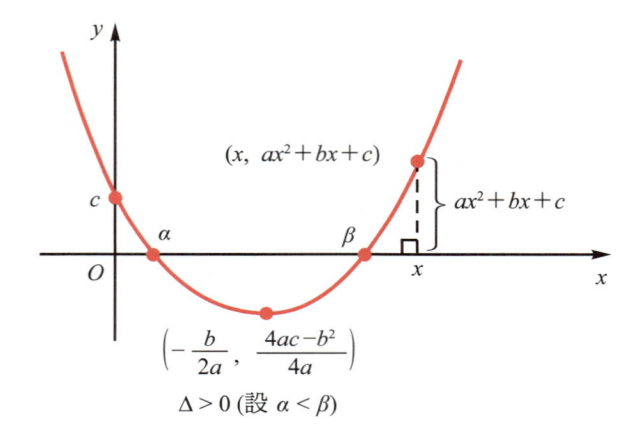

圖 8-9

2. 設 $a > 0$，$\Delta = 0$．$f(x) = ax^2 + bx + c = a(x - \alpha)^2 > 0 \Leftrightarrow (x - \alpha)^2 > 0 \Leftrightarrow x \in \mathbb{R}$ 且 $x \neq \alpha$．由圖 8-10 所示，亦可得知，$ax^2 + bx + c > 0 \Leftrightarrow x \in \mathbb{R}$ 且 $x \neq \alpha$．又，$f(x) = ax^2 + bx + c < 0$ 在 $a > 0$，$\Delta = 0$ 時，可化為

$$f(x) = a\left(x + \frac{b}{2a}\right)^2 < 0 \tag{8-3-2}$$

但當 $a > 0$ 時，$a\left(x + \frac{b}{2a}\right)^2 \geq 0$，因此無法找到實數 x 滿足式 (8-3-2)，故當 $a > 0$，$\Delta = 0$ 時，不等式 $ax^2 + bx + c < 0$ 無解．

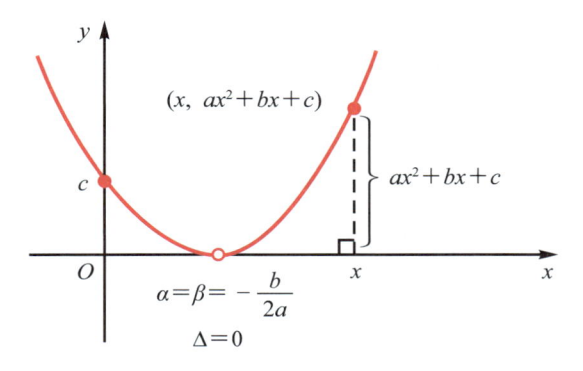

圖 8-10

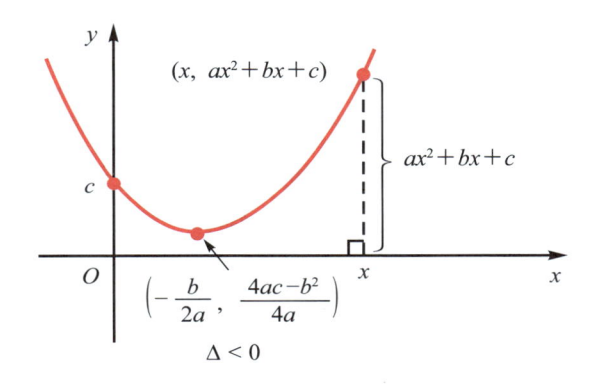

圖 8-11

3. 設 $a>0$, $\Delta<0$. $f(x)=ax^2+bx+c>0$ 可化為

$$f(x)=a\left(x+\frac{b}{2a}\right)^2+\frac{4ac-b^2}{4a} \geq \frac{4ac-b^2}{4a}>0$$

因此，$f(x)=ax^2+bx+c>0 \Leftrightarrow x\in \mathbb{R}$. 由圖 8-11 所示，亦可得知，$ax^2+bx+c>0 \Leftrightarrow x\in \mathbb{R}$.

又，$f(x)=ax^2+bx+c<0$ 可化為

$$f(x)=a\left(x+\frac{b}{2a}\right)^2-\frac{b^2-4ac}{4a}<0 \tag{8-3-3}$$

若 $a>0$, $\Delta<0$，則式 (8-3-3) 不等號的左邊恆大於 0，故找不到實數 x 滿足式 (8-3-3)，此時不等式 $ax^2+bx+c<0$ 無解.

綜合以上所論，二次不等式的解法如下：

設 $a > 0$. 將不等式化為標準式：

$$ax^2 + bx + c > 0 \quad \cdots\cdots ①$$

或

$$ax^2 + bx + c < 0 \quad \cdots\cdots ②$$

1. 若上式可分解因式，則將不等式變為：

$$a(x-\alpha)(x-\beta) > 0 \quad \cdots\cdots ①'$$

或

$$a(x-\alpha)(x-\beta) < 0 \quad \cdots\cdots ②'$$

(此處設 $\alpha < \beta$)

可得 ① 式的解為 $x < \alpha$ 或 $x > \beta$，② 式的解為 $\alpha < x < \beta$.

2. 若上式不會（或不能）分解因式，則當 $\Delta > 0$ 時，先求出 $ax^2 + bx + c = 0$ 的二根 α、β ($\alpha < \beta$)，可得 ① 式的解為 $x < \alpha$ 或 $x > \beta$，② 式的解為 $\alpha < x < \beta$.

例題 3 試解下列各一元二次不等式，並作解集合之圖形.

(1) $x^2 - 5x + 6 \geq 0$ (2) $-2x^2 + 8x - 8 < 0$
(3) $-8 + x - 4x^2 > 0$ (4) $x^2 - x + 1 > 0$

解 (1) $\Delta = b^2 - 4ac = (-5)^2 - 4 \cdot 1 \cdot 6 = 25 - 24 = 1 > 0$

故方程式 $x^2 - 5x + 6 = 0$ 有兩相異實根.

$$x^2 - 5x + 6 \geq 0 \Leftrightarrow (x-2)(x-3) \geq 0 \Leftrightarrow x \leq 2 \text{ 或 } x \geq 3.$$

此不等式的解集合為 $x \in (-\infty, 2] \cup [3, \infty)$，如圖 8-12 所示.

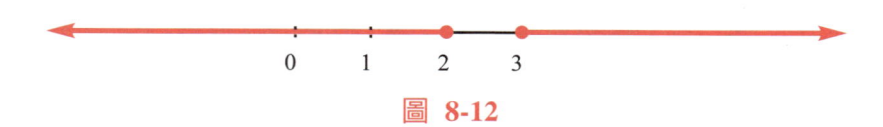

圖 8-12

(2) $-2x^2 + 8x - 8 < 0 \Leftrightarrow x^2 - 4x + 4 > 0 \Leftrightarrow (x-2)^2 > 0 \Leftrightarrow x \in \mathbb{R}, x \neq 2$. 此不等式的解集合為 $\{x \mid x \neq 2\}$，如圖 8-13 所示. (注意：本題 $\Delta = 0$.)

圖 8-13

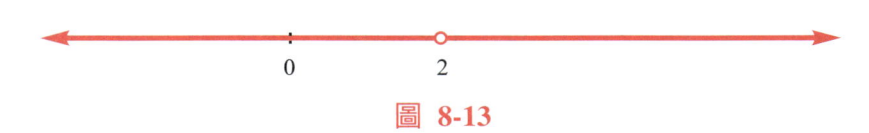

(3) 原式變為 $4x^2-x+8<0$. 因 $4x^2-x+8=4\left(x-\dfrac{1}{8}\right)^2+\dfrac{127}{16}>0$ 恆成立，故 $4x^2-x+8<0$ 無解.

(4) $x^2-x+1=\left(x-\dfrac{1}{2}\right)^2+\dfrac{3}{4}>0$ 恆成立，即 $x^2-x+1>0$ 的解為任意實數.

隨堂練習 7 試解一元二次不等式 $3x^2-10x+3\leq 0$.

答案：$x\in\left[\dfrac{1}{3},\ 3\right]$.

例題 4 試解聯立不等式組 $\begin{cases} x^2+2x-3\leq 0 \\ x^2-x-6\geq 0 \end{cases}$.

解 (1) 先求 $x^2+2x-3\leq 0$ 之解

$$x^2+2x-3\leq 0$$
$$\Rightarrow (x+3)(x-1)\leq 0$$
$$\Rightarrow -3\leq x\leq 1$$

(2) 再求 $x^2-x-6\geq 0$ 之解

$$x^2-x-6\geq 0$$
$$\Rightarrow (x-3)(x+2)\geq 0$$
$$\Rightarrow x\geq 3 \text{ 或 } x\leq -2$$

此聯立不等式組之解應同時滿足 (1) 與 (2)，亦即

$$-3\leq x\leq -2.$$

隨堂練習 8 試解聯立不等式組 $\begin{cases} x^2+2x-3<0 \\ 2x^2-7x-4\geq 0 \end{cases}$.

答案：$x \in \left(-3, -\dfrac{1}{2}\right]$.

例題 5 設 x 的二次方程式 $x^2+2mx+3m^2+2m-4=0$（m 為實數）有兩實數根，求 m 的範圍.

解 原方程式有兩實根 $\Rightarrow \Delta=b^2-4ac=(2m)^2-4\cdot 1\cdot(3m^2+2m-4)\geq 0$
$\Rightarrow m^2+m-2\leq 0 \Rightarrow (m+2)(m-1)\leq 0$

故 $-2\leq m\leq 1$.

例題 6 設決定 k 的值使方程式
$$2x^2+(k-9)x+(k^2+3k+4)=0$$
有 (1) 等根；(2) 相異的實根；(3) 共軛複數根.

解 判別式 $\Delta=(k-9)^2-4\times 2\times(k^2+3k+4)$
$=-7(k-1)(k+7)$

(1) $\Delta=0$，$k=1$ 或 $k=-7$，方程式有兩等根；

(2) $\Delta>0$，即 $-7<k<1$，方程式有兩相異實根；

(3) $\Delta<0$，即 $k<-7$，或 $k>1$，方程式有兩共軛複數根.

習題 8-3

試解下列各一元二次不等式.

1. $x^2+2x+2>0$
2. $x^2+x+1<0$
3. $16x^2-22x-3\leq 0$
4. $x^2+4x+4>0$
5. $(x-1)(x-4)<x-5$
6. $9x^2-12x+4\leq 0$

7. $x^2 - 2x + 5 > 0$

8. $2\sqrt{3}\, x - 3x^2 - 1 < 0$

9. $|x^2 - 3x| > 4$

10. $|x^2 + 2x - 4| \leq 4$

11. $|x^2 - 4| < 3|x|$

12. $x^2 + x \geq |3x + 3|$

13. $|x^2 - x - 2| > x + 1$

14. $3 - 2x < x^2 < 2x + 3$

15. 設 x、$x^2 - 1$、$2x + 1$ 表三角形的三邊長，求 x 的範圍.

16. 設某三角形的三邊長為 15、19、23，若每邊均減少 x 後，使三角形變成鈍角三角形，求 x 的範圍. (提示：鈍角三角形的特性為：(最大邊的平方) > (其他兩邊的平方和).)

17. 已知 $x \in \mathbb{R}$，求 $\dfrac{x^2 + 2x + 5}{x^2 + 4x + 5}$ 的最大值及最小值.

18. 試求對數函數 $f(x) = \log_5 \dfrac{2x^2 - x + 2}{x^2 + x + 1}$，$x \in \mathbb{R}$ 之值域.

19. 試解：$\log(6x - x^2) \leq 1 + \log(5 - x)$.

20. 設二次方程式 $ax^2 + (a - 3)x + a = 0$ 有實根，試求實數 a 的範圍.

21. 試就 $k \neq -3$，$(k + 3)x^2 - 4kx + 2k - 1 = 0$ 中 k 的值，討論二根為實數或複數.

8-4 二元一次不等式

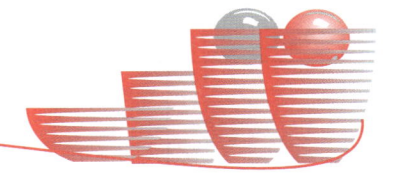

設 a、b、$c \in \mathbb{R}$，且 $a^2 + b^2 \neq 0$，則型如下列的不等式，稱為二元一次不等式.

$$\begin{aligned} ax + by + c &> 0 \\ ax + by + c &< 0 \\ ax + by + c &\geq 0 \\ ax + by + c &\leq 0 \end{aligned} \qquad (8\text{-}4\text{-}1)$$

求式 (8-4-1) 的解以圖解方式為宜. 就 xy-平面上的點 (x_0, y_0)，若以 $x = x_0$ 及

$y=y_0$ 代入式 (8-4-1) 能使不等式 (8-4-1) 成立，則稱點 (x_0, y_0) 為式 (8-4-1) 的解．所有滿足式 (8-4-1) 的解所成的集合稱為不等式 (8-4-1) 的解集合．

在 xy-平面上，直線 L 的方程式為 $ax+by+c=0$，它將坐標平面分割成三部分：

$$\Gamma_+ = \{(x, y) \mid ax+by+c > 0\}$$
$$\Gamma_- = \{(x, y) \mid ax+by+c < 0\}$$
$$L = \{(x, y) \mid ax+by+c = 0\}.$$

茲將它們圖形的位置，詳述如下：

1. 當 $b>0$ 時，$L: y=-\dfrac{a}{b}x-\dfrac{c}{b}$，此時不等式 $ax+by+c>0$ 或 $y>-\dfrac{a}{b}x-\dfrac{c}{b}$ 的圖形表示 L 的上側部分．同理，當 $b>0$，則 $ax+by+c<0$ 或 $y<-\dfrac{a}{b}x-\dfrac{c}{b}$ 表示 L 的下側部分．如圖 8-14 所示．

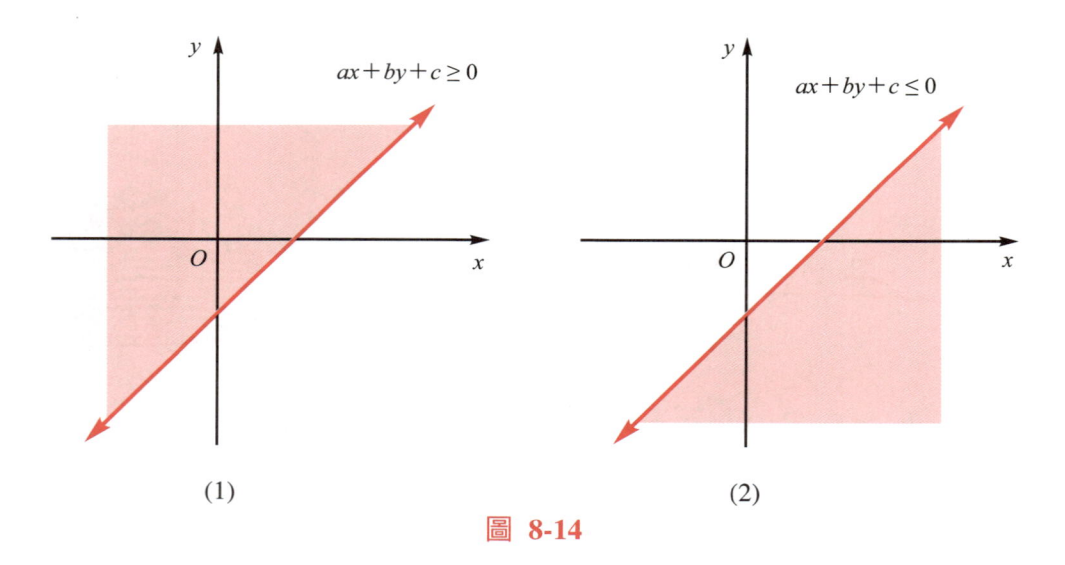

(1)　　　　　　　　　　(2)

圖 8-14

2. 當 $b=0$ 時，$L: x=-\dfrac{c}{a}$ $(a \neq 0)$，此時不等式 $x>-\dfrac{c}{a}$ 與 $x<-\dfrac{c}{a}$ 的圖形分別表示 L 的右方部分與左方部分．如圖 8-15 所示．

第八章 不等式 287

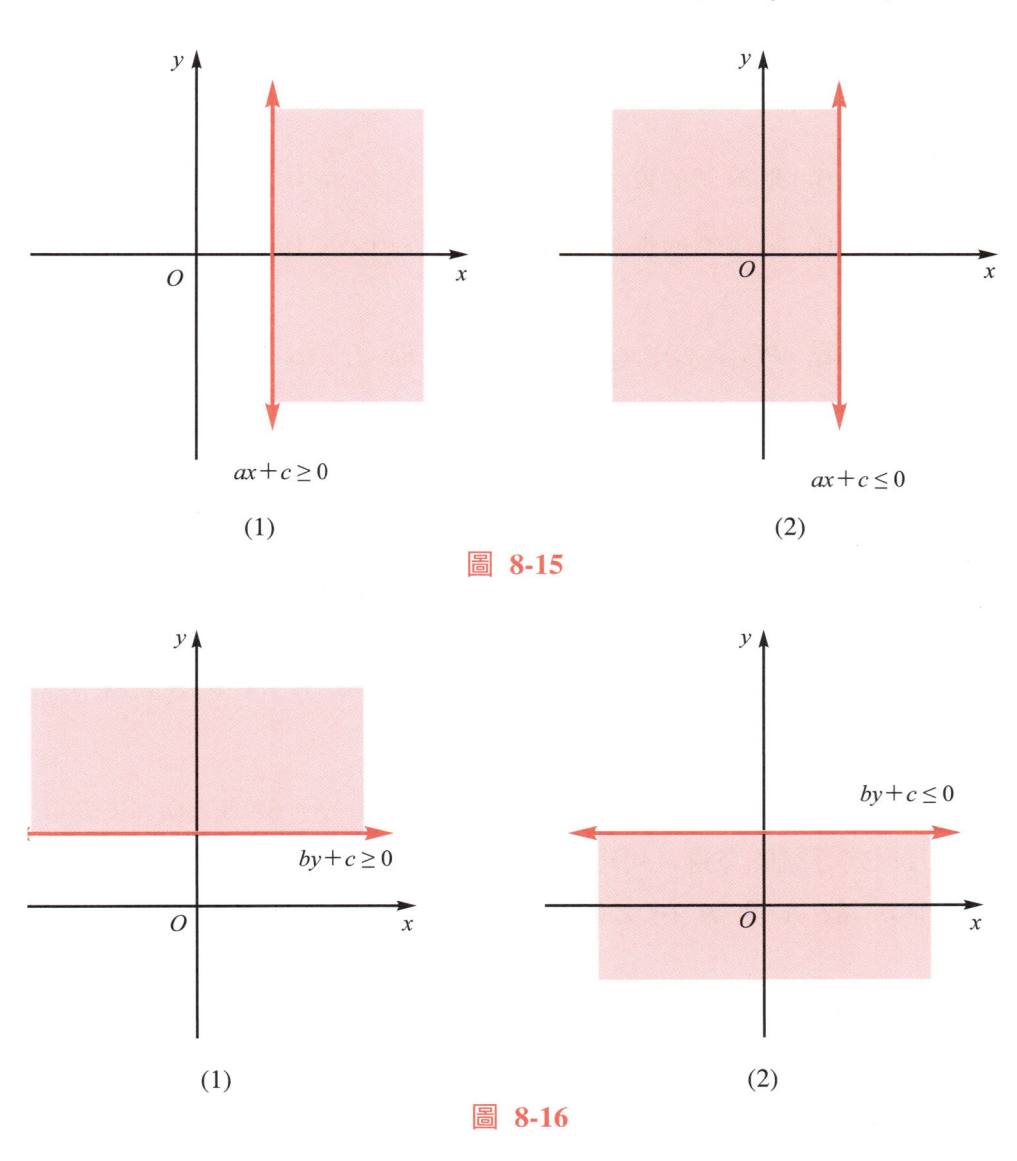

(1) $ax+c \geq 0$　　(2) $ax+c \leq 0$

圖 8-15

(1) $by+c \geq 0$　　(2) $by+c \leq 0$

圖 8-16

3. 當 $a=0$ 時，$L: y = -\dfrac{c}{b}$ ($b \neq 0$)，此時不等式 $y > -\dfrac{c}{b}$ 與 $y < -\dfrac{c}{b}$ 的圖形分別表示 L 的上方部分與下方部分．如圖 8-16 所示．

註：當不等式為 $\geq$ 或 $\leq$ 型時，其圖形為半平面且包含直線 $ax+by+c=0$；若不等式為 >0 或 <0 型時，其圖形為一半平面但不含直線 $ax+by+c=0$（此時將直線繪成虛線，表示不等式的圖形不含此直線）．

欲判斷不等式 $ax+by+c>0$ 或 $ax+by+c<0$ 所表示的區域是在直線

$ax+by+c=0$ 的哪一側，通常可用某一側的一固定點的坐標代入 $ax+by+c$：

1. 若其值大於 0，則該側的區域就是由 $ax+by+c>0$ 所確定．
2. 若其值小於 0，則該側的區域就是由 $ax+by+c<0$ 所確定．

如果已知兩點 $P(x_1, y_1)$、$Q(x_2, y_2)$ 及直線 $L：ax+by+c=0$，我們可有下列的性質：

1. P 與 Q 在 L 的反側 $\Leftrightarrow (ax_1+by_1+c)(ax_2+by_2+c)<0$．
2. P 與 Q 在 L 的同側 $\Leftrightarrow (ax_1+by_1+c)(ax_2+by_2+c)>0$．

例題 1 已知兩點 $A(2, 5)$ 與 $B(4, -1)$．試判斷 A 與 B 在直線 $L：2x-y+6=0$ 的同側或反側？

解 以 $A(2, 5)$ 代入方程式等號的左邊，可得 $4-5+6=5>0$．以 $B(4, -1)$ 代入方程式等號的左邊，可得 $8+1+6=15>0$．A、B 的坐標均使 $2x-y+6>0$，故 A 與 B 在 L 的同側．

例題 2 圖示下列各不等式的解．

(1) $3x-2y+12<0$，(2) $3x+y-5 \geq 0$．

解 (1) 作直線 $3x-2y+12=0$（以虛線表示）．以原點 $(0, 0)$ 代入 $3x-2y+12$，可得 $0-0+12>0$，故原點不在 $3x-2y+12<0$ 所表示的區域內．如圖 8-17 所示．

(2) 作直線 $3x+y-5=0$（以實線表示）．以原點 $(0, 0)$ 代入 $3x+y-5$，可得 $0+0-5<0$，故原點不在 $3x+y-5 \geq 0$ 所表示的區域內．如圖 8-18 所示．

隨堂練習 9 圖示二元一次不等式 $4x+5y \geq -20$ 之解．

第八章　不等式　289

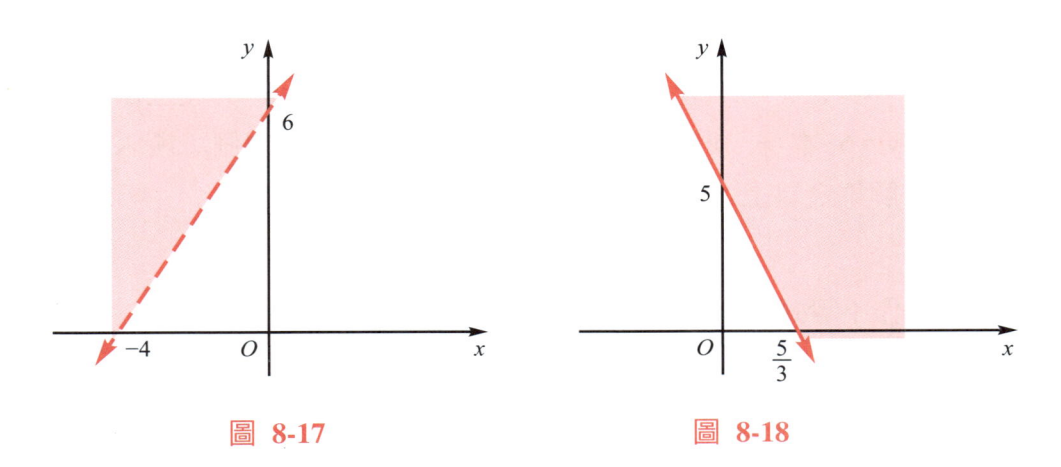

圖 8-17　　　　　圖 8-18

對於聯立不等式而言，其解集合為各個不等式之解集合的交集，見下面例子．

例題 3　圖示下列各聯立不等式的解．

(1) $\begin{cases} x-3y-9 < 0 \\ 2x+3y-6 > 0 \end{cases}$ 　　(2) $\begin{cases} -2x+y \geq 2 \\ x-3y \leq 6 \\ x < 1 \end{cases}$

解　(1) 不等式 $x-3y-9 < 0$ 的解為直線 $x-3y-9=0$ 的左上側，不等式 $2x+3y-6 > 0$ 的解為直線 $2x+3y-6=0$ 的右上側，而兩者的共同部分，就是原聯立不等式的解，如圖 8-19 所示．

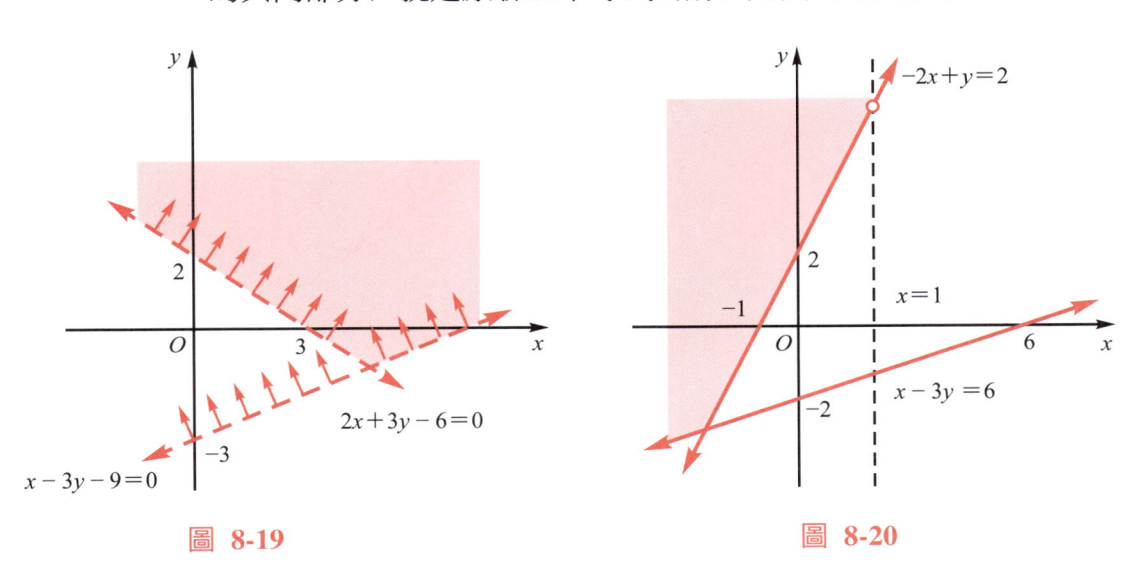

圖 8-19　　　　　圖 8-20

(2) $-2x+y \geq 2$ 的解集合為直線 $-2x+y=2$ 的左上側加上直線 $-2x+y=2$ 本身．$x-3y \leq 6$ 的解集合為直線 $x-3y=6$ 的左上側加上直線 $x-3y=6$ 本身．$x<1$ 的解集合為直線 $x=1$ 的左側．所求聯立不等式的解集合為上述三個解集合的交集，如圖 8-20 所示．

例題 4 作不等式組

$$\begin{cases} 2x+y-2<0 \\ x-y>0 \\ 2x+3y+9>0 \end{cases}$$

的圖形．

解 $2x+y-2<0$ 的解集合為 $2x+y-2=0$ 的左下側部分，$x-y>0$ 的解集合為 $x-y=0$ 的右下側部分，$2x+3y+9>0$ 的解集合為 $2x+3y+9=0$ 的右上側部分，所以，有顏色部分的圖形即為所求，如圖 8-21 所示．

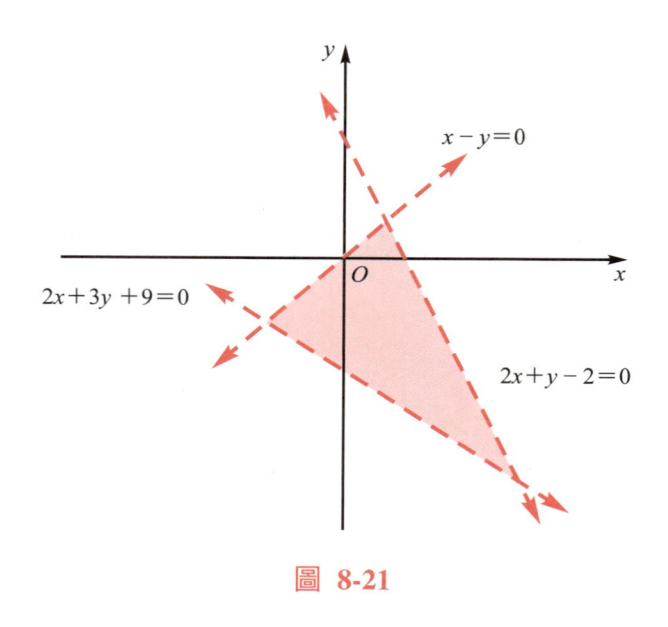

圖 8-21

隨堂練習 10 作不等式組 $\begin{cases} 4x-3y \geq 6 \\ x+y \geq 1 \\ 0 \leq x \leq 3 \\ 0 \leq y \leq 2 \end{cases}$ 的圖形.

習題 8-4

1. 已知兩點 $A(-5, 3)$ 與 $B(2, -1)$，試判斷 A 與 B 在直線 $x+3y-1=0$ 的同側或反側？

圖示下列各不等式的解．

2. $2x+3y-6 < 0$
3. $5x+y \geq 1$
4. $-x+3y+3 \leq 0$

作下列各不等式的圖形．

5. $|2x+3y| \leq 6$
6. $|x-2y+1| \geq 2$
7. $(2x-y+1)(x+2y-3) \leq 0$
8. $(x-2)(x+y-3) > 0$

圖示下列各聯立不等式的解．

9. $\begin{cases} x+y+1 \geq 0 \\ -x+3y+3 \leq 0 \end{cases}$
10. $\begin{cases} x+y \leq 5 \\ x-2y \geq 3 \end{cases}$
11. $\begin{cases} -2x+y \geq 2 \\ x-3y \leq 6 \\ x < -1 \end{cases}$
12. $\begin{cases} x-y < 3 \\ x+2y < 0 \\ 2x+y > -6 \end{cases}$
13. $\begin{cases} x-2y+1 \leq 0 \\ x+y-5 \leq 0 \\ 2x-y-1 \geq 0 \end{cases}$
14. $\begin{cases} x-y \geq 1 \\ x+y \leq 5 \\ x \leq 4 \\ y \geq 0 \end{cases}$

15. 試作不等式 $|x+y| \geq |2x-y+1|$ 的圖形.

8-5 二元線性規劃

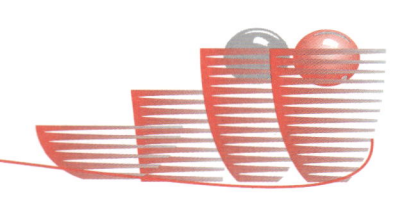

　　當我們在做決策時，經常要在有限的資源，如人力、物力及財力等的條件下，做出最適當的決定，以使所做的決策能獲得最佳的利用．譬如，在工廠的生產決策中，我們希望能獲得最大利潤或花費最小成本．線性規劃就是利用數學方法解決此種決策問題的一種簡單而又挺好的工具．所以，線性規劃是一種計量的決策工具，主要是用於研究經濟資源的分配問題，藉以決定如何將有限的經濟資源作最有效的調配與運用，以求發揮資源的最高效能，俾能以最低的代價，獲取最高的效益．因此，如何將一個決策問題轉換成線性規劃問題，以及如何求解線性規劃問題將是一個非常重要的工作．

　　許多線性規劃問題皆與二元一次聯立不等式有關，而聯立不等式的解答往往相當的多．在 xy-平面上，由某些直線所圍成區域內的每一點 (x, y) 若適合題意，則稱為該問題的可行解，而該區域稱為該問題的可行解區域．

　　對於一個線性規劃問題，我們如何將該問題用數學式子來表示呢？先看看下面的例子．

　　某製帽公司擬推出甲、乙二款男士帽子，其可用資源之資料及每種產品每頂帽子所需消耗之機器時間如下表：

機器類別	每頂產品所需耗用之機器小時數		可用機器時數 （時／月）
	產品甲	產品乙	
機器 A	2	4	100
機器 B	5	3	215

　　若已知甲、乙產品每頂帽子的利潤分別為 100 元、150 元，試求各產品每月應各生產多少數量？公司可獲得最大利潤．

　　設 x, y 分別代表產品甲、乙每月之生產量．對機器 A 而言，其限制式應為：
$$2x+4y \leq 100 \tag{8-5-1}$$

對機器 B 而言，其限制式應為：
$$5x+3y \leq 215 \tag{8-5-2}$$

又因產量無負值，故
$$x, y \geq 0, \; x、y \text{ 是整數} \tag{8-5-3}$$

而我們的目的乃在上面之限制條件下，求利潤 $z=100x+150y$ 的最大值.

這是一個典型二元線性規劃的例子，其中式 (8-5-1)，(8-5-2) 稱為**限制條件**，式 (8-5-3) 稱為**非負條件**，而 z 稱為**目標函數**。滿足限制條件與非負條件的所有點所成的集合，稱為**可行解區域**。由此一例子得知，二元線性規劃問題，其解法如下：

1. 依題意列出限制式及目標函數.
2. 根據限制式畫出限制區域 (稱為**可行解區域**).
3. 找出滿足目標函數的最適當解 (稱為**最佳解**).

今舉實例說明如下.

例題 1 設 $x \geq 0, y \geq 0, 2x+y \leq 8, 2x+3y \leq 12$，求 $x+y$ 的最大值.

解 原不等式組的可行解區域 (有顏色區域部分) 如圖 8-22 所示. 設 $x+y=k$，則直線 $x+y=k$ 與 $x+y=0$ 平行. 當 x-截距愈大時，k 值愈大，而由圖可知，直線 $x+y=k$ 通過點 $(3, 2)$ 時，x-截距最大，故 $x=3, y=2$ 時，k 有最大值，因而 $k=3+2=5$.

例題 2 某農民有田 40 畝，欲種甲、乙兩種作物，甲作物的成本每畝需 500 元，乙作物的成本每畝需 2000 元，收成後，甲作物每畝獲利 2000 元，乙作物每畝獲利 6000 元，若該農民有資本 50000 元，試問甲、乙兩種作物各種幾畝，才可獲得最大利潤？

圖 8-22

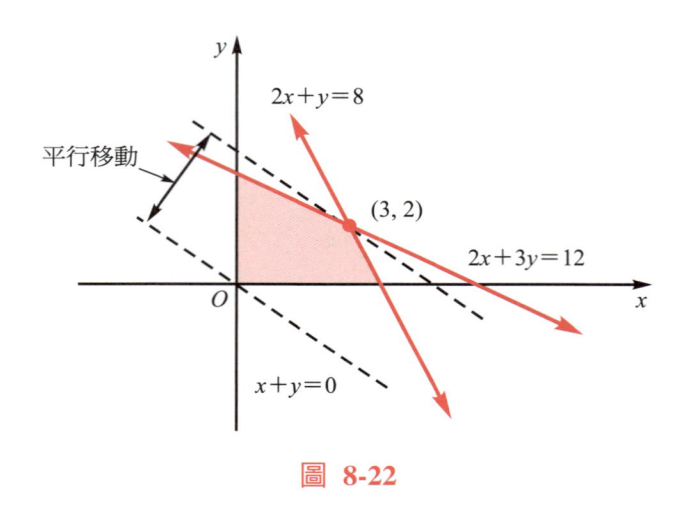

解 設甲作物種 x 畝，乙作物種 y 畝，則

$$\begin{cases} x+y \leq 40 \\ 500x+2000y \leq 50000 \\ x \geq 0, \ y \geq 0 \end{cases}$$

即

$$\begin{cases} x+y \leq 40 \\ x+4y \leq 100 \\ x \geq 0, \ y \geq 0 \end{cases}$$

目標函數（最大利潤）為 $P=2000x+6000y=k$.

直線 $2000x+6000y=k$ 與直線 $x+3y=0$ 平行．在斜線區域（可行解區域）內，將直線 $2000x+6000y=k$ 向右平行移動，x-截距愈大時，k 值愈大．由圖 8-23 可知，當直線 $2000x+6000y=k$ 通過點 (20, 20) 時，x-截距最大，故 k 有最大值．因此，甲、乙兩種作物各種 20 畝，可得最大利潤．

由上面的例題，我們得知求二元線性規劃問題的解時，最佳解均發生在可行解區域的頂點，下面的定理可以告訴我們求最佳解的另一方法．

圖 8-23

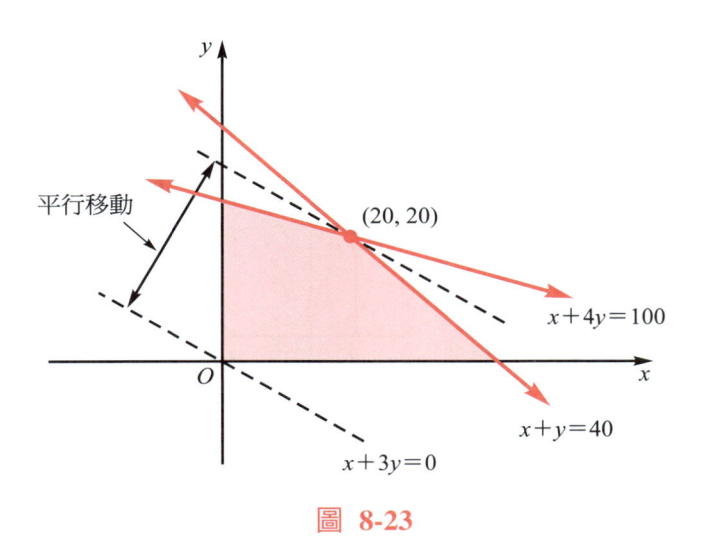

定理 8-1

設 A 與 B 為 xy-平面上相異兩點，若線性函數 $ax+by+c$ 在 $\overline{AB}$ 上取值，則其最大值及最小值必定發生在 $\overline{AB}$ 的端點 A、B.

定理 8-2

設 S 為一凸多邊形區域，若線性函數 $ax+by+c$ 在 S 上取值，則其最大值及最小值必定發生在 S 的頂點.

證：因 S 為凸多邊形區域，故對於 S 中任一點 P 而言，通過 P 的直線必定與 S 相交於邊上兩點 A、B. 如圖 8-24 所示. 依定理 8-1 知，線性函數 $ax+by+c$ 在 AB 上取值時，其最大值及最小值必定發生在 A、B 上. 但對於 A、B 所在的邊 $\overline{A_iA_{i+1}}$ 及 $\overline{A_kA_{k+1}}$ 而言，A、B 不會是發生最大值及最小值的點，除非 A、B 本身是頂點或最大值及最小值發生在 S 的整個邊 $\overline{A_iA_{i+1}}$ 及 $\overline{A_kA_{k+1}}$ 上. 所以，最大值及最小值必定發生在頂點.

圖 8-24

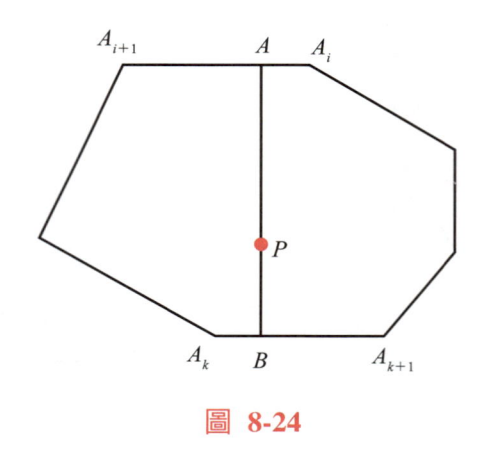

故由定理 8-2 知，最佳解發生在頂點，故將可行解區域的頂點代入目標函數比較結果，就可得到最佳解．

註：若將一多邊形的任一邊延長為直線，除了此邊上兩頂點外，其他頂點均在此直線的同側，則稱該多邊形為凸多邊形．

例題 3 在 $x \geq 0$, $y \geq 0$, $x+2y-2 \leq 0$, $2x+y-2 \leq 0$ 的條件下，求
(1) $5x+y$ 的最大值與最小值．
(2) $x+5y$ 的最大值與最小值．
(3) x^2+y^2 的最大值與最小值．

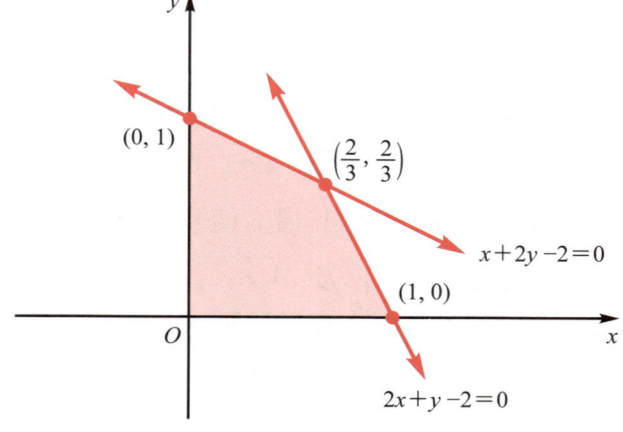

解 可行解區域 $x \geq 0$, $y \geq 0$, $x+2y-2 \leq 0$, $2x+y-2 \leq 0$ 的圖形如圖 8-25 所示．

圖 8-25

(1)

(x, y)	$5x+y$
$(0, 0)$	0	← 最小
$(1, 0)$	5	← 最大
$\left(\dfrac{2}{3}, \dfrac{2}{3}\right)$	4
$(0, 1)$	1

故 $5x+y$ 的最大值為 5，最小值為 0．

(2)

(x, y)	$x+5y$
$(0, 0)$	0	← 最小
$(1, 0)$	0
$\left(\dfrac{2}{3}, \dfrac{2}{3}\right)$	4
$(0, 1)$	5	← 最大

故 $x+5y$ 的最大值為 5，最小值為 0．

(3) 對於可行解區域內的任一點 $P(x, y)$，可得 $\overline{OP}^2=x^2+y^2$，所以欲求 x^2+y^2 的最大值與最小值，就是相當於求 $\overline{OP}$ 的最大值與最小值．今以原點 O 為圓心，當半徑漸漸增加時，可發現圓弧通過點 $(1, 0)$，$\left(\dfrac{2}{3}, \dfrac{2}{3}\right)$ 或 $(0, 1)$ 時，$\overline{OP}$ 的值會最大．

在 $(x, y)=(0, 0)$ 時，$\overline{OP}$ 為最小，即 x^2+y^2 有最小值 0；

在 $(x, y)=(0, 1)$ 或 $(1, 0)$ 時，$\overline{OP}$ 為最大，即 x^2+y^2 有最大值 1．

隨堂練習 11 在 $2x-3y+4 \geq 0$，$3x+4y-11 \geq 0$，$5x+y-24 \leq 0$ 的條件下，求

(1) $\dfrac{y}{x}$ 的最大值與最小值， (2) $\dfrac{x+1}{y+2}$ 的最大值與最小值．

答案：(1) 最大值為 2，最小值為 $-\dfrac{1}{5}$，

(2) 最大值為 6，最小值為 $\dfrac{1}{2}$．

隨堂練習 12　利用圖解法求下列線性規劃問題的最大值及最佳解．

目標函數：$f(x, y) = 2x + 3y$

受限制條件：$\begin{cases} 2x + 2y \leq 8 \\ x + 2y \leq 5 \\ x \geq 0 \\ 0 \leq y \leq 2 \end{cases}$

答案：目標函數之最大值為 9，最佳解為 (3, 1)．

例題 4　某工廠生產甲、乙兩種產品，已知甲產品每噸需用 9 噸的煤，4 瓩的電，3 個工作日（一個工人工作一天等於 1 個工作日）；乙產品每噸需用 4 噸的煤，5 瓩的電，10 個工作日．又知甲產品每噸可獲利 7 萬元，乙產品每噸可獲利 12 萬元，且每天供煤最多 360 噸，用電最多 200 瓩，勞動人數最多 300 人．試問每天生產甲、乙兩種產品各多少噸，才能獲利最高？又最大利潤是多少？

解

	煤	電	工作日	利潤
甲	9 噸	4 瓩	3 個	7 萬元
乙	4 噸	5 瓩	10 個	12 萬元
限制	360 噸	200 瓩	300 個	

設每天生產甲產品 x 噸，乙產品 y 噸，則

$$\begin{cases} 9x + 4y \leq 360 \\ 4x + 5y \leq 200 \\ 3x + 10y \leq 300 \\ x \geq 0, \ y \geq 0 \end{cases}$$

圖 8-26

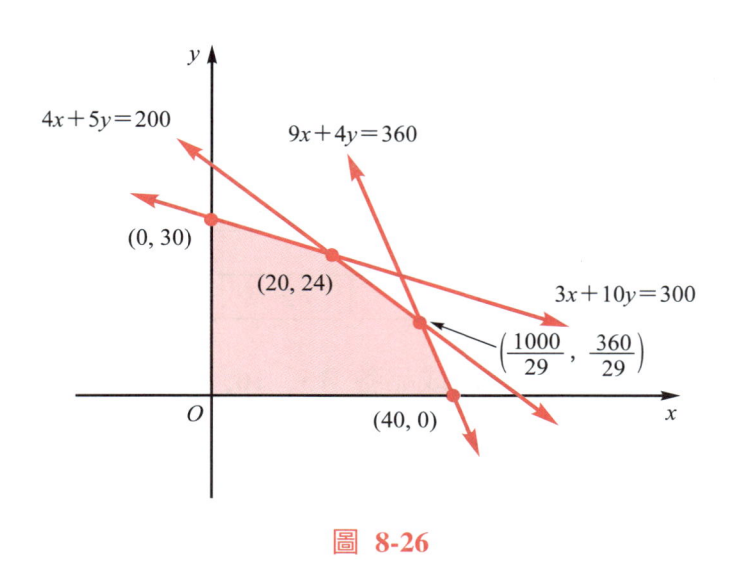

利潤為 $(7x+12y)$ 萬元．

可行解區域如圖 8-26 所示．

(x, y)	$7x+12y$
$(0, 0)$	0
$(40, 0)$	280
$\left(\dfrac{1000}{29}, \dfrac{360}{29}\right)$	$\dfrac{11320}{29}$
$(20, 24)$	428 ← 最大
$(0, 30)$	360

故每天生產甲產品 20 噸，乙產品 24 噸，可獲最大利潤 428 萬元．

我們知道求此類二元線性規劃問題的解時，可先畫出其可行解區域，然後由可行解區域的頂點所對應之目標函數值的大小，找到最佳解．在比較可行解區域的頂點所對應的目標函數值去找最佳解時，要注意有時符合題意的解僅限於可行解區域內的格子點 (即，可行解的 x 與 y 值必須是整數)．此時，如果有的頂點並非格子點，則它就不符合題意，不是我們所要找的解．今舉兩例說明其解法．

例題 5 欲將兩種大小不同的鋼板，截成甲、乙、丙三種規格，各種鋼板可截得這三種規格的件數如下表所示：

	甲規格	乙規格	丙規格
第一種鋼板	2	1	1
第二種鋼板	1	2	3

若欲得甲、乙、丙三種規格的成品各 15、16、27 件，試問這兩種鋼板各多少片，可使需用到的鋼板總數最少？

解 設第一種鋼板用 x 片，第二種鋼板用 y 片，則

$$\begin{cases} 2x+y \geq 15 \\ x+2y \geq 16 \\ x+3y \geq 27 \\ x \geq 0, \ y \geq 0 \end{cases}$$

鋼板總數：$k = x+y$．

如圖 8-27，在點 $\left(\dfrac{18}{5}, \dfrac{39}{5}\right)$ 斜線附近的點代入 $k = x+y$．

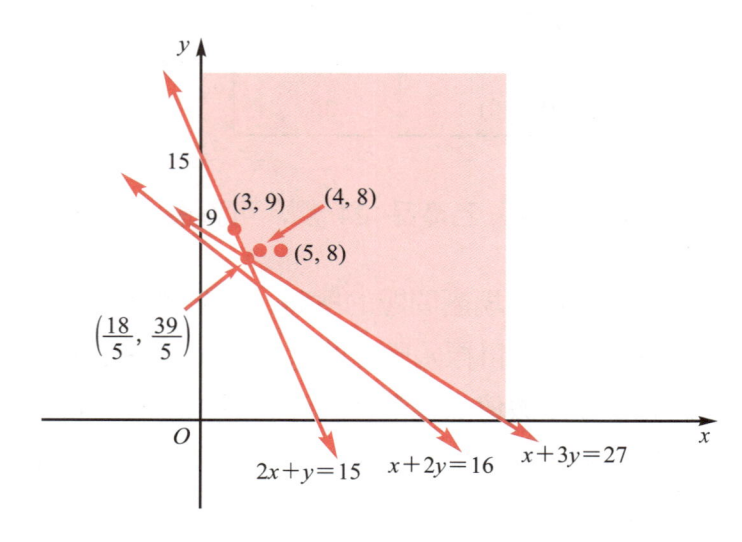

圖 8-27

(x, y)	$k=x+y$
(3, 9)	12
(4, 8)	12
(5, 8)	13

故第一種、第二種鋼板分別用 3 片及 9 片，或 4 片及 8 片，可使鋼板總片數最少為 12.

例題 6 甲種維他命丸每粒含 5 個單位維他命 A、9 個單位維他命 B，乙種維他命丸每粒含 6 個單位維他命 A、4 個單位維他命 B．假設每人每天最少需要 29 個單位維他命 A 及 35 個單位維他命 B，又已知甲種維他命丸每粒 5 元，乙種維他命丸每粒 4 元，則每天吃這兩種維他命丸各多少粒，才能使消費最少且能從其中攝取足夠的維他命 A 及 B？

解

	甲 種 維他命丸	乙 種 維他命丸	每人每天 最少需要量
維他命 A	5 單位	6 單位	29 單位
維他命 B	9 單位	4 單位	35 單位
價　格	5 元	4 元	

設每天吃甲種維他命丸 x 粒，乙種維他命丸 y 粒，則

$$\begin{cases} 5x+6y \geq 29 \\ 9x+4y \geq 35 \\ x \geq 0, \ y \geq 0 \\ x、y \text{ 是整數} \end{cases}$$

可行解區域如圖 8-28 所示，

圖 8-28

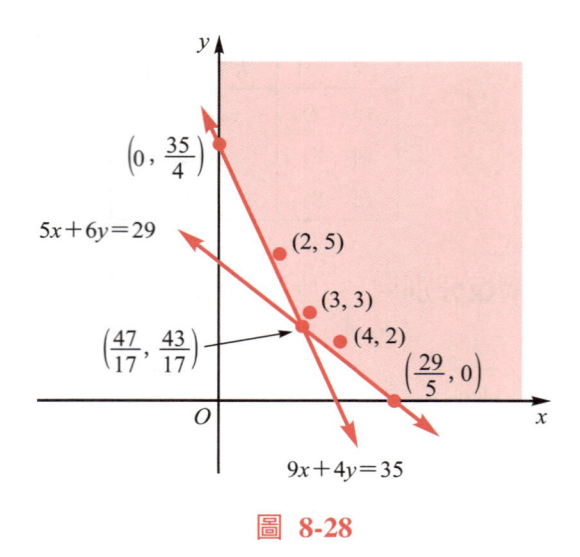

消費為 $P = 5x + 4y$ (元)

(x, y)	$5x + 4y$
$\left(\dfrac{29}{5}, 0\right)$	29
$\left(\dfrac{47}{17}, \dfrac{43}{17}\right)$	$\dfrac{407}{17} \approx 24$
$\left(0, \dfrac{35}{4}\right)$	35

因 x、y 必須是整數，故考慮點 $\left(\dfrac{47}{17}, \dfrac{43}{17}\right)$ 鄰近點 $(3, 3)$、$(4, 2)$ 及 $(2, 5)$.

(x, y)	$5x + 4y$	
$(3, 3)$	27	← 最小
$(4, 2)$	28	
$(2, 5)$	30	

故每天吃甲種維他命丸 3 粒，乙種維他命丸 3 粒，才能使消費最少且能從其中攝取足夠的維他命 A 及 B.

隨堂練習 13 已知 A、B 兩種藥丸，A 丸每粒 20 元，含 α 成分 5 毫克，β 成分 2 毫克；B 丸每粒 15 元，含 α 成分 3 毫克，β 成分 3 毫克．今某人至少需服用 α 成分 20 毫克，β 成分 10 毫克，試問 A、B 兩種藥丸各服多少粒，費用才最經濟？

答案：A 丸服 3 粒，B 丸服 2 粒，費用最經濟．

習題 8-5

1. 設 $y \geq 2x$，$y \leq 3x$，$x+y \leq 5$，求 $3x+2y$ 的最大值．
2. 設 $x \geq 0$，$y \geq 0$，$2x+y \leq 12$，$x+2y \leq 12$，求 $3x+4y$ 的最大值與最小值．
3. 在 $4x-y-7 \leq 0$，$3x-4y+11 \geq 0$，$x+3y-5 \geq 0$ 的條件下，求 $2x-3y$ 的最大值與最小值．
4. 在 $y \geq |x-2|$，$x-3y+6 \geq 0$ 的條件下，求下列的最大值與最小值．
   (1) $y+3$ (2) $x+2y$
5. 某工廠用 P、Q 兩種原料生產 A、B 兩種產品，生產 A 產品 1 噸，需 P 原料 2 噸，Q 原料 4 噸；而生產 B 產品 1 噸，需 P 原料 6 噸，Q 原料 2 噸．該工廠每月的原料分配為 P 原料 200 噸，Q 原料 100 噸，而 A 產品每噸可獲利 30 萬元，B 產品每噸可獲利 20 萬元．試問工廠每月生產 A、B 產品各幾噸，可得最大利潤？又最大利潤為多少？
6. 甲食品含蛋白質 6%、脂肪 4% 及碳水化合物 45%；乙食品含蛋白質 18%、脂肪 8% 及碳水化合物 9%。甲食品每 100 克是 12 元，乙食品每 100 克是 20 元，若某人一天最少需要蛋白質 90 克，脂肪 48 克及碳水化合物 216 克，試問他必須購買甲、乙食品各多少克才有足夠的需要量且又最省錢？一天至少要花多少錢？
7. 某農夫有一塊菜圃，最少須施氮肥 5 公斤，磷肥 4 公斤及鉀肥 7 公斤．已知農會出售甲、乙兩種肥料，甲種肥料每公斤 10 元，其中含氮 20%、磷 10%、鉀 20%；乙種肥料每公斤 14 元，其中含氮 10%、磷 20%、鉀 20%．試問他向農會購買甲、乙兩種肥料各多少公斤加以混合施肥，才能使花費最少而又有足量的氮、磷及鉀肥？

8. 在 $4x-y-7 \leq 0$, $3x-4y+11 \geq 0$, $x+3y-5 \geq 0$ 的條件下，求

   (1) x^2+y^2 的最大值與最小值．

   (2) $(x-1)^2+(y-4)^2$ 的最大值與最小值．

   (3) $\dfrac{x}{y}$ 的最大值與最小值．

9. 在 $|x|+|y| \leq 1$ 的條件下，求下列的最大值與最小值．

   (1) $y-2x$　　　　　　　　(2) xy

10. 在 $x \geq 0$, $y \geq 0$, $3x+2y-12 \leq 0$, $x+y-2 \geq 0$ 的條件下，求下列的最大值與最小值．

    (1) x^2+y^2　　　　　　　　(2) $\dfrac{y+2}{2x+1}$

11. 某家貨運公司有載重 4 噸的 A 型貨車 7 輛，載重 5 噸的 B 型貨車 4 輛，及 9 名司機，今受託每天至少要運送 30 噸的煤，試問這家公司有多少種調度車輛的方法？又設 A 型貨車開一趟需要費用 500 元，B 型貨車需要費用 800 元，則怎樣才能最節省？

12. 某商人有 A、B 兩倉庫，各有存量 40 單位與 50 單位，今同時從甲、乙兩地接到訂單，甲地需 30 單位，乙地需 40 單位．已知每單位的運費如下：

	甲地	乙地
A 倉庫	10 元	12 元
B 倉庫	14 元	15 元

試求最低運費．

13. 欲在面積為 72000 平方公尺的建築用地上，以不超過 6900 萬元的費用建甲、乙兩種國宅．甲種國宅每戶 160 平方公尺，造價 24 萬元；乙種國宅每戶 240 平方公尺，造價 15 萬元．試問甲、乙國宅各建幾戶時，總戶數為最多？

14. 已知 A、B 兩種藥丸，A 丸每粒 20 元，含 α 成分 5 毫克，β 成分 2

毫克，B 丸每粒 15 元，含 α 成分 3 毫克，β 成分 3 毫克．今某人至少需服用 α 成分 20 毫克，β 成分 10 毫克，試問 A、B 兩種藥丸各服多少粒，費用才最經濟？

306 數學

9

圓

- ❀ 圓的方程式
- ❀ 圓與直線

9-1 圓的方程式

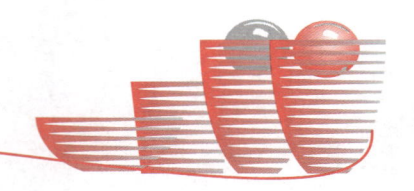

在坐標平面上，與一定點等距離的所有點所成的圖形稱為圓，此定點稱為圓心，圓心與圓上各點的距離稱為半徑.

假設圓心之坐標為 $C(h, k)$，半徑為 r，則圓上任一點 $P(x, y)$ 至圓心 C 之距離為 $\sqrt{(x-h)^2+(y-k)^2}$，即，點 P 在圓上之充要條件為

$$\sqrt{(x-h)^2+(y-k)^2}=r$$

亦即

$$(x-h)^2+(y-k)^2=r^2$$

故圓心為 $C(h, k)$ 且半徑為 r 的圓方程式為

$$(x-h)^2+(y-k)^2=r^2 \tag{9-1-1}$$

如圖 9-1 所示.

若令 $h=0$，$k=0$，則上式可化為

$$x^2+y^2=r^2$$

故圓心為原點且半徑為 r 的圓方程式為

$$x^2+y^2=r^2 \tag{9-1-2}$$

圖 9-1

式 (9-1-1) 與 (9-1-2) 皆稱為圓的標準式.

例題 1 已知一圓之圓心為 $(-1, -2)$，半徑為 $\sqrt{5}$，試求此圓的方程式並作其圖形.

解 利用式 (9-1-1)，可知此圓之方程式為

$$(x+1)^2 + (y+2)^2 = (\sqrt{5})^2$$

展開成

$$x^2 + y^2 + 2x + 4y = 0$$

若 $x=0$、$y=0$，則 $x^2+y^2+2x+4y=0$，故知此圓必通過原點，其圖形如圖 9-2 所示.

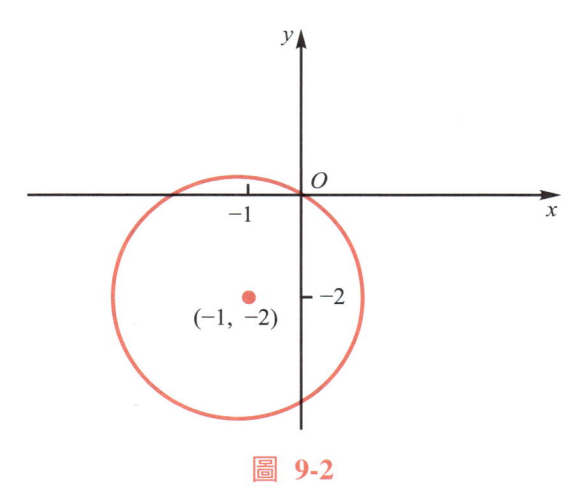

圖 9-2

例題 2 求方程式 $x^2+y^2-2x+2y-14=0$ 的圖形.

解 由原方程式得

$$(x-1)^2 + (y+1)^2 = 16$$

知其圖形是以 $(1, -1)$ 為圓心，4 為半徑的圓.

隨堂練習 1 試求以點 $(2, -1)$ 為圓心，半徑為 3 之圓的方程式.

答案：$x^2+y^2-4x+2y=4$.

隨堂練習 2 試求以 (2, 2) 為圓心，通過點 (4, 6) 之圓的方程式.

答案：$x^2+y^2-4x-4y=12$.

例題 3 試求圓 $x^2+y^2-2x-4y-13=0$ 的圓心與半徑.

解 因 $x^2+y^2-2x-4y-13 = x^2-2x+1+y^2-4y+4-18$
$= (x-1)^2+(y-2)^2-18 = 0$

故原式可改寫成

$$(x-1)^2+(y-2)^2 = (\sqrt{18})^2$$

由式 (9-1-1) 知，此圓的圓心為 (1, 2)，半徑為 $\sqrt{18}$. ¶

隨堂練習 3 試求圓 $x^2+y^2+2x-2y=23$ 的圓心與半徑.

答案：圓心為 (-1, 1)，半徑為 5.

將式 (9-1-1) 展開得

$$x^2+y^2-2hx-2ky+h^2+k^2-r^2=0$$

令 $d=-2h$, $e=-2k$, $f=h^2+k^2-r^2$ 代入上式，則得

$$x^2+y^2+dx+ey+f=0 \qquad (9\text{-}1\text{-}3)$$

故得下面的定理.

定理 9-1

任一圓的方程式皆可表為

$$x^2+y^2+dx+ey+f=0$$

的形式，其中 d、e、f 都是實數.

現在討論在方程式 $x^2+y^2+dx+ey+f=0$ 中，d、e、f 應合乎什麼條件，它的圖形才表示一圓？

將 $x^2+y^2+dx+ey+f=0$ 配方，可得

$$\left(x^2+dx+\frac{d^2}{4}\right)+\left(y^2+ey+\frac{e^2}{4}\right)-\frac{d^2}{4}-\frac{e^2}{4}+f=0$$

$$\left(x+\frac{d}{2}\right)^2+\left(y+\frac{e}{2}\right)^2=\frac{d^2+e^2-4f}{4} \qquad (9\text{-}1\text{-}4)$$

1. 若 $d^2+e^2-4f>0$，則比較式 (9-1-4) 與 (9-1-1)，可得其圖形為一圓，圓心為 $\left(-\frac{d}{2},\ -\frac{e}{2}\right)$，半徑為 $r=\frac{1}{2}\sqrt{d^2+e^2-4f}$。

2. 若 $d^2+e^2-4f=0$，則式 (9-1-4) 即為 $\left(x+\frac{d}{2}\right)^2+\left(y+\frac{e}{2}\right)^2=0$，其圖形為一點 $\left(-\frac{d}{2},\ -\frac{e}{2}\right)$，稱為點圓。

3. 若 $d^2+e^2-4f<0$，則式 (9-1-4) 即為 $\left(x+\frac{d}{2}\right)^2+\left(y+\frac{e}{2}\right)^2<0$，但無實數 x、y 滿足 $\left(x+\frac{d}{2}\right)^2+\left(y+\frac{e}{2}\right)^2<0$，故無圖形可言，我們常稱其為虛圓。

將上面討論的結果寫成定理如下：

定理 9-2

設二元二次方程式 $x^2+y^2+dx+ey+f=0$ 中，d、e、f 都是實數。

(1) 若 $d^2+e^2-4f>0$，方程式的圖形是以 $\left(-\frac{d}{2},\ -\frac{e}{2}\right)$ 為圓心而 $\frac{1}{2}\sqrt{d^2+e^2-4f}$ 為半徑的圓。

(2) 若 $d^2+e^2-4f=0$，方程式的圖形是一點 $\left(-\frac{d}{2},\ -\frac{e}{2}\right)$，稱為點圓。

(3) 若 $d^2+e^2-4f<0$，方程式無圖形可言，稱為虛圓。

註：(1) d^2+e^2-4f 稱為圓的判別式．

(2) $x^2+y^2+dx+ey+f=0$ 稱為圓的一般式．

例題 4 判別方程式 $2x^2+2y^2+2x-5y+8=0$ 所表圖形．

解 將原方程式寫成

$$x^2+y^2+x-\frac{5}{2}y+4=0$$

因 $d=1$，$e=-\frac{5}{2}$，$f=4$，則

$$d^2+e^2-4f=1+\frac{25}{4}-16=-\frac{35}{4}<0$$

故原方程式的圖形為一虛圓．

例題 5 試求圓 $x^2+y^2+4x+8y-5=0$ 的圓心及半徑，並作其圖形．

解 $x^2+y^2+4x+8y-5=0$ 中，$d=4$，$e=8$，$f=-5$．

因 $$d^2+e^2-4f=16+64+20=100>0$$

故方程式表一圓．

$$h=-\frac{d}{2}=-2, \quad k=-\frac{e}{2}=-4, \quad r=\frac{1}{2}\sqrt{d^2+e^2-4f}=\frac{1}{2}\sqrt{100}=5$$

故圓心為 $(-2, -4)$，半徑為 5，其圖形如圖 9-3 所示．

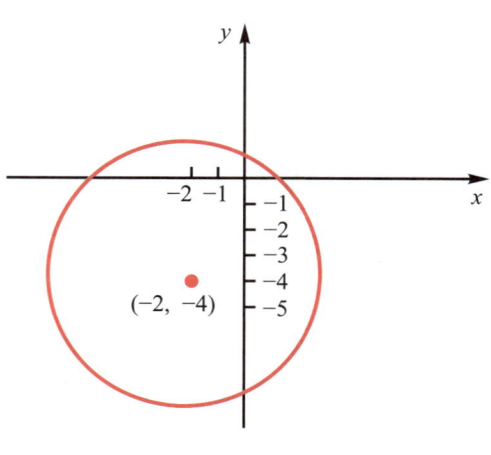

圖 9-3

隨堂練習 4 試求圓 $x^2+y^2-10x-2y+13=0$ 的圓心及半徑.

答案：圓心為 $(5, 1)$，半徑為 $\sqrt{13}$.

例題 6 若 $k \in \mathbb{R}$，試討論 $x^2+y^2+4kx-2y+5=0$ 的圖形.

解 $d=4k,\ e=-2,\ f=5,$
$$d^2+e^2-4f=(4k)^2+(-2)^2-4\times 5=16k^2+4-20$$
$$=16k^2-16=16(k^2-1)$$

(1) 原方程式的圖形是圓 $\Leftrightarrow d^2+e^2-4f=16(k+1)(k-1)>0$
$\Leftrightarrow |k|>1 \Leftrightarrow k<-1$ 或 $k>1$

(2) 原方程式的圖形是一點 $\Leftrightarrow d^2+e^2-4f=16(k+1)(k-1)=0$
$\Leftrightarrow k=-1$ 或 $k=1$

(3) 原方程式沒有圖形 $\Leftrightarrow d^2+e^2-4f=16(k+1)(k-1)<0$
$\Leftrightarrow |k|<1 \Leftrightarrow -1<k<1.$

隨堂練習 5 設方程式 $x^2+y^2+2kx-2y+5=0$ 的圖形表一圓，試求 k 的範圍.

答案：$k<-2$ 或 $k>2$ 時，原式的圖形表一圓.

由於圓的方程式可表為 $(x-h)^2+(y-k)^2=r^2$ 或 $x^2+y^2+dx+ey+f=0$ 的形式，只要有三個獨立條件就可以決定三個常數 h、k、r 或 d、e、f 的值，因而說三個獨立條件可決定一圓.

例題 7 已知一圓通過 $P_1(-1, 1)$、$P_2(1, -1)$ 及 $P_3(0, -2)$ 等三點，試求其方程式.

解 設所求圓的方程式為
$$x^2+y^2+dx+ey+f=0 \quad\cdots\cdots①$$

P_1、P_2 及 P_3 在圓上 $\Leftrightarrow$ 這三點的坐標滿足 ① 式

314　數學

$$\Leftrightarrow \begin{cases} 1+1-d+e+f=0 \\ 1+1+d-e+f=0 \\ 4-2e+f=0 \end{cases}$$

即 $\begin{cases} -d+e+f=-2 \quad\cdots\cdots\cdots\cdots\cdots\cdots\cdots\cdots\text{②} \\ d-e+f=-2 \quad\cdots\cdots\cdots\cdots\cdots\cdots\cdots\cdots\text{③} \\ -2e+f=-4 \quad\cdots\cdots\cdots\cdots\cdots\cdots\cdots\cdots\text{④} \end{cases}$

②+③ 得 $2f=-4$，即 $f=-2$，代入 ④ 式得 $e=1$.

將 $f=-2$，$e=1$ 代入 ③ 式得 $d=1$，

故所求圓的方程式為 $x^2+y^2+x+y-2=0$.

我們亦可假設圓 C 通過點 $P_1(x_1, y_1)$、$P_2(x_2, y_2)$ 與 $P_3(x_3, y_3)$，則圓 C 的圓心 P_0 乃是 $\overline{P_1P_2}$ 與 $\overline{P_1P_3}$ 兩線段的垂直平分線的交點，半徑則是 $\overline{P_0P_1}$.

例題 8　設 $A(-2, 1)$ 及 $B(4, -5)$ 為圓之直徑的二端點，求此圓的方程式.

解　圓心為 $\overline{AB}$ 的中點，故圓心為 $(1, -2)$.

半徑為 $\sqrt{[1-(-2)]^2+(-2-1)^2}=\sqrt{9+9}=\sqrt{18}$

故所求圓的方程式為

$$(x-1)^2+(y+2)^2=18 \text{ 或 } x^2+y^2-2x+4y-13=0.$$

隨堂練習 6　一圓通過 $P_1(-1, 1)$ 及 $P_2(1, -1)$ 且圓心在直線 $y-2x=0$ 上，求其方程式.

答案：$x^2+y^2=2$.

習題 9-1

求下列各圓的方程式.

1. 圓心是 $(0, 2)$，半徑是 5.
2. 圓心是 $(-5, 3)$，半徑是 1.
3. 以 $A(-2, 3)$ 及 $B(3, 0)$ 為直徑的二端點.
4. 圓心是 $(-1, 4)$ 且此圓與 x-軸相切.
5. 通過 $P_1(0, 1)$、$P_2(0, 6)$ 與 $P_3(3, 0)$.

試判定下列各方程式的圖形是圓、一點或無圖形.

6. $x^2+y^2+8x-9=0$
7. $x^2+y^2-8y-29=0$
8. $x^2+y^2-2x+2y+2=0$
9. $x^2+y^2+x+10=0$

求下列各圓的圓心及半徑.

10. $x^2+y^2+6x+8y-14=0$
11. $x^2+y^2-4y-5=0$
12. $x^2+y^2+3x-4=0$
13. 設 $\Gamma：x^2+y^2+x+2y+k=0$.
    (1) 若 Γ 為一圓，則 k 的範圍為何？
    (2) 若 Γ 為一點，則 k 的範圍為何？
    (3) 若 Γ 無圖形，則 k 的範圍為何？
14. 求過點 $P_1(2, 6)$、$P_2(-1, -3)$ 與 $P_3(3, -1)$ 的圓的方程式.
15. 若 $x^2+y^2+2dx+2ey+f=0$ 的圖形為一圓，試求圓心之坐標與半徑.
16. 已知點 $P_1(1, 2)$ 與 $P_2(5, -2)$ 是圓 C 上二點，而且弦 $\overline{P_1P_2}$ 與圓心的距離為 $\sqrt{2}$，試求圓 C 的方程式.

9-2 圓與直線

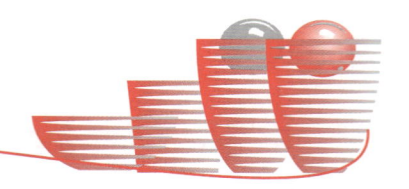

在坐標平面上，設直線 L 的方程式為 $ax+by+c=0$，圓 C 的方程式為 $x^2+y^2+dx+ey+f=0$，則直線 L 與圓 C 有三種可能關係，如圖 9-4 所示．

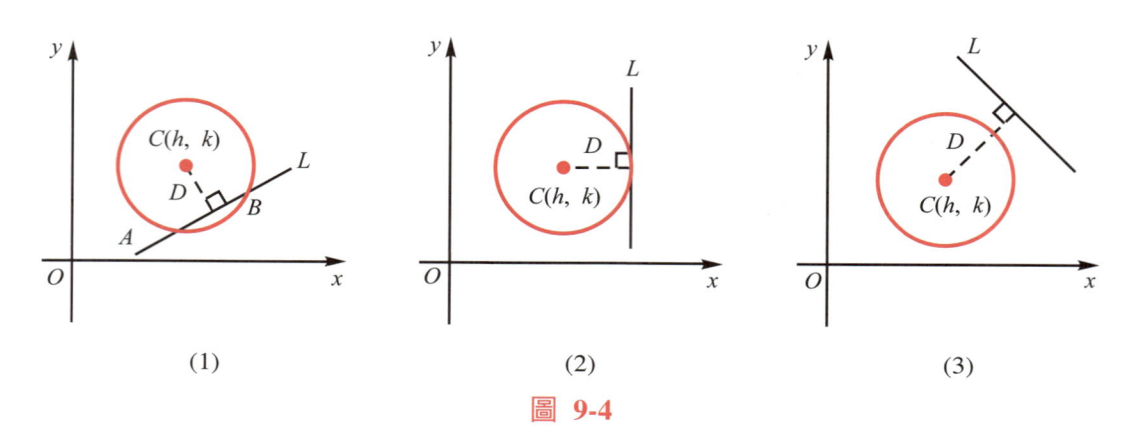

(1)   (2)   (3)

圖 9-4

我們考慮下述聯立方程式：

$$\begin{cases} ax+by+c=0 \\ x^2+y^2+dx+ey+f=0 \end{cases}$$

(9-2-1)

1. 直線 L 與圓 C 相交於兩點（此時直線 L 稱為圓 C 的割線）
   ⇔ 式 (9-2-1) 有兩組相異的實數解
   ⇔ 直線 L 與圓 C 之圓心的距離小於半徑．

2. 直線 L 與圓 C 相切於一點（此時直線 L 是圓 C 的切線）
   ⇔ 式 (9-2-1) 只有一組實數解
   ⇔ 直線 L 與圓 C 之圓心的距離等於半徑．

3. 直線 L 與圓 C 不相交
   ⇔ 式 (9-2-1) 沒有實數解
   ⇔ 直線 L 與圓 C 之圓心的距離大於半徑．

若直線 L 的方程式為 $ax+by+c=0$，圓 C 的方程式為 $(x-h)^2+(y-k)^2=r^2$，則直線 L 與圓 C 的幾何位置有下列三種情形，如圖 9-4 所示.

1. 直線 L 與圓 C 相交於二點 $\Leftrightarrow$ 距離 $D=\dfrac{|ah+bk+c|}{\sqrt{a^2+b^2}}<r$.

2. 直線 L 與圓 C 相切 $\Leftrightarrow D=\dfrac{|ah+bk+c|}{\sqrt{a^2+b^2}}=r$.

3. 直線 L 與圓 C 不相交 $\Leftrightarrow D=\dfrac{|ah+bk+c|}{\sqrt{a^2+b^2}}>r$.

例題 1 已知直線 L 的方程式為 $y=3x+k$，圓 C 的方程式為 $x^2+y^2=10$，試就 k 的值討論直線 L 與圓 C 的相交情形.

解 考慮聯立方程式

$$\begin{cases} y=3x+k & \cdots\cdots\cdots① \\ x^2+y^2=10 & \cdots\cdots\cdots② \end{cases}$$

將 ① 式代入 ② 式，可得

$$x^2+(3x+k)^2=10$$
$$10x^2+6kx+k^2-10=0$$

此二次方程式的判別式為

$$\Delta=(6k)^2-4\times 10\times(k^2-10)=-4(k^2-100)$$

(1) 若 $-10<k<10$，則 $\Delta>0$；此時，聯立方程式有兩組實數解，直線 L 是圓 C 的割線.

(2) 若 $k=-10$ 或 $k=10$，則 $\Delta=0$；此時，聯立方程式只有一組實數解，直線 L 是圓 C 的切線.

(3) 若 $k<-10$ 或 $k>10$，則 $\Delta<0$；此時，聯立方程式沒有實數解，直線 L 與圓 C 不相交.

隨堂練習 7　設某圓的方程式為 $x^2+y^2-6x-8y-11=0$，試判別此圓與下列各直線的關係 (相離、相交或相切) 並作圖形.

(1) $L_1：y-2x=6\sqrt{5}-2$

(2) $L_2：2x-y-1=0$

(3) $L_3：3x+4y+8=0$

答案：(1) 圓與直線 L_1 相切，

　　　(2) 圓與直線 L_2 相交，

　　　(3) 圓與直線 L_3 相離.

例題 2　試求與直線 $y=\dfrac{3}{2}x-6$ 相切，且圓心為 $(2, -1)$ 之圓的方程式.

解　$y=\dfrac{3}{2}x-6 \Rightarrow 3x-2y-12=0$

圓之半徑為
$$r=\dfrac{|3\times 2-2\times(-1)-12|}{\sqrt{3^2+2^2}}=\dfrac{4}{\sqrt{13}}$$

故圓的方程式為
$$(x-2)^2+(y+1)^2=\left(\dfrac{4}{\sqrt{13}}\right)^2$$

即
$$13x^2+13y^2-52x+26y+49=0.$$

例題 3　試求通過點 $(1, -5)$ 且與圓 $x^2+y^2+4x-2y-4=0$ 相切的直線方程式.

解　設所求切線方程式為 $y+5=m(x-1)$

即　　　　　　　　　　$mx-y-5-m=0$

將 $x^2+y^2+4x-2y-4=0$ 配方，可得
$$(x+2)^2+(y-1)^2=9$$

故圓心是 $(-2, 1)$，半徑是 3.

圓心 $(-2, 1)$ 到切線的距離為半徑 3，所以，

$$\frac{|-2m-1-5-m|}{\sqrt{m^2+1}}=3$$

即 $|m+2|=\sqrt{m^2+1}$

整理後可得 $m=-\dfrac{3}{4}$

但通過圓外一點與圓相切的直線有兩條，故另一條必為通過 $(1, -5)$ 的垂直線，故所求切線為

$$y+5=-\frac{3}{4}(x-1) \text{ 與 } x-1=0$$

即 $3x+4y+17=0$ 與 $x-1=0$

其圖形如圖 9-5 所示．

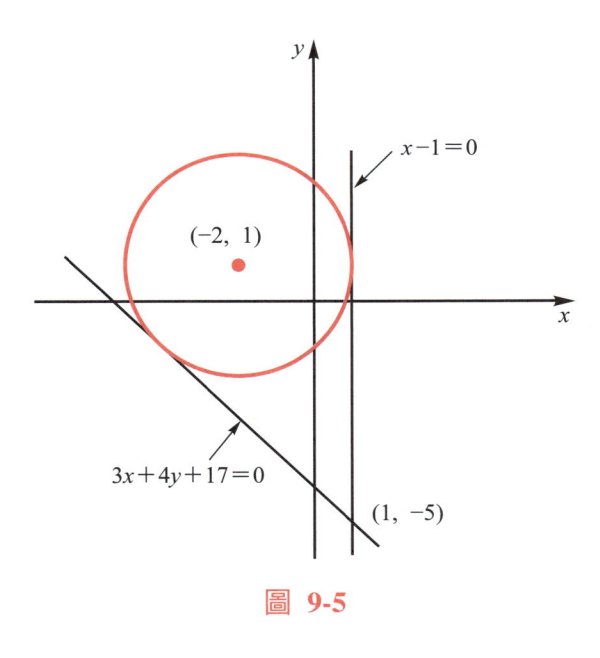

圖 9-5

隨堂練習 8 設一圓的方程式為 $2x^2+2y^2-8x-5y+k=0$，試就下列各情況求 k 的值．

(1) 若圓與 x-軸相切．
(2) 若圓與 y-軸相切．

答案：(1) $k=8$，(2) $k=\dfrac{25}{8}$．

習題 9-2

1. 二次方程式 $x^2+y^2=25$ 之圖形為圓心位於原點的圓，試判別此圓與下列各直線的關係 (相離、相交或相切).
   (1) $L_1：3x-4y=20$
   (2) $L_2：y-x=5\sqrt{2}$
   (3) $L_3：2x+3y=21$

2. 已知直線 L 與圓 C 的方程式分別為
   $$L：y=mx+2$$
   $$C：x^2+y^2=2$$
   試就 m 值討論直線 L 與圓 C 的關係.

3. 求通過點 $(6, -2)$ 且與圓 $(x-3)^2+(y+1)^2=10$ 相切的切線方程式.

4. 求通過點 $(1, 7)$ 且與圓 $x^2+y^2=25$ 相切的切線方程式.

5. 設直線 L 與圓 C 的方程式分別為
   $$L：x+y-3=0$$
   $$C：x^2+y^2-4x+6y+5=0$$
   試證直線 L 為圓 C 的切線，並求其切點.

6. 試求通過點 $(-4, 4)$ 且與圓 $x^2+y^2-6x-6y-7=0$ 相切的切線方程式.

7. $x+y-2=0$ 是不是 $x^2+y^2=1$ 的切線？是不是 $x^2+y^2=2$ 的切線？

8. 已知直線 $\lambda x+y+2\lambda=0$ 與圓 $x^2+y^2=1$，求 λ 之值，使它們交於二點、相切及不相交.

9. 已知下列兩圓 K_1、K_2 都相交於兩點，求 k 之範圍．(提示：兩圓相交於兩點，將兩方程式消去一元得另一元的二次方程式，判別式大於零解得 k

之範圍.)

$$K_1: x^2+y^2+2kx-5y-10=0$$
$$K_2: x^2+y^2-3y-16=0$$

10. 若方程式 $x^2+y^2-2ax-2y+1=0$ 與 $x^2+y^2-2x-2ay+1=0$ 所表的二圓相切，試求 a 之值. (提示：由方程式求得圓的圓心，二圓心的距離等於二半徑之和，即解得 a 值.)

11. 求與圓 $x^2+y^2+3x-8y+9=0$ 同心且切於 x-軸的圓方程式. (提示：由已知圓先求出欲求的圓心，再求圓心至 x-軸的距離為圓半徑.)

12. 試求以 $K(3, 4)$ 為圓心，且與直線 $2x-y+5=0$ 相切的圓方程式.

13. 平面上有一直線 $L: 3x-4y+k=0$ 及圓 $C: x^2+y^2-2x+4y=4$.

    (1) 若直線 L 與圓 C 不相交，則 k 之範圍為何？
    (2) 若直線 L 與圓 C 相切，則 k 之值為何？
    (3) 若直線 L 與圓 C 相交於二點，則 k 之範圍為何？

10

圓錐曲線

- 圓錐截痕
- 拋物線的方程式
- 橢圓的方程式
- 雙曲線的方程式

10-1　圓錐截痕

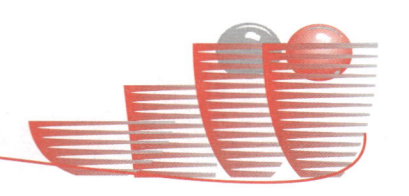

　　除了直線與圓之外，坐標幾何所要討論的另一種曲線，稱為圓錐曲線。在國民中學數學裡，曾討論過拋物線 $y=x^2$，此為圓錐曲線的一種。現在，我們說明圓錐曲線如何產生。

　　設 L 與 M 是兩相交但不垂直的直線，將 L 固定而 M 繞 L 旋轉一周，則直線 M 旋轉所成的曲面，就是一個正圓錐面，如圖 10-1 所示，其中，

1. L 稱為中心軸。
2. L 與 M 的交點 V 稱為頂點。
3. 直線 MV 稱為母線。
4. $\angle MVL$ 稱為頂角。

　　令 S 表示 M 繞 L 旋轉一周所成的正圓錐面，又設 E 是一個平面，則 E 與 S 的截痕形成各種不同的圖形，至於是哪一種圖形，我們分別討論如下：

情況 1：若 E 與 L 垂直，但不通過 L 與 M 的交點 V（V 稱為正圓錐面 S 的頂點），則 E 與 S 的截痕是一個圓，如圖 10-2 所示。

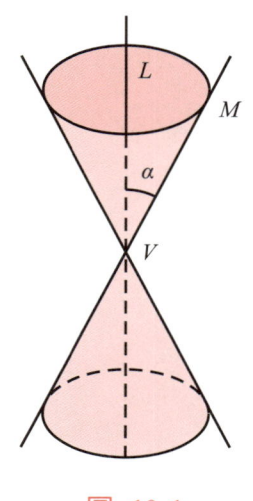

圖 10-1

第十章　圓錐曲線　325

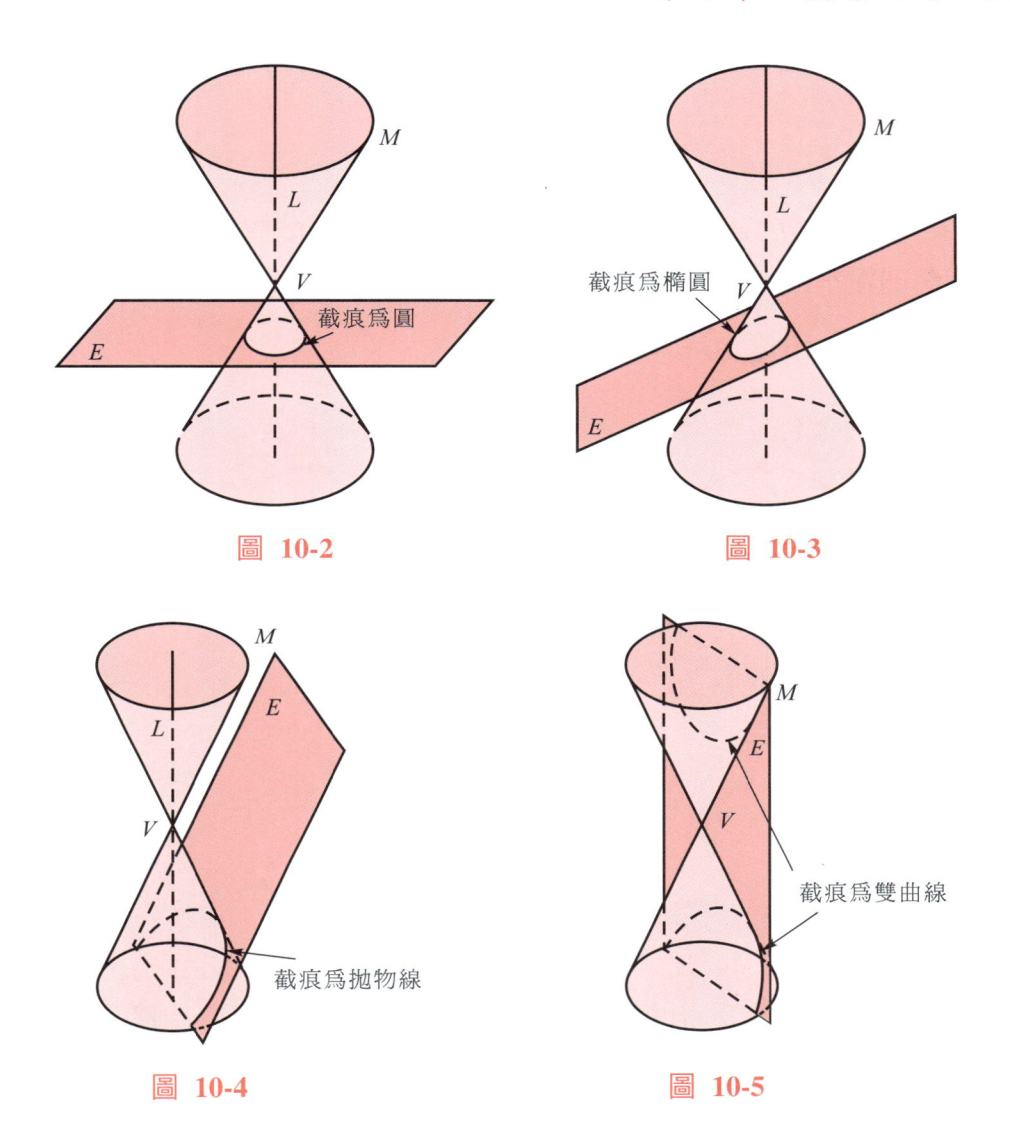

圖 10-2

圖 10-3

圖 10-4

圖 10-5

情況 2：若將 E 稍作轉動，使呈傾斜，且與 L 不垂直，也不通過頂點 V，將 S 分成兩部分，則 E 與 S 的截痕是一個橢圓，如圖 10-3 所示．

情況 3：將平面 E 繼續轉動，使 E 與直線 M 平行，則 E 與 S 的截痕是一個拋物線，如圖 10-4 所示．

情況 4：將平面 E 再繼續轉動，使 E 與正圓錐面 S 的上下兩部分都相交且不通過頂點 V，則 E 與 S 的截痕是一個雙曲線，如圖 10-5 所示．

　　圓、橢圓、拋物線及雙曲線的圖形，都可由一個平面與一個正圓錐面相截而得，因此合稱為圓錐曲線，或簡稱為錐線，也合稱為非退化的二次曲線；而

326 數學

一點、一直線、相交二直線、平行二直線或無圖形，合稱為 **退化的圓錐曲線** 或 **退化的二次曲線**.

例題 1 設直線 L 通過一圓的圓心，且與圓交於 M、N，今將 L 當作中心軸，將圓在空中旋轉一周，則旋轉出來的圖形是什麼？

解 是球面，如圖 10-6 所示.

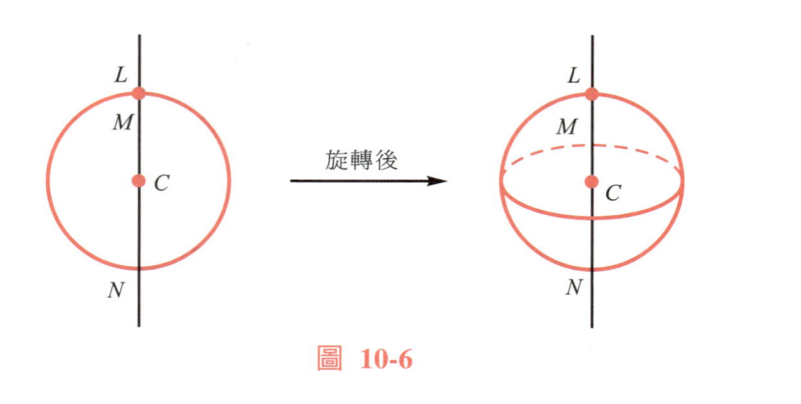

圖 10-6

習題 10-1

1. 若 L 與 M 是互相垂直的兩直線，將 L 固定而 M 繞 L 旋轉一周，則旋轉出來的圖形是什麼？
2. 若直線 L 與直線 M 平行，則 M 繞 L 旋轉所得的面是什麼？
3. 平面 E 與一圓柱面 S 的截痕有哪幾種可能的圖形？

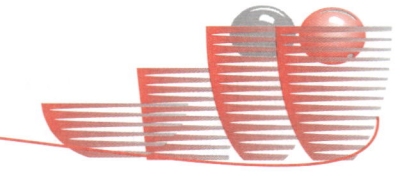

10-2 拋物線的方程式

瞭解圓錐曲線的意義之後，我們將分別對於各種圓錐曲線給予定義，並討論其標準式. 因為圓的方程式已在前一章介紹過了，所以本章只討論其他三種圓錐曲線，而這一節先討論拋物線. 我們曾經在 4-3 節中提過二次函數 $y=ax^2+bx+c$ 的圖形是拋物線. 拋物線的一般性定義是什麼呢？我們先介紹如下：

定義 10-1

在同一個平面上，與一個定點及一條定直線的距離相等之所有點所成的圖形，稱為**拋物線**，定點稱為**焦點**，定直線稱為**準線**.

如圖 10-7 所示.

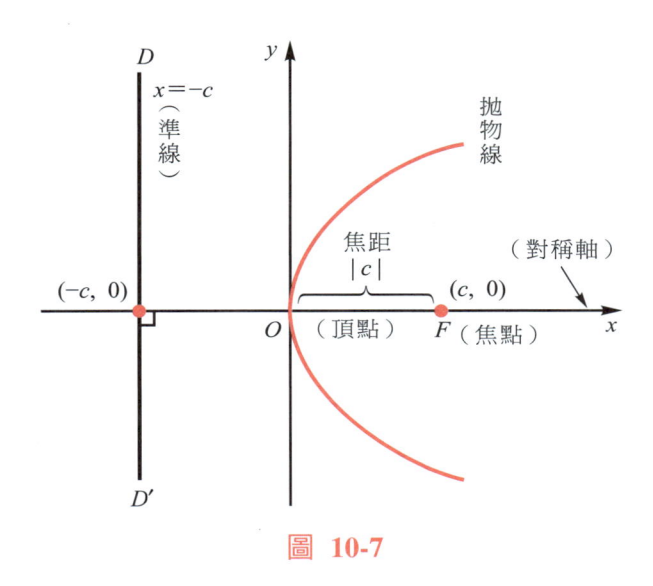

圖 10-7

定理 10-1

若拋物線的焦點為 $F(c, 0)$，準線方程式為 $x=-c$，則此拋物線的方程式為

$$y^2 = 4cx \qquad (10\text{-}2\text{-}1)$$

其中 $c>0$，而 c 表頂點 O 到焦點 F 的距離（即"焦距"）.

數學

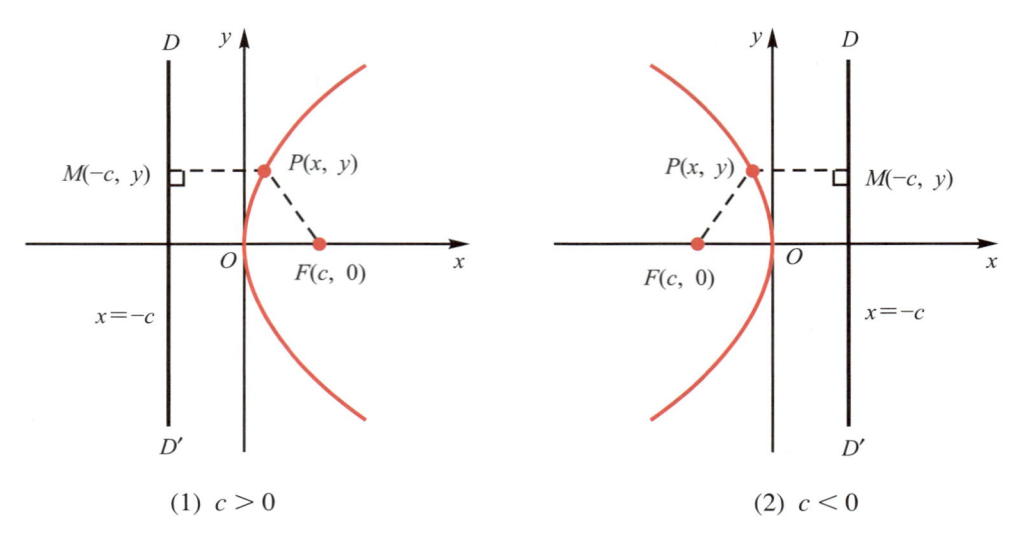

(1) $c > 0$　　　　(2) $c < 0$

圖 10-8

證：如圖 10-8 所示，

設 $P(x, y)$ 為拋物線上任一點，則

$$\overline{PF} = \overline{PM}$$

利用兩點之間的距離公式，得

$$\sqrt{(x-c)^2 + (y-0)^2} = \sqrt{(x+c)^2 + (y-y)^2}$$
$$\Leftrightarrow (x-c)^2 + y^2 = (x+c)^2$$
$$\Leftrightarrow x^2 - 2cx + c^2 + y^2 = x^2 + 2cx + c^2$$
$$\Leftrightarrow y^2 = 4cx$$

反之，若 $P(x, y)$ 滿足 $y^2 = 4cx$，必滿足 $\overline{PF} = \overline{PM}$，即 P 在拋物線上．因此，$y^2 = 4cx$ 為所求的拋物線方程式．

在定理 10-1 中，

1. 當 $c > 0$ 時，拋物線的開口向右；當 $c < 0$ 時，開口向左．
2. 通過焦點且與準線垂直的直線，稱為拋物線的**對稱軸**，簡稱為**軸**，即 x-軸．
3. 軸與拋物線的交點，稱為**頂點**，即 $(0, 0)$．
4. 拋物線上任意兩點所連成的線段，稱為拋物線的**弦**，通過焦點的弦稱為**焦弦**，與拋物線之軸垂直的焦弦稱為**正焦弦**．

同理，可得下面的定理：

定理 10-2

若拋物線的焦點為 $F(0, c)$，準線方程式為 $y = -c$，則此拋物線的方程式為

$$x^2 = 4cy. \tag{10-2-2}$$

當 $c > 0$ 時，拋物線開口向上；當 $c < 0$ 時，開口向下，如圖 10-9 所示。

上述二定理所給的方程式稱為拋物線的 **標準式**。

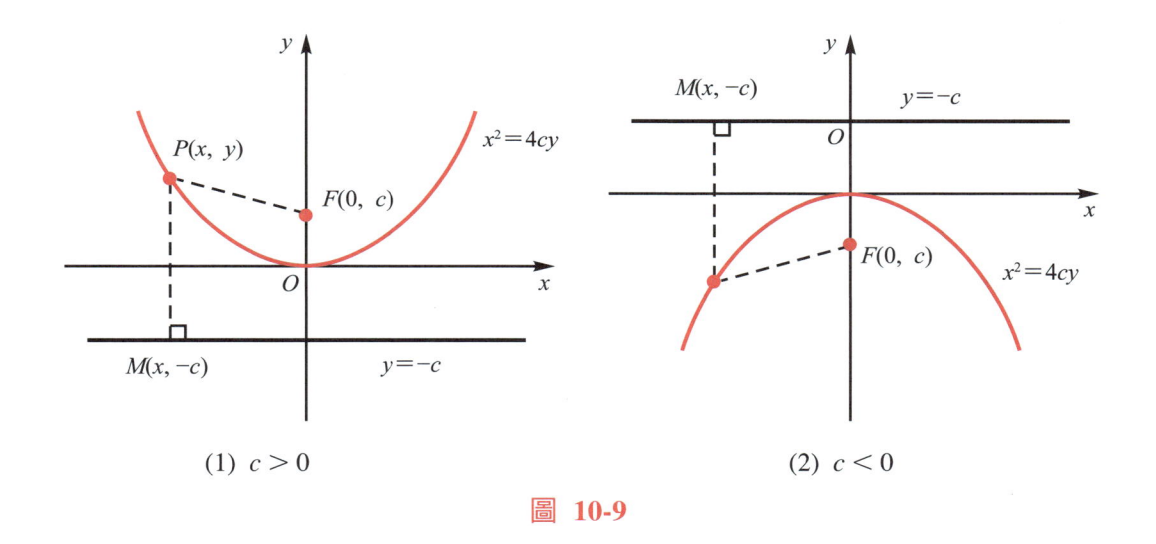

(1) $c > 0$ (2) $c < 0$

圖 10-9

例題 1 求拋物線 $y^2 = 12x$ 的焦點及準線方程式。

解 因 $y^2 = 12x = 4(3)x$，得知 $c = 3$，故焦點為 $F(3, 0)$，準線為 $x = -3$。

例題 2 試決定拋物線 $x^2 = -y$ 的頂點、焦點及準線方程式，並繪其圖形。

解 寫成 $x^2 = 4\left(-\dfrac{1}{4}\right)y$，與定理 10-2 比較，知 $c = -\dfrac{1}{4}$，

故頂點為 $(0, 0)$，焦點為 $F\left(0, -\dfrac{1}{4}\right)$，準線為 $y=\dfrac{1}{4}$，其圖形如圖 10-10 所示．

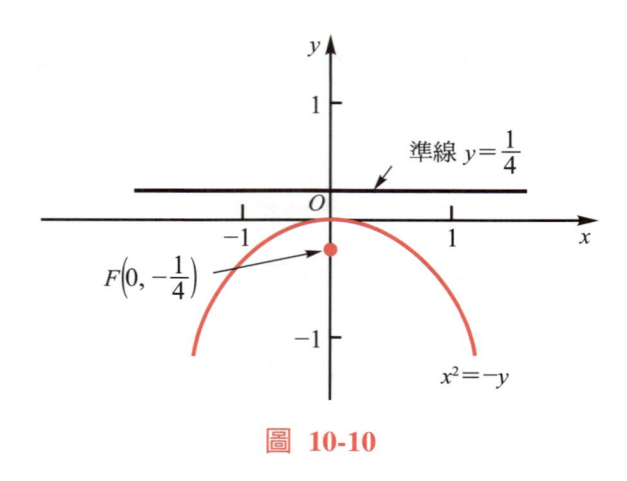

圖 10-10

於拋物線方程式 $y^2=4cx$ 中，令 $x=c$，則

$$y=\pm 2c$$

故得正焦弦 $\overline{AB}$ 的長 $=|2y|=|4c|$，如圖 10-11 所示．同理，可證得拋物線 $x^2=4cy$ 之正焦弦的長也等於 $|4c|$．因此，可得下面定理：

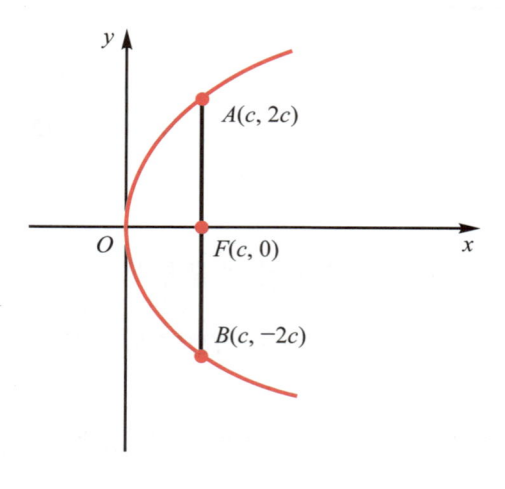

圖 10-11

第十章　圓錐曲線

定理 10-3

拋物線 $y^2 = 4cx$ 與 $x^2 = 4cy$ 之正焦弦的長均為 $|4c|$。

例題 3　求拋物線 $y^2 = -6x$ 之正焦弦的長.

解　正焦弦的長 $= |4c| = |-6| = 6$.

隨堂練習 1　試求拋物線 $x = -\dfrac{1}{12}y^2$ 的頂點、焦點坐標、軸、準線方程式及正焦弦長，並作圖.

答案：① 頂點 $(0, 0)$，② 焦點 $F(-3, 0)$，③ 軸：$y = 0$（x-軸）
④ 準線：$x = 3$，⑤ 正焦弦長：12.

例題 4　求頂點為原點，軸是 y-軸且通過點 $(4, -3)$ 的拋物線方程式.

解　令所求的拋物線方程式為
$$x^2 = 4cy$$

以點 $(4, -3)$ 代入上式，可得 $16 = 4c(-3)$，即 $c = -\dfrac{4}{3}$，故

$$x^2 = 4\left(-\dfrac{4}{3}\right)y = -\dfrac{16}{3}y$$

為所求的方程式.

例題 5　求頂點為 $(0, 0)$，正焦弦的長為 12，且拋物線開口向上的拋物線方程式.

解　設所求拋物線方程式為
$$x^2 = 4cy$$

正焦弦的長 $= 12 = 4|c|$，又拋物線開口向上，可知 $c = 3$，故 $x^2 = 12y$，圖形如圖 10-12 所示.

圖 10-12

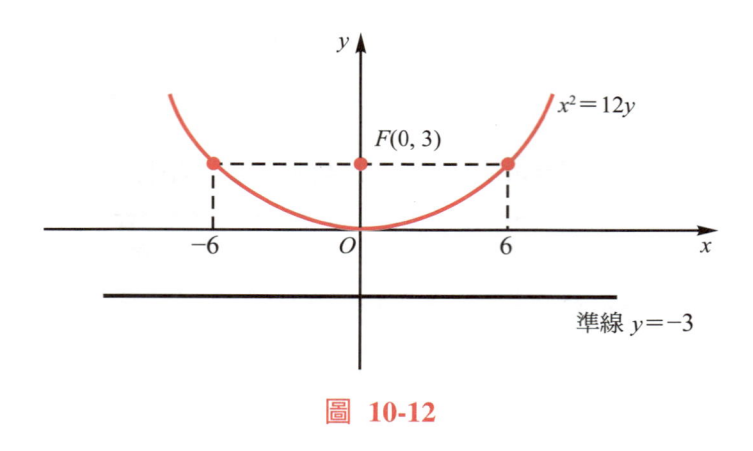

隨堂練習 2　已知拋物線之焦點 $F\left(0, -\dfrac{3}{2}\right)$，準線 $y=\dfrac{3}{2}$，試求此拋物線之方程式.

答案：$x^2=-6y$.

隨堂練習 3　試作方程式 $x=-\sqrt{y}$ 之圖形.

答案：$x=-\sqrt{y}$ 的圖形是拋物線 $x^2=y$ 的圖形在 y-軸左方的部分.

習題 10-2

求下列每一拋物線的焦點與準線，並繪出拋物線及其焦點與準線.

1. $y^2=4x$
2. $x^2=-12y$
3. $y^2=-3x$
4. $2x^2=6y$

在下列各題中，求拋物線的標準式 $y^2=4cx$ 或 $x^2=4cy$，並作其圖形.

5. 頂點 $(0, 0)$，焦點 $F(0, 4)$.
6. 頂點 $(0, 0)$，準線 $L：x=3$.
7. 準線 $L：y=-2$，焦點 $F(0, 2)$.
8. 頂點 $(0, 0)$，準線 $L：y=3$.

9. 正焦弦的長為 8，頂點 (0, 0)，拋物線開口向左．

求下列各拋物線的軸、準線、頂點與焦點並求其正焦弦的長，並作其圖形．

10. $y = -\dfrac{1}{12} x^2$

11. $x = -\dfrac{1}{16} y^2$

12. $3x^2 = -5y$

13. $y = \dfrac{1}{16} x^2$

14. $x^2 = -8y$

試分別求合於下列條件中的拋物線方程式，並作其圖形．

15. 焦點 $F(3, 0)$，準線 $x = -3$．

16. 焦點 $F\left(0, \dfrac{3}{2}\right)$，準線 $y = -\dfrac{3}{2}$．

試作下列各式的圖形．

17. $y = 2\sqrt{x}$

18. $x = -\sqrt{y}$

19. $y = \sqrt{x-3}$

20. $x = \sqrt{-y}$

21. 設拋物線 $x^2 = 4cy$ 的切線斜率為 m，試證其切線方程式為 $y = mx - cm^2$．

10-3 橢圓的方程式

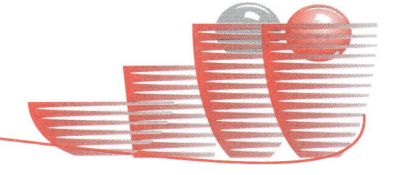

我們介紹過拋物線之後，現在要討論另一種圓錐曲線——**橢圓**．橢圓的定義是什麼呢？我們介紹如下：

定義 10-2

在同一個平面上，與兩個定點的距離和等於定數 $2a\ (a > 0)$ 的所有點所成的圖形，稱為**橢圓**，此兩個定點稱為橢圓的**焦點**．

334 數學

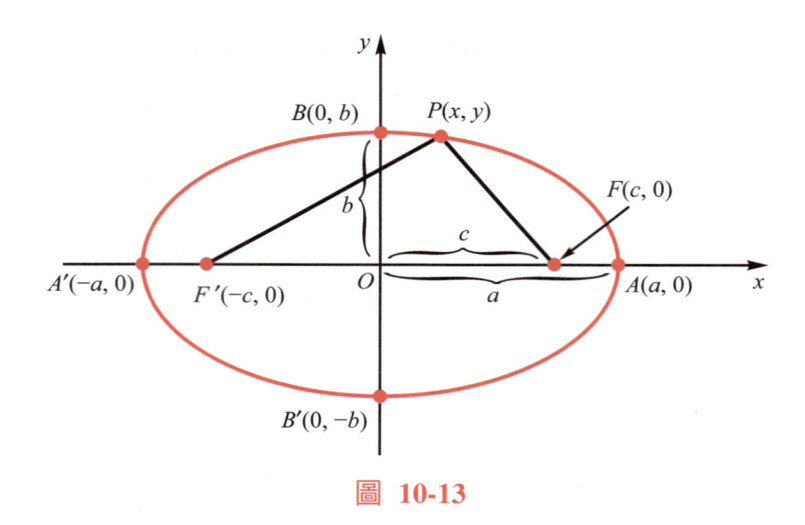

圖 10-13

取兩焦點 F 及 F' 的中點 O 為原點，直線 $\overline{F'F}$ 為 x-軸，通過 O 且垂直於直線 $\overline{F'F}$ 的直線為 y-軸，令 F 及 F' 的坐標分別為 $(c, 0)$ 及 $(-c, 0)$，則 $\overline{F'F}=2c\ (c>0)$，如圖 10-13 所示。

設橢圓上任一點為 $P(x, y)$，且

$$\overline{PF'}+\overline{PF}=2a\ (a>0)$$

則

$$\overline{PF}=2a-\overline{PF'}$$

可得

$$\sqrt{(x-c)^2+y^2}=2a-\sqrt{(x+c)^2+y^2}$$

將上式等號兩端平方，

$$x^2-2cx+c^2+y^2=4a^2-4a\sqrt{(x+c)^2+y^2}+x^2+2cx+c^2+y^2$$

$$a\sqrt{(x+c)^2+y^2}=a^2+cx$$

$$a^2[(x+c)^2+y^2]=(a^2+cx)^2$$

$$a^2x^2+2a^2cx+a^2c^2+a^2y^2=a^4+2a^2cx+c^2x^2$$

$$(a^2-c^2)x^2+a^2y^2=a^2(a^2-c^2) \qquad (10\text{-}3\text{-}1)$$

因

$$\overline{PF'}+\overline{PF}>\overline{F'F}$$

故 $2a>2c$，即 $a>c$，因而

第十章　圓錐曲線

$$a^2 - c^2 > 0$$

令

$$a^2 - c^2 = b^2 \ (a > b > 0)$$

代入式 (10-3-1)，可得

$$b^2 x^2 + a^2 y^2 = a^2 b^2$$

即

$$\frac{x^2}{a^2} + \frac{y^2}{b^2} = 1$$

故橢圓方程式為

$$\frac{x^2}{a^2} + \frac{y^2}{b^2} = 1 \ (a > b > 0). \tag{10-3-2}$$

今討論上述橢圓的一些特性如下：

1. 截距

橢圓 $\frac{x^2}{a^2} + \frac{y^2}{b^2} = 1$ 與 x-軸之交點的橫坐標稱為橢圓在 x-軸上的截距．令 $y = 0$，可得橢圓的 x-截距為 $x = \pm a$．同理，令 $x = 0$，可得橢圓的 y-截距為 $y = \pm b$．

2. 對稱性

(1) 在橢圓方程式 $\frac{x^2}{a^2} + \frac{y^2}{b^2} = 1$ 中，以 $-y$ 代 y，所得方程式不變，可知橢圓對稱於 x-軸．

(2) 在橢圓方程式 $\frac{x^2}{a^2} + \frac{y^2}{b^2} = 1$ 中，以 $-x$ 代 x，所得方程式不變，可知橢圓對稱於 y-軸．

(3) 在橢圓方程式 $\frac{x^2}{a^2} + \frac{y^2}{b^2} = 1$ 中，以 $-x$ 代 x，以 $-y$ 代 y，所得方程式不變，可知橢圓對稱於原點．

3. 範圍

由 $\dfrac{x^2}{a^2}+\dfrac{y^2}{b^2}=1$ 解 y, 可得

$$y=\pm\dfrac{b}{a}\sqrt{a^2-x^2}\in \mathbb{R}$$

因而 $a^2-x^2\geq 0$, 故 $|x|\leq a$.

又解 x, 可得

$$x=\pm\dfrac{a}{b}\sqrt{b^2-y^2}\in \mathbb{R}$$

因而 $b^2-y^2\geq 0$, 故 $|y|\leq b$.

此橢圓是在 $x=-a$、$x=a$、$y=-b$ 及 $y=b$ 等四直線所圍成的長方形內, 如圖 10-14 所示, 其中:

1. $A(a, 0)$、$A'(-a, 0)$、$B(0, b)$ 與 $B'(0, -b)$ 稱為此橢圓的頂點.
2. $\overline{AA'}$ 稱為此橢圓的**長軸**, 其長為 $2a$.
3. $\overline{BB'}$ 稱為此橢圓的**短軸**, 其長為 $2b$.
4. 橢圓的對稱中心, 即長、短兩軸的交點 O, 稱為**橢圓中心**.
5. $e=\dfrac{c}{a}\,(<1)$, 稱為橢圓的**離心率**.

綜合上述之討論, 可得下面的定理:

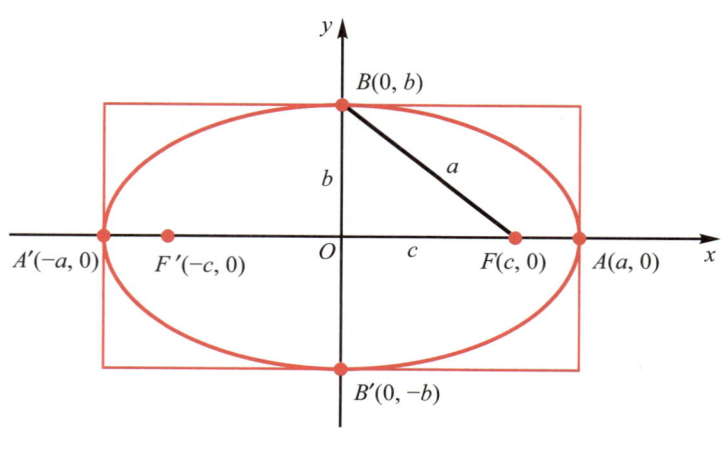

圖 10-14

定理 10-4

若一橢圓的焦點為 $F(c, 0)$ 與 $F'(-c, 0)$，而長軸的長為 $2a$，短軸的長為 $2b$，則此橢圓的方程式為

$$\frac{x^2}{a^2}+\frac{y^2}{b^2}=1 \ (a>b>0)$$

其中 $b=\sqrt{a^2-c^2}$。此橢圓的中心為 $(0, 0)$，而頂點為 $(a, 0)$、$(-a, 0)$、$(0, b)$ 與 $(0, -b)$。

同理，可推得下面定理：

定理 10-5

若一橢圓的焦點為 $F(0, c)$ 與 $F'(0, -c)$，而長軸的長為 $2a$，短軸的長為 $2b$，則此橢圓的方程式為

$$\frac{x^2}{b^2}+\frac{y^2}{a^2}=1 \ (a>b>0)$$

其中 $b=\sqrt{a^2-c^2}$。此橢圓的中心為 $(0, 0)$，而頂點為 $(b, 0)$、$(-b, 0)$、$(0, a)$ 與 $(0, -a)$（見圖 10-15）。

上述兩定理所給的方程式稱為橢圓的標準式.

我們討論過橢圓的定義及標準式之後，再來討論有關橢圓一些重要部位的名稱.

定義 10-3

連接橢圓上任意兩點的線段，稱為橢圓的弦，通過焦點的弦，稱為焦弦，與橢圓長軸垂直的焦弦稱為正焦弦，連接橢圓上任一點與焦點的線段稱為焦半徑.

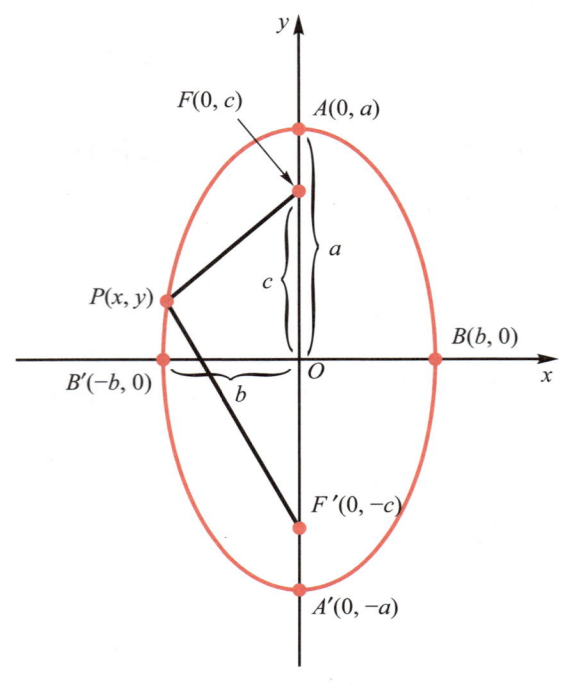

圖 10-15

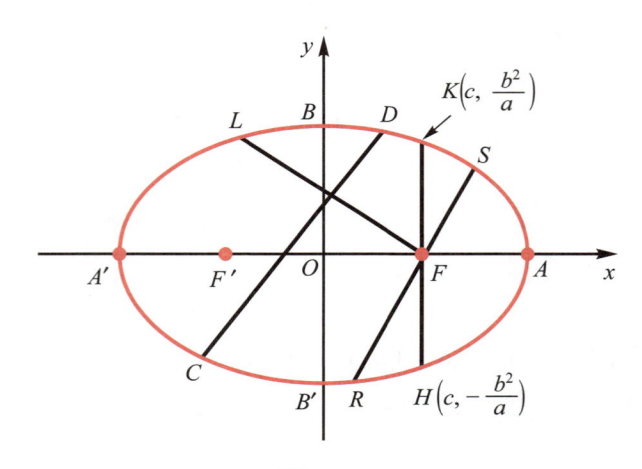

圖 10-16

如圖 10-16 所示，$\overline{CD}$ 是弦，$\overline{RS}$ 是焦弦，$\overline{HK}$ 是正焦弦，$\overline{LF}$ 是焦半徑.

在橢圓方程式 $\dfrac{x^2}{a^2}+\dfrac{y^2}{b^2}=1$ 中，令 $x=c$，則

$$y=\pm\dfrac{b}{a}\sqrt{a^2-c^2}=\pm\dfrac{b^2}{a}$$

所以正焦弦 $\overline{HK}$ 的長亦為 $\dfrac{2b^2}{a}$. 同理，可證得橢圓 $\dfrac{x^2}{b^2}+\dfrac{y^2}{a^2}=1\ (a>b>0)$ 的正焦弦的長亦為 $\dfrac{2b^2}{a}$.

定理 10-6

橢圓 $\dfrac{x^2}{a^2}+\dfrac{y^2}{b^2}=1$ 與 $\dfrac{x^2}{b^2}+\dfrac{y^2}{a^2}=1\ (a>b>0)$ 之正焦弦的長均為 $\dfrac{2b^2}{a}$.

例題 1 求橢圓 $4x^2+9y^2=36$ 的焦點、頂點、長軸的長、短軸的長及正焦弦的長，並作其圖形.

解 $4x^2+9y^2=36 \Rightarrow \dfrac{x^2}{9}+\dfrac{y^2}{4}=1$

$\Rightarrow a^2=9,\ b^2=4$.

故 $a=3,\ b=2,\ c=\sqrt{a^2-b^2}=\sqrt{5}$.

因為 $a>b$，所以橢圓的長軸在 x-軸上，短軸在 y-軸上.

① 焦點：$F(\sqrt{5},\ 0),\ F'(-\sqrt{5},\ 0)$.
② 頂點：$A(3,\ 0),\ A'(-3,\ 0),\ B(0,\ 2),\ B'(0,\ -2)$.
③ 長軸的長 $=2a=6$.
④ 短軸的長 $=2b=4$.
⑤ 正焦弦的長 $=\overline{DD'}=2\left(\dfrac{b^2}{a}\right)=\dfrac{8}{3}$.

圖形如圖 10-17 所示.

隨堂練習 4 試求橢圓 $16x^2+9y^2=144$ 的焦點、頂點、長軸長、短軸長及正焦弦的長並作圖.

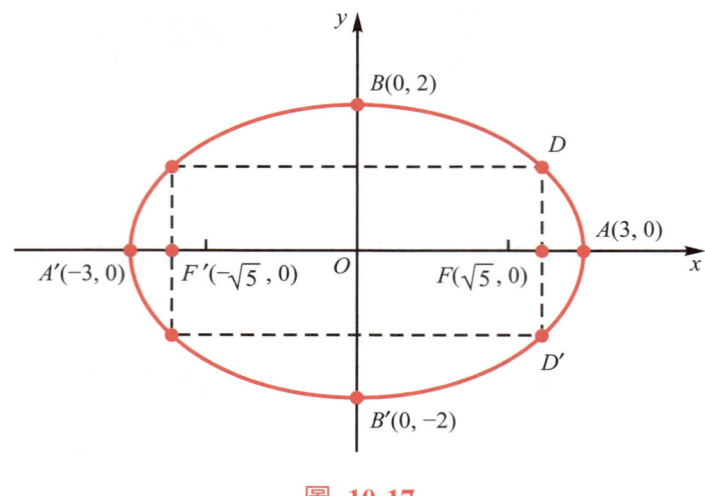

圖 10-17

答案：① 焦點：$F(0, \sqrt{7})$, $F'(0, -\sqrt{7})$，

② 頂點：$A(3, 0)$, $A'(-3, 0)$, $B(0, 4)$, $B'(0, -4)$，

③ 長軸長＝8, ④ 短軸長＝6, ⑤ 正焦弦長＝$\dfrac{9}{2}$．

例題 2 求焦點為 $F(0, 3)$ 及 $F'(0, -3)$ 且離心率為 $\dfrac{3}{5}$ 的橢圓方程式．

解 由焦點為 $F(0, 3)$ 及 $F'(0, -3)$，可知橢圓中心為 $(0, 0)$，長軸在 y-軸上．令橢圓方程式為

$$\frac{x^2}{b^2}+\frac{y^2}{a^2}=1$$

則

$$c=\sqrt{a^2-b^2}=3$$

$$e=\frac{c}{a}=\frac{3}{5}$$

解得 $a=5$, $b=4$, 故所求橢圓方程式為 $\dfrac{x^2}{16}+\dfrac{y^2}{25}=1$．

例題 3 求中心為原點，一焦點為 $F(4, 0)$，長軸的長為 10 的橢圓方程式.

解 中心為原點，一焦點為 $F(4, 0)$，可得 $c=4$. 長軸的長 $2a=10$，即 $a=5$.

又 $a^2-b^2=c^2$，可得 $25-b^2=16$，$b^2=9$，故橢圓方程式為

$$\frac{x^2}{25}+\frac{y^2}{9}=1.$$

例題 4 已知橢圓之一正焦弦的兩端點為 $(\sqrt{6}, 1)$ 與 $(\sqrt{6}, -1)$，試求此橢圓的方程式.

解 一正焦弦的兩端點為 $(\sqrt{6}, 1)$ 與 $(\sqrt{6}, -1)$，如圖 10-18 所示，因而橢圓有一焦點為 $F(\sqrt{6}, 0)$，$c=\sqrt{6}$.

又正焦弦的長為 2，可知 $\frac{2b^2}{a}=2$.

所以， $\begin{cases} a^2-b^2=6 \quad\cdots\cdots\cdots\cdots\cdots\cdots\cdots\cdots\cdots\cdots\cdots\cdots\cdots\cdots\cdots\cdots\cdots\cdots ① \\ a=b^2 \quad\cdots\cdots\cdots\cdots\cdots\cdots\cdots\cdots\cdots\cdots\cdots\cdots\cdots\cdots\cdots\cdots\cdots\cdots\cdots\cdots\cdots ② \end{cases}$

將 ② 式代入 ① 式，得

$$a^2-a-6=0 \Rightarrow (a-3)(a+2)=0$$

但 $a>0$，因而 $a=3$，$b=\sqrt{3}$，故所求橢圓方程式為

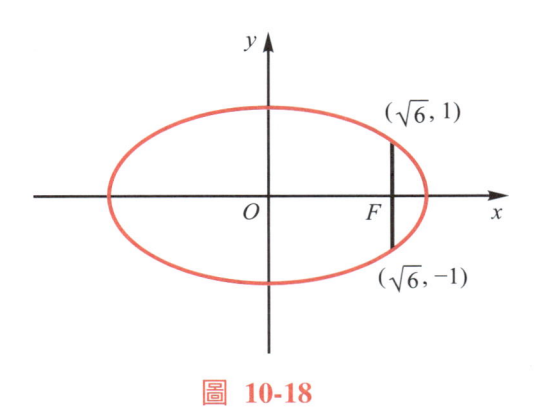

圖 10-18

$$\frac{x^2}{9}+\frac{y^2}{3}=1.$$

隨堂練習 5 設橢圓 $25x^2+49y^2=1225$ 的二焦點為 F 與 F'，點 P 為此橢圓上任一點，則 $\overline{PF}+\overline{PF'}$ 之值為何？

答案：14.

隨堂練習 6 若有一橢圓以原點為中心，其長軸的長是短軸長的 3 倍，焦點在 x-軸上，且通過點 $(5,1)$，試求此橢圓方程式.

答案：$x^2+9y^2=34$.

習題 10-3

求下列各橢圓的焦點、頂點、長軸的長、短軸的長及正焦弦的長.

1. $x^2+4y^2=4$
2. $25x^2=225-9y^2$
3. $2x^2=1-y^2$

求下列各題 (4～9) 的橢圓 (以原點為中心) 方程式.

4. 一焦點為 $(3,0)$，短軸的長為 8，長軸在 x-軸上，短軸在 y-軸上.

5. 一頂點為 $(5,0)$，正焦弦的長為 $\dfrac{18}{5}$，長軸在 x-軸上，短軸在 y-軸上.

6. 二焦點為 $(\pm 3,0)$，一頂點為 $(5,0)$.

7. 長軸的長為 16，正焦弦的長為 3，焦點在 y-軸上.

8. 短軸在 y-軸上，其長為 4，且通過點 $(-3,1)$.

9. 一正焦弦的兩端點為 $(\pm 2, 2\sqrt{6})$.

10. 若橢圓的二焦點為 $(\pm 2\sqrt{3},0)$，且通過點 $(2,\sqrt{3})$，求其正焦弦的長.

11. 設橢圓 $\dfrac{x^2}{64}+\dfrac{y^2}{100}=1$ 的二焦點為 F、F'，點 P 為此橢圓上任一點，則

$\overline{PF}+\overline{PF'}$ 之值為何？

12. 設橢圓 $\dfrac{x^2}{a^2}+\dfrac{y^2}{b^2}=1$ $(a>b>0)$ 上一點 P，二焦點為 F、F'，若 $\overline{FF'}=10$，$\overline{PF}=2\overline{PF'}$，且 $\angle FPF'$ 為直角，試求 a 與 b 之值．

13. 設 $\overline{AB}$ 是橢圓 $\dfrac{x^2}{t}+\dfrac{y^2}{9}=1$ 的正焦弦，F 是一焦點，而 $\triangle ABF$ 的周長為 20，試求 t 之值．

14. 設 $F(3,2)$，$F'(-5,2)$，動點 P 滿足 $\overline{PF}+\overline{PF'}=10$，試求 P 點之軌跡方程式．

10-4 雙曲線的方程式

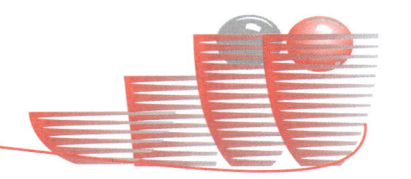

我們所要介紹的最後一種圓錐曲線是雙曲線，雙曲線的定義是什麼呢？我們介紹如下：

定義 10-4

在同一個平面上，與兩定點之距離的差等於定數 $2a$ $(a>0)$ 的所有點所成的圖形，稱為雙曲線，此兩定點稱為雙曲線的焦點．

取兩點 F 及 F' 的中點 O 為原點，直線 $F'F$ 為 x-軸，通過 O 且垂直於直線 $F'F$ 的直線為 y-軸，令 F 及 F' 的坐標分別為 $(c,0)$ 及 $(-c,0)$，則 $\overline{F'F}=2c$ $(c>0)$，如圖 10-19 所示．

設雙曲線上任一點為 $P(x,y)$，則依定義可得

$$|\overline{PF}-\overline{PF'}|=2a \ (a>0)$$

$$\overline{PF}-\overline{PF'}=\pm 2a$$

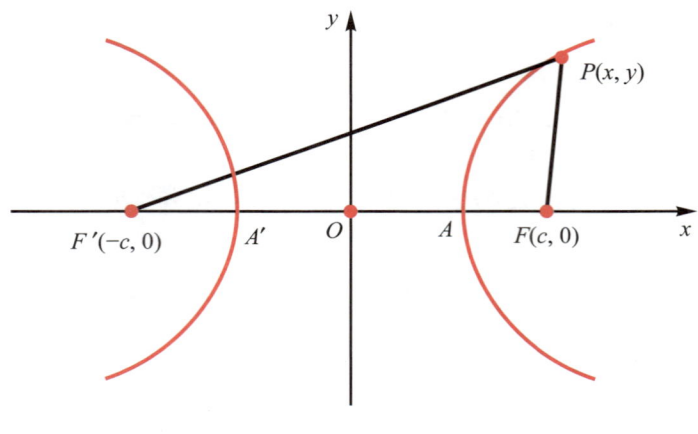

圖 10-19

$$\sqrt{(x-c)^2+y^2} = \pm 2a + \sqrt{(x+c)^2+y^2}$$

將上式等號兩端平方，

$$x^2-2cx+c^2+y^2 = 4a^2 \pm 4a\sqrt{(x+c)^2+y^2} + x^2+2cx+c^2+y^2$$

則

$$\mp a\sqrt{(x+c)^2+y^2} = a^2+cx$$

再將上式等號兩端平方，

$$c^2x^2+2a^2cx+a^4 = a^2[(x+c)^2+y^2]$$

$$c^2x^2+2a^2cx+a^4 = a^2x^2+2a^2cx+a^2c^2+a^2y^2$$

$$(c^2-a^2)x^2-a^2y^2 = a^2(c^2-a^2) \tag{10-4-1}$$

因 $|\overline{PF}-\overline{PF'}| < \overline{F'F}$，可知 $2a < 2c$，即 $a < c$，故

$$c^2-a^2 > 0$$

令

$$b^2 = c^2-a^2 \quad (a>0,\ b>0)$$

代入式 (10-4-1)，可得

$$b^2x^2-a^2y^2 = a^2b^2$$

即

$$\frac{x^2}{a^2}-\frac{y^2}{b^2} = 1 \tag{10-4-2}$$

故雙曲線的方程式為
$$\frac{x^2}{a^2}-\frac{y^2}{b^2}=1 \ (a>0,\ b>0).$$

依照方程式 (10-4-2) 的求法，如果取 $F(0,\ c)$ 與 $F'(0,\ -c)$ 為其焦點，則其方程式為

$$\frac{y^2}{a^2}-\frac{x^2}{b^2}=1,\ b^2=c^2-a^2 \qquad \text{(10-4-3)}$$

今討論上述雙曲線的特性如下：

1. 截距

令 $y=0$ 代入式 (10-4-2)，得 $x=\pm a$，此為 x-截距.

令 $x=0$ 代入式 (10-4-2)，得 $y=\pm bi$ ($i=\sqrt{-1}$)，此表示它與 y-軸不相交.

2. 對稱性

將 $(x,\ y)$ 換成 $(x,\ -y)$、$(-x,\ y)$、$(-x,\ -y)$，分別代入式 (10-4-2)，則方程式不變，故雙曲線對稱於 x-軸、y-軸與原點.

3. 範圍

由 $\frac{x^2}{a^2}-\frac{y^2}{b^2}=1$ 解 y，得 $y=\pm\frac{b}{a}\sqrt{x^2-a^2}$. 因 $x^2-a^2\geq 0$，故 $x\leq -a$ 或 $x\geq a$.

由 $\frac{x^2}{a^2}-\frac{y^2}{b^2}=1$ 解 x，得 $x=\pm\frac{a}{b}\sqrt{b^2+y^2}$，因此，不論 y 是任何實數，都有兩個對應的 x 值，使得點 $(x,\ y)$ 在這個雙曲線上，故雙曲線在直線 $x=-a$ 的左方或在直線 $x=a$ 的右方，且上方及下方皆可無限延伸，如圖 10-20 所示，其中：

(1) $A(a,\ 0)$、$A'(-a,\ 0)$ 稱為此雙曲線的頂點.
(2) $\overline{AA'}$ 稱為此雙曲線的貫軸，其長為 $2a$.
(3) $\overline{BB'}$ 稱為此雙曲線的共軛軸，其長為 $2b$.
(4) 雙曲線的對稱中心，即貫軸與共軛軸的交點 O，稱為此雙曲線的中心.

圖 10-20

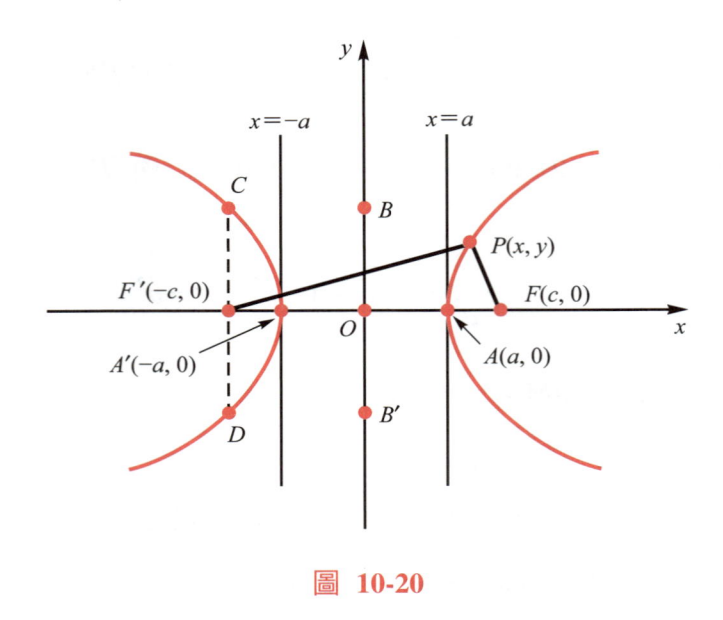

(5) $e=\dfrac{c}{a}$ (> 1) 稱為雙曲線的 離心率.

綜合上述之討論，可得下面定理：

定理 10-7

若雙曲線的中心為原點，兩焦點在 x-軸上，貫軸的長為 $2a$，共軛軸的長為 $2b$，則此雙曲線的方程式為

$$\dfrac{x^2}{a^2}-\dfrac{y^2}{b^2}=1 \ (a>0,\ b>0)$$

焦點坐標為 $(\pm c,\ 0)$，其中 $c=\sqrt{a^2+b^2}$．

同理，可推得下面定理：

定理 10-8

若雙曲線的中心為原點，兩焦點在 y-軸上，貫軸的長為 $2a$，共軛軸的長為 $2b$，則此雙曲線的方程式為

$$\frac{y^2}{a^2}-\frac{x^2}{b^2}=1 \ (a>0, \ b>0)$$

焦點坐標為 $(0, \pm c)$，其中 $c=\sqrt{a^2+b^2}$ (見圖 10-21).

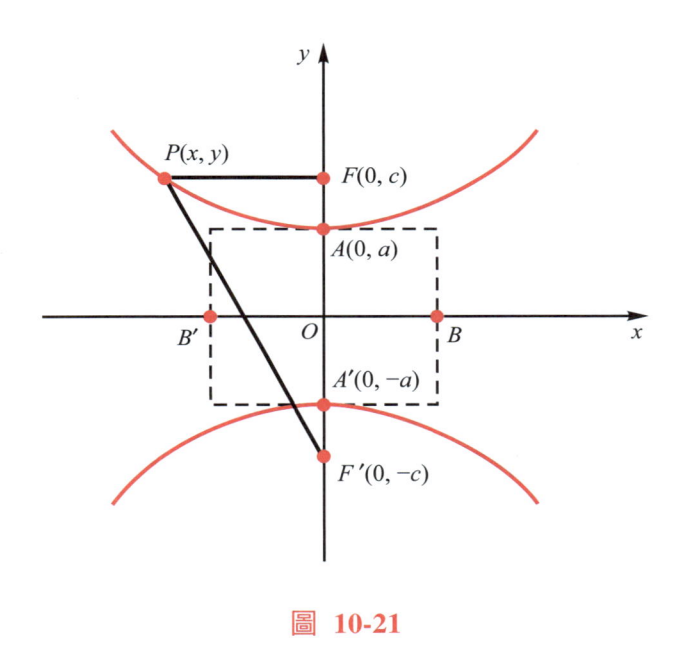

圖 10-21

上述兩定理中所給的方程式稱為雙曲線的**標準式**.

瞭解雙曲線的定義及標準式之後，我們再來討論有關雙曲線一些重要部位的名稱.

定義 10-5

連接雙曲線上任意兩點的線段稱為雙曲線的**弦**，通過焦點的弦稱為**焦弦**，與雙曲線貫軸垂直的弦稱為**正焦弦**，連接雙曲線上任意一點與焦點的線段稱為**焦半徑**.

如圖 10-22 所示，$\overline{CD}$ 是弦，$\overline{RS}$ 是焦弦，$\overline{HK}$ 是正焦弦，$\overline{LF}$ 是焦半徑.

在雙曲線方程式 $\dfrac{x^2}{a^2}-\dfrac{y^2}{b^2}=1$ 中，令 $x=c$，可得

$$\frac{y^2}{b^2}=\frac{c^2}{a^2}-1=\frac{1}{a^2}(c^2-a^2)$$

$$y=\pm\frac{a}{b}\sqrt{c^2-a^2}=\pm\frac{b^2}{a}$$

所以正焦弦 $\overline{HK}$ 的長為 $\dfrac{2b^2}{a}$．同理可證，雙曲線 $\dfrac{y^2}{a^2}-\dfrac{x^2}{b^2}=1$ 的正焦弦的長為 $\dfrac{2b^2}{a}$．因此可得下面的定理：

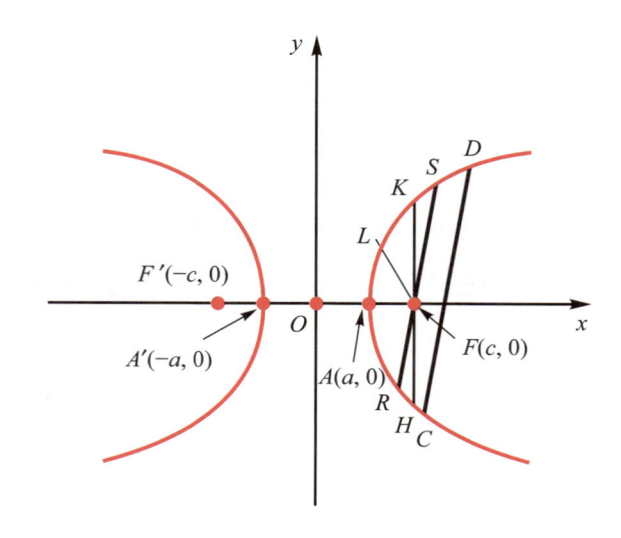

圖 10-22

定理 10-9

雙曲線 $\dfrac{x^2}{a^2}-\dfrac{y^2}{b^2}=1$ 與 $\dfrac{y^2}{a^2}-\dfrac{x^2}{b^2}=1\ (a>0,\ b>0)$ 之正焦弦的長均為 $\dfrac{2b^2}{a}$．

例題 1 求雙曲線 $40x^2-9y^2=360$ 的頂點、焦點、貫軸與共軛軸的長、正焦弦的長，並作其圖形．

解 將 $40x^2-9y^2=360$ 寫成

$$\dfrac{x^2}{9}-\dfrac{y^2}{40}=1$$

所以，$a=3$，$b=\sqrt{40}=2\sqrt{10}$，

$c=\sqrt{a^2+b^2}=\sqrt{9+40}=7$

① 頂點：$A(3,\ 0)$、$A'(-3,\ 0)$．
② 焦點：$F(7,\ 0)$、$F'(-7,\ 0)$．
③ 貫軸的長 $=2a=6$．
④ 共軛軸的長 $=2b=4\sqrt{10}$．
⑤ 正焦弦的長 $=\dfrac{2b^2}{a}=\dfrac{80}{3}$．

圖形如圖 10-23 所示．

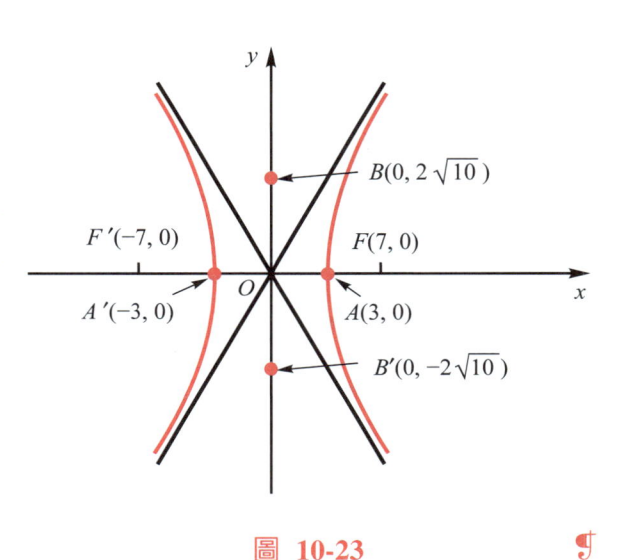

圖 10-23

隨堂練習 7 試求雙曲線 $49y^2-25x^2=1225$ 的頂點、焦點、貫軸與共軛軸的長、正焦弦的長，並作其圖形．

答案：① 頂點：$A(0,\ 5)$，$A'(0,\ -5)$．
② 焦點：$F(0,\ \sqrt{74})$，$F'(0,\ -\sqrt{74})$．

③ 貫軸的長 = 10.

④ 共軛軸的長 = 14.

⑤ 正焦弦的長 = $\dfrac{98}{5}$.

例題 2 一雙曲線的兩焦點為 (0, 3) 及 (0, -3),頂點為 (0, 1),試求此雙曲線的方程式.

解 兩焦點為 (0, 3) 及 (0, -3),則雙曲線的中心為原點,貫軸為 y-軸. 設雙曲線為

$$\dfrac{y^2}{a^2} - \dfrac{x^2}{b^2} = 1 \ (a > 0, \ b > 0)$$

又 $a = 1$,$c = 3$,可得

$$b^2 = c^2 - a^2 = 9 - 1 = 8$$

故所求雙曲線方程式為 $\dfrac{y^2}{1} - \dfrac{x^2}{8} = 1.$ ¶

例題 3 一雙曲線的中心在原點,貫軸在 x-軸上,正焦弦的長為 18,兩焦點之間的距離為 12,求此雙曲線的方程式.

解 貫軸在 x-軸上,故設雙曲線為

$$\dfrac{x^2}{a^2} - \dfrac{y^2}{b^2} = 1$$

兩焦點之間的距離為 12,則 $2c = 12$,即 $c = 6.$

又 $\qquad\qquad a^2 + b^2 = c^2 = 36$ ························①

正焦弦的長為 18,則 $\dfrac{2b^2}{a} = 18$,故

$$b^2 = 9a \ \text{························②}$$

將 ② 式代入 ① 式，可得

$$a^2+9a-36=0$$
$$(a+12)(a-3)=0$$

但 $a>0$，因而 $a=3$，$b^2=27$.

故所求雙曲線方程式為 $\dfrac{x^2}{9}-\dfrac{y^2}{27}=1$.

隨堂練習 8　若有一雙曲線其中心為原點，焦點在 y-軸上，兩焦點的距離為 $2\sqrt{15}$，正焦弦之長為 4，試求此雙曲線的方程式.

答案：$\dfrac{y^2}{9}-\dfrac{x^2}{6}=1$.

雙曲線、拋物線與橢圓雖均為圓錐曲線，但雙曲線尚有一個特殊性質：雙曲線有漸近線．

定義 10-6

設有一直線 L 及一曲線 C，若 C 在無限遠處非常接近於 L，則這樣的直線 L 就稱為曲線 C 的漸近線．

定義 10-6 的幾何說明如圖 10-24 所示．

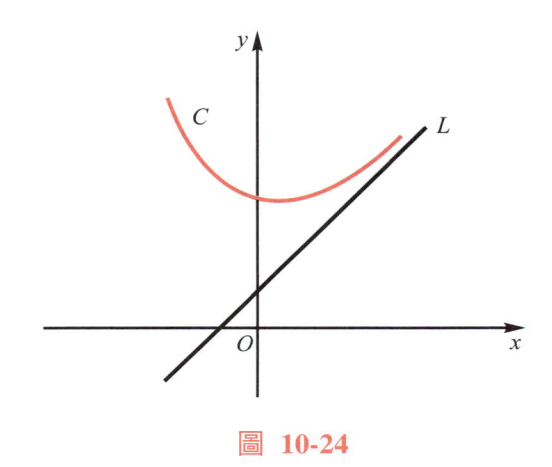

圖 10-24

設 $P_1(x_1, y_1)$ 是雙曲線 $\dfrac{x^2}{a^2} - \dfrac{y^2}{b^2} = 1$ 上的一點，則得 $b^2 x_1^2 - a^2 y_1^2 = a^2 b^2$.

將此式改寫成

$$(bx_1 - ay_1)(bx_1 + ay_1) = a^2 b^2$$

$$\Rightarrow \sqrt{(bx_1 - ay_1)^2} \sqrt{(bx_1 + ay_1)^2} = a^2 b^2$$

則
$$|bx_1 - ay_1| \, |bx_1 + ay_1| = a^2 b^2$$

$$\left(\dfrac{|bx_1 - ay_1|}{\sqrt{a^2 + b^2}} \right) \left(\dfrac{|bx_1 + ay_1|}{\sqrt{a^2 + b^2}} \right) = \dfrac{a^2 b^2}{a^2 + b^2} = \dfrac{a^2 b^2}{c^2} \text{ （定值）} \qquad \textbf{(10-4-4)}$$

今考慮直線 $L：bx - ay = 0$ 及直線 $L'：bx + ay = 0$，則在式 (10-4-4) 中，$\dfrac{|bx_1 - ay_1|}{\sqrt{a^2 + b^2}} = d(P, L)$ 表 P 點至直線 L 的距離，$\dfrac{|bx_1 + ay_1|}{\sqrt{a^2 + b^2}} = d(P, L')$ 表 P 點至直線 L' 的距離，如圖 10-25 所示.

因此，式 (10-4-4) 可寫成

$$d(P, L) \times d(P, L') = \dfrac{a^2 b^2}{c^2} \text{ （定值）} \qquad \textbf{(10-4-5)}$$

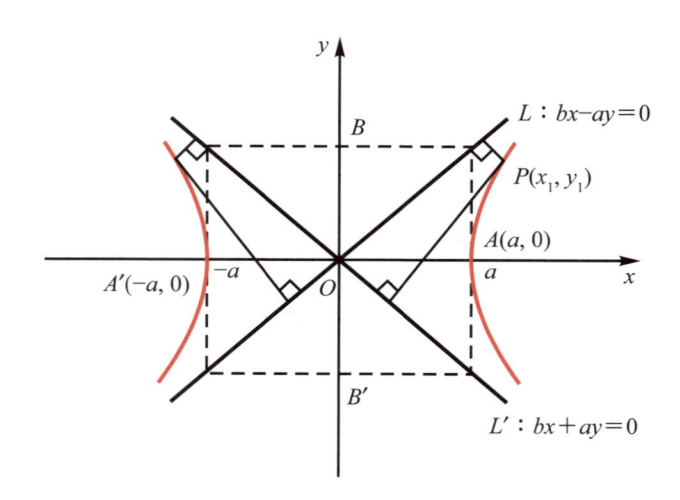

圖 **10-25**

式 (10-4-5) 乃是表示：雙曲線 $\dfrac{x^2}{a^2}-\dfrac{y^2}{b^2}=1$ 上每個點至直線 L 與 L' 的距離的乘積等於定值 $\dfrac{a^2b^2}{c^2}$．兩距離的乘積既是定值，則當其中一距離趨近於 ∞ 時，另一距離必趨近於零．又因為雙曲線在四個象限內可無限延伸，所以，當 $d(P, L) \to \infty$ 時，$d(P, L') \to 0$，故 $L': bx+ay=0$ 為漸近線．同理，當 $d(P, L') \to \infty$ 時，$d(P, L) \to 0$，故 $L: bx-ay=0$ 為漸近線．

綜合以上討論，可得下面的定理：

定理 10-10

雙曲線 $\dfrac{x^2}{a^2}-\dfrac{y^2}{b^2}=1\ (a>0,\ b>0)$ 有二條漸近線，其方程式為

$$bx-ay=0 \text{ 與 } bx+ay=0.$$

例題 4 求 $\dfrac{x^2}{9}-\dfrac{y^2}{16}=1$ 的漸近線方程式．

解 $\dfrac{x^2}{9}-\dfrac{y^2}{16}=0 \Rightarrow 16x^2-9y^2=0 \Rightarrow (4x-3y)(4x+3y)=0$

故漸近線方程式為 $4x-3y=0$ 與 $4x+3y=0$．

例題 5 若雙曲線的中心在原點，貫軸在 x-軸上，其長為 8，一漸近線的斜率為 $\dfrac{3}{4}$，求此雙曲線的方程式．

解 設雙曲線為 $\dfrac{x^2}{a^2}-\dfrac{y^2}{b^2}=1$，則 $2a=8$，即 $a=4$．

又二漸近線為 $bx-ay=0$ 與 $bx+ay=0$，其斜率分別為 $\dfrac{b}{a}$ 及 $-\dfrac{b}{a}$，故

$\dfrac{b}{a}=\dfrac{3}{4}$．

由 $a=4$，可得 $b=3$，故雙曲線方程式為

$$\frac{x^2}{16}-\frac{y^2}{9}=1.$$

隨堂練習 9 若有一雙曲線其一焦點為 $(0,-5)$，二條漸近線分別為 $4x+3y=0$ 與 $4x-3y=0$，試求此雙曲線之方程式．

答案：$\dfrac{y^2}{16}-\dfrac{x^2}{9}=1.$

若一雙曲線的貫軸與共軛軸，分別為另一雙曲線的共軛軸與貫軸，則此兩雙曲線互稱為 共軛雙曲線．例如，

$$\frac{x^2}{a^2}-\frac{y^2}{b^2}=1 \tag{10-4-6}$$

與

$$\frac{y^2}{b^2}-\frac{x^2}{a^2}=1 \tag{10-4-7}$$

互稱為 共軛雙曲線．

由式 (10-4-6) 與 (10-4-7) 可知，共軛雙曲線有下列的性質：

1. 兩共軛雙曲線有相同的中心．
2. 兩共軛雙曲線有相同的漸近線．
3. 兩共軛雙曲線的焦點與中心的距離相等．

如圖 10-26 所示．

例題 6 求 $\dfrac{x^2}{16}-\dfrac{y^2}{9}=1$ 的共軛雙曲線．

解 所求的共軛雙曲線為

$$\frac{y^2}{9}-\frac{x^2}{16}=1$$

若一雙曲線的貫軸與共軛軸相等，則這種雙曲線稱為 等軸雙曲線，例如，

圖 10-26

$$\frac{x^2}{a^2}-\frac{y^2}{a^2}=1 \qquad 或 \qquad x^2-y^2=a^2$$

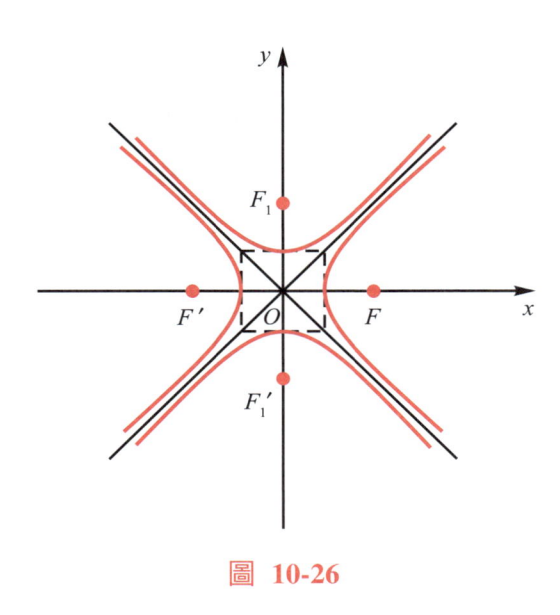

是一等軸雙曲線，其二漸近線是 $x-y=0$ 與 $x+y=0$，它們互相垂直。

例題 7 下列的雙曲線中何者為等軸雙曲線？

(1) $3x^2-4y^2=12$ (2) $3x^2-y^2=2$

解 (1) $3x^2-4y^2=12 \Rightarrow \dfrac{x^2}{2^2}-\dfrac{y^2}{(\sqrt{3})^2}=1$

$$a=2,\ b=\sqrt{3}$$

因 $a\neq b$，故非等軸雙曲線。

(2) $3x^2-y^2=2 \Rightarrow \dfrac{x^2}{\frac{2}{3}}-\dfrac{y^2}{2}=1 \Rightarrow \dfrac{x^2}{\left(\sqrt{\frac{2}{3}}\right)^2}-\dfrac{y^2}{(\sqrt{2})^2}=1$

$$a=\sqrt{\frac{2}{3}},\ b=\sqrt{2}$$

因 $a \neq b$，故非等軸雙曲線.

隨堂練習 10 下列的雙曲線中何者為等軸雙曲線？

(1) $3x^2 - 3y^2 = 1$ (2) $x^2 - y^2 = 4$

答案：(1) 為等軸雙曲線.
(2) 為等軸雙曲線.

習題 10-4

1. 求下列雙曲線的中心、頂點、焦點、貫軸的長、共軛軸的長、正焦弦的長及離心率，並作其圖形.
   (1) $4x^2 - 9y^2 - 36 = 0$
   (2) $9x^2 - 16y^2 + 144 = 0$

求下列各題 (2～6) 的雙曲線方程式.

2. 兩焦點為 $F(0, 13)$ 及 $F'(0, -13)$，貫軸的長為 10.

3. 中心在原點，共軛軸在 x-軸上，貫軸的長為 14，正焦弦的長為 6.

4. 中心在原點，貫軸在 y-軸上，且通過兩點 $(0, 4)$ 及 $(6, 5)$.

5. 通過 $(5, 4)$，且二焦點為 $(3, 0)$ 及 $(-3, 0)$.

6. 中心在原點，焦點在 x-軸上，通過頂點的兩焦半徑之長分別為 9 與 1.

7. 試求雙曲線 $4x^2 - 9y^2 = 36$ 的漸近線.

8. 已知雙曲線的一頂點為 $(2, 0)$，二條漸近線為 $3x + y = 0$ 與 $3x - y = 0$，求其方程式.

9. 設 $F(5, 0)$、$F'(-5, 0)$ 及 $P(x, y)$ 為平面上之點，且 $|\overline{PF} - \overline{PF'}| = 6$，試由雙曲線之定義導出 P 點的軌跡方程式.

10. 設一雙曲線的中心在原點，貫軸在 x-軸上，且通過 $P(4, 2\sqrt{3})$，若 P 至此雙曲線的二漸近線距離之積為 $\dfrac{24}{5}$，試求此雙曲線的方程式.

11. 設 F、F' 為雙曲線 $\dfrac{x^2}{64}-\dfrac{y^2}{100}=-1$ 的二焦點，P 為雙曲線上任一點，則 $|\overline{PF}-\overline{PF'}|=?$

12. 方程式 $ay^2=x^2-bx$ 表一雙曲線，且二焦點的距離為 $2\sqrt{3}$，貫軸長為共軛軸長的二倍，試求 a、b 之值.

13. 設一雙曲線之中心為原點，焦點在 y-軸上，過頂點的二焦半徑長分別為 9、1，試求此雙曲線方程式.

14. 試求下列各雙曲線的漸近線方程式.
    (1) $xy=3$
    (2) $xy-2x+3y-1=0$
    (3) $xy=2x+3y$

15. 設一雙曲線之一頂點為 $(0,2)$，二漸近線為 $2x+3y=0$，$2x-3y=0$，試求此雙曲線的方程式.

11

數列與級數

- ❀ 有限數列
- ❀ 有限級數
- ❀ 特殊有限級數求和法

11-1 有限數列

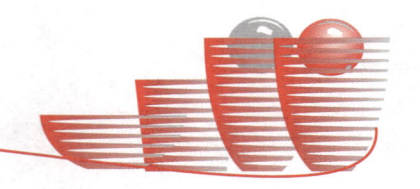

一、數　列

如果我們將某班同學期中考試各科之平均成績按照座號抄列如下：

$$80,\ 82,\ 74,\ 92,\ 68,\ 91,\ \cdots$$

則這一連串之數字即是所謂的**數列**，通常我們用

$$a_1,\ a_2,\ a_3,\ \cdots,\ a_n$$

來表示數列，其中 $a_1,\ a_2,\ a_3,\ \cdots,\ a_n$，都稱為此數列的**項**，並分別稱為第 1 項、第 2 項、$\cdots$、第 n 項；其中第 1 項與第 n 項又分別稱為**首項**與**末項**，當 n 為有限數時，則稱此數列為**有限數列**.

嚴格來說，有限數列是指以自然數（或其部分集合）為定義域的一個函數. 例如，函數

$$a:k \to a_k, \quad k=1,\ 2,\ 3,\ \cdots,\ n$$

是由

$$a:k \to k^2+1$$

所定義，則此函數將自然數與實數形成下面的對應：

$$a:1 \to 1^2+1=2=a_1$$
$$a:2 \to 2^2+1=5=a_2$$
$$a:3 \to 3^2+1=10=a_3$$
$$\vdots$$
$$a:n \to n^2+1=a_n$$

此函數 $a:k \to a_k$，$k=1,\ 2,\ \cdots,\ n$ 即是所謂的有限數列，或者說，依此方式所得到的一連串數字

$$2,\ 5,\ 10,\ \cdots,\ n^2+1$$

即是所謂的有限數列，它可記為

$$\{k^2+1\}_{k=1}^{n}$$

若已知一數列組成的規則，或根據一數列的已知項，尋得它的規則，則可依此規則，求得此數列的每一項．

例如，數列 $\left\{\dfrac{k+1}{3k+2}\right\}_{k=1}^{n}$ 之前 4 項為

$$a_1=\dfrac{2}{5},\ a_2=\dfrac{3}{8},\ a_3=\dfrac{4}{11},\ a_4=\dfrac{5}{14}$$

但有時，一數列的規則並不明顯，也不能根據它的已知的項，尋出它的規則，例如，

$$\dfrac{1}{2},\ \dfrac{6}{5},\ \dfrac{3}{8},\ \dfrac{4}{7},\ \dfrac{3}{10},\ \cdots$$

因此，讀者應特別注意，在數列的表示法中 a_n 為數列之**通項**，但如果不能尋找出數列之規則，a_n 就不表示通項，即不能表示任何一項，它只能表示第 n 項 (n 為一固定數)．

例題 1 求數列 $\left\{\dfrac{k+1}{k^2+1}\right\}_{k=1}^{n}$ 的前 6 項．

解 分別將 $k=1,\ 2,\ 3,\ 4,\ 5,\ 6$ 代入，即得

$$a_1=\dfrac{2}{2}=1,\ a_2=\dfrac{3}{5},\ a_3=\dfrac{4}{10},\ a_4=\dfrac{5}{17},\ a_5=\dfrac{6}{26},\ a_6=\dfrac{7}{37}.$$

例題 2 設 $f(k)=k^2-3k+2$，$f(k+1)-f(k)=g(k)$，求 $\{g(k)\}_{k=1}^{n}$ 的前 3 項與通項．

解 因

$$f(k)=k^2-3k+2$$

故 $f(k+1)=(k+1)^2-3(k+1)+2=k^2-k$

$g(k)=f(k+1)-f(k)=k^2-k-k^2+3k-2=2(k-1)$

分別以 $k=1, 2, 3, \cdots, n$ 代入上式，即得

$g(1)=2(1-1)=0$ 　　第 1 項
$g(2)=2(2-1)=2$ 　　第 2 項
$g(3)=2(3-1)=4$ 　　第 3 項
$\vdots$ 　　$\vdots$
$g(n)=2(n-1)$ 　　第 n 項即通項

例題 3 試求下列有限數列之通項.

$$1^2 \times 51, \ 2^2 \times 49, \ 3^2 \times 47, \ \cdots, \ 21^2 \times 11$$

解 令 $a_1=51, a_2=49, a_3=47, \cdots, a_{21}=11$，

則 $a_k=51+(k-1)(-2)=53-2k$

故通項為 $a_n=n^2(53-2n), \ n=1, 2, 3, \cdots, 21.$

隨堂練習 1 根據下面數列的一般項公式，寫出前 5 項來.

$$\left\{\frac{2k}{k+2}\right\}_{k=1}^{n}$$

答案：$\dfrac{2}{3}, \dfrac{4}{4}, \dfrac{6}{5}, \dfrac{8}{6}, \dfrac{10}{7}.$

隨堂練習 2 試求下列有限數列之通項.

$$1, \ -\frac{1}{3}, \ \frac{1}{5}, \ -\frac{1}{7}$$

答案：$a_n=(-1)^{n-1}\cdot\dfrac{1}{2n-1}.$

二、等差數列

若一個 n 項的有限數列

$$a_1, a_2, a_3, \cdots, a_n$$

除首項外，它的任意一項 a_{k+1} 與其前一項 a_k 的差，恆為一常數 d，即

$$a_{k+1} - a_k = d$$

或 $$a_{k+1} = a_k + d \quad (1 \leq k \leq n)$$

則此數列稱為等差數列，也稱為算術數列，通常以符號 A.P. 表示，而常數 d 稱為公差．例如，數列

1. $1, 3, 5, 7, 9, 11, \cdots, (2n-1)$
2. $20, 11, 2, -7, -16, -25, \cdots, (-9n+29)$

數列 **1.**，除首項"1"外，其中任意一項與它的前一項的差是

$$3 - 1 = 2$$
$$5 - 3 = 2$$
$$7 - 5 = 2$$
$$9 - 7 = 2$$
$$\cdots\cdots$$

其中的差都是 2，故知此數列為一等差數列，公差是 2，首項是 1，通項是 $(2n-1)$．

數列 **2.**，除首項「20」外，其中任意一項與它的前一項的差是

$$11 - 20 = -9$$
$$2 - 11 = -9$$
$$-7 - 2 = -9$$
$$\cdots\cdots\cdots$$

其中的差都是 -9，故知此數列是一等差數列，公差是 -9，首項是 20，通項是 $-9n+29$．

若一個 n 項的等差數列

$$a_1, a_2, a_3, a_4, \cdots, a_n$$

的公差是 d，首項 $a_1 = a$，則有

$$a_1 = a$$
$$a_2 = a_1 + d = a + d$$
$$a_3 = a_2 + d = a + d + d = a + 2d$$
$$a_4 = a_3 + d = a + 2d + d = a + 3d$$
$$\cdots\cdots\cdots\cdots\cdots\cdots\cdots\cdots$$

由觀察不難發現此等差數列第 1 項，第 2 項，第 3 項，…，其中公差 d 的係數依序增加 1，但恆比它所在的項數少 1，故若用 l_n 表示第 n 項 a_n，則可寫成

$$l_n = a + (n-1)d \qquad (11\text{-}1\text{-}1)$$

式 (11-1-1) 即是等差數列的通項，也就是等差數列的規則，由此，若等差數列的首項是 a，公差是 d，則它的一般形式可寫成

$$a, \ a+d, \ a+2d, \ a+3d, \ \cdots, \ a+(n-1)d$$

對一個等差數列，若

1. 已知首項 a 與公差 d，則可由式 (11-1-1) 計算出此等差數列的任意一項.

2. 已知任意兩項，設第 r 項是 p，第 s 項是 q，則由式 (11-1-1) 可知

$$\begin{cases} p = a + (r-1)d \\ q = a + (s-1)d \end{cases}$$

解此方程組，可求得首項 a 與公差 d，因此，可決定此數列的任意一項.

例題 4 設某等差數列的首項是 3，公差是 5，求它的第 20 項與通項.

解 首項 $a = 3$，公差 $d = 5$，則第 20 項是

$$l_{20} = 3 + (20-1) \times 5 = 3 + 95 = 98$$

通項是

$$l_n = 3 + (n-1) \times 5 = 5n - 2.$$

例題 5 在自然數 1 到 100 之間,不能被 2 與 3 整除的自然數有多少個?

解 數列 1, 2, 3, 4, 5, 6, …, 100 中,不能被 2 整除的有

$$1, 3, 5, 7, 9, 11, 13, 15, \cdots, 95, 97, 99$$

此數列中,不能被 3 整除的有

$$1, 5, 7, 11, 13, 17, \cdots, 95, 97$$

上面這個數列,沒有一個規則,但若把它分成兩個數列:

$$1, 7, 13, 19, 25, \cdots, 97;$$
$$5, 11, 17, 23, 29, \cdots, 95$$

則每一個數列都是等差數列,它們的公差都是 6,故有

$$l_m = 1 + (m-1) \times 6 = 97;$$
$$l_n = 5 + (n-1) \times 6 = 95$$

分別解上面二方程式,得 $m=17$, $n=16$.

故知自然數由 1 到 100 之間,不能被 2 與 3 整除的共有 $17+16=33$ 個.

隨堂練習 3 若有一等差數列的第 10 項為 15,第 20 項為 45,求公差 d 及 a_{30}.

答案:$d=3$, $a_{30}=75$.

三、調和數列

已知一個 n 項的數列

$$a_1, a_2, a_3, \cdots, a_n$$

而且每一項皆不為 0,若 $\dfrac{1}{a_1}, \dfrac{1}{a_2}, \dfrac{1}{a_3}, \cdots, \dfrac{1}{a_n}$ 成等差數列,則稱數列 $a_1, a_2, a_3, \cdots, a_n$ 為調和數列,常以符號 H.P. 表示. 例如,數列

$$1, \frac{1}{3}, \frac{1}{5}, \frac{1}{7}, \frac{1}{9}, \cdots$$

$$\frac{1}{20}, \frac{1}{11}, \frac{1}{2}, \frac{-1}{7}, \cdots$$

都是調和數列.

例題 6 已知一數列 $\frac{1}{5}, \frac{3}{14}, \frac{3}{13}, \frac{1}{4}, \frac{3}{11}, \cdots, \frac{3}{2}, 3$.

(1) 說明此數列為調和數列的理由.
(2) 求此數列的第 n 項.

解 (1) 將數列 $\frac{1}{5}, \frac{3}{14}, \frac{3}{13}, \frac{1}{4}, \frac{3}{11}, \cdots, \frac{3}{2}, 3$ 的各項予以顛倒,

可得新數列如下：

$$5, \frac{14}{3}, \frac{13}{3}, 4, \frac{11}{3}, \cdots, \frac{2}{3}, \frac{1}{3}$$

而此數列為一等差數列，公差為 $-\frac{1}{3}$，故原數列為調和數列.

(2) 原數列 $\frac{1}{5}, \frac{3}{14}, \frac{3}{13}, \frac{1}{4}, \cdots, \frac{3}{2}, 3$ 成 H.P.

新數列 $5, \frac{14}{3}, \frac{13}{3}, 4, \cdots, \frac{2}{3}, \frac{1}{3}$ 成 A.P.

此新數列的第 n 項為

$$a_n = a_1 + (n-1)d = 5 + (n-1)\left(-\frac{1}{3}\right) = \frac{16-n}{3}$$

故原數列的第 n 項為 $\frac{3}{16-n}$.

隨堂練習 4 已知 1、m、4、n 是調和數列，求 m、n 之值.

答案：$m=\dfrac{8}{5}$，$n=-8$.

四、等比數列

已知一個 n 項的數列，

$$a_1,\ a_2,\ a_3,\ \cdots,\ a_n$$

其中每一項都不是 0，除首項外，它的任意一項 a_{k+1} 與其前一項 a_k 的比值，恆為一常數 r，即

$$\dfrac{a_{k+1}}{a_k}=r$$

或

$$a_{k+1}=ra_k \quad (1\leq k<n)$$

則稱此數列為 等比數列，也稱為 幾何數列，常用符號 G.P. 表示，其中常數 r 稱為 公比. 例如，數列

$$\dfrac{1}{2},\ \dfrac{1}{3},\ \dfrac{2}{9},\ \dfrac{4}{27},\ \cdots,\ \dfrac{1}{2}\left(\dfrac{2}{3}\right)^{n-1}$$

上述數列，除首項"$\dfrac{1}{2}$"外，其中任一項與其前一項之比為

$$\dfrac{1}{3}:\dfrac{1}{2}=\dfrac{2}{3},\ \dfrac{2}{9}:\dfrac{1}{3}=\dfrac{2}{3},\ \dfrac{4}{27}:\dfrac{2}{9}=\dfrac{2}{3},\ \cdots$$

故知此數列為等比數列，它的公比是 $\dfrac{2}{3}$，首項是 $\dfrac{1}{2}$，通項是 $\dfrac{1}{2}\left(\dfrac{2}{3}\right)^{n-1}$，共有 n 項.

若一個 n 項的等比數列

$$a_1,\ a_2,\ a_3,\ \cdots,\ a_n\ (a_k\neq 0,\ k=1,\ 2,\ 3,\ \cdots,\ n)$$

的公比是 $r\neq 0$，首項 $a_1=a\neq 0$，則

$$a_1=a=ar^0,$$
$$a_2=a_1r=ar^1,$$

$$a_3 = a_2 r = ar^2,$$
$$a_4 = a_3 r = ar^3,$$
$$\cdots\cdots\cdots$$

觀察此等比數列的第 1 項、第 2 項、第 3 項、第 4 項、…中，公比 r 的指數依序增加 1，但恆比它所在的項數少 1，若以 l_n 表第 n 項 a_n，則可寫成

$$l_n = ar^{n-1} \qquad (11\text{-}1\text{-}2)$$

對一個等比數列，若

1. 已知首項 a 與公比 r，則可由式 (11-1-2) 計算出此等比數列之任意一項.
2. 已知任意兩項，設第 k 項為 p，第 h 項為 q，$k < h$，則由式 (11-1-2) 可得

$$\begin{cases} p = ar^{k-1} \\ q = ar^{h-1} \end{cases}$$

解此方程組，常可求得首項 a 與公比 r，因而，可決定此數列之任意一項.

例題 7 設有一等比數列，其首項是 $\sqrt{2}$，公比是 $\sqrt{3}$，求其第 30 項與通項.

解 首項 $a = \sqrt{2}$，公比 $r = \sqrt{3}$，則

$$l_{30} = \sqrt{2}\,(\sqrt{3})^{30-1} = \sqrt{2}\,(\sqrt{3})^{29}$$

通項是 $l_n = \sqrt{2}\,(\sqrt{3})^{n-1}$.

隨堂練習 5 已知一等比數列的第 3 項為 9，第 7 項為 $\dfrac{1}{9}$，求其第 10 項.

答案：$a_{10} = \dfrac{1}{243}$ 或 $-\dfrac{1}{243}$.

五、中項問題的計算

1. 等差中項

在兩數 a、b 之間，插入一數 A，使 a、A、b 三數成等差數列，則 A 為 a、b 的等差中項，即

$$A-a=b-A$$

$$\Rightarrow A=\frac{a+b}{2}$$

2. 調和中項

若任意三數成調和數列，則其中間的數，稱為其餘兩數的調和中項．

在兩數 a、b 之間，插入一數 H，使 a、H、b 成調和數列，則 H 為 a、b 的調和中項，即

$$\frac{1}{H}-\frac{1}{a}=\frac{1}{b}-\frac{1}{H}$$

$$\Rightarrow H=\frac{2ab}{a+b}$$

3. 等比中項

若在兩數之間，插入一個數，使此三數成等比數列，則插入的數稱為原兩數的等比中項．

在兩數 a、b 之間 $(ab>0)$，插入一數 G，使 a、G、b 成等比數列，則 G 為 a、b 的等比中項，即

$$G:a=b:G$$
$$\Rightarrow G^2=ab$$
$$\Rightarrow G=\pm\sqrt{ab}$$

因此，a 與 b 之等比中項為 $\sqrt{ab}$ 與 $-\sqrt{ab}$，其中 $\sqrt{ab}$ 也稱為 a 與 b 的幾何平均數．

例題 8 設 b 為 a、c 的等差中項，a 為 b 與 c 的等比中項，求 $a:b:c$（但 $a\neq b$，$b\neq c$）．

解 由題意得知，

$$\begin{cases} b=\dfrac{a+c}{2} \quad\cdots\cdots\cdots① \\ a^2=bc \quad\cdots\cdots\cdots② \end{cases}$$

由 ①、② 消去 c，得

$$a^2=b(2b-a)$$
$$\Rightarrow a^2+ab-2b^2=0$$
$$\Rightarrow (a+2b)(a-b)=0$$

但 $a\neq b$，可知 $a+2b=0$，故 $a=-2b$，$c=4b$。
因此，$a:b:c=-2:1:4$。

隨堂練習 6 已知 a、b 兩數之等差中項為 4，調和中項為 $\dfrac{15}{4}$，求 a、b 兩數．

答案：$a=5$，$b=3$ 或 $a=3$，$b=5$．

習題 11-1

1. 求下列數列的前 5 項．

    (1) $\{1-(-1)^k\}_{k=1}^{n}$ 　　(2) $\{\sqrt{k+1}\}_{k=1}^{n}$ 　　(3) $\left\{\dfrac{3k-2}{2k+1}\right\}_{k=1}^{n}$

2. 試寫出下列遞迴數列之前四項．

    (1) $a_1=-3$，$a_{k+1}=(-1)^{k+1}\cdot(2a_k)$，$k$ 為自然數．

    (2) $a_1=2$，$a_{k+1}=2k+a_k$，k 為自然數．

3. 設數列 $\{a_n\}$，$a_1=3$，$2a_{n+1}a_n+4a_{n+1}-a_n=0$，試求 a_2，a_3，a_4．

4. 試寫出下列數列的一般項 a_n，n 為自然數．

    (1) -1，4，-9，16，-25，36，$\cdots$

    (2) -2，4，-8，16，-32，64，$\cdots$

(3) $1, \sqrt{3}, \sqrt{5}, \sqrt{7}, \sqrt{9}, \sqrt{11}, \cdots$

(4) $1, 6, 11, 16, 21, \cdots$

5. 已知 $2 \cdot m \cdot 8 \cdot n$ 為等差數列，求 $m \cdot n$ 之值.

6. 一等差數列之前兩項 $a_1=5$、$a_2=8$，求此數列的第四項 a_4、第十一項 a_{11} 與一般項 a_n.

7. 試判別下列數列是否為等比數列，如果是，則求其公比.

(1) $1, -\dfrac{1}{2}, \dfrac{1}{4}, -\dfrac{1}{8}, \cdots$

(2) $1\dfrac{1}{2}, 4\dfrac{1}{2}, 13\dfrac{1}{2}, 40\dfrac{1}{2}, \cdots$

(3) $7, 1, \dfrac{1}{7}, \dfrac{1}{49}, \dfrac{1}{343}, \cdots$

(4) $1, 3, 9, 15, 18, 21, 24, \cdots$

8. 已知 $2 \cdot m \cdot 4 \cdot n$ 為等比數列，求 $m \cdot n$ 之值.

9. 已知一等比數列 $\{a_k\}_{k=1}^{n}$ 之第三項 $a_3=3$，第五項 $a_5=12$，求此數列之第六項 a_6.

10. 設 $a \cdot x \cdot y \cdot b$ 為等差數列，$a \cdot u \cdot v \cdot b$ 為調和數列，試證 $xv=yu=ab$.

試寫出一數列的第 n 項 a_n，使前四項如下.

11. $2\times 5, 4\times 10, 8\times 20, 16\times 40$

12. $\dfrac{1}{2}, -\dfrac{2}{5}, \dfrac{3}{8}, -\dfrac{4}{11}, \cdots$

13. $-\dfrac{2}{3}, \dfrac{7}{4}, -\dfrac{8}{11}, \dfrac{16}{15}, \cdots$

14. 數列 $2, 4, 2, 4, 2, 4$ 依此規則，試求通項 a_n.

15. 若有一數列 $\{a_n\}$ 合乎 $a_1+2a_2+3a_3+\cdots+na_n=n^2+3n+1$，試求通項 a_n 及 a_{40}.

16. 設 $\alpha_1 \cdot \alpha_2 \cdot \alpha_3 \cdot \alpha_4$ 四正數成等比級數，若 $\alpha_1+\alpha_2=8$，$\alpha_3+\alpha_4=72$，則公比是多少？

17. 設有三數成等比數列，其和為 28，平方和為 336，試求此數列.

18. 若有一等比數列 x, $2x+2$, $3x+3$, $\cdots$ 試求第四項.
19. 設有三實數成等比數列，公比 r 大於 1，其和為 14，積為 64，求此三數.
20. 若有一等差數列 $\{a_n\}$，已知 $a_m = a$, $a_n = b$ $(m \neq n)$，求 a_{m+n}（用 m、n、a、b 表之）.

11-2 有限級數

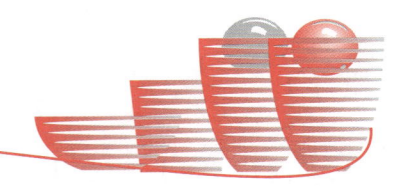

已知 n 項的數列

$$a_1, a_2, a_3, \cdots, a_n \tag{11-2-1}$$

其中的每一項都是實數，若以符號 "$+$" 將此 n 項依次連結起來，寫成下式

$$a_1 + a_2 + a_3 + \cdots + a_n \tag{11-2-2}$$

式 (11-2-2) 稱為對應於有限數列 $\{a_k\}_{k=1}^{n}$ 的**有限級數**，此有限級數可用符號 "$\sum\limits_{k=1}^{n} a_k$" 表示，亦即：

$$\sum_{k=1}^{n} a_k = a_1 + a_2 + a_3 + \cdots + a_n \tag{11-2-3}$$

其中 a_k 表有限級數之第 k 項，符號 "$\sum$"（發音 sigma）稱為連加符號，$k \in \mathbb{N}$，連加符號下面的 $k=1$ 是表示自 1 開始依次連加到連加號上面的 n 為止.

例題 1 試用 "$\sum$" 符號表示下列各級數：

(1) $\dfrac{1}{3 \times 4 \times 5} + \dfrac{1}{4 \times 5 \times 6} + \dfrac{1}{5 \times 6 \times 7} + \cdots + \dfrac{1}{20 \times 21 \times 22}$

(2) $1 \times 100 + 2 \times 99 + 3 \times 98 + \cdots + 99 \times 2 + 100 \times 1$

解 (1) 級數之第 k 項為

$$a_k = \frac{1}{k(k+1)(k+2)}$$

故級數可表為 $\displaystyle\sum_{k=3}^{20} \frac{1}{k(k+1)(k+2)}$

(2) 此級數由 100 個項連加而得，故可設其為

$$\sum_{k=1}^{100} a_k = a_1 + a_2 + a_3 + \cdots + a_k$$
$$a_1 = 1 \times 100 = 1 \times (100-1+1)$$
$$a_2 = 2 \times 99 = 2 \times (100-2+1)$$
$$a_3 = 3 \times 98 = 3 \times (100-3+1)$$
$$a_4 = 4 \times 97 = 4 \times (100-4+1)$$
$$\vdots$$
$$a_k = k(100-k+1)$$

故級數可表為 $\displaystyle\sum_{k=1}^{100} a_k = \sum_{k=1}^{100} k(100-k+1).$

連加符號 "$\sum$" 具有下列性質：

1. $\displaystyle\sum_{k=1}^{n} c = c+c+c+\cdots+c$ (共 n 個) $= nc$

2. $\displaystyle\sum_{k=1}^{n} ca_k = ca_1 + ca_2 + \cdots + ca_n = c(a_1+a_2+\cdots+a_n) = c\sum_{k=1}^{n} a_k$

3. $\displaystyle\sum_{k=1}^{n} (a_k+b_k) = (a_1+b_1)+(a_2+b_2)+\cdots+(a_n+b_n)$
$\qquad\qquad\quad = (a_1+a_2+\cdots+a_n)+(b_1+b_2+\cdots+b_n)$
$\qquad\qquad\quad = \displaystyle\sum_{k=1}^{n} a_k + \sum_{k=1}^{n} b_k$

4. $\displaystyle\sum_{k=1}^{n} (a_k-b_k) = \sum_{k=1}^{n} a_k - \sum_{k=1}^{n} b_k$

5. $\displaystyle\sum_{k=1}^{n} a_k = (a_1+a_2+\cdots+a_m)+(a_{m+1}+a_{m+2}+\cdots+a_n)$
$\qquad\quad = \displaystyle\sum_{k=1}^{m} a_k + \sum_{k=m+1}^{n} a_k,$ 其中 $1<m<n.$

下面幾個有關連加符號 "Σ" 的公式則是常用的.

$$\sum_{k=1}^{n} k = 1+2+3+\cdots+n = \frac{n(n+1)}{2} \tag{11-2-4}$$

$$\sum_{k=1}^{n} k^2 = 1^2+2^2+3^2+\cdots+n^2 = \frac{n(n+1)(2n+1)}{6} \tag{11-2-5}$$

$$\sum_{k=1}^{n} k^3 = 1^3+2^3+3^3+\cdots+n^3 = \left[\frac{n(n+1)}{2}\right]^2 \tag{11-2-6}$$

證：式 (11-2-4) 可用 $(k+1)^2-k^2=2k+1$ 證明.

$$
\begin{array}{ll}
k=1 & 2^2-1^2 = 2 \cdot 1 + 1 \\
k=2 & 3^2-2^2 = 2 \cdot 2 + 1 \\
k=3 & 4^2-3^2 = 2 \cdot 3 + 1 \\
\vdots & \vdots \\
k=n & (n+1)^2-n^2 = 2 \cdot n + 1
\end{array}
$$

將上面 n 個等式的等號兩邊分別相加，則得

$$(n+1)^2 - 1 = 2\sum_{k=1}^{n} k + n$$

$$\Rightarrow 2\sum_{k=1}^{n} k = (n+1)^2 - 1 - n = n^2 + n$$

$$\Rightarrow \sum_{k=1}^{n} k = \frac{n(n+1)}{2}$$

式 (11-2-5) 可用 $(k+1)^3-k^3=3k^2+3k+1$ 證明.

$$
\begin{array}{ll}
k=1 & 2^3-1^3 = 3 \cdot 1^2 + 3 \cdot 1 + 1 \\
k=2 & 3^3-2^3 = 3 \cdot 2^2 + 3 \cdot 2 + 1 \\
k=3 & 4^3-3^3 = 3 \cdot 3^2 + 3 \cdot 3 + 1 \\
\vdots & \vdots \\
k=n & (n+1)^3-n^3 = 3 \cdot n^2 + 3 \cdot n + 1
\end{array}
$$

上面 n 個等式的等號兩邊分別相加，則得

$$(n+1)^3 - 1^3 = 3\sum_{k=1}^{n} k^2 + 3\sum_{k=1}^{n} k + n$$

$$\Rightarrow 3\sum_{k=1}^{n} k^2 = (n+1)^3 - 1 - 3\sum_{k=1}^{n} k - n$$

$$= n^3 + 3n^2 + 3n + 1 - 1 - 3 \cdot \frac{n(n+1)}{2} - n$$

$$= \frac{2n^3 + 3n^2 + n}{2} = \frac{n(n+1)(2n+1)}{2}$$

$$\Rightarrow \sum_{k=1}^{n} k^2 = \frac{n(n+1)(2n+1)}{6}$$

式 (11-2-6) 留給讀者自證之.

例題 2 設級數 $1^2 \cdot 3 + 2^2 \cdot 5 + 3^2 \cdot 7 + \cdots + n^2 \cdot (2n+1)$

(1) 試以 $\sum$ 之記號表此級數.
(2) 求此級數之和公式 S_n.

解 (1) $1^2 \cdot 3 + 2^2 \cdot 5 + 3^2 \cdot 7 + \cdots + n^2 \cdot (2n+1) = \sum_{k=1}^{n} k^2 \cdot (2k+1)$

(2) $S_n = \sum_{k=1}^{n} k^2 \cdot (2k+1) = \sum_{k=1}^{n}(2k^3 + k^2) = 2\sum_{k=1}^{n} k^3 + \sum_{k=1}^{n} k^2$

$$= 2 \cdot \frac{1}{4} n^2(n+1)^2 + \frac{1}{6} n \cdot (n+1)(2n+1)$$

$$= \frac{1}{6} n(n+1)(3n^2 + 5n + 1).$$

例題 3 試計算 $\sum_{k=1}^{n} k(4k^2 - 3)$.

解 $\sum_{k=1}^{n} k(4k^2 - 3) = \sum_{k=1}^{n}(4k^3 - 3k) = 4\sum_{k=1}^{n} k^3 - 3\sum_{k=1}^{n} k$

$$= 4\left[\frac{n(n+1)}{2}\right]^2 - 3\,\frac{n(n+1)}{2} = \frac{n(n+1)[2n(n+1)-3]}{2}$$

$$= \frac{n(n+1)(2n^2+2n-3)}{2}.$$

例題 4 試計算 $\displaystyle\sum_{k=1}^{n}\frac{1}{\sqrt{k}+\sqrt{k+1}}$.

解 因為 $\dfrac{1}{\sqrt{k}+\sqrt{k+1}} = \dfrac{\sqrt{k+1}-\sqrt{k}}{(\sqrt{k+1}+\sqrt{k})(\sqrt{k+1}-\sqrt{k})}$

$$= \frac{\sqrt{k+1}-\sqrt{k}}{k+1-k} = \sqrt{k+1}-\sqrt{k}.$$

所以，

$$\sum_{k=1}^{n}\frac{1}{\sqrt{k}+\sqrt{k+1}} = \sum_{k=1}^{n}(\sqrt{k+1}-\sqrt{k})$$

$$= \sqrt{1+1}-\sqrt{1}+\sqrt{2+1}-\sqrt{2}+\sqrt{3+1}-\sqrt{3}$$
$$+\cdots+\sqrt{n+1}-\sqrt{n}$$
$$= \sqrt{n+1}-1.$$

例題 5 (1) 化 $\dfrac{3}{k(k+3)}$ 為兩個分式之差．

(2) 利用 (1) 求 $\displaystyle\sum_{k=1}^{n}\frac{3}{k(k+3)}$ 之和．

(3) 利用 (2) 求 $\dfrac{3}{1\cdot 4}+\dfrac{3}{2\cdot 5}+\dfrac{3}{3\cdot 6}+\cdots$ 到第 9 項．

解 (1) 設 $\dfrac{3}{k(k+3)} = \dfrac{a}{k} - \dfrac{b}{k+3}$ ……………………… ①

① 式右邊通分得

$$\frac{3}{k(k+3)} = \frac{(a-b)k+3a}{k(k+3)}$$

比較兩邊的分子，得

$$\begin{cases} a-b=0 \\ 3=3a \end{cases} \Rightarrow a=b=1$$

代入 ① 式，得

$$\frac{3}{k(k+3)} = \frac{1}{k} - \frac{1}{k+3}.$$

(2) $\sum_{k=1}^{n} \frac{3}{k(k+3)} = \sum_{k=1}^{n} \left(\frac{1}{k} - \frac{1}{k+3}\right)$

$$= \overbrace{\left(1-\frac{1}{4}\right)+\left(\frac{1}{2}-\frac{1}{5}\right)+\left(\frac{1}{3}-\frac{1}{6}\right)+\left(\frac{1}{4}-\frac{1}{7}\right)}^{相消}$$
$$+\cdots+\left(\frac{1}{n}-\frac{1}{n+3}\right)$$
$$= \left(1+\frac{1}{2}+\frac{1}{3}\right) - \left(\frac{1}{n+1}+\frac{1}{n+2}+\frac{1}{n+3}\right)$$
$$= \frac{11}{6} - \left(\frac{1}{n+1}+\frac{1}{n+2}+\frac{1}{n+3}\right).$$

(3) $\frac{3}{1\cdot 4} + \frac{3}{2\cdot 5} + \frac{3}{3\cdot 6} + \cdots +$ 第 9 項 $= S_9$

用 $n=9$ 代入 (2) 的結果，即

$$S_9 = \sum_{k=1}^{9} \frac{3}{k(k+3)} = \frac{11}{6} - \left(\frac{1}{10}+\frac{1}{11}+\frac{1}{12}\right) = \frac{343}{220}.$$

隨堂練習 7 試求級數 $1\cdot 4 + 2\cdot 5 + 3\cdot 6 + \cdots + 40\cdot 43$ 之和.

答案：24,600.

378 數學

隨堂練習 8 試求級數 $1\cdot2\cdot3+2\cdot3\cdot4+3\cdot4\cdot5+\cdots+100\cdot101\cdot102$ 之和.

答案：26,527,650.

習題 11-2

1. 觀察級數 $1\cdot1+2\cdot3+3\cdot5+4\cdot7+\cdots$ 前 4 項的規則，依據此規則，試求出：
   (1) 第 n 項.
   (2) 以 "$\sum$" 表示出級數自第 1 至第 100 項.
   (3) 求級數自第 1 項至第 100 項之和.

2. 求有限級數 $1\cdot4+2\cdot5+3\cdot6+\cdots+n(n+3)$ 之和.

3. 求 $\sum\limits_{k=1}^{12}(7k-3)$ 之和.

4. 求 $\sum\limits_{k=1}^{10}(k+2)^3$ 之和.

5. 求 $\sum\limits_{k=1}^{10}k(k+3)$ 之和.

6. 求 $\sum\limits_{i=1}^{10}\sum\limits_{j=1}^{5}(2i+3j-2)$ 之和.

7. 已知 $\sum\limits_{x=1}^{3}(ax^2+b)=20$，$3\sum\limits_{x=1}^{3}(ax^2-b)=8$，求 a、b 之值.

8. 求 $1+3+5+7+\cdots+(2n-1)$ 之和.

9. (1) 試將 $\dfrac{1}{k(k+1)}$ 分成二個分式之差.

   (2) 利用 (1) 之結果求 $\dfrac{1}{1\cdot2}+\dfrac{1}{2\cdot3}+\dfrac{1}{3\cdot4}+\cdots+\dfrac{1}{n(n+1)}$ 之和.

10. 求 $\dfrac{1}{1\cdot 3}+\dfrac{1}{3\cdot 5}+\dfrac{1}{5\cdot 7}+\cdots$ 至第 n 項之和.

11. 求級數 $\dfrac{1}{1\cdot 3}+\dfrac{1}{2\cdot 4}+\dfrac{1}{3\cdot 5}+\cdots+\dfrac{1}{n(n+2)}$ 之和.

12. 設 $a_n=1+2+3+\cdots+n$，試求 $\sum\limits_{k=1}^{n}\dfrac{1}{a_k}$ 之值.

13. 試求 $\sum\limits_{k=1}^{n}k(k+1)(k+2)=1\cdot 2\cdot 3+2\cdot 3\cdot 4+\cdots+n(n+1)(n+2)$ 之和.

14. 令 $a_n=1\cdot 3+2\cdot 4+3\cdot 5+\cdots+n(n+2)$，試求 $a_{10}=$？

15. 設數列 $\{a_n\}$，$a_n=\sqrt{n+1}+\sqrt{n}$，求 $\sum\limits_{k=1}^{n}\dfrac{1}{a_k}$.

11-3 特殊有限級數求和法

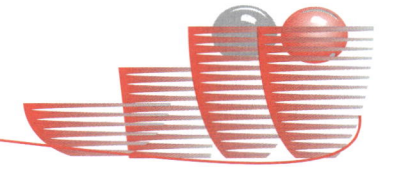

一、等差級數

以 a_1 為首項，d 為公差之 n 項等差數列為

$$a_1,\ a_1+d,\ a_1+2d,\ a_1+3d,\ \cdots,\ a_1+(n-1)d$$

它的對應級數稱為等差級數，也稱為算術級數，常寫成

$$\sum_{k=1}^{n}[a_1+(k-1)d]=a_1+(a_1+d)+(a_1+2d)+(a_1+3d)+\cdots+[a_1+(n-1)d]$$

我們通常以 S_n 表示等差級數前 n 項的和，亦即

$$S_n=a_1+(a_1+d)+(a_1+2d)+\cdots+[a_1+(n-1)d] \tag{11-3-1}$$

可得

$$S_n=na_1+[1+2+3+\cdots+(n-1)]d$$

$$= na_1 + (\sum_{k=1}^{n-1} k)d = na_1 + \frac{(n-1)n}{2}d$$

$$= \frac{n}{2}[2a_1 + (n-1)d] \qquad (11\text{-}3\text{-}2)$$

將 $a_n = a_1 + (n-1)d$ 代入式 (11-3-2)，可得

$$S_n = \frac{n}{2}[a_1 + a_n] \qquad (11\text{-}3\text{-}3)$$

上述式 (11-3-2) 與式 (11-3-3) 皆是求等差級數前 n 項和的公式.

例題 1 求等差級數 $10 + 7 + 4 + 1 + (-2) + \cdots$ 的前 20 項的和.

解 $a_1 = 10$, $d = -3$, $n = 20$, 代入式 (11-3-2) 中，可得

$$S_{20} = \frac{20}{2}[2(10) + (20-1)(-3)]$$

$$= -370.$$

隨堂練習 9 試求級數 $\sum_{n=1}^{10}(3n+2)$ 之和.

答案：185.

例題 2 設一等差數列前 10 項的和為 200，前 30 項的和為 1350，求其前 20 項的和.

解 設首項為 a，公差為 d，則

$$S_{10} = \frac{10}{2}[2a + (10-1)d] = \frac{10}{2}[2a + 9d] = 200$$

$$S_{30} = \frac{30}{2}[2a + (30-1)d] = \frac{30}{2}[2a + 29d] = 1350$$

$$\Rightarrow \begin{cases} 2a + 9d = 40 & \cdots\cdots① \\ 2a + 29d = 90 & \cdots\cdots② \end{cases}$$

②－① 得，$20d=50$，即 $d=\dfrac{5}{2}$，因而 $a=\dfrac{35}{4}$。

故前 20 項的和為 $S_{20}=\dfrac{20}{2}\left(2\times\dfrac{35}{4}+19\times\dfrac{5}{2}\right)=650$。

二、等比級數

首項是 a，公比是 r 的 n 項等比數列為

$$a,\ ar,\ ar^2,\ \cdots,\ ar^{n-1},\ a\neq 0,\ r\neq 0$$

它的對應級數稱為等比級數，也稱為幾何級數，常寫成

$$\sum_{k=1}^{n} ar^{k-1}=a+ar+ar^2+\cdots+ar^{n-1}$$

若以 S_n 表示等比級數前 n 項的和，則

$$S_n=a+ar+ar^2+\cdots+ar^{n-1}$$

若 $r=1$，則 $\quad S_n=a+a+a+\cdots+a=na$

若 $r\neq 1$，則 $\quad S_n=a+ar+ar^2+\cdots+ar^{n-1}$

$$rS_n=ar+ar^2+ar^3+\cdots+ar^{n-1}+ar^n$$

$$S_n-rS_n=a-ar^n$$

化簡得
$$S_n=\dfrac{a(1-r^n)}{1-r} \qquad (11\text{-}3\text{-}4)$$

式 (11-3-4) 稱為等比級數 n 項和的公式，也是等比數列 n 項和的公式．

例題 3 求等比級數 $\displaystyle\sum_{k=1}^{n}\dfrac{1}{2}\left(\dfrac{2}{3}\right)^{n-1}$ 的和．

解 首項 $\quad a=\dfrac{1}{2}\left(\dfrac{2}{3}\right)^{1-1}=\dfrac{1}{2}$

第二項 $$a_2 = \frac{1}{2}\left(\frac{2}{3}\right)^{2-1} = \frac{1}{3}$$

公比 $$r = \frac{1}{3} \div \frac{1}{2} = \frac{2}{3}$$

故知 $$S_n = \frac{\frac{1}{2}\left[1-\left(\frac{2}{3}\right)^n\right]}{1-\frac{2}{3}} = \frac{3}{2}\left(1-\frac{2^n}{3^n}\right)$$

$$= \frac{3}{2}\left(1-\left(\frac{2}{3}\right)^n\right).$$

例題 4 求等比級數 $54+18+6+2+\frac{2}{3}+\cdots$ 之前 10 項的和.

解 $a=54$, $r=\frac{1}{3}$, $n=10$, 代入式 (11-3-4) 中, 得

$$S_{10} = \frac{54\left[1-\left(\frac{1}{3}\right)^{10}\right]}{1-\frac{1}{3}} = \frac{59048}{729}.$$

例題 5 試求下列級數的前 n 項之和.

$$0.2+0.22+0.222+\cdots+\underbrace{0.222\cdots2}_{n\text{ 個}}.$$

解 原式 $= \frac{2}{9}[0.9+0.99+0.999+\cdots+\underbrace{0.999\cdots9}_{n\text{ 個}}]$

$$= \frac{2}{9}\left[\left(1-\frac{1}{10}\right)+\left(1-\frac{1}{10^2}\right)+\left(1-\frac{1}{10^3}\right)+\cdots+\left(1-\frac{1}{10^n}\right)\right]$$

$$= \frac{2}{9}\left[n-\left(\frac{1}{10}+\frac{1}{10^2}+\cdots+\frac{1}{10^n}\right)\right]$$

$$= \frac{2}{9}\left[n-\frac{\frac{1}{10}\left(1-\frac{1}{10^n}\right)}{1-\frac{1}{10}}\right]=\frac{2}{9}\left[n-\frac{\frac{1}{10}-\frac{1}{10^{n+1}}}{1-\frac{1}{10}}\right]$$

$$=\frac{2}{9}n-\frac{2}{81}\left(1-\frac{1}{10^n}\right).$$

隨堂練習 10 試求級數 $\sum_{n=1}^{10}(5\cdot 2^{n+1})$ 之和.

答案：20460.

隨堂練習 11 試求 $1+2x+3x^2+4x^3+\cdots+nx^{n-1}$ 之和 $(x\neq 1)$.

答案：$S=\dfrac{1-x^n}{(1-x)^2}-\dfrac{nx^n}{1-x}$.

習題 11-3

1. 求等差級數 $20+11+2+(-7)+(-16)+\cdots$ 至第 24 項的和，並求它的第 24 項.

2. 一等差級數的前 n 項和 $S_n=3n^2+4n$，試求此等差級數的公差與首項及第 16 項.

3. 求出小於 1000 的正整數中，能被 7 整除的有幾個？並求其和.

4. 求級數 $1\dfrac{1}{2}+3\dfrac{1}{4}+5\dfrac{1}{8}+7\dfrac{1}{16}+\cdots$ 至第 n 項的和.

5. 試求下列等比級數之和.

   (1) $\displaystyle\sum_{n=1}^{11}(0.3)^{11}$ (2) $\displaystyle\sum_{n=3}^{10}\left(-\dfrac{1}{2}\right)^n$

6. 試求級數 $\sum_{k=1}^{5}(3^k+4^k)$ 之和.

7. 求 $6+66+666+6666+\cdots$ 到第 n 項的和.

8. 求級數 $1\dfrac{1}{2}+2\dfrac{1}{4}+3\dfrac{1}{8}+\cdots$ 至第 n 項的和.

9. 若有一等比數列，首項為 7，末項為 448，前首 n 項之和為 $S_n=889$，試求項數 n.

10. 設 $\{a_n\}$ 為一等比數列，且每一項均為實數，若 $S_{10}=2$，$S_{30}=14$，試求 S_{60} 之值.

11. 若有一等比級數，前 n 項之和為 48，前 $2n$ 項之和為 60，試求前 $3n$ 項之和.

12. $S_n=1+\dfrac{1}{2}+\dfrac{1}{4}+\dfrac{1}{8}+\cdots+\dfrac{1}{2^{n-1}}$，$n\in\mathbb{N}$，若 $2-S_n<0.001$，求 n 之最小值.

12

排列與組合

- ❀ 樹形圖
- ❀ 乘法原理與加法原理
- ❀ 排　列
- ❀ 組　合
- ❀ 二項式定理

12-1 樹形圖

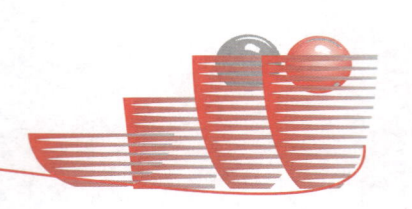

當我們在做一件事情時，如果其步驟較為繁雜，那麼我們可以分類、分層討論，就如樹木的分幹、分枝，將複雜的步驟轉化成有系統的問題討論．通常，我們採用樹形圖，由左而右逐層分類，使步驟明顯化，它的好處是"脈絡清晰，不會遺漏，不會重複"．

例題 1 一教室有四個門：A、B、C、D，某生進出不同門，問"進、出"門的方法有幾種？

解 共有 12 種方法，如圖 12-1 所示．

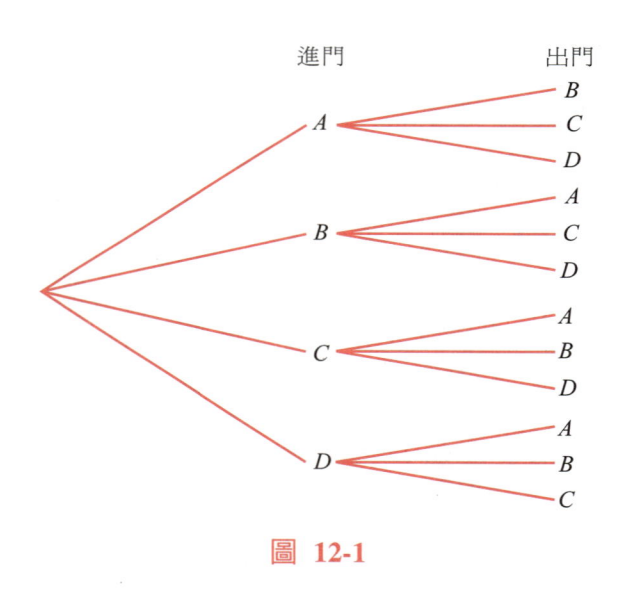

進門　　出門

A ─ B
　　 C
　　 D

B ─ A
　　 C
　　 D

C ─ A
　　 B
　　 D

D ─ A
　　 B
　　 C

圖 12-1

例題 2 如圖 12-2，有一隻螞蟻從正方體的頂點 A，沿著稜線取捷徑到達頂點 G，試問共有多少種不同的路線？

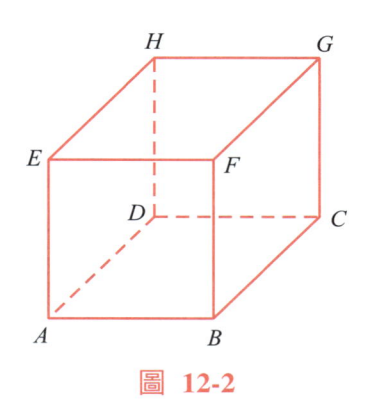

圖 12-2

解 共有 6 條路線．

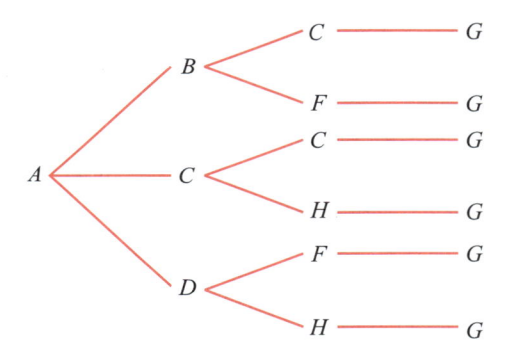

例題 3 甲、乙二人賽棋，先連勝二局或先勝三局者為贏方（設無和局），試求此比賽共有幾種不同的比賽過程？

解 第一局甲勝有 5 種過程，第一局乙勝有 5 種過程，故共有 5＋5＝10 種，如圖 12-3 所示．

圖 12-3

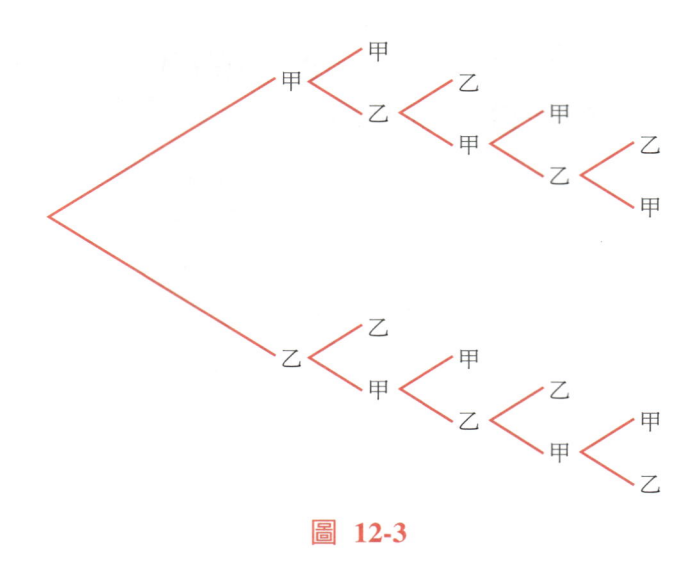

隨堂練習 1 由 1，2，3，4 四個數字，可組成多少數字相異的三位數？

答案：24 個.

習題 12-1

1. 由 1，2，3，4，5 五個數字，可組成多少個數字均相異的三位數？
2. 甲、乙兩隊比賽桌球，先勝三局者為贏方（設無和局），試求此比賽共有幾種不同的比賽過程？
3. 字母 a、b、c 各 2 個，合計 6 個排成一列，同字不相鄰，問共有多少種不同的排列順序？
4. 設甲、乙兩君比賽網球，採取「五戰三勝」制（即先勝三場者為贏家）. 比賽結果甲君贏，且知乙君勝了第一場，試利用樹形圖表示比賽的所有可能情形.
5. 如下圖，某人自 A 出發，沿著路徑一直走到已走過的點為止，共有多少種走法？

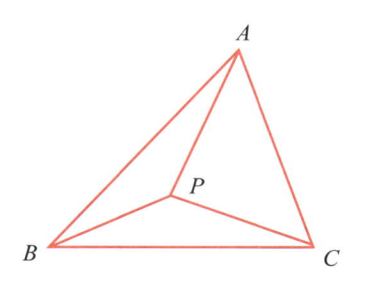

6. 如下圖，有一隻螞蟻自 A 沿著正方體 ABCDEFGH 的稜線爬到 E，但同一點不經過兩次，其方法有幾種？

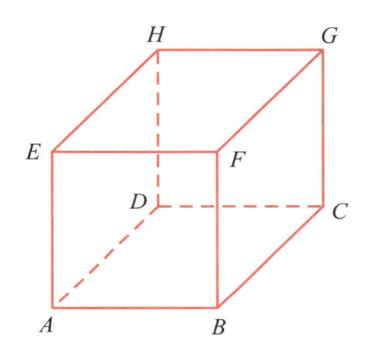

7. A、B 兩支排球隊對抗，以三戰兩勝決定勝或負，試以樹形圖表出各種可能的結果．

8. 某股票經紀商要向顧客推薦六種股票作為投資之標的，在其中選出一種為甲等，又在其餘部分選出其中之一為乙等，試以樹形圖表示共有多少種選法．

9. 試利用樹形圖求 $(1+t+t^2)(1+u)(1+v)$ 之展開式共有多少項？

10. 甲、乙、丙、丁四人參加獨唱比賽，試求出場的順序有多少種？試用樹形圖分析之．

11. A、B 兩隊比賽排球，規定每局不得成和局，且先贏 3 局之隊為贏方．若有勝方出現比賽即停止，試求比賽可能發生之情形有幾種？

12-2　乘法原理與加法原理

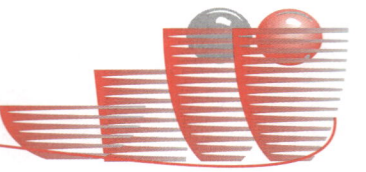

一、乘法原理

我們現在來介紹排列組合的一個基本計數原理，也稱為乘法原理.
我們先看下面的問題：

設從甲村到乙村有三條路可走，乙村到丙村有二條路可走 (圖 12-4)，試問從甲村經乙村到丙村，共有多少種不同的走法？

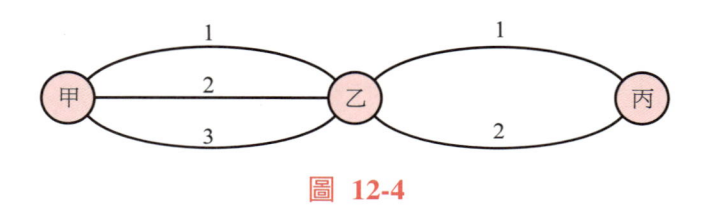

圖 12-4

圖 12-4 可分解成圖 12-5，如下：

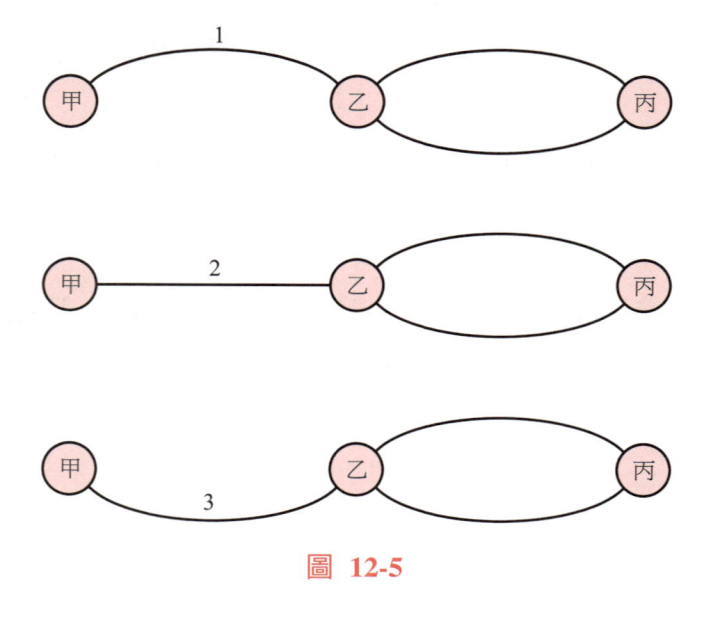

圖 12-5

換句話說，從甲村到乙村的任何一條路線可搭配乙村到丙村的二條路線，因此共可搭配成 $3\times 2=6$ 條路線．換個角度來看，"從甲村經乙村到丙村" 這件事情可分成兩個步驟：第 1 個步驟是「"甲村到乙村"，第 2 個步驟是"乙村到丙村"．完成這件事情的第 1 個步驟有 3 種方法，第 2 個步驟有 2 種方法，故依序完成這件事情總共有 $3\times 2=6$ 種方法．

我們從上面的問題可以得到下面的結論：

若完成某件事有兩個步驟，做完第 1 步驟有 m_1 種方法，做完第 2 步驟有 m_2 種方法，則完成該件事共有 $m_1\times m_2$ 種方法．我們可以將上面的結論推廣如下：

若完成某件事要經 k 個步驟依序完成，而

完成第 1 個步驟有 m_1 種方法，

完成第 2 個步驟有 m_2 種方法，

$\qquad\qquad\vdots$

完成第 k 個步驟有 m_k 種方法，

則完成該件事共有 $m_1\times m_2\times\cdots\times m_k$ 種方法．

上述結論就稱為乘法原理．

二、加法原理

從甲地到乙地，公路有三條，鐵路有二條，試問某人從甲地到乙地，共有多少種走法？

某人如果走公路，有 3 條路線可選擇，如果走鐵路，有 2 條路線可選擇，且他只能自 "公路" 或 "鐵路" 中選擇一種（走公路就不可能同時走鐵路，反之亦然），故共有 $3+2=5$ 種走法．這個問題可一般化為：從甲地到乙地，"走公路" 是一種途徑，有 m_1 種方法，"走鐵路" 是另一種途徑，有 m_2 種方法，且這兩種途徑不可能同時進行，則共有 m_1+m_2 種走法．此結論推廣如下：

392 數學

> 若完成某件事有 n 種途徑，但這 n 種途徑當中只能擇一進行，而完成這 n 種途徑的方法，依次有 $m_1, m_2, \cdots, m_n$ 種，則完成該件事的方法共有 $m_1 + m_2 + \cdots + m_n$ 種．

上述結論稱為 加法原理．

例題 1 書架上層放有五本不同的數學書，下層放有六本不同的英文書．
(1) 從中任取數學書與英文書各一本，有多少種不同的取法？
(2) 從中任取一本，有多少種不同的取法？

解 (1) 從書架上任取數學書與英文書各一本，可以分成兩個步驟完成：第一步取一本數學書，有 5 種方法；第二步取一本英文書，有 6 種方法．根據乘法原理，取一本數學書與一本英文書的方法共有 $5 \times 6 = 30$ 種．

(2) 從書架上任取一本，有兩種方式：第一種方式是從上層取數學書，可以從 5 本中任取一本，有 5 種方法；第二種方式是從下層取英文書，可以從 6 本中任取一本，有 6 種方法．根據加法原理，任取一本的方法有 $5 + 6 = 11$ 種．

例題 2 一粒公正骰子連擲 4 次，共有多少種不同的結果？

解 共有 4 個步驟 (擲第一次，…，第四次)，每個步驟各有 6 種結果 (1 點，2 點，…，6 點)，由乘法原理可知，共有 $6 \times 6 \times 6 \times 6 = 1296$ 種結果．

隨堂練習 2 由數字 1，2，3，4，5 五個數字可以組成多少個三位數 (數字允許重複)？

答案：125 個．

習題 12-2

1. 圖書館中有 5 本不同的數學書與 8 本不同的英文書，某生欲選數學書與英文書各 1 本，共有多少種選法？

2. 某校壘球隊是由 3 位高一學生、5 位高二學生及 7 位高三學生所組成．今欲從該球隊中選出 3 人，每年級各選 1 人參加壘球講習會，共有多少種選法？

3. 有 4 個門的房子，如由其中一門進入，往另外一門出去時，將共有幾種走法？

4. 如下圖之正立方體，沿各稜自 A 取捷徑到對角線之另一頂點 H，其走法有多少種？

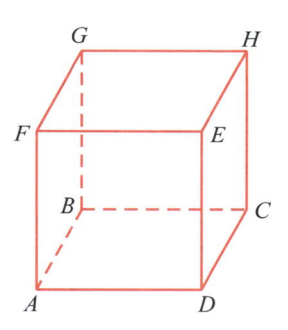

5. 下圖中 A、B、C、D、E 部分，分別用紅、藍、咖啡、黃、綠五色加以塗色區別，問有幾種著色方法？同色可重複使用，惟相鄰部分不得同色．

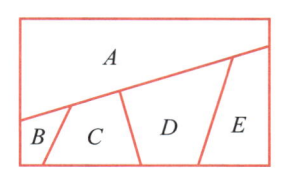

6. 甲、乙兩人在排成一列的 5 個座位中選坐相連的 2 個座位，共有多少種坐法？

7. 甲、乙、丙三人在排成一列的 8 個座位中選坐相連的 3 個座位，共有多少種坐法？

8. 有四艘渡船，每船可坐 5 人，今有 4 人欲坐船過河，共有幾種不同的過渡法？

9. 設有 8 個座位排成一列，選出 3 個相連座位給 3 個男生入座，再另外選出 3 個相連座位給 3 個女生入座，則其坐法共有若干種？

10. 若從甲地到乙地有 8 條路可走，從乙地到丙地有 4 條路可走，從丙地到丁地有 3 條路可走，則從甲地經乙地，再經丙地到丁地，共有幾種走法？

11. 某一棒球隊有 6 名投手，4 名捕手，投捕搭配起來共有幾種配對？

12. 設甲地和乙地間有 1 號、2 號、3 號、4 號四條路，其中 1 號路是從甲地到乙地的單行道，2 號路是從乙地到甲地的單行道，3 號和 4 號兩路可以雙方向通行．若某人從甲地到乙地，然後再回甲地，但來回不走同一條路，試問有幾種走法？

13. 人數有 5 位，入座有編號的椅子 6 張，問共有幾種坐法？

14. 英國汽車牌照字首，由英文字母中任意選擇二字組成，如 AH、AW、BB、BJ 等，但並無 BF 牌照，問可有多少種不同牌照字首？

15. 設某飲食店備有 8 元的菜 5 種，5 元的菜 2 種，3 元的菜 4 種，現吳先生預計以 16 元的菜錢吃午餐，且打算每種價錢的菜都試一試，試問吳先生有多少種點菜的方法？

16. 投擲一枚一元硬幣及一個骰子所出現之情形有幾種？

17. 540 有若干個正因數？

18. 360 與 540 的正公因數有多少個？

19. 從 1 到 999 的自然數中不含"數字 5"者共有多少個？

20. 設三集合 $A = \{1, 2, 3, 4\}$，$B = \{1, 2, 3, 4, 5\}$，$C = \{1, 2, 3, 4, 5, 6\}$，今自此三集合中分別任取一數，求下列的方法數．

    (1) 三數的積為奇數；(2) 三數的和為奇數．

12-3 排列

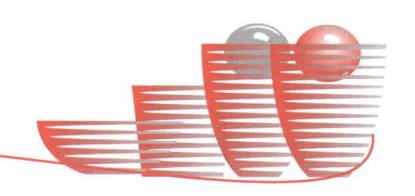

在一群事物中選取某些個排成各種不同的順序，稱為 排列，所有可能的排列總數稱為排列數。例如，從 1，2，3，4 這四個數字中，每次選取三個，按照百位、十位、個位的順序排列起來，共有 24 種三位數，它們是：

123	124	132	134	142	143
213	214	231	234	241	243
312	314	321	324	341	342
412	413	421	423	431	432

上面的結果分析如下：

第一步，先確定百位上的數字，在 1，2，3，4 這四個數字中任取一個，有 4 種方法。

第二步，當百位上的數字確定以後，十位上的數字只能從餘下的三個數字中去取，有 3 種方法。

第三步，當百位、十位上的數字都確定以後，個位上的數字只能從餘下的兩個數字中去取，有 2 種方法。

根據乘法原理，從四個不同的數字中，每次取出三個排成一個三位數的方法共有 $4 \times 3 \times 2 = 24$ 種。

一、直線排列

假設有 n 個不同事物，從其中任選 m 個排成一列，我們想要知道有多少種排法。我們可將這件事想成有 m 個空格要逐一填充，即，這件事有 m 個步驟要依次完成。在圖 12-6 中，我們以 1，2，3，$\cdots$，m 分別表示第一個，第二個，第三個，$\cdots$，第 m 個空格。

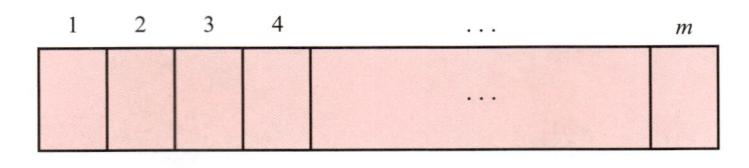

圖 12-6

第一步是從 n 個不同事物中選出一個來填進空格 1 中，共有 n 種方法．

第二步是從剩下的 $n-1$ 個不同事物中選出一個來填進空格 2 中，共有 $n-1$ 種方法．

依此類推，我們知道填進空格 3 的方法有 $n-2$ 種，填進空格 4 的方法有 $n-3$ 種，…，填進空格 m 的方法有 $n-(m-1)=n-m+1$ 種．根據乘法原理，要填完 m 個空格總共有

$$n \cdot (n-1) \cdot (n-2) \cdots (n-m+1)$$

種方法．因此，我們得到從 n 件不同事物中，任選 m 件排成一列，總共有 $n \cdot (n-1) \cdot (n-2) \cdots (n-m+1)$ 種方法．我們以符號 P^n_m 表示從 n 件不同的事物中任選 m 件 ($m \leq n$) 的排列總數，即

$$P^n_m = n \cdot (n-1) \cdot (n-2) \cdots (n-m+1) \tag{12-3-1}$$

若 $m=n$，則

$$P^n_m = P^n_n = n \cdot (n-1) \cdot (n-2) \cdots 3 \cdot 2 \cdot 1$$

此公式指出，從 n 件不同事物中，全取排成一列的排列總數等於自然數 1 到 n 的連乘積．自然數 1 到 n 的連乘積，稱為 **n 的階乘**，通常用 $n!$ 表示．所以，

$$P^n_n = n! \tag{12-3-2}$$

如果我們規定 $0!=1$，則不論 $m<n$ 或 $m=n$，我們都有

$$P^n_m = n \cdot (n-1) \cdot (n-2) \cdots (n-m+1)$$

$$= \frac{n \cdot (n-1) \cdot (n-2) \cdots (n-m+1) \cdot (n-m) \cdots 3 \cdot 2 \cdot 1}{(n-m) \cdots 3 \cdot 2 \cdot 1}$$

$$= \frac{n!}{(n-m)!} \qquad (12\text{-}3\text{-}3)$$

例題 1 計算 P_3^{16} 及 P_6^6.

解 $P_3^{16} = 16 \times 15 \times 14 = 3360$

$P_6^6 = 6! = 6 \times 5 \times 4 \times 3 \times 2 \times 1 = 720.$

例題 2 從字母 A、B、C、D、E 中，任選三個排成一列，問共有多少種排法？

解 此問題為從五個不同事物中任選三個的排列，故排列總數為

$$P_3^5 = \frac{5!}{(5-3)!} = \frac{5!}{2!} = 5 \times 4 \times 3 = 60 \ (\text{種}).$$

例題 3 某段鐵路上有 12 個車站，共需要準備多少種普通車票？

解 因為每一張車票對應著兩個車站的一個排列，所以需要準備的車票種數，就是從 12 個車站中任取 2 個的排列數：

$$P_2^{12} = 12 \times 11 = 132 \ (\text{種}).$$

例題 4 用 0 到 9 這十個數字排成沒有重複數字的三位數，共有多少種排法？

解 從 0, 1, 2, 3, 4, 5, 6, 7, 8, 9 共十個數字中，任選三個數字排成三位數，其排列數為

$$P_3^{10} = 10 \times 9 \times 8 = 720 \ (\text{種})$$

但其中含有百位數字是 0 的數，此種數其實是兩位數，故須除去．就百位數字是 0 的數，它的十位數與個位數均由 1, 2, 3, 4, 5, 6, 7, 8, 9 等九個數字組成，其方法有

$$P_2^9 = 9 \times 8 = 72 \ (\text{種})$$

故所求的三位數有

$$P_3^{10} - P_2^9 = 720 - 72 = 648 \text{ (種)}.$$

例題 5 從字母 A、B、C、D、E 中，全取排成一列，問共有多少種排法？

解 此問題為從五個不同事物中，全取排成一列的排列，故排列總數為

$$P_5^5 = 5! = 5 \times 4 \times 3 \times 2 \times 1 = 120 \text{ (種)}.$$

例題 6 若 $P_3^{2n} : P_2^{n+1} = 10 : 1$，試求 n 之值.

解 因 $P_3^{2n} = 2n(2n-1)(2n-2)$；$P_2^{n+1} = (n+1) \cdot n$

所以，$\qquad 2n(2n-1)(2n-2) = 10 \cdot (n+1) \cdot n$

則 $\qquad 4n^2 - 11n - 3 = 0$，則 $(4n+1)(n-3) = 0$，故 $n = 3$.

隨堂練習 3 男生 3 人及女生 2 人排成一列合拍團體照，女生 2 人希望相鄰並排，共有多少種排法？
答案：48 種.

隨堂練習 4 用 0, 1, 2, 3, 4, 5 六個數字，所有數字不得重複，排列成能以 5 整除的三位數，問共有若干個？
答案：36 個.

二、不盡相異物的排列

假設 n 個元素中有相同元素，亦有相異元素，則稱元素不盡相異；若取其中一部分或全部元素做排列，稱為**不盡相異物的排列**．首先，我們看一下簡單的例子．

例題 7 將大小相同的紅球 3 個、黑球 1 個、白球 1 個排成一列，共有多少種排法？

解 設共有 x 種排法. 因「紅黑紅紅白」為其中一種排法，而對此種排法而言，若將 3 個紅球看成不同的球，分別以 紅$_1$、紅$_2$、紅$_3$ 表示，則有下面 $3!=6$ 種不同的排法：

紅$_1$ 黑 紅$_2$ 紅$_3$ 白　　紅$_2$ 黑 紅$_1$ 紅$_3$ 白
紅$_3$ 黑 紅$_1$ 紅$_2$ 白　　紅$_1$ 黑 紅$_3$ 紅$_2$ 白
紅$_2$ 黑 紅$_3$ 紅$_1$ 白　　紅$_3$ 黑 紅$_2$ 紅$_1$ 白

5 個球全排 (將紅球看成不同) 的排列數為 $5!$，因此，

$$x \times 3! = 5!$$

即

$$x = \frac{5!}{3!} = 5 \times 4 = 20 \text{ (種)}.$$

由例題 7 的討論，我們有下面的結論：

> 設 n 個物件中有 r 個相同，其餘均不同，若全取 n 個排列 (不可重複)，則排列總數為 $\dfrac{n!}{r!}$.

例題 8 將大小相同的 4 個白球、2 個黑球、1 個紅球排成一列，共有多少種排法？

解 設共有 x 種排法. 就其中的每種排法而言，將任意兩個同色的球互換位置時，此排列不變. 但是，若在每一次排列中，視 4 個白球為不同的球，則 4 個白球的排列應有 $4!$ 種；若視 2 個黑球為不同的球，則 2 個黑球的排列應有 $2!$ 種. 又每一個球均不同的總排列數為 $7!$ 種，故

$$x \times 4! \times 2! = 7!$$

即

$$x = \frac{7!}{4! \, 2!} = 105 \text{ (種)}.$$

將上述的觀念推廣，可得到下面的結論：

設 n 個物件中，共有 k 種不同種類，第一類有 m_1 個相同，第二類有 m_2 個相同，…，第 k 類有 m_k 個相同，且 $n = m_1 + m_2 + \cdots + m_k$，則將此 n 個不完全相異的物件排成一列的排列總數為

$$\frac{n!}{m_1! \, m_2! \cdots m_k!}$$ (12-3-4)

以符號 $\begin{pmatrix} n! \\ m_1, \, m_2, \, \cdots, \, m_k \end{pmatrix}$ 表示.

例題 9 "banana" 一字的各字母任意排成一列，共有多少種排列法？

解 banana 中有相同字母 "a，a，a" 及 "n，n"，故排列數為

$$\frac{6!}{3! \, 2! \, 1!} = 60 \text{ (種)}.$$

例題 10 相同的鉛筆 5 枝，與相同的原子筆 3 枝，分給 8 個小孩，每人各得 1 枝，共有多少種分法？

解 此題為有些相同的全排情形，所以共有

$$\frac{8!}{5! \, 3!} = 56 \text{ (種)}$$

分法.

例題 11 設由 A 到 B 的街道，如圖 12-7 所示，今自 A 取捷徑走到 B，共有多少種走法？

解 設向東走一小段（一個街口到下一個街口）用 E 表示，向北走一小段用 N 表示，則每一種走法都是由 4 個 E 與 3 個 N 排列而成，如圖中粗線所示的路徑 ENNENEE 為其中一種走法. 所以，由公式知

第十二章　排列與組合

圖 12-7

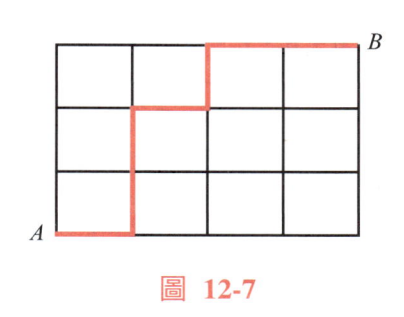

$$\frac{(4+3)!}{4!\,3!} = 35 \text{ (種)}.$$

隨堂練習 5　將"PIPPEN"六個英文字母依下列各種排法重新排列，試問有多少種排法？
(1) 任意排列．
(2) 三個"P"字不完全相連．
答案：(1) 120 種，(2) 96 種．

三、重複排列

從 n 個不同物件中，可重複地任選 m 個排成一列，稱為 n 中取 m 的**重複排列**，它也是排列的一種．我們仍然以填空格的方法來說明 n 中取 m 的重複排列的總數，如圖 12-8．

圖 12-8

第一步：從 n 個不同物件中，選取一個填進空格 1 中，有 n 種方法．

第二步：因為可以重複地選取，所以還是從 n 個不同物件中，選取一個填進空格 2 中，有 n 種方法．

依同樣的步驟，連續進行 m 次，就可將 m 個空格填完，且每一次都有 n 種方法．根據乘法原理，可知共有

$$\underbrace{n \cdot n \cdot n \cdots \cdot n}_{m\text{ 個 }n\text{ 相乘}} = n^m$$

種排列法.

例題 12 由 1，2，3，4 這四個數字所組成的三位數有多少個？數字可以重複.

解 百位數可由 1，2，3，4 這四個數字選取，有 4 種方法；十位數也可由 1，2，3，4 這四個數字選取，有 4 種方法；個位數也可由 1，2，3，4 這四個數字選取，有 4 種方法. 所以，共有 $4 \times 4 \times 4 = 64$ 個三位數.

例題 13 有 5 種不同的酒及 3 個不同的酒杯，每杯都要倒酒，但只准倒入一種酒，共有多少種倒法？

解 第一個酒杯可從 5 種酒中選一種來倒入，有 5 種方法；同理，第二、第三個酒杯也各有 5 種倒法. 所以，共有 $5 \times 5 \times 5 = 125$ 種倒法.

隨堂練習 6 將 15 個不同的球放入 4 個箱內，但每箱均可容納 15 個球，求其放法有幾種？
答案：4^{15} 種.

隨堂練習 7 隨堂練習 6，將 15 個不同的球放入 4 個箱內，其放法若寫成 $15 \times 15 \times 15 \times 15 = 15^4$ (種)，此一結果為何不對？
答案：略.

四、環狀排列

將 n 個不同物件，沿著一個圓周而排列，這樣的排列稱為 環狀排列. 這種排列僅考慮此 n 個物件的相關位置，而不在乎各物件所在的實際位置；換句話說，如果將所排成的某一環形任意轉動，則所得到的結果仍然視為同一種環狀排列. 例如，甲、乙、丙、丁 4 個人圍著一圓桌而坐，共有幾種不同的坐法？首先將環形看成線形，則 4 個人的直線排列 (不重複) 有 $P_4^4 = 4!$ 種，

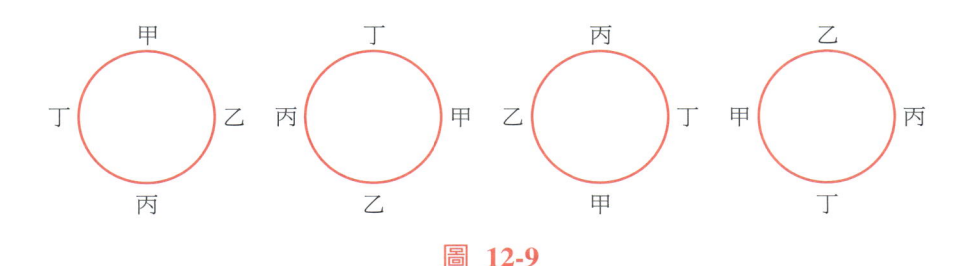

但是，像 (甲，乙，丙，丁) 這種排列在環形中依順時鐘方向每次各移動一位，均視為相同，如圖 12-9 所示．

也就是說，(甲，乙，丙，丁)、(丁，甲，乙，丙)、(丙，丁，甲，乙)、(乙，丙，丁，甲) 4 種排列如果首尾連接形成環狀排列，則視為相同排列，因而每 4 種直線排列作成同一種環狀排列，故環狀排列的總數為

$$\frac{4!}{4} = 3! = 6 \text{ (種)}.$$

由上面的例子可知，對於一般的情形，我們有下面的結果：n 個不同物件的環狀排列總數為

$$\frac{P_n^n}{n} = \frac{n!}{n} = (n-1)!. \tag{12-3-5}$$

例題 14 6 個人手拉手圍成一個圓圈，共有多少種不同的排法？

解 由公式知

$$\frac{6!}{6} = 5! = 120 \text{ (種)}.$$

例題 15 從 7 個人中選出 5 個人圍著圓桌而坐，共有多少種不同的坐法？

解 從 7 個人選出 5 個人的直線排列數為 P_5^7．每次選定 5 個人作環狀排列時，每一種環狀排列對應了 5 種直線排列，故坐法共有

$$\frac{P_5^7}{5} = \frac{7 \times 6 \times 5 \times 4 \times 3}{5} = 504 \text{ (種)}.$$

一般而言，我們可將例題 15 的結果推廣如下：

> 從 n 個不同物件中任取 m 個（$m \leq n$ 且不重複）作環狀排列，則其排列總數為
> $$\frac{P_m^n}{m} = \frac{1}{m} \cdot \frac{n!}{(n-m)!}.$$
> (12-3-6)

例題 16 夫婦 2 人及子女 5 人圍著圓桌而坐，但夫婦 2 人必須相鄰而坐，共有多少種不同的坐法？

解 因限定夫婦 2 人須相鄰，宛如一人，連同子女 5 人可視為共有 6 人圍著圓桌而坐，可得排列數為 5!，但夫婦 2 人可易位而坐，故總共坐法有

$$5! \times 2! = 240 \text{ (種)}.$$

隨堂練習 8 16 顆不同的珠子串成一項鍊，可串成多少種不同的項鍊？

答案：$\dfrac{15!}{2}$ 種.

隨堂練習 9 4 男 4 女圍著圓桌而坐，若同性不相鄰，則共有幾種坐法？

答案：144 種.

習題 12-3

1. 從 5 位同學中任選 3 人排成一列拍照留念，共有多少種排法？
2. 將 3 封不同的信件投入 5 個郵筒，任兩封不在同一個郵筒，共有多少種投法？
3. 15 本不同的書，10 人去借，每人借 1 本，共有多少種借法？

4. 10 本不同的書，15 人去借，每人至多借 1 本，每次都將書借完，共有多少種借法？

5. 今有 6 種工作分配給 6 人擔任，每個人只擔任一種工作，但某甲不能擔任其中的某兩種工作，問共有幾種分配法？

6. 將不同的鉛筆 10 枝，不同的原子筆 8 枝，不同的鋼筆 10 枝，分給 5 人，每人只能分得鉛筆、原子筆、鋼筆各 1 枝，共有幾種分法？

7. 7 人站成一排照像，求
   (1) 某甲必須站在中間，有多少種站法？
   (2) 某甲、乙兩人必須站在兩端，有多少種站法？
   (3) 某甲既不能站在中間，也不能站在兩端，有多少種站法？

8. 將 "SCHOOL" 的各字母排成一列，求下列各排列數．
   (1) 全部任意排列　　　　(2) 兩個 "O" 不相鄰

9. 將 2 本相同的書及 3 枝相同的筆分給 7 人，每人至多 1 件，共有多少種分法？

10. 把 "庭院深深深幾許" 七個字重行排列，使三個 "深" 字，不完全連在一起，其排法共有幾種？

11. 用七個數字 0，1，1，1，2，2，3 作七位整數，共可作幾個？

12. 將 5 封信投入 4 個不同的郵筒，共有多少種投法？

13. 5 個人猜拳，每人可出 "剪刀"、"石頭"、"布" 之中的任一種，則共有幾種情形？

14. 有 5 類水果，香蕉、梨子、橘子、蘋果、芒果（每類均有 6 個以上）．今有小朋友 6 位，每人任取一種水果，則取法有若干種？

15. 有 3 種不同的酒及 7 個不同酒杯，每杯倒入一種酒，其方法有幾種？

16. 5 男、5 女圍一圓桌而坐，依下列各種情形，求排列數．
    (1) 5 男全部相鄰　　　　(2) 同性不相鄰

17. 5 對夫婦圍著一圓桌而坐，求下列各種坐法．
    (1) 任意圍坐　　　　　　(2) 每對夫婦相鄰
    (3) 男女相隔　　　　　　(4) 男女相隔且夫婦相鄰

18. 求下列正整數 n 的值．
    (1) $5P^9_n = 6P^{10}_{n-1}$ 　　　　(2) $P^{2n}_3 = 10P^{n+1}_2$

(3) $2P_3^n = 3P_2^{n+1} + 6P_1^n$ (4) $P_3^n : P_3^{n+2} = 5 : 12$

19. 用 0，1，2，3，4，5 六個數字排成五位數．
    (1) 數字不可重複，有多少個不同的五位數？
    (2) 數字不可重複，有多少個不同的奇五位數？
    (3) 數字不可重複，有多少個不同的偶五位數？
    (4) 數字不可重複，首位是奇數的偶五位數有多少個？

20. 如下圖，自 A 取捷徑走到 B，問：
    (1) 共有多少種走法？
    (2) 若必須經過 P 點，則其走法共有多少種？

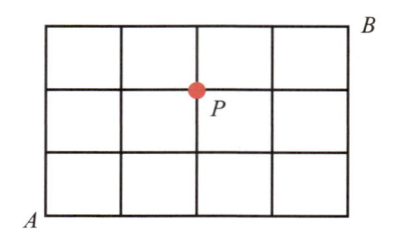

12-4 組 合

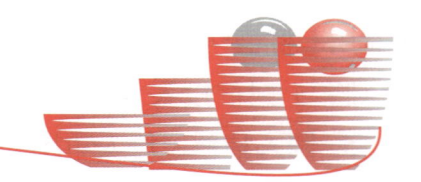

一、不重複組合

　　從 n 個不同物件中，每次不重複地任取 m ($\leq n$) 個不同物件為一組，同一組內的物件若不計其前後順序，就稱為 n 中取 m 的不重複組合，其中每一組稱為一種組合，所有組合的總數稱為組合數，以符號 C_m^n 或 $\binom{n}{m}$ 表示．例如，今有 1，2，3，4，5 五個數字，每次選取三個數字（不重複）作為一組，則 5 個數中取 3 個數的排列數為 $P_3^5 = 60$．在每一種排列中，像 {1, 2, 3} 這一組，若按其前後次序排列，則有 {1, 2, 3}, {1, 3, 2}, {2, 1, 3}, {2, 3, 1}, {3, 1, 2}, {3, 2, 1} 等六種．但是，對這六種組合而言，應視為同一組，所以這六種只能算一種，因而所得的組合數為

$$C_3^5 = \frac{P_3^5}{6} = \frac{P_3^5}{3!} = 10$$

它們是：$\{1, 2, 3\}, \{1, 2, 4\}, \{1, 2, 5\}, \{1, 3, 4\}, \{1, 3, 5\}, \{1, 4, 5\}, \{2, 3, 4\}, \{2, 3, 5\}, \{2, 4, 5\}, \{3, 4, 5\}$。

由上面所述的例子可知，n 中取 m 的排列總數 P_m^n，可以分解成下面兩個步驟來求．

1. 先自 n 中選取 m 個出來 (此即組合數 C_m^n)．
2. 然後將取出的 m 個物件任意去排列 (總數為 $m!$)．

根據乘法原理，

$$C_m^n \times m! = P_m^n$$

因此，我們得到組合數公式如下：從 n 個不同物件中，每次不重複地取 m 個為一組，則其組合數為

$$C_m^n = \frac{P_m^n}{m!} = \frac{n!}{m!(n-m)!} \quad (m \le n). \tag{12-4-1}$$

定理 12-1

$$C_m^n = C_{n-m}^n, \quad 0 \le m \le n.$$

證：$C_m^n = \dfrac{n!}{m!(n-m)!} = \dfrac{n!}{[n-(n-m)]!(n-m)!} = C_{n-m}^n$

定理 12-1 告訴我們，從 n 個不同物件中不重複的任意選取 m 個後，則必留下 $n-m$ 個，每次取 m 個的組合數 C_m^n 與每次取 $n-m$ 個的組合數 C_{n-m}^n 相等．

註：當 $m > \dfrac{n}{2}$ 時，通常不直接計算 C_m^n，而是改為計算 C_{n-m}^n，這樣比較簡便．

定理 12-2　巴斯卡定理

$$C_m^n = C_m^{n-1} + C_{m-1}^{n-1}, \quad 1 \le m \le n-1.$$

證：$C_m^{n-1} + C_{m-1}^{n-1} = \dfrac{(n-1)!}{m!(n-m-1)!} + \dfrac{(n-1)!}{(m-1)!(n-m)!}$

$= (n-1)! \times \dfrac{(m-1)!(n-m)! + m!(n-m-1)!}{m!(n-m-1)!(m-1)!(n-m)!}$

$= (n-1)! \times \dfrac{(m-1)!(n-m-1)![(n-m)+m]}{m!(n-m-1)!(m-1)!(n-m)!}$

$= \dfrac{(n-1)! \times n}{m!(n-m)!} = \dfrac{n!}{m!(n-m)!}$

$= C_m^n.$

定理 12-2 告訴我們，從 n 個不同物件中不重複的任取 m 個，其組合數 C_m^n 可以視成下列兩種情況的總和：

1. 恰含某一固定事物的組合數 C_{m-1}^{n-1}
2. 不含某一固定事物的組合數 C_m^{n-1}。

例題 1　計算 C_{198}^{200} 及 $C_3^{99} + C_2^{99}$。

解　$C_{198}^{200} = C_2^{200} = \dfrac{200 \times 199}{2 \times 1} = 19900$

$C_3^{99} + C_2^{99} = C_3^{100} = \dfrac{100 \times 99 \times 98}{3 \times 2 \times 1} = 161700.$

例題 2　平面上有 5 個點，其中任何三點不共線，以這些點為頂點，一共可畫出多少個三角形？又可決定幾條直線？

解　在平面上，不共線的三點可以決定一三角形，所以共有

$$C_3^5 = \frac{5!}{3!\,2!} = \frac{5\times 4\times 3!}{3!\,2!} = 10 \text{ 個三角形}$$

因任意兩點可決定一條直線，故共有

$$C_2^5 = \frac{5!}{2!\,3!} = \frac{5\times 4\times 3!}{2!\,3!} = 10 \text{ 條直線.}$$

例題 3 某乒乓球校隊共有 8 人，今自該隊遴選 5 人充任國手．

(1) 共有多少種選法？

(2) 若某兩人為當然國手，則有多少種選法？

解 (1) $C_5^8 = C_3^8 = \dfrac{8\times 7\times 6}{3\times 2\times 1} = 56$ (種).

(2) 因某兩人為當然國手，故只須從剩下的 6 人中任選 3 人即可．所以共有

$$C_3^6 = \frac{6\times 5\times 4}{3\times 2\times 1} = 20 \text{ (種).}$$

隨堂練習 10 由 6 位男教師、5 位女教師中選出一個 5 人口試委員會，規定其中男女教師至少各有兩人，問有多少種選法？

答案：350 種．

隨堂練習 11 自 5 冊不同的英文書與 4 冊不同的數學書中，取 2 冊英文書與 3 冊數學書排放在書架上，共有多少種排法？

答案：4800 種．

二、重複組合

由 n 件不同的事物中，每次選取 m 件為一組，同一組的事物不計其先後順序，於各組中，每件事物可以重複選取 2 次，3 次，⋯，或 m 次，則這種組合叫做重複組合，其組合總數常以符號 H_m^n 表示，其值如何呢？首先我們看下面的問題：

今有 5 顆相同的彈珠，分給甲、乙、丙三位小朋友 (每人不一定要分得)，問其可能的分法有幾種？

此問題中的"相同"若換成"不同"，則只要利用乘法原理就可迎刃而解；但是，如今是"相同"的彈珠，問題就不單純了．其方法如下：

我們用 3−1=2 塊隔板 b、b，將 5 顆彈珠隔成 3 堆，左堆給甲，中間堆給乙，右堆給丙，如：

$$o\ b\ o\ b\ o\ o\ o \leftrightarrow (甲，乙，丙)=(1，1，3)$$
$$o\ o\ b\ b\ o\ o\ o \leftrightarrow (甲，乙，丙)=(2，0，3)$$
$$b\ o\ o\ o\ o\ o\ b \leftrightarrow (甲，乙，丙)=(0，5，0)$$
$$o\ o\ o\ b\ o\ o\ b \leftrightarrow (甲，乙，丙)=(3，2，0)$$
$$\cdots\cdots\cdots\cdots\cdots\cdots\cdots\cdots\cdots\cdots\cdots\cdots$$

我們可得"5 顆彈珠與 2 塊隔板"形成不完全相異物的直線排列，共有 $\dfrac{(5+2)!}{5!\,2!}$ 種，即，全部的分法有 $\dfrac{(5+2)!}{5!\,2!}$ 種．

這一個問題可以轉換成數學模式：方程式 $x+y+z=5$ 的非負整數解 (x,y,z) 有多少組？例如，甲、乙、丙分得的彈珠數：(1, 1, 3), (2, 0, 3), (0, 5, 0), (3, 2, 0), …都是它的解．換句話說，上面問題中不妨設甲、乙、丙分別得到 x 個、y 個、z 個，則 x、y、z 必須滿足：

1. x、y、z 均是非負的整數
2. $x+y+z=5$

反之，滿足 **1.** 與 **2.** 的任一組解 (x, y, z) 也正好對應上述問題的一種彈珠分法．

現在，我們將上面的結果推廣如下：

方程式 $x_1+x_2+\cdots+x_n=m$ 的非負整數解 $(x_1, x_2, \cdots, x_n)$ 的組數"等於" m 個相同的彈珠任意分給 n 個人 (每人不一定要分得) 的分法數：

$$\frac{[m+(n-1)]!}{m!\,(n-1)!}=C_m^{n+m-1}$$

類似上面的討論，可得到一般情況：由 n 件不同的事物中，每次選取 m 件為一組之 **重複組合**，其組合總數為

$$H_m^n = C_m^{n+m-1} \quad (m \cdot n \in \mathbb{N}, \ m \text{ 之值可大於 } n).\qquad \text{(12-4-2)}$$

例題 4 試求下列各值：
(1) H_3^5 (2) H_5^5 (3) H_8^5 (4) H_2^4

解
(1) $H_3^5 = C_3^{5+3-1} = C_3^7 = \dfrac{7 \cdot 6 \cdot 5}{3 \cdot 2 \cdot 1} = 35$

(2) $H_5^5 = C_5^{5+5-1} = C_5^9 = C_4^9 = \dfrac{9 \cdot 8 \cdot 7 \cdot 6}{4 \cdot 3 \cdot 2 \cdot 1} = 126$

(3) $H_8^5 = C_8^{5+8-1} = C_8^{12} = C_4^{12} = \dfrac{12 \cdot 11 \cdot 10 \cdot 9}{4 \cdot 3 \cdot 2 \cdot 1} = 495$

(4) $H_2^4 = C_2^{4+2-1} = C_2^5 = \dfrac{5 \cdot 4}{2 \cdot 1} = 10.$

例題 5 化下列各組合式為重複組合數 H_m^n 之形式：
(1) C_3^5 (2) C_7^9 (3) C_4^8 (4) C_6^6

解 ∵ $C_m^n = H_m^{n-m+1}$
(1) $C_3^5 = H_3^{5-3+1} = H_3^3$
(2) $C_7^9 = H_7^{9-7+1} = H_7^3$
(3) $C_4^8 = H_4^{8-4+1} = H_4^5$
(4) $C_6^6 = H_6^{6-6+1} = H_6^1.$

例題 6 5 枚完全相同的硬幣，贈與 4 人，每人均可兼而得之，亦可得不到硬幣，問共有幾種不同的贈法？

解 由於 5 枚硬幣完全相同，故此種贈法不計順序，這是組合問題，又對

每種贈法而言，每個人可重複得到硬幣 2 枚、3 枚、4 枚或 5 枚，因此這是重複組合問題，換句話說，本題是由 4 個不同的事物 (4 個人) 中，任意選取 5 件的重複組合，故有

$$H_5^4 = C_5^{4+5-1} = C_5^8 = C_3^8 = \frac{8 \times 7 \times 6}{1 \times 2 \times 3} = 56 \text{ (種贈法)}.$$

例題 7 將 20 本相同的新書贈送給甲、乙、丙三個圖書館，求下列的分配法有多少種？

(1) 每個圖書館至少 2 本．

(2) 甲至少 3 本，乙至少 2 本，丙至少 4 本．

(3) 任意分配．

解 (1) 每個圖書館先各分 2 本，剩下 14 本，可任意分配給甲、乙、丙，共有

$$H_{14}^3 = C_{14}^{16} = C_2^{16} = \frac{16!}{2! \, 14!} = \frac{16 \times 15}{2!} = 120 \text{ (種)}.$$

(2) 先給甲 3 本、乙 2 本、丙 4 本，剩下 11 本再任意分給甲、乙、丙，共有

$$H_{11}^3 = C_{11}^{13} = 78 \text{ (種)}.$$

(3) 共有

$$H_{20}^3 = C_{20}^{22} = 231 \text{ (種)}.$$

隨堂練習 12 將 10 個相同的球放進 3 個不同的箱子中，每箱球數不限，共有多少種放法？

答案：66 種放法．

隨堂練習 13 方程式 $x_1 + x_2 + x_3 + x_4 + x_5 = 14$ 共有多少組非負整數解？

答案：3060 組．

例題 8 將 10 個相同的球放入 3 個不同的箱子中，若每個箱子至少放一個，則共有多少種放法？

解 每個箱子先各放一個球，剩下 $10-3=7$ 個球再任意放入 3 個箱子中，每箱不限個數，也可不放，故有

$$H_7^3 = C_7^9 = C_2^9 = 36$$

種放法。

例題 9 由 a、b、c 三個變數所成之 5 次齊次多項式共有幾項？

解 由 a、b、c 三個變數所成之 5 次齊次多項式，即多項式之每項均為 5 次式，例如：

$$a^5,\ b^5,\ c^5,\ a^3b^2,\ abc^3,\ a^2b^2c,\ \cdots$$

即

↓	↓	↓	↓	↓
a	a	a	a	a
b	b	b	b	b
c	c	c	c	c
3種	3種	3種	3種	3種

每個空格均可填入 a、b、c 三種，故為可重複者，又如 $aabbc$ 與 $abacb$ 均表 a^2b^2c，故與順序無關是為組合。故共有

$$H_5^3 = C_5^{3+5-1} = C_5^7 = \frac{7 \cdot 6 \cdot 5!}{5! \cdot 2!} = 21\ (項).$$

例題 10 試證：$\sum_{k=0}^{n} C_k^{m+k} = C_r^{m+r+1}$ ($m \geq 1$, $r \geq 1$)。

解 $\sum_{k=0}^{n} C_k^{m+k} = C_0^m + C_1^{m+1} + C_2^{m+2} + C_3^{m+3} + \cdots + C_r^{m+r}$

$= (C_0^{m+1} + C_1^{m+1}) + C_2^{m+2} + C_3^{m+3} + \cdots + C_r^{m+r}$

($\because C_0^m = C_0^{m+1} = 1$)

$$= (C_1^{m+2} + C_2^{m+2}) + C_3^{m+3} + \cdots + C_r^{m+r}$$
$$= (C_2^{m+3} + C_3^{m+3}) + \cdots + C_r^{m+r}$$
$$= C_3^{m+4} + \cdots + C_r^{m+r}$$
$$= \cdots$$
$$= C_{r-1}^{m+r} + C_r^{m+r}$$
$$= C_r^{m+r+1}.$$

例題 11 (1) 試證：① $H_m^n = H_m^{n-1} + H_{m-1}^n$

② $1 + H_1^n + H_2^n + \cdots + H_m^n = H_m^{n+1}$ （m，$n \in \mathbb{N}$）

(2) 投擲三個不同骰子，試求點數和不超過 6 的出現種類有多少種？

解 (1) ① 右式 $= H_m^{n-1} + H_{m-1}^n = C_m^{n-1+m-1} + C_{m-1}^{n+m-1-1}$
$$= C_m^{n+m-2} + C_{m-1}^{n+m-2} = C_m^{n+m-1} = H_m^n$$
$$= 左式.$$

② 左式 $= 1 + H_1^n + H_2^n + H_3^n + \cdots + H_m^n$
$$= (C_0^n + C_1^n) + C_2^{n+1} + C_3^{n+2} + \cdots + C_m^{n+m-1}$$
$$= (C_1^{n+1} + C_2^{n+1}) + C_3^{n+2} + \cdots + C_m^{n+m-1}$$
$$= (C_2^{n+2} + C_3^{n+2}) + \cdots + C_m^{n+m-1}$$
$$= C_3^{n+3} + \cdots + C_m^{n+m-1}$$
$$= \cdots\cdots\cdots$$
$$= C_{m-1}^{n+m-1} + C_m^{n+m-1} = C_m^{n+m} = H_m^{n+1}$$
$$= 右式.$$

(2) 設甲、乙、丙三骰子所出現點數分別為 x、y、z. 則 $x+y+z \leq 6$, 且 $1 \leq x$, y, $z \leq 6$, x, y, $z \in \mathbb{N}$.

故共有四種情形：

① $x+y+z=3$　　② $x+y+z=4$

③ $x+y+z=5$　　④ $x+y+z=6$

其解共有

$$H_{3-3}^3+H_{4-3}^3+H_{5-3}^3+H_{6-3}^3=H_0^3+H_1^3+H_2^3+H_3^3$$
$$=C_0^2+C_1^3+C_2^4+C_3^5$$
$$=20.$$

隨堂練習 14 $(3a-b+2c)^5$ 之展開式中共有若干相異的項 (不同類項)？

答案：21 種不同的項.

習題 12-4

1. 求下列各式中正整數 n 的值.
   (1) $12C_4^{n+2}=7C_3^{n+4}$　　(2) $C_3^n=P_2^n$　　(3) $C_n^{10}=C_{3n-2}^{10}$

2. 已知 $C_r^n=C_{2r}^n$，$3C_{r+1}^n=11C_{r-1}^n$，求正整數 n 及 r 的值.

3. 男生 7 名，女生 6 名，從中選 4 名委員，依下列條件有幾種選法？
   (1) 男生 2 名，女生 2 名　　(2) 女生最少 1 名

4. 正立方體的八個頂點共可決定：
   (1) 多少條直線？　　(2) 多少個三角形？　　(3) 多少個平面？

5. 將 8 本不同的書分給甲、乙、丙三人，甲得 4 本，乙得 2 本，丙得 2 本，共有若干種分法？

6. 設書架上有 12 本不同的中文書，5 本不同的英文書。若想從書架上選取 6 本書，其中 3 本為中文書，3 本為英文書，問有多少種選法？

7. 自 10 男，8 女中，男、女各 4 人，配成一男一女四對拍擋，則配對法共若干種？

8. 從 1 到 20 的自然數中選出相異三數，依下列各條件求其組合數：
   (1) 和為奇數　(2) 積為偶數　(3) 恰有一數為 5 的倍數.

9. 如下圖所示，共有多少個矩形？

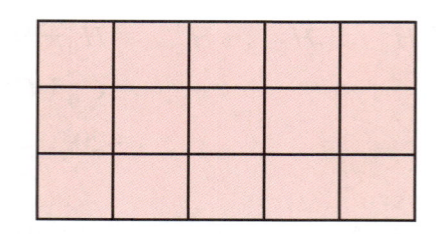

10. 在產品檢驗時，常從產品中抽出一部分進行檢查．今從 100 件產品中任意抽出 3 件．
    (1) 共有多少種不同的抽法？
    (2) 若 100 件產品中有 2 件不良品，則抽出的 3 件中恰有 1 件是不良品的抽法有多少種？
    (3) 若 100 件產品中有 2 件不良品，則抽出的 3 件中至少有 1 件是不良品的抽法有多少種？

11. 設有甲、乙、丙…等 9 人分發到基隆、台南、台東三處工作，依下列各情形求其分發之方法數：
    (1) 依 3 人，3 人，3 人分配 (每地人數可依此數互相交換)．
    (2) 依 4 人，3 人，2 人分配 (每地人數可依此數互相交換)．
    (3) 限定基隆 4 人，台南 3 人，台東 2 人．
    (4) 依 4 人，4 人，1 人分配 (每地人數可依此數互相交換)．

12. 將 12 本不同之書分給甲、乙、丙三人，依下列分法各有幾種分法？
    (1) 依 4 本，4 本，4 本分配．
    (2) 依 5 本，5 本，2 本分配．
    (3) 依 3 本，4 本，5 本分配．
    (4) 依甲 5 本，乙 5 本，丙 2 本分配．
    (5) 依甲 3 本，乙 4 本，丙 5 本分配．

13. 試求下列各值：(1) H_3^5　　(2) H_5^5　　(3) H_8^5．

14. 化下列各組合式為重複組合數 H_m^n 之形式：
    (1) C_3^5　　(2) C_4^8　　(3) C_6^6．

15. 三粒完全相同的骰子擲一次，共有多少種結果？

16. 設選舉人有 10 位，而有 3 人候選，若採用：
    (1) 記名投票．

(2) 無記名投票.

則選票各有多少種不同的結果？

17. 某水果攤賣有梨子、蘋果、木瓜、鳳梨四種水果，每一種至少有 10 個，王先生購買 10 個裝成一籃，問此籃各種水果個數的分配方法共有多少種？

18. 方程式 $x_1+x_2+x_3+x_4=10$ 有多少組非負整數解？有多少組正整數解？

19. $(x+y+z)^4$ 之展開式中有若干相異之項（不同類項）？又 x^2yz 項之係數為何？

20. (1) 8 種相同物全部發給甲、乙、丙三人，每人可兼得或不得，則給法共有幾種？

    (2) 8 種不相同物全部發給甲、乙、丙三人，每人可兼得或不得，則給法共有幾種？

21. 設 $C^n_{r+1}:C^n_r:C^{n+1}_r=2:3:5$，求正整數 n 及 r 的值.

22. 將 6 本不同的書分給 3 人，每人至少得 1 本，共有多少種分法？

12-5 二項式定理

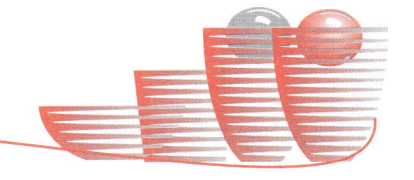

我們已經知道

$$(a+b)^0=1$$
$$(a+b)^1=a+b$$
$$(a+b)^2=a^2+2ab+b^2$$
$$(a+b)^3=a^3+3a^2b+3ab^2+b^3$$

現在，我們再來研究 $(a+b)^4$ 的展開式的各項，即

$$(a+b)^4=(a+b)(a+b)(a+b)(a+b)$$

的展開式的各項．上式右邊的積之展開式的每一項，是從 4 個括號中的每一個括號裡面任取一個字母的乘積，因而各項中 a、b 的次數和為 4，即，展開

式應有下面形式的各項：

$$a^4,\ a^3b,\ a^2b^2,\ ab^3,\ b^4$$

運用組合的知識，就可以得出展開式各項的係數的規則：

1. 在上面 4 個括號中，都不取 b，共有一種，即 C_0^4 種，所以 b^4 的係數是 C_0^4.
2. 在 4 個括號中，恰有 1 個取 b，共有 C_1^4 種，所以 a^3b 的係數是 C_1^4.
3. 在 4 個括號中，恰有 2 個取 b，共有 C_2^4 種，所以 a^2b^2 的係數是 C_2^4.
4. 在 4 個括號中，恰有 3 個取 b，共有 C_3^4 種，所以 ab^3 的係數是 C_3^4.
5. 在 4 個括號中，4 個都取 b，共有 C_4^4 種，所以 b^4 的係數是 C_4^4.

因此，

$$(a+b)^4 = C_0^4 a^4 + C_1^4 a^3 b + C_2^4 a^2 b^2 + C_3^4 ab^3 + C_4^4 b^4$$

依此，我們有下面的公式，稱為<u>二項式定理</u>，它告訴我們如何求 $(a+b)^n$ ($n \in \mathbb{N}$) 之展開式中各項的係數.

定理 12-3　二項式定理

對於任意 $n \in \mathbb{N}$，

$$(a+b)^n = C_0^n a^n + C_1^n a^{n-1} b + C_2^n a^{n-2} b^2 + \cdots + C_r^n a^{n-r} b^r$$

$$+ \cdots + C_{n-1}^n ab^{n-1} + C_n^n b^n = \sum_{r=0}^{n} C_r^n a^{n-r} b^r.$$

由上述之定理，得到下列的推論：

1. $(a+b)^n$ 之展開式共有 $n+1$ 項，其第 $r+1$ 項為 $C_r^n a^{n-r} \cdot b^r$.
2. $(pa+qb)^n$ 之展開式，其第 $r+1$ 項為

$$C_r^n (pa)^{n-r}(qb)^r = p^{n-r} \cdot q^r \cdot C_r^n a^{n-r} b^r.$$

第十二章　排列與組合

例題 1　展開 $(2x+y)^4$.

解　
$$(2x+y)^4 = \sum_{r=0}^{4} C_r^4 (2x)^{4-r} y^r$$
$$= C_0^4 (2x)^4 + C_1^4 (2x)^3 y + C_2^4 (2x)^2 y^2 + C_3^4 (2x) y^3 + C_4^4 y^4$$
$$= (2x)^4 + 4(2x)^3 y + 6(2x)^2 y^2 + 4(2x) y^3 + y^4$$
$$= 16x^4 + 32x^3 y + 24x^2 y^2 + 8xy^3 + y^4.$$

隨堂練習 15　展開 $(x+2y)^5$.

答案：$x^5 + 10x^4 y + 40x^3 y^2 + 80x^2 y^3 + 80xy^4 + 32y^5$.

例題 2　求 $(x+2y^2)^5$ 展開式中之 $x^3 y^4$ 項的係數.

解　設 $(x+2y^2)^5$ 展開式之第 $r+1$ 項為
$$C_r^5 \cdot x^{5-r} (2y^2)^r = 2^r \cdot C_r^5 \cdot x^{5-r} y^{2r}$$

故　　$\begin{cases} 5-r=3 \\ 2r=4 \end{cases} \Rightarrow r=2$

其係數為　　$2^2 \cdot C_2^5 = 4 \cdot \dfrac{5 \times 4}{2 \times 1} = 40.$

隨堂練習 16　求 $\left(2x + \dfrac{1}{3x}\right)^6$ 展開式中之常數項.

答案：$\dfrac{160}{27}$.

例題 3　若 $\left(ax^3 + \dfrac{2}{x^2}\right)^4$ 之展開式中 x^2 項之係數為 6，求 a 值.

解　設第 $r+1$ 項為 $C_r^4 (ax^3)^{4-r} \left(\dfrac{2}{x^2}\right)^r$

$$C_r^4(ax^3)^{4-r}\left(\frac{2}{x^2}\right)^r = a^{4-r} \cdot 2^r \cdot C_r^4 \cdot x^{12-5r}$$

故 $\begin{cases} 12-5r=2 \quad \cdots\cdots\cdots\cdots\cdots\cdots\cdots\cdots\cdots\cdots\cdots\cdots\cdots\cdots ① \\ a^{4-r} \cdot 2^r \cdot C_r^4 = 6 \cdots\cdots\cdots\cdots\cdots\cdots\cdots\cdots\cdots ② \end{cases}$

由 ① 得 $r=2$ 代入 ② 式中得

$$a^2 \cdot 2^2 \cdot C_r^4 = 6, \quad a^2 = \frac{1}{4},$$

故 $a = \pm\frac{1}{2}$.

例題 4 設 $(1+x)^n$ 之展開式中第 5、第 6、第 7 三項的係數成等差數列，求 n 值．

解 第 5、第 6、第 7 項之係數分別為 C_4^n, C_5^n, C_6^n.

故 $2C_5^n = C_4^n + C_6^n$

$\Rightarrow 2\dfrac{n!}{(n-5)! \cdot 5!} = \dfrac{n!}{(n-4)! \cdot 4!} + \dfrac{n!}{(n-6)! \cdot 6!}$

$\Rightarrow \dfrac{2}{5(n-5)} = \dfrac{1}{(n-4)(n-5)} + \dfrac{1}{6 \cdot 5}$

$\Rightarrow 12(n-4) = 30 + (n-4)(n-5)$

$\Rightarrow n=7$ 或 $n=14$.

習題 12-5

求下列各式的展開式．

1. $(2x-3y)^4$

2. $\left(3x^2+\dfrac{1}{x}\right)^5$

3. $(2x+4y)^4$

求下列各指定項的係數.

4. $\left(x+\dfrac{1}{x}\right)^{10}$ 中的 x^4 項係數.

5. $\left(2x-\dfrac{1}{3x}\right)^{8}$ 中的 x^2 項係數.

6. $\left(x-\dfrac{1}{3x^2}\right)^{18}$ 中的 x^6 項係數.

7. 試利用二項式定理證明恆等式.

$$C_0^n+C_1^n+C_2^n+C_3^n+\cdots+C_n^n=2^n$$

422 數學

13

機　率

- 隨機實驗、樣本空間與事件
- 機率的定義與基本定理
- 條件機率
- 數學期望值

13-1 隨機實驗、樣本空間與事件

人們常用數學方法來描述一些現象，對於若干問題可以依據已知的條件，列出方程式而求得問題的確實答案．但是有一些現象卻無法以一個適當的等式來說明這現象的因果關係，亦無從得知問題的結果會是什麼．例如，擲一枚結構均勻對稱的硬幣，儘管每次擲出的手法相同，卻會得到有時正面朝上、有時反面朝上的不同結果，顯然沒有一個合適的等式可以說明它的因果關係．因此擲一枚硬幣，到底會是哪面朝上就無法預先求得確定的結果．同樣地，對於一些物理現象、社會現象或商業現象，我們所能探討的是某種結果發生的可能性大小．擲一枚硬幣出現正面的可能性有多大？某公司股票明天的行情可能會漲、會跌、持平而不漲不跌，究竟這股票明天會漲的可能性是多少？對於這些現象有系統的研究，就是所謂的**機率論**．

定義 13-1　隨機試驗

觀察一可產生各種**可能結果**或**出象**的過程，稱為試驗；而若各種可能結果的**出象**（或發生）具有不確定性，則此一過程便稱為**隨機試驗**．

例題 1　有二袋分別裝黃、紅球，第一袋有 2 黃球 1 紅球，第二袋有 1 黃球 2 紅球，今由二袋任意選取一袋，依次取出一球，共兩次，其結果怎樣？

解　由題意得知，在這種實驗中，假設任意選取一袋是第一袋，而後每次取出一球，共兩次，先是黃球，後也是黃球；或先是黃球，後是紅球；或先是紅球，後是黃球；就有三種不同的結果．如果任意選取一袋是第二袋，而後每次取出一球，共兩次，先是黃球，後是紅球；或先是紅球，後是黃球；或先是紅球，後也是紅球；又有三種不同的結果．這種任意由一袋中，每次取出一球，共兩次，其結果可能是上述六種情形中的一種，這就是隨機實驗．其結果雖然不能確定，但可以推定這實驗的可能結果，今將可能的結果列表如下：

	1	2	3	4	5	6
袋	I	I	I	II	II	II
第一球	黃	黃	紅	黃	紅	紅
第二球	黃	紅	黃	紅	黃	紅

有時，常將這種隨機實驗所經歷的過程，以樹形圖表示出，就很方便地看出其可能的結果．如圖 13-1．

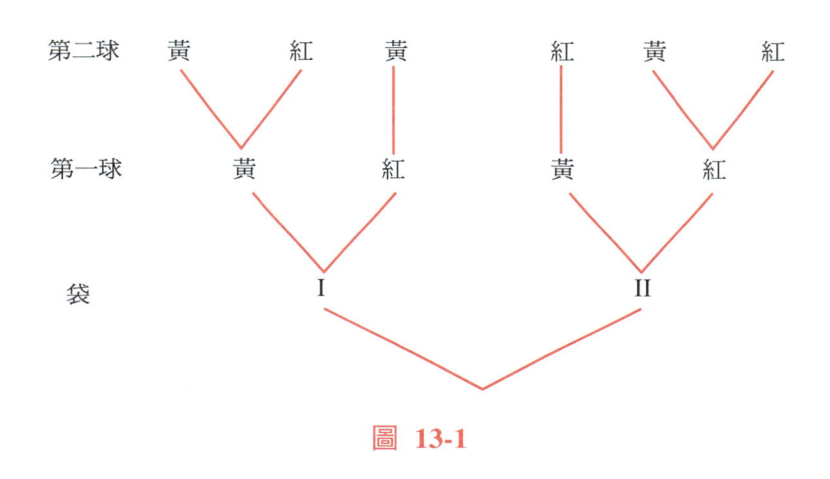

圖 13-1

定義 13-2

一隨機試驗之各種可能結果的集合，稱為此實驗的 樣本空間，通常以 S 表示之．樣本空間內的每一元素，亦即每一個可能出現的結果，稱為 樣本點．

定義 13-3 有限樣本空間與無限樣本空間

僅含有限個樣本點的樣本空間，稱為 有限樣本空間；含有無限多個樣本點的樣本空間，稱為 無限樣本空間．

例題 2 調查某班級近視人數（設有 50 名學生），則其樣本空間為 $S = \{0, 1, 2, 3, \cdots, 50\}$，此一樣本空間為有限樣本空間．

例題 3 觀察某一燈管之使用壽命，其樣本空間為 $S = \{t \mid t > 0\}$，t 表壽命時間，此一樣本空間為無限樣本空間．

定義 13-4 事件

事件是樣本空間的子集；只有一個樣本點的事件稱為基本事件或簡單事件；而含有兩個以上的樣本點之事件，稱為複合事件．

依據上面的定義，空集合（ϕ）與樣本空間本身（S）乃是二個特殊的子集，故亦為事件，但對此二事件有其特別的涵義．空集合所代表的事件，因它不含任何樣本點，故一般稱為不可能事件；而事件 S 包含了樣本空間內的所有樣本點，必然會發生，故一般稱為必然事件．

例題 4 擲一骰子，觀察其出現在上方的點數結果，則此隨機實驗的樣本空間為 $S = \{1, 2, 3, 4, 5, 6\}$，而子集

$E_1 = \{1, 3, 5\}$ 表出現奇數點的事件．

$E_2 = \{2, 4, 6\}$ 表出現偶數點的事件．

$E_3 = \{1, 2, 3, 4\}$ 表出現的點數不超過 5 的事件．

$E_4 = \{5, 6\}$ 表出現的點數至少為 5 的事件．

例題 5 投擲三枚硬幣，求其樣本空間及出現二正面的事件．

解 （1）樣本空間為

$S = \{$（正，正，正），（正，正，反），（正，反，正），（反，正，正），
（正，反，反），（反，正，反），（反，反，正），（反，反，反）$\}$．

（2）而出現二正面的事件為

$E=\{(正，正，反)，(正，反，正)，(反，正，正)\}$.

定義 13-5

事件 A 關於 S 的**補集合**，是不在 A 內所有 S 元素的子集. A 的補集合以符號 A' 表示. 我們稱 A' 為 A 之**餘事件**，或稱 A 和 A' 為**互補事件**.

例題 6 若以某公司的所有員工作為樣本空間 S，令所有男性員工所成的子集對應於一事件 A，則對應於另一事件 A' 表所有女性員工，亦為 S 的一個子集，且為男性員工事件 A 的餘事件.

現在我們考慮對事件來進行運算，使其形成一新的事件. 這些新的事件會跟已知事件一樣是同一個樣本空間的子集. 假設 A 與 B 是兩個與隨機實驗有關的事件，也就是說，A 與 B 是同一樣本空間 S 的子集. 例如擲骰子的時候可以讓 A 是出現奇數點的事件，而 B 是點數大於 2 的事件，則子集 $A=\{1, 3, 5\}$ 與 $B=\{3, 4, 5, 6\}$ 都是同一個樣本空間

$$S=\{1, 2, 3, 4, 5, 6\}$$

的子集. 但讀者應注意：如果出象是子集 $\{3, 5\}$ 的元素之一，A 與 B 兩個事件都會在同一個已知的投擲中發生. 這個子集 $\{3, 5\}$ 就是 A 與 B 的**交集**.

定義 13-6

事件 A 與 B 的**交集**是包含 A 與 B 所有共同元素的事件，以符號 $A \cap B$ 表示，稱之為 A 與 B 之**積事件**.

定義 13-7 互斥事件

如果 $A \cap B = \phi$ 的話，事件 A 與 B 就是**互斥**或**不相連**．也就是說，A 與 B 沒有相同元素．

一般與隨機實驗有關的二個事件中，我們會對其中至少一個事件是否發生感興趣．因此，在擲骰子的實驗裡，如果

$$A = \{2, 4, 6\} \text{ 且 } B = \{4, 5, 6\}$$

我們想知道的可能是：不是 A 發生就是 B 發生，或者是兩個事件都發生．此類事件叫做 A 和 B 的**聯集**，如果出象是子集 $\{2, 4, 5, 6\}$ 的元素之一的話，即發生這個事件．

定義 13-8 和事件

事件 A 與 B 的**聯集**是包含所有屬於 A 或 B 或兩者都擁有之元素的事件，以符號 $A \cup B$ 來表示，稱之為 A 與 B 之**和事件**．

定義 13-9 聯合事件

所謂**聯合事件**乃是兩個或以上的事件，透過**交集**或**聯集**之運算所構成的事件．

例題 7 擲一骰子，其樣本空間為 $S = \{1, 2, 3, 4, 5, 6\}$．令 A 表示奇數點的事件，B 表示偶數點的事件，C 表示小於 4 點的事件，亦即

$$A = \{1, 3, 5\}, \quad B = \{2, 4, 6\}, \quad C = \{1, 2, 3\}$$

於是可得出下列的聯合事件：

$A \cup B = \{1, 2, 3, 4, 5, 6\} = S$

$A \cap B = \phi$

$A \cup C = \{1, 2, 3, 5\}$

$A \cap C = \{1, 3\}$

$B' \cap C' = \{1, 3, 5\} \cap \{4, 5, 6\} = \{5\}$.

隨堂練習 1 擲一顆骰子，觀察其出現在上方的點數結果，則此隨機實驗的樣本空間為 $S = \{1, 2, 3, 4, 5, 6\}$，而子集 E_1 表出現奇數點的事件，E_2 表出現偶數點的事件，E_3 表出現的點數不超過 5 的事件，亦即

$E_1 = \{1, 3, 5\}$ $E_2 = \{2, 4, 6\}$ $E_3 = \{1, 2, 3, 4\}$

求下列之聯合事件：

(1) $E_1 \cup E_2$

(2) $E_1 \cap E_2$

(3) $E_1 \cap E_3$

(4) $E_1' \cap E_3'$

答案：(1) $E_1 \cup E_2 = \{1, 2, 3, 4, 5, 6\}$.   (3) $E_1 \cap E_3 = \{1, 3\}$.

(2) $E_1 \cap E_2 = \phi$.   (4) $E_1' \cap E_3' = \{6\}$.

隨堂練習 2 擲一顆骰子，令 $A = \{1, 2\}$，$B = \{3, 4, 5\}$，$C = \{5, 6\}$ 為三事件，求 (1) 擲此顆骰子出現點數的樣本空間 S 及 A'，(2) $(A \cup B)'$，(3) $(B \cap C)'$.

答案：(1) $S = \{1, 2, 3, 4, 5, 6\}$，$A' = \{3, 4, 5, 6\}$.

(2) $(A \cup B)' = \{6\}$.

(3) $(B \cap C)' = \{1, 2, 3, 4, 6\}$.

習題 13-1

1. 試寫出下列隨機實驗的樣本空間：

   (1) 投擲一枚公正的錢幣一次.

   (2) 從一副撲克牌中抽出一張牌.

2. (1) 擲一枚硬幣（有正、反兩面）兩次，依次觀察其出現正面或反面的結果，試寫出其樣本空間．
   (2) 擲兩枚不同硬幣一次，試寫出其樣本空間．
   (3) 擲兩枚相同硬幣一次，試寫出其樣本空間．

3. 投擲一黑一白兩骰子，試寫出其樣本空間．

4. 在第 3 題中，試描述下列各事件：
   (1) 兩骰子點數和為 7．　　　(2) 兩骰子點數和大於等於 10．
   (3) 最大點數等於 2．　　　　(4) 最小點數等於 1．

5. 設 A、B、C 表示某隨機實驗的三個事件，試以集合符號表出下列各事件：
   (1) 至少有一事件發生．
   (2) 至少有一事件不發生．

6. 設某隨機實驗的樣本空間為 S，而 A、$B \subset S$，若某次實驗產生的樣本為 a．試解釋下列各問題：
   (1) $a \in A'$　　　(2) $a \in A \cup B$　　　(3) $a \in A \cap B$
   (4) $A \subset B$　　(5) $A = \phi$

7. 假設某人射靶三次，我們有興趣於每次是否射中目標，令事件 E_1 表示三次均未射中，事件 E_2 表示一次射中兩次沒射中，試敘述樣本空間 S 及事件 E_1 和 E_2．

8. 甲、乙、丙、丁四人中，抽籤決定一人為代表，其樣本空間為何？抽籤決定二人為代表之樣本空間為何？

9. 某隨機實驗 E 的樣本空間 S 若包含四個不同的樣本（即 $n(S) = 4$），則關於此隨機實驗的所有可能發生的"事件"有多少？

10. 若某隨機實驗共有三種可能的結果（樣本），則此隨機實驗所有可能發生的事件共有多少？

11. 投擲兩顆正常的骰子，點數和為質數的事件與點數和為 8 之倍數的事件是什麼事件？

12. 一枚品質均勻的硬幣，向空投擲三次，俟落地後，觀查其正面 (H) 或反面 (T) 出現在地面上，試寫出此隨機實驗之樣本空間，並作此隨機實驗的樹形圖．

13. 投擲一銅幣直到第一次出現正面為止，試寫出其樣本空間.
14. 試求一電燈泡使用壽命所構成的樣本空間及此電燈泡使用壽命在十年以內的事件.
15. 如果一個家庭有三個孩子，試定出其樣本空間. (提示：以 (男，女，女) 或 (男，男，女) 之形式表示.)
16. 擲一枚公正硬幣三次，依次觀察出現正面或反面的結果. 寫出：
    (1) 樣本空間.
    (2) 至少出現一次正面的事件 A.
    (3) 恰好出現二次正面的事件 B.
    (4) A 與 B 的和事件.
    (5) A 與 B 的積事件.
17. 自 A、B、C、D、E 五個字母中，取出兩個 (不重複)，試問：
    (1) 其樣本空間為何？
    (2) 取出之字母皆為子音的事件為何？
    (3) 取出之字母恰有一個為母音的事件為何？
18. 投擲三枚硬幣，求其樣本空間及出現二正面的事件.

13-2 機率的定義與基本定理

有了樣本空間與事件的觀念之後，我們再來探討什麼叫做機率.

定義 13-10

機率是衡量某一事件可能發生的程度 (機會大小)，並針對此一不確定事件發生之可能性賦予一量化的數值.

由以上的定義得知，機率是一個介於 0 和 1 之間的實數，當機率為 0 時，表示這項事件絕不可能發生；而機率為 1 時，則表示這項事件必定發生.

一、機率測度的方法 (古典方法的機率測度)

在一有限的樣本空間 S 中，某一事件 E 的機率 $P(E)$ 定義為

$$P(E) = \frac{n(E)}{n(S)} \qquad (13\text{-}2\text{-}1)$$

式中的 $n(S)$ 與 $n(E)$ 分別代表樣本空間與事件所包含的樣本點個數.

例題 1 一袋中有 3 黑球 2 白球，自其中任取 2 球，則此 2 球為一黑、一白的機率為何？

解 自 5 個球 (3 黑，2 白) 中任取 2 球的可能結果有 $C_2^5 = 10$ 種. 故樣本空間 S 之元素個數為 $n(S) = 10$.

設取出一黑球、一白球的事件為 E，則因 1 黑球一定是由 3 黑球中取出，故有 $C_1^3 = 3$ 種可能. 同理，1 白球是由 2 白球中取出，故有 $C_1^2 = 2$ 種可能. 由乘法原理知取出一黑球、一白球的可能情形有 $C_1^3 \cdot C_1^2 = 3 \times 2 = 6$ 種，故 $n(E) = 6$，因此，

$$P(E) = \frac{n(E)}{n(S)} = \frac{6}{10} = \frac{3}{5}.$$

例題 2 用 teacher 一字的七個字母作種種排列，試求相同二字母相鄰之機率.

解 teacher 一字的字母中有二個 e，所以這七個字母任意排列的所有可能情形共有 $\frac{7!}{2!} = 2520$ 種. 故樣本空間 S 之元素個數為 $n(S) = 2520$.

設相同二字母相鄰之事件為 E. 二個字母 e 相鄰的排法有 $6! = 720$ 種可能，故

$$P(E)=\frac{n(E)}{n(S)}=\frac{720}{2520}=\frac{2}{7}.$$

隨堂練習 3 一袋中有紅球 5 個，白球 3 個，黑球 2 個，試求任取一球為白球之機率.

答案：$\frac{3}{10}$.

隨堂練習 4 4 個男人、4 個女人圍一圓桌而坐，試問恰好男女相間而坐的機率是多少？

答案：$\frac{1}{35}$.

二、機率之性質

1. $P(\phi)=0$，$P(S)=1$.

證：因 $n(\phi)=0$，故 $P(\phi)=\dfrac{n(\phi)}{n(S)}=\dfrac{0}{n(S)}=0$.

2. 若 $E \subset S$ 為一事件，則 $0 \le P(E) \le 1$.

證：$E \subset S \Rightarrow 0 \le n(E) \le n(S)$

$\Rightarrow \dfrac{0}{n(S)} \le \dfrac{n(E)}{n(S)} \le \dfrac{n(S)}{n(S)}$

$\Rightarrow 0 \le P(E) \le 1$

換句話說，每一事件的機率都是介於 0 與 1 之間的某一個實數.

3. 若 $E \subset S$ 為一事件，則 $P(E')=1-P(E)$.

證：設樣本空間 S 有 n 個事件，且每一基本事件出現的機會均等，則

$$P(E')=\frac{n(E')}{n}=\frac{n-n(E)}{n}=1-\frac{n(E)}{n}=1-P(E).$$

4. 加法性 (和事件之機率)：若 A 與 B 為 S 中的兩事件，則

$$P(A\cup B)=P(A)+P(B)-P(A\cap B).$$

證：設樣本空間 S 有 n 個基本事件，且每一基本事件出現的機會均等．因

$$n(A\cup B)=n(A)+n(B)-n(A\cap B)$$

故

$$P(A\cup B)=\frac{n(A\cup B)}{n}=\frac{n(A)+n(B)-n(A\cap B)}{n}$$

$$=\frac{n(A)}{n}+\frac{n(B)}{n}-\frac{n(A\cap B)}{n}$$

$$=P(A)+P(B)-P(A\cap B).$$

若將上述性質推廣為 A、B、C 三事件之和事件機率：

$$P(A\cup B\cup C)=P(A)+P(B)+P(C)-P(A\cap B)-P(B\cap C)-P(C\cap A)$$
$$+P(A\cap B\cap C).$$

5. 單調性：若 A 與 B 為 S 中的兩事件，且 $A\subset B$，則 $P(A)\leq P(B)$．

證：
$$A\subset B\Rightarrow n(A)\leq n(B)$$

$$\Rightarrow \frac{n(A)}{n(S)}\leq \frac{n(B)}{n(S)}$$

$$\Rightarrow P(A)\leq P(B).$$

6. 互斥事件之加法性：若 A、B 為 S 中的兩事件，且 $A\cap B=\phi$，則

$$P(A\cup B)=P(A)+P(B).$$

證：因 A、B 為 S 中的兩事件，由性質 (4) 知

$$P(A\cup B)=P(A)+P(B)-P(A\cap B)$$

又因，$A\cap B=\phi$，則 $P(A\cap B)=P(\phi)=0$，故

$$P(A \cup B) = P(A) + P(B).$$

7. A、B 為二事件，則 $P(B) = P(A \cap B) + P(A' \cap B)$.

證：因為 $B = S \cap B$，則

$$B = S \cap B = (A \cup A') \cap B = (A \cap B) \cup (A' \cap B)$$

而 $A \cap A' = \phi$，故

$$(A \cap B) \cap (A' \cap B) = \phi$$

由性質 (6) 知，

$$P(B) = P((A \cap B) \cup (A' \cap B)) = P(A \cap B) + P(A' \cap B).$$

註：集合的分配律如下：

$$A \cup (B \cap C) = (A \cup B) \cap (A \cup C)$$
$$A \cap (B \cup C) = (A \cap B) \cup (A \cap C).$$

例題 3 設 S 為樣本空間 $A \subset S$，$B \subset S$，$C \subset S$，$P(A) = P(B) = P(C) = \dfrac{1}{4}$，$P(A \cap B) = \dfrac{1}{5}$，$P(A \cap C) = P(B \cap C) = 0$，求：

(1) $P(A \cup B \cup C)$ 　　　　(2) $P(A' \cap B')$

解 (1) 因 $P(A \cap C) = 0$，$P(B \cap C) = 0$，所以，$P(A \cap B \cap C) = 0$

$$P(A \cup B \cup C) = P(A) + P(B) + P(C) - P(A \cap B) - P(A \cap C)$$
$$- P(B \cap C) + P(A \cap B \cap C)$$
$$= \dfrac{1}{4} + \dfrac{1}{4} + \dfrac{1}{4} - \dfrac{1}{5} = \dfrac{11}{20}$$

(2) $P(A' \cap B') = P(A \cup B)' = 1 - P(A \cup B)$
$$= 1 - [P(A) + P(B) - P(A \cap B)]$$
$$= 1 - \left[\dfrac{1}{4} + \dfrac{1}{4} - \dfrac{1}{5}\right] = \dfrac{7}{10}.$$

例題 4 設 $A \cdot B$ 表示兩事件，且 $P(A)=\dfrac{1}{3}$，$P(B)=\dfrac{1}{4}$，$P(A \cup B)=\dfrac{2}{5}$，求

(1) $P(A \cap B)$ (2) $P(A' \cap B)$ (3) $P(A' \cup B)$．

解 (1) 因 $P(A \cup B) = P(A) + P(B) - P(A \cap B)$

則 $P(A \cap B) = P(A) + P(B) - P(A \cup B)$

故 $P(A \cap B) = \dfrac{1}{3} + \dfrac{1}{4} - \dfrac{2}{5} = \dfrac{11}{60}$．

(2) 由 $P(B) = P(B \cap A) + P(B \cap A')$

則 $P(A' \cap B) = P(B) - P(B \cap A)$

$= \dfrac{1}{4} - \dfrac{11}{60} = \dfrac{1}{15}$．

(3) $P(A' \cup B) = P(A') + P(B) - P(A' \cap B)$

$= (1 - P(A)) + P(B) - P(A' \cap B)$

$= \left(1 - \dfrac{1}{3}\right) + \dfrac{1}{4} - \dfrac{1}{15}$

$= \dfrac{17}{20}$．

隨堂練習 5 甲、乙兩人手槍射擊，甲的命中率為 0.8，乙的命中率為 0.7，兩人同時命中的命中率為 0.6，求：
(1) 兩人均未命中的機率． (2) 乙命中但甲未命中的機率．
答案：(1) 0.1，(2) 0.1．

隨堂練習 6 甲袋中有 5 個紅球、4 個白球，乙袋中有 4 個紅球、5 個白球，今從甲、乙兩袋各任取 2 球，求所取得的 4 球均為同色的機率．

答案：$\dfrac{5}{54}$．

習題 13-2

1. 擲一枚硬幣兩次，求出現兩次正面的機率，及出現至少一次正面的機率.
2. 九個人圍圓桌而坐，其中甲、乙兩人相鄰的機率為何.
3. 投擲兩顆骰子，求其點數和為 8 的機率.
4. 某公司有二個缺，應徵者有 15 男，17 女，今在此 32 人中任取 2 位，求剛好得到 1 男 1 女的機率.
5. A、B、C、D、E 五個字母中，任取二個 (每字被取之機會均等)，試求：
   (1) 此二字母均為子音的機率.
   (2) 此二字母恰有一個為母音的機率.
6. 某公司現有兩個職位空缺，決定由 7 個人中隨意任用 2 人. 已知此 7 人中有一人是經理的女兒，另一人是經理的媳婦，而其他 5 人是一般的應徵者，試問填補這兩個職位空缺的人中至少有一位是經理的女兒或媳婦的機率為多少？
7. 有六對夫婦，自其中任選 2 人，求：
   (1) 此 2 人恰好是夫婦的機率.
   (2) 此 2 人為一男一女的機率.
8. 設 A, B 為兩事件，且 $P(A \cup B) = \dfrac{3}{4}$，$P(A') = \dfrac{2}{3}$，$P(A \cap B) = \dfrac{1}{4}$，求：
   (1) $P(B)$ (2) $P(A-B)$.
9. 擲一顆公正的骰子，E_1 表第一次出現偶數點的事件，E_2 表第二次出現奇數點的事件，求 $P(E_1 \cap E_2)$ 及 $P(E_1 \cup E_2)$.
10. 將 "probability" 的 11 個字母重新排成一列，求相同字母不能排在相鄰位置的機率.
11. 自一副撲克牌中任取 (1) 2 張，(2) 3 張；試問至少取到一張黑桃的機率.
12. 設樣本空間為 S，若二事件 A、$B \subset S$，試證明：
    (1) $P(A \cap B') = P(A) - P(A \cap B)$
    (2) $P((A \cap B') \cup (B \cap A')) = P(A) + P(B) - 2P(A \cap B)$.

13. 若一副撲克牌 (52 張) 中缺了一張黑桃 Q，則在此副牌中任取兩張均為紅色的機率是多少？

14. 在 7 個人中，任意 2 個人都不在同一個月份出生的機率是多少？

15. 長度為 1、2、3、4、5、8 的線段各一條，今自其中任取三條，求所取得三條線段可作為三角形之三邊的機率．

16. 自 1 到 10 的自然數中任取相異兩數，求：
    (1) 兩數之和為 5 的倍數之機率．
    (2) 兩數之和為 10 的機率．
    (3) 兩數之積為偶數的機率．

17. 有 12 本不同的書排成一列，其中兩本是數學書與英文書，求：(1) 數學書與英文書相鄰的機率；(2) 數學書與英文書相鄰，但數學書在最左端或英文書在最右端時的機率．

18. 自 20 到 70 的自然數中任取相異三數，依次由小到大排列 (自左至右)，求此三數成等差數列的機率．

19. 設 A、B、C 為三事件，$P(A)=P(B)=P(C)=\dfrac{1}{4}$，$P(A\cap B)=P(B\cap C)=0$，$P(C\cap A)=\dfrac{1}{8}$，求：

    (1) A、B、C 三事件之中至少發生一件的機率，
    (2) A、B、C 至少發生二件的機率，
    (3) A、B、C 均不發生的機率．

20. 設 A、B、C 為三事件，且 $P(A)=P(B)=P(C)=\dfrac{1}{5}$，$P(A\cap B)=\dfrac{1}{10}$，$P(B\cap C)=P(C\cap A)=0$，求：
    (1) $P(A\cup B\cup C)$．
    (2) $P(A'\cap B')$．

13-3 條件機率

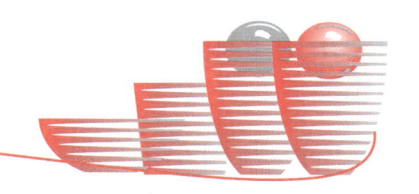

一事件發生的機率常因另一事件的發生與否而有所改變．例如：某校學生人數 1000 人中，男生 600 人，近視者 200 人，近視中女生占 50 人．今從全體學生 (看成樣本空間 S) 任選一人，設 B、G、E 分別表示選上"男生"、"女生"、"近視"的事件，則選上近視者的機率為 $P(E)=\dfrac{200}{1000}=\dfrac{1}{5}$，但如果已知選上男生 ($B$ 事件已發生)，此人是近視的機率就變成 $\dfrac{150}{600}=\dfrac{1}{4}$ (見圖 13-2)．換句話說，B 事件的發生影響到 E 事件的機率，這就是條件機率的概念．

當樣本空間 S 中某一事件 B 已發生，而欲求事件 A 發生的機率，這種機率稱為事件 A 的**條件機率**，以符號 $P(A|B)$ 表示．條件機率就是要處理"已得知實驗的部分"結果 (事件 B 發生) 下，重新估計另一事件 A 發生的機率．

在前例 (圖 13-2) 中，已知選上男生正表示實驗的結果是 B 事件發生，因此樣本空間 S 中的樣本點可以剔除女生，而 B 事件看成新的樣本空間 (該

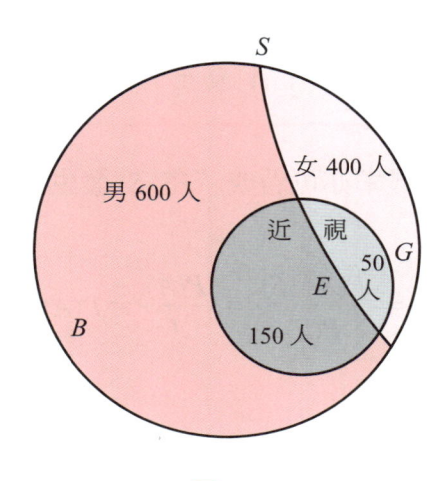

圖 13-2

實驗的所有可能結果)，然後在新的樣本空間 B 上求近視的機率，圖 13-2 中只需在 B 的範圍內 (600 人) 挑選近視者 (150 人) 即可.

所以 $P(E|B) = \dfrac{150}{600} = \dfrac{1}{4}$，同理，$P(E|G) = \dfrac{50}{400} = \dfrac{1}{8}$ (在 G 的範圍內求 E 的機率)，$P(B|E) = \dfrac{150}{200} = \dfrac{3}{4}$ (在 E 的範圍內求 B 的機率). 又

$$P(E|B) = \dfrac{n(E \cap B)}{n(B)} = \dfrac{\dfrac{n(E \cap B)}{n(S)}}{\dfrac{n(B)}{n(S)}} = \dfrac{P(E \cap B)}{P(B)}.$$

我們現在定義條件機率如下.

定義 13-11

設 A、B 為樣本空間 S 中的兩事件，且 $P(B) > 0$，則在事件 B 發生的情況下，事件 A 的**條件機率** $P(A|B)$ 為

$$P(A|B) = \dfrac{P(A \cap B)}{P(B)}$$

$P(A|B)$ 讀作「在 B 發生的情況下，A 發生的機率」.

事實上，任一事件 A 的機率亦可看成 "在 S 發生的情況下，A 的條件機率"，這是由於

$$P(A|S) = \dfrac{P(A \cap S)}{P(S)} = \dfrac{P(A)}{1} = P(A)$$

的緣故.

例題 1 一個定期飛行的航班準時起飛的機率是 $P(D)=0.83$，準時到達的機率是 $P(A)=0.82$，而準時起飛和到達的機率是 $P(D\cap A)=0.78$．試求下列機率：

(1) 已知飛機準時起飛後，其準時到達的機率，

(2) 已知它已經準時到達時，其準時起飛的機率．

解 (1) 已知飛機準時起飛後，其準時到達的機率是

$$P(A\mid D)=\frac{P(D\cap A)}{P(D)}=\frac{0.78}{0.83}=0.94$$

(2) 已知飛機已經準時到達時，其準時起飛的機率是

$$P(A\mid D)=\frac{P(D\cap A)}{P(A)}=\frac{0.78}{0.82}=0.95.$$

例題 2 擲一枚公正硬幣 3 次，令 A 表示第一次出現正面的事件，B 表示 3 次中至少 2 次出現正面的事件，求 $P(B\mid A)$ 及 $P(A\mid B)$．

解
$$A=\{正正正,\ 正正反,\ 正反正,\ 正反反\}$$
$$B=\{正正正,\ 正正反,\ 正反正,\ 反正正\}$$
$$A\cap B=\{正正正,\ 正正反,\ 正反正\}$$

$$P(B\mid A)=\frac{P(A\cap B)}{P(A)}=\frac{\frac{3}{8}}{\frac{4}{8}}=\frac{3}{4}$$

$$P(A\mid B)=\frac{P(A\cap B)}{P(B)}=\frac{\frac{3}{8}}{\frac{4}{8}}=\frac{3}{4}.$$

隨堂練習 7 擲一對公正骰子，在其點數和為 6 的條件下，求其中有一骰子出現 5 點的機率.

答案：$\dfrac{2}{5}$．

定理 13-1　條件機率之性質

設 A、B、C 為樣本空間 S 中的任意三事件，且 $P(C) > 0$，$P(B) > 0$，則有

(1) $P(\phi|C) = 0$
(2) $P(C|C) = 1$
(3) $0 \leq P(A|C) \leq 1$
(4) $P(A'|C) = 1 - P(A|C)$
(5) $P(A \cup B|C) = P(A|C) + P(B|C) - P(A \cap B|C)$
(6) $P(A) = P(A|B)P(B) + P(A|B')P(B')$

證：(3) 因 $(A \cap C) \subset C$，可知，$0 \leq n(A \cap C) \leq n(C)$，故

$$0 \leq \frac{n(A \cap C)}{n(C)} \leq 1$$

又

$$0 \leq \frac{\dfrac{n(A \cap C)}{n(S)}}{\dfrac{n(C)}{n(S)}} \leq 1$$

即

$$0 \leq \frac{P(A \cap C)}{P(C)} \leq 1$$

故

$$0 \leq P(A|C) \leq 1$$

其餘留給讀者自證．

例題 3 設 A 與 B 為同一樣本空間的兩事件，且 $P(A)=\dfrac{1}{3}$，$P(B)=\dfrac{1}{4}$，$P(A\cap B)=\dfrac{1}{6}$．求

(1) $P(A|B)$　　(2) $P(B|A)$　　(3) $P(A'|B')$　　(4) $P(B'|A')$．

解 (1) $P(A|B)=\dfrac{P(A\cap B)}{P(B)}=\dfrac{\frac{1}{6}}{\frac{1}{4}}=\dfrac{2}{3}$

(2) $P(B|A)=\dfrac{P(B\cap A)}{P(A)}=\dfrac{\frac{1}{6}}{\frac{1}{3}}=\dfrac{1}{2}$

(3) 因
$$P(A'\cap B')=P((A\cup B)')=1-P(A\cup B)$$
$$=1-[P(A)+P(B)-P(A\cap B)]$$
$$=1-\left(\dfrac{1}{3}+\dfrac{1}{4}-\dfrac{1}{6}\right)=\dfrac{7}{12}$$

故 $P(A'|B')=\dfrac{P(A'\cap B')}{P(B')}=\dfrac{\frac{7}{12}}{1-\frac{1}{4}}=\dfrac{7}{9}$

(4) $P(B'|A')=\dfrac{P(B'\cap A')}{P(A')}=\dfrac{\frac{7}{12}}{1-\frac{1}{3}}=\dfrac{7}{8}$．

例題 4 某人拜訪有二個孩子的夫婦，已有一男孩在座，試求另外一個孩子為男孩的機率為何？若另外一個孩子的年紀比較小，其為男孩的機率又如何？(設機會均等)

解 設 A 表在座者為男，B 表另一孩子為男，C 表另一孩子年紀較小的事件．

$$P(A \cap B) = \frac{1}{4}, \quad P(A) = \frac{1}{2}$$

所以，
$$P(B \mid A) = \frac{P(A \cap B)}{P(A)} = \frac{\frac{1}{4}}{\frac{1}{2}} = \frac{1}{2}$$

又
$$P(A \cap B \cap C) = \frac{1}{8}, \quad P(A \cap C) = \frac{1}{4}$$

所以，
$$P(B \mid A \cap C) = \frac{P(A \cap B \cap C)}{P(A \cap C)} = \frac{\frac{1}{8}}{\frac{1}{4}} = \frac{1}{2} .$$

隨堂練習 8 擲一骰子（各點出現機會均等），若出現 1、2 點，則自 {a, b, c, d, e} 中任取一字母；若出現 3、4、5、6 點，則自 {f, g, h, i} 中任取一字母，求取到子音之機率．

答案：$\dfrac{7}{10}$．

設 A、B 為任意兩事件，若 $P(A) > 0$，$P(B) > 0$，則條件機率的式子可以寫成：

$$P(A \cap B) = P(A)P(B \mid A) = P(B)P(A \mid B) \tag{13-3-1}$$

此式稱為條件機率的乘法公式，它告訴我們如何去求兩個事件 A 與 B 同時發生的機率．

定理 13-2

若 $P(A) > 0$，$P(A \cap B) > 0$，則

$$P(A \cap B \cap C) = P(A)P(B|A)P(C|A \cap B).$$

證：由條件機率定義可得

$$P(C|A \cap B) = \frac{P(A \cap B \cap C)}{P(A \cap B)}$$

$$P(B|A) = \frac{P(A \cap B)}{P(A)}$$

故
$$P(A \cap B \cap C) = P(A \cap B)P(C|A \cap B)$$
$$= P(A)P(B|A)P(C|A \cap B).$$

一般，我們可將定理 13-2 推廣到 n 個事件，而得到下面的定理，稱為條件機率的乘法定理，它告訴我們如何去求 n 個事件同時發生的機率.

定理 13-3 條件機率的乘法定理

設 A_i，$i = 1, 2, 3, \cdots, n$，為 n 個事件，且已知 $P(A_1) > 0$，$P(A_1 \cap A_2) > 0$，$\cdots$，$P(A_1 \cap A_2 \cap A_3 \cap \cdots \cap A_{n-1}) > 0$，則

$$P(A_1 \cap A_2 \cap A_3 \cap \cdots \cap A_n) = P(A_1)P(A_2|A_1)P(A_3|A_1 \cap A_2)\cdots$$
$$P(A_n|A_1 \cap A_2 \cap A_3 \cap \cdots \cap A_{n-1}).$$

下面的例題就是有關條件機率乘法定理的應用.

例題 5 袋中有 7 個紅球、4 個白球、2 個黑球. 若各球被抽中的機會均等，試求第一、二、三次均抽到白球的機率 (設取出三球不放回).

解 設 A_1、A_2、A_3 分別表第一、二、三次抽到白球的事件，依機會均等及條件機率之定義，得

$$P(A_1)=\frac{4}{13},\ P(A_2|A_1)=\frac{3}{12},\ P(A_3|A_1\cap A_2)=\frac{2}{11}$$

由定理 13-2 知

$$P(A_1\cap A_2\cap A_3)=P(A_1)P(A_2|A_1)P(A_3|A_1\cap A_2)$$

$$=\frac{4}{13}\cdot\frac{3}{12}\cdot\frac{2}{11}=\frac{2}{143}.\qquad ¶$$

隨堂練習 9 甲袋中有 5 個白球、3 個紅球，乙袋中有 2 個白球、4 個紅球．今任選一袋取出 1 球，放入另一袋中，再由其中取出 1 球．若選取袋與選取袋中每一球的機會均等，求兩次取出的球均為白球的機率．

答案：$\dfrac{247}{1008}$．

習題 13-3

1. 設 A 與 B 為兩事件，$P(A)=\dfrac{1}{3}$，$P(B)=\dfrac{1}{5}$，$P(A\cup B)=\dfrac{1}{2}$，求

   (1) $P(B|A)$　　(2) $P(A|B)$　　(3) $P(A|B')$．

2. 設 A 與 B 為兩事件，$P(A')=\dfrac{1}{3}$，$P(B)=\dfrac{1}{4}$，$P(A\cup B)=\dfrac{3}{5}$，求 $P(A|B')$．

3. 擲一公正骰子兩次，以 A 表示第一次點數大於第二次點數的事件，B 表示兩次點數和為偶數的事件，求 $P(B|A)$ 及 $P(A|B)$．

4. 擲一公正硬幣三次，以 A 表示第一次出現正面的事件，B 表示三次中至少兩次出現正面的事件，求 $P(B|A)$ 及 $P(A|B)$．

5. 擲一公正骰子兩次，以 A 表示第一次出現的點數為偶數的事件，B 表示兩次點數和為 8 點的事件，求 $P(B|A)$ 及 $P(A|B)$.

6. 由 1 到 60 的自然數中任取一數，以 A、B、C 分別表示取到的數為 2 的倍數、3 的倍數、5 的倍數的事件，求 $P(B|A)$ 及 $P(C|A\cap B)$.

7. 擲三枚均勻的硬幣，求至少出現兩正面的事件下，第一個出現正面的機率為多少？

8. 設某班級共有 100 人，其中有色盲者 20 人，100 人中有男生 70 人，女生 30 人，而有色盲之女生共 5 人，求下列各機率：
   (1) 100 人中選 1 人，求選中女生的條件下，被選者有色盲之機率.
   (2) 100 人中選 1 人，求選中男生的條件下，被選者無色盲之機率.

9. 設一袋中有 7 紅球，5 白球，4 黃球，今連續取 3 次，每次取 1 球，若取後再放回袋中，求依次取得紅球、白球、黃球之機率.

10. 一箱子中有 6 個紅球，4 個白球，若自其中取出 2 球 (取出不放回)，試求取出一紅一白的機率？

11. 設 A 與 B 為兩事件，$P(A)=\dfrac{1}{3}$，$P(A|B)=\dfrac{1}{4}$，$P(A'\cap B')=\dfrac{1}{3}$，求 $P(B)$.

12. 將 "seesaw" 一字任意排成一列，已知 s 排在最左邊，求 2 個 e 相鄰的機率.

13. 將 5 個球任意放入 A、B、C 三個袋子中，在 A、B 兩袋總共放入 3 個球的條件下，求 A 袋中恰好放入 1 個球的機率.

14. 擲一公正硬幣 6 次，令 A 表示 6 次中至少 4 次出現正面的事件，B 表示 6 次中至少 4 次連續出現正面的事件，求：
    (1) 事件 A 發生的機率.
    (2) 在事件 A 發生的條件下，事件 B 發生的機率.

15. 袋中有 7 個紅球、4 個白球、2 個黑球，每次任取 1 球，取後不放回，共取三次，求三次均抽到白球的機率.

16. 袋中有 3 個紅球、4 個白球、5 個黃球，共 12 個球，每次任取 1 球，取後不放回，共取三次，求：
    (1) 取出的球依次為紅、白、黃色的機率.
    (2) 第二次取出白球的機率.

17. A 袋中有 1 個黃球、2 個白球，B 袋中有 2 個黃球、3 個白球，C 袋中有 3 個黃球、5 個白球，今自各袋中任取 1 球，求：
    (1) 3 個球均為黃球的機率.
    (2) 3 球中恰有 1 個黃球的機率.
18. 甲袋中有 3 個白球、2 個紅球，乙袋中有 2 個白球、4 個紅球，丙袋中有 1 個白球、2 個紅球，今任選一袋，再自袋中任取 1 球，求取得白球的機率.
19. A 袋中有 5 個黑球、4 個白球，B 袋中有 4 個黑球、4 個白球，今自 A 袋中取 2 球放入 B 袋，再自 B 袋中任取 1 球，求最後取出黑球的機率.
20. 金橡公司向某工廠訂購 100 個電子元件，該工廠生產線上的包裝員以 5 個不合格的電子元件與 95 個合格之電子元件混合裝成一箱，而金橡公司之採購員隨意由其中抽出兩個來檢查，求該採購員抽出兩個均為合格之電子元件的機率為多少？

13-4 數學期望值

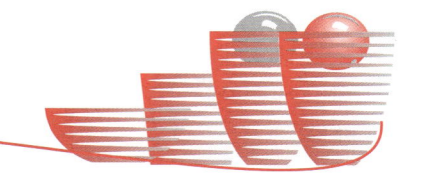

為了說明數學期望值這個觀念，我們先考慮下面的例子：假設投擲一顆骰子，出現了 2 點得 20 元，出現其他的點失去 1 元，試問投擲一次的得失情形．事實上，投擲骰子一次，可能得 20 元，亦可能失去 1 元，究竟是得 20 元還是失去 1 元，並不清楚，但將這個試驗做 100 次，假如 2 點出現了 15 次，其他點出現了 85 次，所得的結果是 20×15－1×85＝215 元，即平均每次約得 2 元左右．這種平均值就是投擲骰子一次的期望值．當試驗 N 的次數增大，期望值就愈穩定，在 N 次試驗中，2 點出現了 a 次，其他點出現了 b 次，則一次的平均得失是

$$\frac{20a-b}{N} = 20\left(\frac{a}{N}\right) - 1 \cdot \left(\frac{b}{N}\right)$$

如果骰子點數出現的機會均等，當 N 增大時，$\left(\dfrac{a}{N}\right) \to \dfrac{1}{6}$，$\left(\dfrac{a}{N}\right) \to \dfrac{5}{6}$，即

$$20 \times \dfrac{1}{6} - 1 \times \dfrac{5}{6} = 2.5$$

這個值就稱為**數學期望值**.

定義 13-12

設一實驗的樣本空間為 S，$\{A_1, A_2, A_3, \cdots, A_n\}$ 為 S 的一個分割，若事件 A_i 發生，可得 m_i 元，$i = 1, 2, 3, \cdots, n$，則稱

$$\sum_{i=1}^{n} m_i \, P(A_i)$$

為此實驗的**數學期望值**，簡稱為**期望值**.

例題 1 擲一顆公正骸子，出現么點可得 300 元，出現偶數點可得 200 元，出現其他各點可得 60 元，求擲一次骸子所得金額的期望值.

解 擲一顆骰子，出現么點的機率為 $\dfrac{1}{6}$，出現偶數點的機率為 $\dfrac{1}{2}$，出現 3 點、5 點的機率為 $\dfrac{1}{3}$，故所求的期望值為

$$300 \text{ 元} \times \dfrac{1}{6} + 200 \text{ 元} \times \dfrac{1}{2} + 60 \text{ 元} \times \dfrac{1}{3} = 170 \text{ 元}.$$

隨堂練習 10 擲一顆公正骸子，若出現么點即得 12 元，求其期望值.

答案：2 元.

隨堂練習 11 袋中有五十元、十元硬幣各 3 枚，今自袋中任取 2 枚，求所得總金額之期望值.

答案：60 元.

習題 13-4

1. 丟一枚均勻硬幣，若得正面即可得 2 元，求其期望值為多少？
2. 某公司發行每張 100 元的彩券 2,000 張，其中有 2 張獎金各 50,000 元，有 8 張獎金各 10,000 元，有 10 張獎金各 1000 元．試問購買此彩券是否有利？
3. 假設某期愛國獎券發行 1,000 萬張，每張 10 元，獎額分配如下：

第一特獎	1 張	獎金 2,000 萬元
頭　　獎	1 張	獎金 100 萬元
二　　獎	1 張	獎金 50 萬元
三　　獎	100 張	獎金 10 萬元
四　　獎	1,000 張	獎金 1 萬元
五　　獎	10,000 張	獎金 1,000 元

問買一張獎券的期望值有多少？購買此獎券是否有利？

4. 某保險公司銷售一年期的人壽保險給 25 歲的年輕人，保險額為 1000 元，保險費為 10 元．依照過去資料顯示，25 歲的年輕人活到 26 歲的機率為 0.992，求該公司的期望利潤．
5. 同時擲三枚公正硬幣一次，若出現三個正面可得 5 元，出現二個正面可得 3 元，出現一個正面可得 2 元，全部出現反面可得 1 元，試問同時擲三個硬幣一次，可期望得多少元？
6. 同時擲兩顆公正的骰子，所得點數和的期望值為多少？
7. 袋中有十元、五元硬幣各 4 枚，今自袋中任取 3 枚，則期望值為多少？
8. 設 $S=\{1, 2, 3, 4, 5, 6, 7, 8, 9, 10\}$，今自 S 中任選一數（機會均等），求其正因數個數的期望值．
9. 袋中有一元硬幣 7 枚，十元硬幣 3 枚，每枚被取出的機會均等，今自袋中任取 3 枚，求此三枚之金額的期望值．
10. 同時擲兩顆公正骰子一次，設出現點數之差的絕對值為 X，求：

(1) $X=0$ 的機率.

(2) $X=1$ 的機率.

(3) X 的期望值.

11. 袋中有 8 個紅球, n 個白球, 今自袋中任取 1 球, 取得紅球可得 100 元, 取得白球則需付出 50 元, 若此實驗的期望值為 30 元, 求 n 的值.

12. 自 1, 2, 3, 4, 5, 6 中任取三個相異數字, 設最大者為 X, 求:

(1) $X=k$ ($k=1, 2, 3, 4, 5, 6$) 的機率.

(2) X 的期望值.

13. 有一小鋼珠從圖中的入口處 Q 落下, 在分叉點滾至左、右的機會均等. 若從出口處 A、B、C、D 滾出, 依次可得 10 元、4 元、10 元、20 元, 試問從入口每次落下一鋼珠, 可期望得多少元?

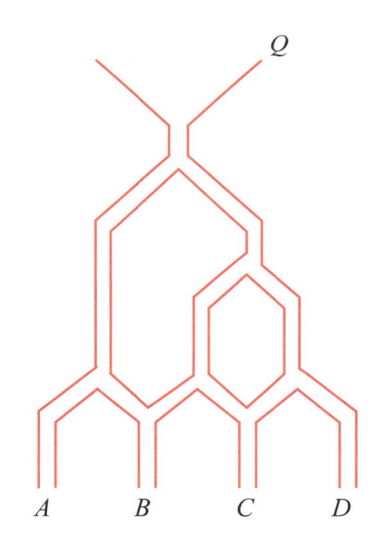

14. 設筒中存有 1 號籤 1 支, 2 號籤 2 支, 3 號籤 3 支, …, n 號籤 n 支, 今自筒中任意抽出 1 支, 若抽得 k 號籤, 可得 k 元, 求抽出 1 支籤的期望值.

15. 某甲賭 100 元, 某乙賭 t 元, 從一副撲克牌中任取二張, 如果二張為同一花色, 則某甲贏否則某乙贏, 試問 t 之值為多少時, 此一賽局才算公正.

14

敘述統計

- 統計抽樣
- 次數分配表與累積次數分配曲線
- 平均數
- 離　差

14-1 統計抽樣

一、統計的意義

在現今忙碌的生活中，大部分的人或多或少皆會接觸到統計學，但是很少有人對於統計學的知識具有清晰的概念、充分的瞭解．然而，統計是什麼呢？統計乃是在面對不確定的情況下，研究有關全體的不確定現象的通則，藉以做出明智決策的一種科學方法．統計在現今各行各業已被廣泛地應用，舉凡農業、漁業、工業、商業、生物學、醫學、經濟學、心理學、社會學、自然科學、教育、政治、貿易、保險等等都會用到統計學．事實上，一些基本的統計方法，早已成為現代人的基本常識了．例如，藥劑師如何檢定新藥物的有效性？生物學家如何預測公元 2020 年的世界人口總數？廠商如何評估新產品的市場需求？民意調查機構如何就訪問數百名選民來預測選舉結果？⋯等等．這些問題均可以用統計方法加以解決．

統計不僅是簡化與表示一群數值而已，事實上，統計主要研討的問題是如何從某數值資料的全體中抽出一部分，而利用這一部分資料去推測全體的某些特性．舉例來說，為了要曉得台灣省民的失業率，就去調查全省人民的就業情形，不但耗時，而且相當不經濟，為此，我們可以僅調查一小部分人民的就業情形去估計失業率．

統計學依照所研究的目的，分成敘述統計與推論統計．所謂敘述統計是將蒐集或調查獲得的資料加以整理或簡化，再表成有意義的數值或圖表．本章所要探討的是敘述統計，這一部分比較簡單，卻非常有用，至於需要機率理論基礎的推論統計則不予以探討．

二、抽樣調查

我們在應用統計方法時，必須講求資料的調查方法．調查方法依照調查的對象是否為研究對象的整體，可分為普查與抽查．普查是指所要調查對象為研究對象的全體. 例如, 人口普查、農漁業普查、工商普查等均是. 普查的優點是所獲得的資料十分完整而且比較可靠, 缺點是需要耗費相當龐大的人力、物力與財力, 耗時又費事. 相對於普查, 從欲調查的全體對象中抽出一部分來調查, 稱為抽查. 所調查研究的對象的全體稱為母體 (或稱母群體), 對母體的某一部分進行調查或蒐集資料稱為抽樣, 從母體抽出的部分集合稱為樣本. 抽樣的合適與否對於統計分析的結果有著絕對的關係, 因而必須力求所取樣本具有代表性與普遍性.

抽樣方法因母體性質的不同, 而可能有所不同. 常用的抽樣方法有簡單隨機抽樣、系統抽樣、分層隨機抽樣與部落抽樣等四種, 當然也可將這四種抽樣方法混合使用. 下面介紹各種抽樣方法：

1. 簡單隨機抽樣

簡單隨機抽樣被認為是一種公平的抽樣方法, 也就是在抽樣過程中, 對母體不加入任何人為因素, 而且母體中每一個體被抽中的機會均等. 此法的目的在消除人為偏見而獲得客觀不偏的樣本資料, 以使樣本中各種特性的分配, 近似於母體現象中各種特性的分配. 例如：在全班同學中選出 5 位同學做代表, 每人被抽中的機會均相等, 這就是簡單隨機抽樣. 為使母體中的每一個體被選中的機會相等, 通常依下列兩種方法進行簡單隨機抽樣.

(1) 利用母體替代物 (如卡片)

設母體的調查對象總數為 N.

第一步：將母體的各個調查對象加以編號 $1 \sim N$.

第二步：將 N 個號碼寫在相同的 N 張卡片上.

第三步：將 N 張卡片徹底攪亂, 然後隨機抽出若干張, 以編號與這些卡片上號碼相同的調查對象為樣本.

(2) 利用隨機號碼表 (又稱為亂數表)

隨機號碼表

3407	1440	6960	8675	5649	5793	1514
5044	9859	4658	7779	7986	0520	6697
0045	4999	4930	7408	7551	3124	0527
7536	1448	7843	4801	3147	3071	4749
7653	4231	1233	4409	0609	6448	2900
6157	1144	4779	0951	3757	9562	2354
6593	8668	4871	0946	3155	3941	9662
3187	7434	0315	4418	1569	1101	0043
4780	1071	6814	2733	7968	8541	1003
9414	6170	2581	1398	2429	4763	9192
1948	2360	7244	9682	5418	0596	4971
1843	0914	9705	7861	6861	7865	7293
4944	8903	0460	0188	0530	7790	9118
3882	3195	8287	3298	9532	9066	8225
6596	9009	2055	4081	4842	7852	5915
4793	2503	2906	6807	2028	1075	7175
2112	0232	5334	1443	7306	6418	9639
0743	1083	8071	9779	5973	1141	4393
8856	5352	3384	8891	9189	1680	3192
8027	4975	2346	5786	0693	5615	2047
3134	1688	4071	3766	0570	2142	3492
0633	9002	1305	2256	5956	9256	8979
8771	6069	1598	4275	6017	5946	8189
2672	1304	2186	8279	2430	4896	3698
3136	1916	8886	8617	9312	5070	2720
6490	7491	6562	5355	3794	3555	7510
8628	0501	4618	3364	6709	1289	0543
9270	0504	5018	7013	4423	2147	4089
5723	3807	4997	4699	2231	3193	8130
6228	8874	7271	2621	5746	6333	0345
7645	3379	8376	3030	0351	8290	3640
6842	5836	6203	6171	2698	4086	5469
6126	7792	9337	7773	7286	4236	1788
4956	0215	3468	8038	6144	9753	3131
1327	4736	6229	8965	7215	6458	3937
9188	1516	5279	5433	2254	5768	8718
0271	9627	9442	9217	4656	7603	8826
2127	1847	1331	5122	8332	8195	3322
2102	9201	2911	7318	7670	6079	2676
1706	6011	5280	5552	5180	4630	4747
7501	7635	2301	0889	6955	8113	4364
5705	1900	7144	8707	9065	8163	9846
3234	2599	3295	9160	8441	0085	9317
5641	4935	7971	8917	1978	5649	5799
2127	1868	3664	9376	1984	6315	8396

先將所有的個體編列號碼，編號的次序與方法不受任何限制，但不可重複使用同一號碼，接著從隨機號碼表中抽取號碼，由抽出的號碼得一編號相同的個體作為樣本．隨機號碼表係依機率法則編製的，亦即使 0 至 9 等十個數字出現的機率均等，因此由隨機號碼表所得的號碼適合隨機抽樣的特性．隨機號碼表已有很多專家學者編製過，他們大都利用電子計算機產生隨機號碼．此處所列只是其中一種的一小部分，以便參考使用．

依隨機號碼表編製原則，即每一數字出現機會均等，我們可依問題的需要而任意選取哪幾行或哪幾列（任意選取的行數或列數與編定號碼的位數相同），其號碼所對應的個體即為選定的樣本．這種依隨機原理所得的樣本，稱為**隨機樣本**．

例題 1 某班有 60 位學童，今欲選取 5 位學童出來調查其體重，應如何來選取這 5 個同學？

解 (1) 將 60 位學童加以編號，從 01，02，03，…到 60 止．
(2) 利用前面的隨機號碼表，任取兩行，如第 11 行，第 12 行，再任選一列，如第 10 列．
(3) 依上面所定的行列，自第 11、12 行，第 10 列開始由上而下取得 (81)，44，05，60，(87)，55，06，…．因而得到編號為：44，05，60，55，06 等 5 位學童為樣本，括弧內號碼因均大於 60，故摒棄不用．

隨機號碼表另一重要的用途為用來模擬隨機試驗，因為有時候隨機試驗次數過多，不勝其煩，如投擲一萬次或十萬次硬幣等，可用隨機號碼表模擬其試驗結果．一般而言，模擬試驗比實際試驗更切實際，因試驗的假設（如質量均勻銅板的假設），通常並不成立．模擬隨機試驗可依下列原則處理：先確定可能出現的結果及每一種結果可能出現的機率，接著再分別指定 0 到 9 的哪些數代表哪種結果，然後利用隨機號碼表選定隨機號碼，去模擬隨機試驗．

例題 2 試以隨機號碼表模擬投擲三個質量均勻硬幣十次的試驗．

解 質量均勻的硬幣，正面與反面出現的機會均為 $\frac{1}{2}$，將 0，1，2，…，

9 的十個數分成兩半，以 0，2，4，6，8 代表出現正面，而 1，3，5，7，9 代表出現反面，如此，正面、反面的機會也是各占 $\frac{1}{2}$。自隨機號碼表中選取第 8，第 9 與第 10 行，自上而下選取十組，其隨機試驗結果分別為：069，946，949，878，112，447，848，403，168，025，故模擬試驗的結果為

(正正反)，(反正正)，(反正反)，(正反正)
(反反正)，(正正反)，(正正正)，(正正反)
(反正反)，(正正反)．

在這十次模擬試驗中，(反正正) 出現二次，故其出現的機率為 $\frac{1}{5}$，但在理論機率上，(反正正) 出現的機率為 $\frac{1}{8}$。因此，理論機率與模擬試驗機率可能會有所不同，但模擬次數增加，其誤差必然會減少，這一事實稱為**大數法則**．

2. 系統抽樣

假使某大學共有學生 10,000 人，我們想調查他們對學校福利社熱食部供應之午餐的滿意程度．今擬從全體學生中任選 100 人為隨機樣本，進行調查．我們可以將全體學生從 1 到 10,000，逐一編號，而且每 100 號選取 1 名，恰好就是 100 名．我們先從 1 到 100 中任選一號，比如選到 66 號，那麼末二位數是 66 者都中選，它們是 66，166，266，366，…，9,966，像這種的抽樣方法稱為系統抽樣．

假設母體的總數為 N，我們要從其中抽出 n 個作為樣本．

(1) 如果 N 可被 n 整除，則取其商 $\frac{N}{n}=k$ 作為抽樣區間的長度，然後從 1 到 k 中隨機選取一個整數 r，可得 $r, r+k, r+2k, \cdots, r+(n-1)k$ 是系統抽樣的 n 個樣本．

(2) 若 N 不是 n 的倍數，如 $N=kn+c$ $(0 < c < n)$，則先利用隨機號碼表捨去其中 c 個個體，再將剩餘的 kn 個個體按上述步驟做系統抽樣．不然的話，也可以將此 N 個個體作成環狀排列，而隨機從其中一

個開始，往後每 k 個選一個，直到 n 個全部選出為止．

值得注意的是，倘若遇到具有週期性 (循環性) 的母體時，應該避開其週期性去作系統抽樣．例如，欲調查某一家購物中心的每日平均營業額，不可以每 7 日調查一次，否則每次都在星期一調查 (生意清淡)，或者每次都在星期日調查 (假日生意興隆)，結果一定會差很多．如果每 5 日調查一次或每 8 日調查一次，就可靠多了．

3. 分層隨機抽樣

某體育班有 40 位男生、10 位女生，班導師想知道班上學生的平均身高是多少？今隨機抽樣 10 位學生，例如，抽到 2 位男生、8 位女生，以這 10 位學生的平均身高作為全班平均身高的估計就有可能低估了．反之，若抽到的 10 位都是男生，則會有高估的現象 (因為一般男生的平均身高比女生高)．要如何抽樣才能避免抽到男生太多或女生太多的情形呢？利用分層隨機抽樣就可避免如此造成的估計偏差．

所謂分層是將母體按照某一合理的衡量標準區分成若干個不重疊的子群體，稱為層，將母體分層後，按各層在母體所占比例在各層中選出簡單隨機樣本，合成為整個母體的樣本，這樣的抽樣過程稱為分層隨機抽樣．分層的標準如何選擇較為恰當？譬如要估計台灣地區人民全年平均所得，是以職業或年齡來分層呢？還是以地區或教育程度來分層呢？分層所採用的標準必須把握兩個原則：(1) 層與層之間的差異要大，(2) 同一層內之個體與個體的差異要小．

4. 部落抽樣

將母體依某一衡量標準分成若干組，每組稱為一個部落，然後從這些部落中隨機抽取數個部落做全面性的普查，這樣的抽樣方法稱為部落抽樣．一般，部落抽樣經常是以地理位置或區域為考量．基本上，想做部落抽樣就必須假設每一個部落都是母體的縮影，因而部落之間的差異性要很小，這樣不論抽到哪個部落都能充分顯示母體的特性．例如，想調查台北市仁愛國中三年級 25 個班的學生平均每個月的零用錢是多少？假使調查人員認為該年級每班學生的零用錢相差不多，為了節省調查時間，可以隨機選取一個班或數個班，調查此班全部學生的零用錢，這種以每一個班為一個部落而選取幾個部落作為母體的代表，確實可以省去調查人員到這 25 個班做調查的麻煩．

通常，部落抽樣最大的優點是省錢、省時與省力，然而缺點則是如何準確地劃分部落，使得每個部落都能成為整個母體的縮影．另外，部落抽樣與分層隨機抽樣雖然都是依照某一衡量標準，然而劃分的原則卻完全相反．分層隨機抽樣的分類標準乃欲使各層之間的差異變大，各層內的差異變小；部落抽樣的分類標準乃欲使各層之間的差異甚小，各層內的差異甚大．

習題 14-1

1. 試以隨機號碼表模擬投擲三個質量均勻硬幣二十次的試驗．
2. 利用隨機號碼表，模擬投擲出現正面機率為 0.7 之硬幣的試驗二十次，並寫出正面出現的次數．
3. 試利用隨機號碼表，模擬投擲一不均勻骰子的試驗五十次，設該骰子出現 1，2，3，4 點的機率各為 $\frac{1}{9}$，出現 5 點的機率為 $\frac{2}{9}$，出現 6 點的機率為 $\frac{1}{3}$，並寫出各點出現的次數．

14-2　次數分配表與累積次數分配曲線

一般，我們會將調查、蒐集來的資料，加以整理，並且以圖表描述該資料，而從資料中獲得有意義的資訊．統計工作者常將一大堆數據簡化成一張圖表，因為一張圖表的效果通常比一頁頁的數據或文字更吸引人．

當我們遇到一組資料有很多數據，而不容易從數據中看出整個資料所提供的訊息時，必須將資料簡化後才能變成有用的資訊．繪製統計圖 (如長條圖、直方圖、圓面積圖等) 及次數分配表就是整理簡化資料的重要工作．

一、次數分配表的編製

當統計資料太過龐雜時，編製次數分配表能幫助我們化繁雜為簡單，使它便於分析比較，又易於計算．次數分配表編製的步驟如下：

1. 求全距

全距即是全部資料中最大數減去最小數的差．

2. 定組數

統計資料的分類，稱為分組，分組的數目稱為組數．通常分成 7 至 15 組．

3. 定組距

將資料分組，每一組的範圍，稱為每一組的組距．

4. 定組限

每一組上下兩端的界限，稱為該組的組限．數值較小的組限稱為下限，數值較大的組限稱為上限．在定組限時，務必使最小一組的下限，較實際資料的最小值略低或相等，而且最大一組的上限，務必較真實資料的最大值略高或相等．

5. 歸類劃記

將每一原始資料在對應的組內填記一劃，五劃為一小束 (常記成 〣〢 或一正字)，以便計算統計．

6. 計算次數

歸類劃記工作完成後，計算各組的次數，並將其結果以阿拉伯數字記載於整理表中的次數欄內，同時再將各組的次數相加以求其總和，此總和應與原始資料的個數相符，否則即有錯誤，應立即檢查錯誤的出處，並予以更正，至此整理工作即告完成．

註：有關組限的寫法，本書採用不含上限的規定．

雖然次數分配表大致上能顯現出資料的分配情形，但是直方圖更能表現出它的特徵．直方圖的畫法為：以變量為橫軸，按次數分配表的組限，將它劃分成若干線段（即分組），再以各組的組距為底，其對應的次數為高，畫出長方形，即為直方圖．

例題 1 某校有 60 位學生參加數學競試，成績如下：

80	82	65	74	89	56	77	84	80	83
70	78	90	74	79	71	92	83	69	60
73	72	56	65	84	88	70	86	55	76
45	81	63	69	59	48	90	82	51	75
85	88	75	86	61	73	53	63	84	82
92	71	81	41	59	78	76	86	63	90

(1) 試編製次數分配表（組距：5 分），並說明編製的步驟．
(2) 繪出直方圖．

解 (1) ① 求全距：最高 92 分，最低 41 分，故全距為 92－41＝51 分．

② 定組距或組數：依題目規定，組距為 5，故組數為

$$\frac{全距}{組距}=\frac{51}{5}=10.2$$

因而分為 11 組．

③ 定組限：以 40～45 為第一組，此組含最低分 41 分．然後以相同組距 5，定各組的上、下限，則第十一組的上限為 95．

④ 歸類：以劃記法將各項資料分別歸入適當的組內．

⑤ 計算次數：計算各組內所劃記的記號數，即得各組的次數，再合計求得總次數．今將所得結果如表 14-1 所示．

表 14-1

成績 (分)	劃　記	次　數
40～45	一	1
45～50	丅	2
50～55	丅	2
55～60	正	5
60～65	正	5
65～70	丅	4
70～75	正丅	9
75～80	正丅	8
80～85	正正丅	12
85～90	正丅	7
90～95	正	5
總　計		60

(2)

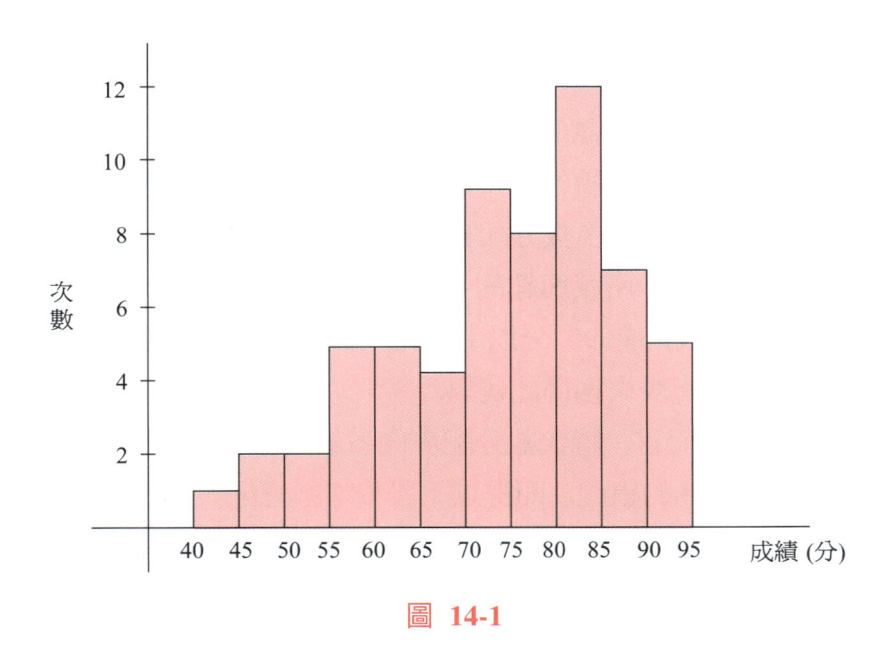

圖 14-1

　　若以各組的組中點為橫坐標，各組的次數為縱坐標，描出一點，然後依次將各點用線段連接，所得圖形稱為次數分配的折線圖，如圖 14-1 所示，照樣能表現資料分配的特性．有時候，為了使折線圖封閉，我們可以在第一組之前與最後一組之後各補上次數為零的一個點．依據例題 1 所得次數分配表所繪

圖 14-2

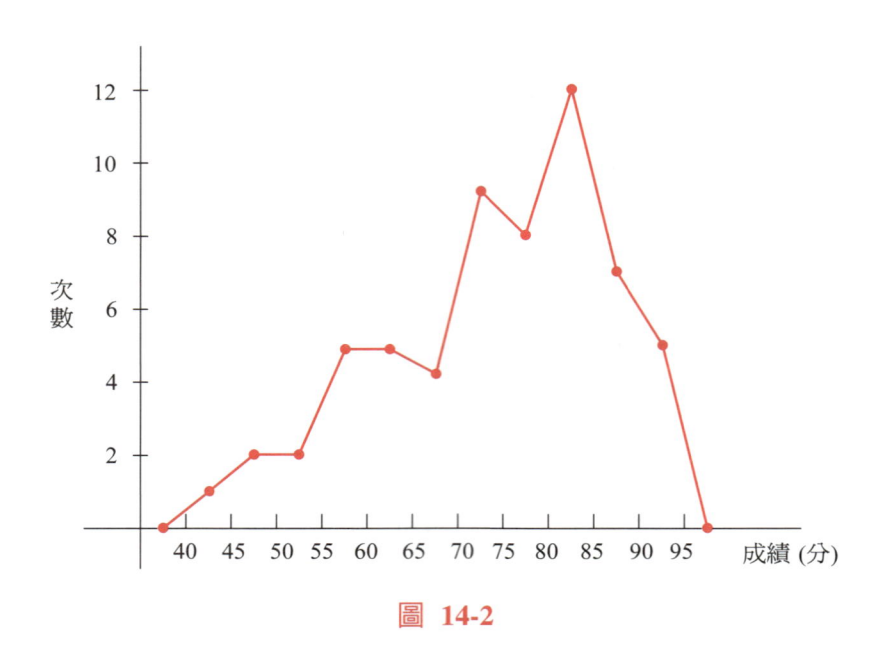

成的折線圖如圖 14-2 所示.

二、累積次數分配曲線

　　上面所述次數分配表能夠讓我們瞭解到資料分配的狀況，然而，統計問題的研究，經常還須對具有某種特性以下或以上次數的多寡，做充分的瞭解與運用，所以，我們常常編製累積次數分配表以便獲得這分資訊．例如，我們在調查某班學生的數學成績時，所感興趣的不僅僅是學生的成績次數分配表，還有對不及格的總次數（人數）或 90 分以上的總次數（人數）也感到興趣，這時，我們可利用累積次數分配表來獲得此資訊．

　　就從小而大的組別而言，將次數分配表內各組的次數，由上而下順次累加後，將所得數值記入對應的組內，即得以下累積次數分配表，如表 14-2 所示．在 $L_i \sim U_i$ 組的以下累積次數，即為小於 U_i 的總次數．若將各組的次數，改換成由下而上順次累加，則得以上累積次數分配表．在 $L_i \sim U_i$ 組的以上累積次數，即為大於 L_i 的總次數．

表 14-2

組 別	次 數	以下累積次數	以上累積次數
$L_1 \sim U_1$	f_1	f_1	$f_1+f_2+f_3+\cdots+f_k$
$L_2 \sim U_2$	f_2	f_1+f_2	$f_2+f_3+\cdots+f_k$
$L_3 \sim U_4$	f_3	$f_1+f_2+f_3$	$f_3+\cdots+f_k$
⋮	⋮	⋮	⋮
⋮	⋮	⋮	⋮
$L_k \sim U_k$	f_k	$f_1+f_2+f_3+\cdots+f_k$	f_k
總 計	n		

　　累積次數分配曲線圖係根據累積次數分配表繪製而成的一種曲線圖. 累積次數分配曲線圖有兩種，即以下累積次數分配曲線圖與以上累積次數分配曲線圖.

1. 以下累積次數分配曲線圖的作法，係以各組的上限為橫坐標，以和各該組對應的以下累積次數為縱坐標，在圖上定出各點的位置，然後用線段連接各點及第一組的下限點，即得以下累積次數分配曲線圖.
2. 以上累積次數分配曲線圖的作法，係以各組的下限為橫坐標，以和各該組對應的以上累積次數為縱坐標，在圖上定出各點的位置，然後連接各點以及最後一組上限與總次數所標示的點，即得以上累積次數分配曲線圖.

例題 2 某班 50 名學生的數學成績如下：

```
76  23  51  37  65  57  68  45  68  52
47  55  65  42  55  58  64  88  76  68
54  67  40  82  67  61  43  73  64  89
55  92  46  55  91  34  89  36  43  70
68  45  32  28  63  57  45  74  78  58
```

(1) 試編製次數分配表、以上累積次數分配表及以下累積次數分配表.
(2) 試繪出以上累積次數分配曲線圖及以下累積次數分配曲線圖.

解 (1)

表 14-3

成績 (分)	劃 記	次 數	以下累積次數	以上累積次數
20～30	丅	2	2	50
30～40	正	4	6	48
40～50	正正	9	15	44
50～60	正正一	11	26	35
60～70	正正丅	12	38	24
70～80	正一	6	44	12
80～90	正	4	48	6
90～100	丅	2	50	2

(2)

以上累積次數分配曲線

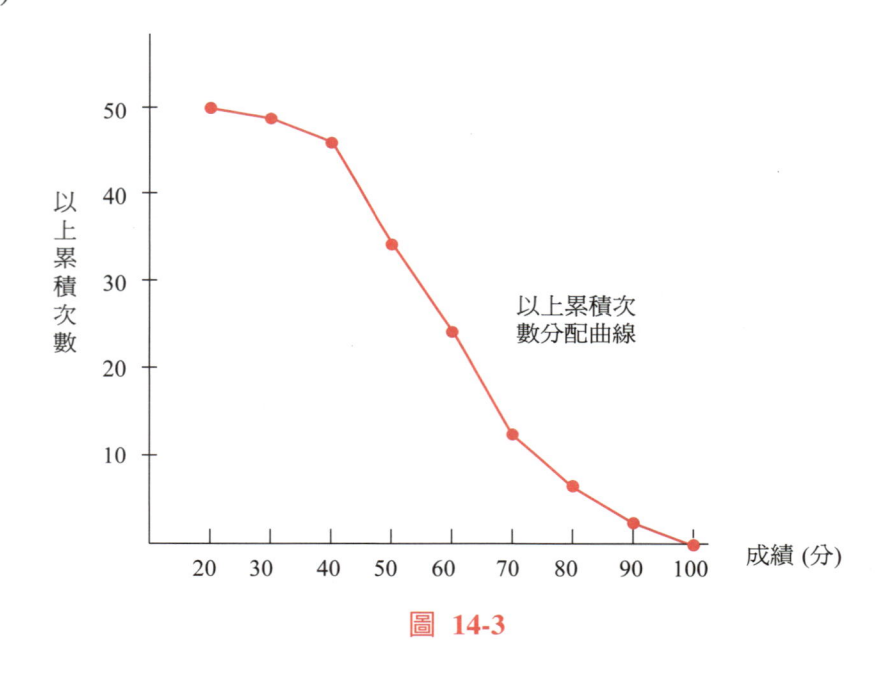

圖 14-3

第十四章　敘述統計

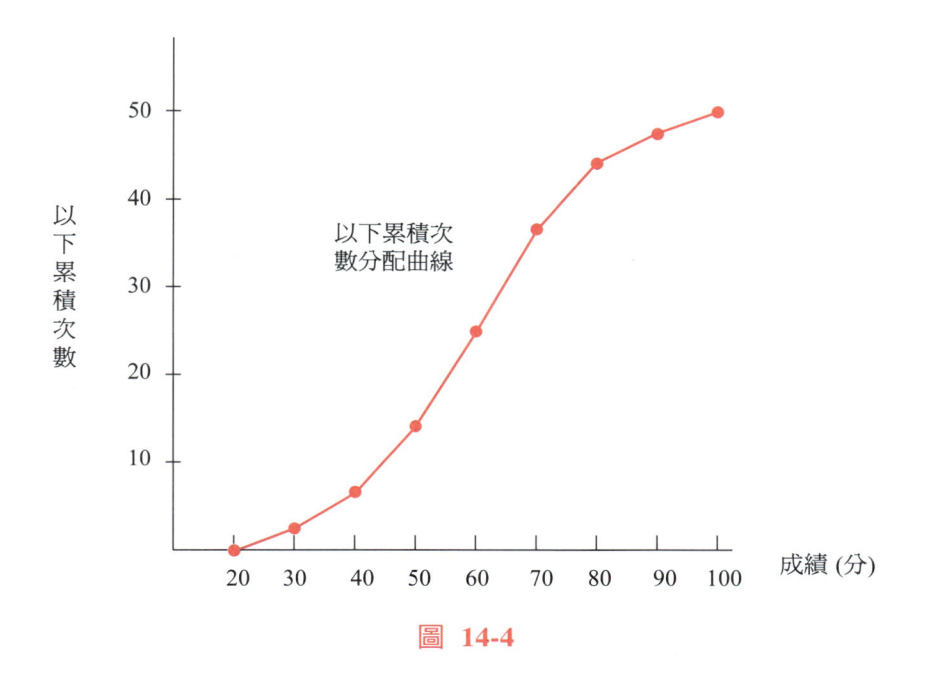

圖中縱軸為「以下累積次數」，橫軸為「成績 (分)」，標示為「以下累積次數分配曲線」。

圖 14-4

習題 14-2

1. 某班 50 位學生的數學成績 (單位：分) 如下：

64	73	43	61	58	81	94	74	54	76	88	91	38	49
52	63	78	77	87	73	52	66	71	63	74	56	82	84
77	39	72	57	68	70	80	60	90	86	63	50	61	79
47	51	63	76	79	81	89	75						

(1) 試作出次數分配表，並說明製作過程．
(2) 試將次數分配表以直方圖表之．
(3) 試繪出次數曲線圖．

2. 某班有學生 45 人，數學競試成績 (單位：分) 如下：

38	62	53	26	68	82	86	62	66	23	52	56	76	46	77
58	66	49	46	75	43	42	56	57	39	54	69	68	58	51
58	66	25	56	64	49	68	78	61	45	63	34	46	57	68

(1) 全距為何？

(2) 今將 0～100 分，分成 10 組，組距為 10 分，試作次數分配表，並以直方圖表之.

3. 下面是 100 輛汽車通過高速公路某雷達測速器的速度 (單位：公里)：

  72 83 82 90 86 109 69 93 107 77 82 81 72 79 75 100 86 90
  83 91 115 89 82 65 76 75 67 87 75 64 85 93 81 76 64 91
  73 86 101 85 80 98 85 78 96 84 90 84 73 72 95 70 65 76
  70 88 92 87 85 88 66 78 73 75 99 76 68 80 82 70 72 79
  81 108 88 86 74 74 70 73 65 72 75 74 69 73 99 80 112 83
 105 69 98 89 104 65 74 62 65 67

試作次數分配表，並繪直方圖.

4. 某公司 50 名職員的年齡資料如下：

  20 26 28 21 25 32 34 37 15 46 24 27 18
  23 31 23 28 32 36 42 30 21 27 24 18 16
  22 26 31 34 51 46 29 30 32 34 23 29 26
  20 23 28 30 37 19 21 27 26 29 25

(1) 試作出以下累積次數分配表、以上累積次數分配表.

(2) 試將次數分配表以直方圖表之.

(3) 試繪出以下累積次數分配曲線圖、以上累積次數分配曲線圖.

5. 高速公路警察雷達偵測器測得 30 輛汽車通過時的速度 (單位：公里) 如下：

  52 78 74 91 87 85 67 75 78 65 77 67 84 69 78
  84 87 85 87 65 77 78 84 89 91 90 58 67 75 79

若將其分為八組，試作出以上累積次數分配表、以下累積次數分配表、以上累積次數分配曲線圖與以下累積次數分配曲線圖.

6. 某電子工廠約雇 150 名童工，每日薪資所得的次數分配表如下：

薪資 (元)	150~160	160~170	170~180	180~190	190~200	200~210	210~220	220~230	230~240	240~250	250~260	260~270	總計
人數	3	5	7	16	18	23	24	20	20	8	4	2	150

(1) 試作出以下及以上累積次數分配表.

(2) 試繪出以下及以上累積次數分配曲線圖.

7. 某班計算機概論期中考成績 (單位：分) 如下：

60　90　80　55　75　45　75　95　95　80　80　65　45　30　60
95　80　80　70　86　90　40　25　45　80　68　80　66　60　65
57　52　62　73　73　66　84　73　55　70　65　42　84　63　48
70　70　70　50　60

試將 0～100 分分成 10 組，組距為 10 分，列出次數分配表、以上累積次數分配表及以下累積次數分配表，並作出以上及以下累積次數分配曲線圖.

8. 某國小六年級 50 名學童的體重分配表如下：

體重 (公斤)	次數
36~38	4
38~40	10
40~42	6
42~44	10
44~46	16
46~48	1
48~50	3

試作出以下及以上累積次數分配表，並繪出以下及以上累積次數分配曲線圖.

9. 自某班抽出 25 位學生期末考數學成績，製作累積次數分配表如下：

成績 (分)	次 數	以下累積次數	以上累積次數
20～30	1	1	25
30～40	3	4	e
40～50	7	a	f
50～60	8	b	g
60～70	4	c	h
70～80	1	d	2
80～90	1	25	1

(1) 求 $2b+3g$ 的值.
(2) 繪出以下累積次數分配曲線圖.

10. 三年忠班某次國文考試成績的累積次數分配曲線圖（採相同組距，且不含上限）如下：

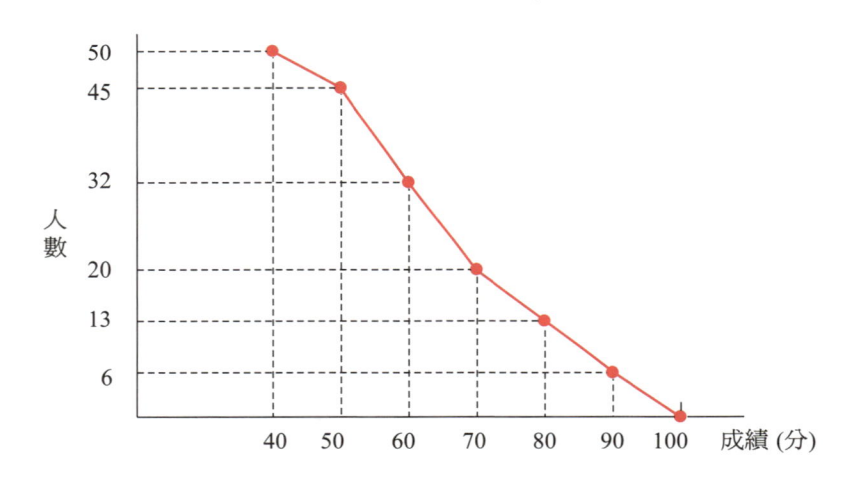

(1) 若以 60 分為及格分數，則不及格者有多少人？
(2) 70 分～80 分者有多少人？

11. 某班 50 位學生的英文學期成績的以上累積次數分配曲線圖如下：

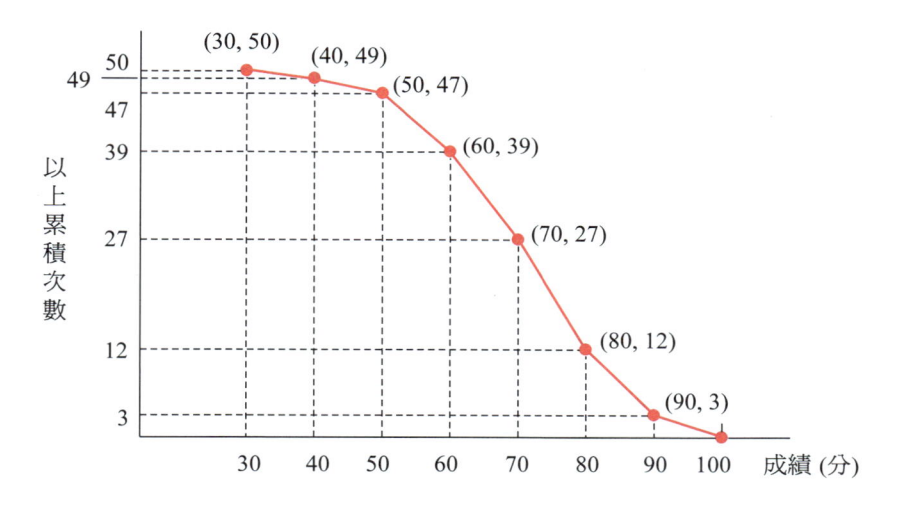

(1) 全距為何？

(2) 不及格者有多少人？

(3) 70 分以上者有多少人？

12. 某班 50 位學生的數學學期成績的以下累積次數分配曲線圖（不含上限）如下：

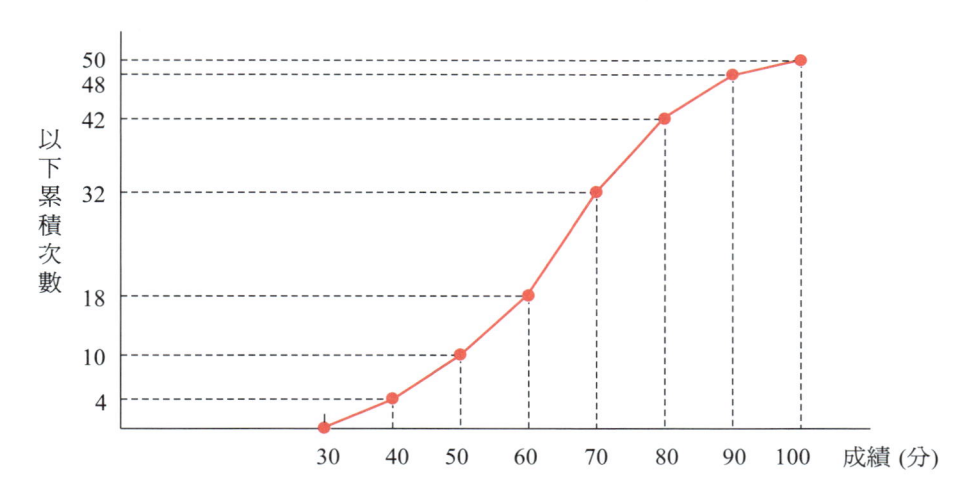

試作出次數分配表.

14-3 平均數

統計方法是將資料蒐集後，經過整理與分析，並解釋分析結果的科學方法．當資料經過蒐集、分類、製表之後，仍然需要加以分析與比較．可是，我們在分析與比較時，必須要有一個衡量的標準來作為分析的主要工具．在一般情況下，統計常常以一簡單的數量來代表整個母體的趨勢，作為統計分析的衡量標準．然而，由於母體中的個體彼此之間仍然有所差異，我們就很難以一個簡單的數量來顯示整體的共同特性．因此，為了瞭解母體的集中趨勢，我們常常以平均數來顯示這種特性．常用的平均數有：算術平均數、加權平均數、幾何平均數與中位數．

一、算術平均數

我們現在給算術平均數的定義如下：

定義 14-1

設 n 個正數分別為 $x_1, x_2, \cdots, x_n$，則其算術平均數 $\overline{X}$ 定義為

$$\overline{X} = \frac{1}{n}(x_1 + x_2 + \cdots + x_n) = \frac{1}{n}\sum_{i=1}^{n} x_i.$$

註：(1) 大寫希臘字母 Σ，讀作 "sigma"，是求和記號．

(2) $\sum_{i=1}^{n}(a_i \pm b_i) = \sum_{i=1}^{n} a_i \pm \sum_{i=1}^{n} b_i$

$\sum_{i=1}^{n} ca_i = c \sum_{i=1}^{n} a_i$ (c 為常數)

例題 1 有九名學生的數學成績（單位：分）為 70, 60, 40, 80, 90, 45, 30, 30, 50 求其平均成績.

解 平均成績為

$$\overline{X} = \frac{1}{9}(70+60+40+80+90+45+30+30+50) = 55 \text{ (分)}.$$

一群數值中常有許多相同的數值，我們可將此相同的資料併在一起，作成次數分配表，再計算其算術平均數. 設有 n 個數值資料的次數分配為

變量 X	$x_1, x_2, \cdots, x_k$	總 計
次數 f	$f_1, f_2, \cdots, f_n$	n

則其算術平均數為

$$\overline{X} = \frac{1}{n}(x_1 f_1 + x_2 f_2 + \cdots + x_k f_k) = \frac{1}{n}\sum_{i=1}^{k} x_i f_i.$$

例題 2 求下列數值資料的算術平均數.

7, 2, 6, 5, 4, 7, 5, 9, 8, 10,
9, 9, 12, 0, 1, 14, 12, 8, 6, 10

解 將數值資料按大小順序排列：

0, 1, 2, 4, 5, 5, 6, 6, 7, 7,
8, 8, 9, 9, 9, 10, 10, 12, 12, 14

算術平均數為

$$\overline{X} = \frac{1}{20}(0+1+2+4+5\times2+6\times2+7\times2+8\times2+9\times3+10\times2+12\times2+14)$$

$$= \frac{1}{20}(1+2+4+10+12+14+16+27+20+24+14)$$

$$=\frac{144}{20}=7.2$$

同樣地，若 n 個數值分組如下：

組　別	組中點	次　數
$L_1 \sim U_1$	x_1	f_1
$L_2 \sim U_2$	x_2	f_2
$\vdots$	$\vdots$	$\vdots$
$\vdots$	$\vdots$	$\vdots$
$L_k \sim U_k$	x_k	f_k

則其算術平均數為

$$\overline{X}=\frac{1}{n}(x_1 f_1 + x_2 f_2 + \cdots + x_k f_k)=\frac{1}{n}\sum_{i=1}^{k} x_i f_i.$$

一般而言，如果統計資料相當的多，我們就有必要研究簡便的計算方法．今提供兩個求算術平均數的方法．

1. 平移變量

若一組資料的數值群集於 A 點附近，且數值可能很大，則因求各數值之總和時，常因數值過大，容易導致計算錯誤或浪費時間，因此應將變量的始點平移到 A 點，以簡化數值，便於計算，其公式如下：

$$\overline{X}=A+\frac{1}{n}\sum_{i=1}^{k} d_i f_i$$

其中 $d_i = x_i - A$，x_i 為第 i 組的組中點．

證：$\overline{X}=\dfrac{1}{n}\sum\limits_{i=1}^{k} x_i f_i = \dfrac{1}{n}\sum\limits_{i=1}^{k}[A+(x_i-A)]f_i$

$\qquad =\dfrac{1}{n}\sum\limits_{i=1}^{k} A f_i + \dfrac{1}{n}\sum\limits_{i=1}^{k}(x_i-A)f_i$

$$=A+\frac{1}{n}\sum_{i=1}^{k}d_i f_i \quad (因 \sum_{i=1}^{k}A f_i=A\sum_{i=1}^{k}f_i=nA)$$

2. 平移且縮小變數

當次數分配表中，各組組距相等時，常將變量平移及伸縮尺寸，以便更加簡潔省時地計算算術平均數，其公式如下：

$$\overline{X}=A+\frac{h}{n}\sum_{i=1}^{k}d_i f_i$$

其中 h 為組距, $d_i=\dfrac{x_i-A}{h}$.

證：$\overline{X}=A+\dfrac{1}{n}\sum_{i=1}^{k}(x_i-A)f_i$

$=A+\dfrac{h}{n}\sum_{i=1}^{k}\left(\dfrac{x_i-A}{h}\right)f_i=A+\dfrac{h}{n}\sum_{i=1}^{k}d_i f_i$

註：A 是自行選定的數，A 愈接近算術平均數愈好，因而通常在次數分配表中，將次數最多的那一組的組中點設為 A.

例題 3 某工廠 50 名員工的身高次數分配表如下：

身高 (公分)	人　數
145～150	2
150～155	15
155～160	20
160～165	10
165～170	2
170～175	1
總　計	50

求其算術平均數.

解 因 155～160 的次數最多，故取該組的組中點為 A，即 $A=157.5$.

身高 (公分)	次數 f_i	組中點 x_i	$d_i = \dfrac{x_i - A}{h}$	$d_i f_i$
145～150	2	147.5	−2	−4
150～155	15	152.5	−1	−15
155～160	20	157.5	0	0
160～165	10	162.5	1	10
165～170	2	167.5	2	4
170～175	1	172.5	3	3
總　計	50			−2

$$\overline{X} = A + \frac{h}{n} \sum_{i=1}^{k} d_i f_i$$

$$= 157.5 + \frac{5}{50} \times (-2)$$

$$= 157.3 \text{ (公分)}.$$

算術平均數有下列的性質：

1. 在任一組數值資料中，各項數值與其算術平均數之差的總和為零，即，$\sum_{i=1}^{n}(x_i - \overline{X}) = 0.$ (此性質表示算術平均數乃是各項數值的重心.)

證：
$$\sum_{i=1}^{n}(x_i - \overline{X}) = \sum_{i=1}^{n} x_i - \sum_{i=1}^{n} \overline{X} = \sum_{i=1}^{n} x_i - n\overline{X}$$

$$= \sum_{i=1}^{n} x_i - n \cdot \frac{\sum_{i=1}^{n} x_i}{n} = \sum_{i=1}^{n} x_i - \sum_{i=1}^{n} x_i$$

$$= 0.$$

2. 設 n 個數值分別為 $x_1, x_2, \cdots, x_n$，其算術平均數為 $\overline{X}$，則

$$\sum_{i=1}^{n}(x_i - \overline{X})^2 \leq \sum_{i=1}^{n}(x_i - r)^2, \text{ 其中 } r \text{ 為任意實數}.$$

證：$\sum_{i=1}^{n}(x_i-r)^2 - \sum_{i=1}^{n}(x_i-\overline{X})^2 = \sum_{i=1}^{n}(x_i^2-2rx_i+r^2) - \sum_{i=1}^{n}(x_i^2-2\overline{X}x_i+\overline{X}^2)$

$$= \sum_{i=1}^{n} x_i^2 - 2r\sum_{i=1}^{n} x_i + \sum_{i=1}^{n} r^2 - \left(\sum_{i=1}^{n} x_i^2 - 2\overline{X}\sum_{i=1}^{n} x_i + \sum_{i=1}^{n} \overline{X}^2\right)$$

$$= 2(\overline{X}-r)\sum_{i=1}^{n} x_i + nr^2 - n\overline{X}^2$$

$$= 2(\overline{X}-r)n\overline{X} + n(r^2-\overline{X}^2)$$

$$= n(\overline{X}-r)[2\overline{X}-(\overline{X}+r)] = n(\overline{X}-r)^2 \geq 0$$

故 $\sum_{i=1}^{n}(x_i-\overline{X})^2 \leq \sum_{i=1}^{n}(x_i-r)^2$.

算術平均數的活用範圍雖然很廣，但是並非十全十美，在應用算術平均數前，應考慮所研究的對象是否具有下列的特性，如果有的話才可利用.

1. 所有資料的數值十分集中．若所有資料的數值過分分散，則不宜採用算術平均數來代表整個全體的特性．
2. 各數值具有相等的重要性．因為算術平均數是對各項數值視以同等的待遇，所以數值資料的重要程度不同，就不宜採用算術平均數．

算術平均數的優點與缺點如下：

1. 優點：
   (1) 公式簡單，容易計算，適於代數處理．
   (2) 數值易於確定，不受任何主觀的影響．
   (3) 在同性質、同重要性之數值所求得的算術平均數更具代表性．
2. 缺點：
   (1) 易受極端數值的影響．
   (2) 在質的方面無法求得算術平均數，例如技術的好壞、品質的優劣等．
   (3) 分組次數表有不確定的組距時，無法求得其算術平均數．

二、加權平均數

算術平均數在於視各項數值具有同等的重要性，但是經常一數列中各項數值的重要性彼此並不相同．例如，學生各科成績的重要性是依授課時數的不同而有所差異，此時若以算術平均數作為衡量標準，必定很難充分地代表學生的成績，所以為了正確的表示衡量標準，我們有必要將各個數值的重要性加以區分．

權數（或稱權重係數）是一種數值，用以衡量各項資料彼此之間的輕重關係．

定義 14-2

設 n 個數值分別為 $x_1, x_2, \cdots, x_n$，而 $W_1, W_2, \cdots, W_n$ 分別為 $x_1, x_2, \cdots, x_n$ 的權數，則其**加權平均數 W** 定義為

$$W = \frac{\sum_{i=1}^{n} x_i W_i}{\sum_{i=1}^{n} W_i}.$$

例題 4 某生期末考成績如下表所示：

科　目	上課時數	成績（分）
國　文	6	80
英　文	4	78
數　學	4	65
歷　史	2	82
地　理	2	76

求其平均成績．

解 平均成績為

$$W = \frac{80\times 6 + 78\times 4 + 65\times 4 + 82\times 2 + 76\times 2}{6+4+4+2+2}$$

$$= \frac{1368}{18} = 76 \text{ (分)}.$$

　　加權平均數最大的特性，就是否定了各項數值具有同等重要性，而以經驗對各項數值的輕重關係給予不同的權數，權數的決定難免將主觀的成分包括在內，但我們選擇權數時應力求遵循一種客觀標準.

三、幾何平均數

　　當一群資料之數值的變化大約按照一定的比例時，幾何平均數較為適用.

定義 14-3

n 個正數 $x_1, x_2, \cdots, x_n$ 的幾何平均數 G 定義為

$$G = \sqrt[n]{x_1 \cdot x_2 \cdots x_n}.$$

　　在分組資料中，設第 i 組的組中點為 x_i，次數為 f_i，則幾何平均數為

$$G = \sqrt[n]{x_1^{f_1} \cdot x_2^{f_2} \cdots x_k^{f_k}}$$

其中 $f_1 + f_2 + \cdots + f_k = n$.

　　一般，對於在某一段時間內的經濟成長率、營業額成長率、人口成長率及投資報酬率等的平均值常用幾何平均數來處理. 例如，某公司前年的營業額為 A 元，去年的成長率為 y_1，今年的成長率為 y_2，則去年的營業額為 $A(1+y_1)$ 元，今年的營業額為 $A(1+y_1)(1+y_2)$ 元. 依此類推，我們可得下面的結論：

　　若 n 年的成長率分別為 $y_1, y_2, \cdots, y_n$，則利用幾何平均數可得這 n 年的平均成長率為

$$\sqrt[n]{(1+y_1)(1+y_2)\cdots(1+y_n)}-1.$$

例題 5 某公司連續 4 年的營業額年成長率分別為 15%、−5%、8%、10%，求該公司這 4 年的營業額年平均成長率是多少？

解 平均年成長率為

$$\sqrt[4]{(1+0.15)(1-0.05)(1+0.08)(1+0.12)}-1=\sqrt[4]{1.15\times 0.95\times 1.08\times 1.12}-1$$
$$\approx 1.0722-1=0.0722=7.22\%.$$

例題 6 某地區連續 5 年的人口年成長率依次為 1.5%、1.4%、1.3%、1.3%、1.2%，則這 5 年的人口平均年成長率為多少？

解 平均年成長率為

$$\sqrt[5]{1.015\times 1.014\times 1.013\times 1.013\times 1.012}-1\approx 1.013-1=0.013=1.3\%.$$

四、調和平均數

有一輛剛出廠的汽車分別以每分鐘 1 公里、2 公里的速度在 10 公里的測試跑道上各行駛一圈，如何求每分鐘的平均速率呢？

如果採用原速率的算術平均數，則 $\bar{X}=\dfrac{1}{2}(1+2)=1.5$ 公里／分，您是否認為 $\bar{X}=1.5$ 公里／分合乎常理？正確的解法如下：

$$平均速率=\dfrac{經過的時間}{花費的時間}$$

距離為 10 公里×2＝20 公里，時間為 $\left(\dfrac{10}{1}+\dfrac{10}{2}\right)$ 分，因此，每分鐘的平均速率為：

$$\dfrac{20}{\dfrac{10}{1}+\dfrac{10}{2}}=\dfrac{1}{\dfrac{1}{2}\left(\dfrac{1}{1}+\dfrac{1}{2}\right)}=\dfrac{4}{3}\approx 1.33\ 公里／分$$

上面式子中出現的數值 $\dfrac{1}{\dfrac{1}{2}\left(\dfrac{1}{1}+\dfrac{1}{2}\right)}$ 稱為 "1, 2" 的 調和平均數.

1. n 個數值 $x_1, x_2, \cdots, x_n$ 的調和平均數為

$$H=\dfrac{1}{\dfrac{1}{n}\left(\dfrac{1}{x_1}+\dfrac{1}{x_2}+\cdots+\dfrac{1}{x_n}\right)}=\dfrac{n}{\sum_{i=1}^{n}\dfrac{1}{x_i}}$$

換句話說，調和平均數是 "n 個數值的倒數之算術平均數的倒數".

2. 在分組資料中，設第 i 組的組中點為 x_i，次數為 f_i，則其調和平均數為

$$H=\dfrac{1}{\dfrac{1}{n}\left(f_1\cdot\dfrac{1}{x_1}+f_2\cdot\dfrac{1}{x_2}+\cdots+f_k\cdot\dfrac{1}{x_k}\right)}=\dfrac{n}{\sum_{i=1}^{k}\dfrac{f_i}{x_i}}$$

其中 $f_1+f_2+\cdots+f_k=n$.

註：調和平均數適用於求速率、物價及匯價等的平均.

例題 7 某人開車旅遊三天，每天行駛 120 公里．第一天的速率為每小時 60 公里，第二天為每小時 40 公里，第三天為每小時 50 公里，求他在這三天開車旅遊每小時的平均速率．

解 平均速率為

$$H=\dfrac{1}{\dfrac{1}{60}+\dfrac{1}{40}+\dfrac{1}{50}}=\dfrac{1800}{37}\approx 48.65 \text{ 公里／小時}.$$

例題 8 今有一工程，甲 4 天可完成，乙 5 天可完成，丙 6 天可完成，則三人平均幾天可完成？

解 平均 $\dfrac{3}{\dfrac{1}{4}+\dfrac{1}{5}+\dfrac{1}{6}}=\dfrac{180}{37}$ 天完成.

例題 9 某人每天以 100 元買雞肉，第一天肉價每斤 90 元，第二天每斤 75 元，第三天每斤 80 元，則這三天平均肉價為何？

解 平均肉價為

$$H=\dfrac{3}{\dfrac{1}{90}+\dfrac{1}{75}+\dfrac{1}{80}}=\dfrac{10800}{133}\approx 81.2 \text{ 元／斤}.$$

五、中位數

將一群數值資料按其大小順序排列後，位置居中的一數稱為中位數，以符號 Me 表之.

定義 14-4

設 n 個數值分別為 $x_1, x_2, \cdots, x_n$，按其大小順序排列為

$$x_{(1)} \leq x_{(2)} \leq x_{(3)} \leq \cdots \leq x_{(n)}$$

(1) 若 n 為正奇數，即 $n=2k+1$，則定義中位數為

$$Me=x_{(k+1)}=x_{(n+1)/2}$$

(2) 若 n 為正偶數，即 $n=2k$，則定義中位數為

$$Me=\dfrac{1}{2}[x_{(k)}+x_{(k+1)}]=\dfrac{1}{2}[x_{(n/2)}+x_{(n/2)+1}].$$

第十四章　敘述統計

例題 10　求下列各組數值資料的中位數.
(1) 9, 3, 10, 6, 9, 7, 12
(2) 8, 7, 2, 6, 4, 5, 7, 7

解　(1) 將數值按大小排列為

$$3, 6, 7, 9, 9, 10, 12$$

因 $n=7$,
故 $Me = x_{(7+1)/2} = x_{(4)} = 9$.

(2) 將數值按大小排列為

$$2, 4, 5, 6, 7, 7, 7, 8$$

因 $n=8$,

故　$Me = \dfrac{1}{2}[x_{(8/2)} + x_{(8/2)+1}] = \dfrac{1}{2}(x_4 + x_5) = \dfrac{1}{2}(6+7) = 6.5$.

設 n 個數值資料的次數分配表如表 14-3,

表 14-3

組　別	次數 f	以下累積次數 C
$L_1 \sim U_1$	f_1	$C_1 = f_1$
$L_2 \sim U_2$	f_2	$C_2 = f_1 + f_2$
$\vdots$	$\vdots$	$\vdots$
$L_{i-1} \sim U_{i-1}$	f_{i-1}	$C_{i-1} = f_1 + f_2 + \cdots + f_{i-1} < \dfrac{n}{2}$
$L_i \sim U_i$	f_i	$C_i = f_1 + f_2 + \cdots + f_{i-1} + f_i \geq \dfrac{n}{2}$
$\vdots$	$\vdots$	$\vdots$
$L_k \sim U_k$	f_k	$C_k = n$
總　計	n	

图 14-5

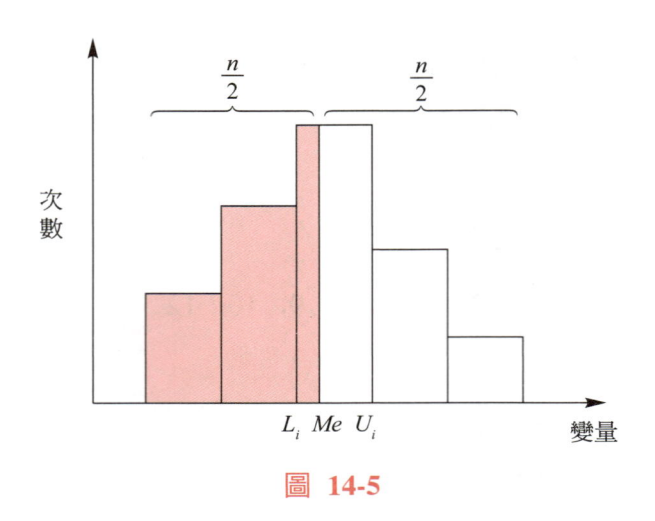

其中 L_i 與 U_i 分別為第 i 組的下限與上限，中位數落在 $L_i \sim U_i$ 之中．若組內各數值均勻的分佈在組距內，如圖 14-5 所示，則落在 $L_i \sim Me$ 之間的次數 $\frac{n}{2} - C_{i-1}$ 與落在 $L_i \sim U_i$ 之間的次數 f_i 成比例，即，

$$\frac{Me - L_i}{U_i - L_i} = \frac{\frac{n}{2} - C_{i-1}}{f_i}$$

可得

$$Me = L_i + \frac{\frac{n}{2} - C_{i-1}}{f_i}(U_i - L_i)$$

同理可得

$$Me = U_i - \frac{C_i - \frac{n}{2}}{f_i}(U_i - L_i).$$

例題 11 某校 120 名學生的體重分配表如下：

體重 (公斤)	人　數	以下累積人數
35～40	1	1
40～45	4	5
45～50	16	21
50～55	28	49
55～60	24	73
60～65	19	92
65～70	14	106
70～75	7	113
75～80	4	117
80～85	2	119
85～90	1	120

求其中位數.

解 由 $n=120$，可得 $\dfrac{n}{2}=60$，故中位數在 55～60 之中. 中位數為

$$Me = L_i + \dfrac{\dfrac{n}{2} - C_{i-1}}{f_i}(U_i - L_i)$$

$$= 55 + \dfrac{60-49}{24}(60-5) \approx 57.3 \text{ (公斤)}.$$

定義 14-5

在一群數值資料 $x_1, x_2, \cdots, x_n$ 中出現次數最多者稱為**眾數**. 若出現次數最多者僅有一個，則稱為**單眾數**；若有兩個，則稱為**雙眾數**；…等等. 通常以 Mo 來表示眾數.

例題 12 求下列各數值資料中的眾數.

(1) 6, 8, 4, 6, 10, 12, 14, 6

(2) 5, 9, 7, 2, 7, 5, 11, 5, 7, 8, 7, 5, 3, 12, 3, 8

解 (1) 6 出現三次，為最多次，故眾數 $Mo=6$.

(2) 5 與 7 均出現四次，為最多次，故有雙眾數 5 與 7.

習題 14-3

1. 有十二家公司在某月份的銷售額 (千元) 為

   895, 816, 783, 902, 887, 734, 615, 941, 718, 1046, 994, 1123

   求平均銷售額.

2. 某一企業機構員工工資 (單位：百元) 統計表如下：

工資	人數	工資	人數
30～35	1	55～60	39
35～40	4	60～65	20
40～45	13	65～70	5
45～50	26	70～75	2
50～55	50	總計	160

求平均工資.

3. 民國 59 年台灣省 2164 戶的所得如下：

所得 (千元)	戶數	所得 (千元)	戶數
0～20	186	60～70	159
20～30	362	70～100	169
30～40	630	100～300	45
40～50	387	300～1,000	1
50～60	225	總計	2,164

求平均所得.

4. 某地區 400 家商店每日平均營業額 (元) 統計表如下：

營業額	次數	營業額	次數
0～500	4	3,000～3,500	51
500～1,000	17	3,500～4,000	28
1,000～1,500	35	4,000～4,500	12
1,500～2,000	80	4,500～5,000	3
2,000～2,500	98		
2,500～3,000	72	總計	400

求平均營業額.

5. 某高中三年級五個班的數學平均成績如下：

班級	人數	平均成績 (分)
甲	50	80
乙	45	78
丙	48	76
丁	47	82
戊	50	85
總計	240	

求此 240 名學生的平均成績.

6. 某公司 12 名員工的薪資如下表：

薪資	11,000 元	23,000 元	35,000 元	47,000 元	59,000 元
人數	1	2	5	3	1

此 12 人的平均薪資是多少？

7. 有 50 個人參加一次數學測驗，其成績的次數分配表如下：

分數	40～50	50～60	60～70	70～80	80～90	90～100
人數	3	5	12	20	8	2

求算術平均數.

8. 某班數學成績的次數分配表如下：

分　數	0～10	10～20	20～30	30～40	40～50	50～60	60～70	70～80	80～90	90～100
人　數	0	2	2	3	3	6	7	17	8	2

（註：本表組限不含各組的上限）

求算術平均數．

9. 某人到三家商店買麵粉，這三家商店的價格如下：

$$甲店每斤\ 5\ 元$$
$$乙店每斤\ 10\ 元$$
$$丙店每斤\ 20\ 元$$

此人以兩個方法購買麵粉，第一種方法是每家各買一斤，第二種方法是每家各花 100 元買麵粉，試問：

(1) 當他以第一種方法購買麵粉時，其每斤的平均價格為何？

(2) 當他以第二種方法購買麵粉時，其每斤的平均價格為何？

10. 某國家最近連續 5 年的經濟成長率分別為 3%、4%、2%、2%、3%，求這 5 年平均成長率．

11. 某公司連續三年的營業額成長率依次為 −10%、20%、60%，若該公司三年的成長率平均為 $k\%$，則 k 為多少？

12. 設某一城鎮在公元 1990 年的人口為 10,000 人，公元 2000 年的人口為 20,000 人．

    (1) 其平均人口成長率為多少？

    (2) 按照這種成長率預估公元 2003 年的人口數．

13. 某人開車旅行 110 公里，在前 60 公里的時速為 80 公里．

    (1) 若後 50 公里的時速為 100 公里，則平均時速為多少公里？

    (2) 若希望平均時速為 90 公里，則後 50 公里的平均時速應為多少公里？

14. 甲、乙、丙三家水果店的葡萄價格每斤依次為 30 元、35 元及 50 元．若每家買 60 斤，則每斤的平均價格為多少？

15. 求下列數值資料的中位數．

   2, 7, 5, 6, 4, 7, 5, 9, 8, 10, 9, 9, 12, 0, 1, 14, 12, 10, 8, 6

16. 某班 50 位學生的數學成績統計表如下：

分數 (分)	人 數
60～65	2
65～70	8
70～75	20
75～80	10
80～85	6
85～90	4

   求其中位數．

17. 利用下列直方圖，求中位數．

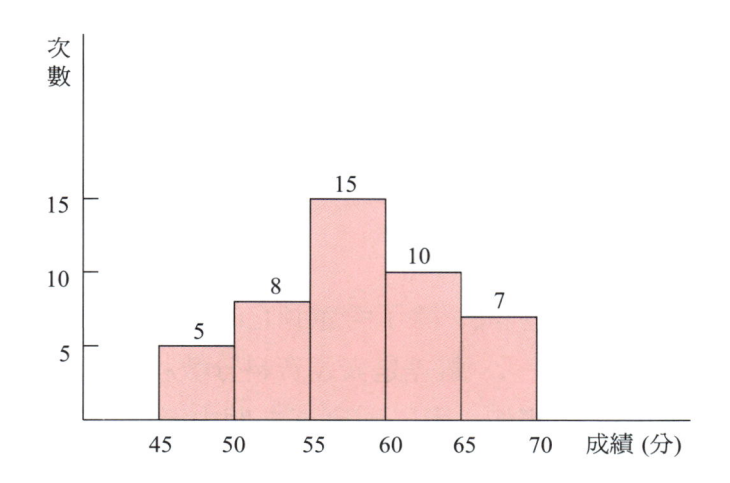

18. 投擲骰子 100 次，將其結果記錄如下表：

點 數	1	2	3	4	5	6
次 數	10	25	20	20	10	15

   若算術平均數為 a，中位數為 b，求 $a-b$．

19. 有 100 位學生參加數學競試，其成績的以下累積次數分配曲線圖如下：

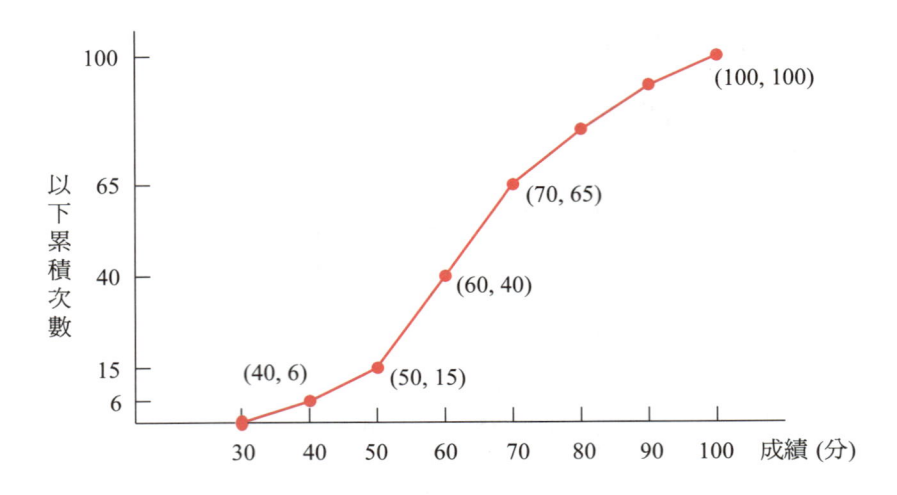

假設各組內的次數都平均分佈在組距內，求算術平均數及中位數（答案要四捨五入成整數）．

14-4 離　差

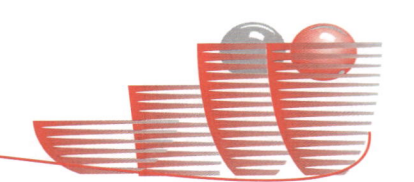

我們在分析一群數值資料時，除了考慮到它的集中趨勢外，更要注意其分散的情形，也就是所謂的離差．離差是表達資料分散狀況的量測，它是量測資料離中心點多遠的指標．例如，甲乙兩班英文期中考成績的算術平均數都是 70 分，但甲班最低為 10 分，最高為 95 分，而乙班則全部都在 60 分與 90 分之間，顯然，甲乙兩班很不一樣．

本節介紹的離差統計量有全距、四分位差、變異數及標準差等．其中最常用的離差統計量是標準差，標準差愈小，資料就愈集中在平均數的附近；反之，標準差愈大，資料就愈分散．

一、全　距

一群數值資料中，最大數減去最小數的差稱為全距．

1. 在未分組的數值資料中，將最大數減去最小數的差即為全距．
2. 在已分組的數值資料中，將最大組的上限減去最小組的下限的差即為全距．
3. 全距的優點：容易瞭解、計算簡單．
4. 全距的缺點：感應不靈敏、易受樣本個數的影響．

二、四分位差

然而，全距既然是由最大數值與最小值來決定，難免會因極端值的存在而失真，因此，一個修正的量數就是四分位差，它代表靠近中間一半的數值可以變動之範圍的大小．

在一群由小到大排列的數值資料中，比中位數小之資料中的中位數叫作第一四分位數，以符號 Q_1 表示；比中位數大之資料中的中位數叫作第三四分位數，以符號 Q_3 表示；Q_3 減去 Q_1 的差叫作四分位差，以符號 $Q.D.$ 表示，即 $Q.D.=Q_3-Q_1$．

例題 1 已知一群數值資料如下：

$$2, 3, 1, 7, 8, 5, 9, 10$$

求其四分位差．

解 將數值資料由小到大排列為：

$$1, 2, 3, 5, 7, 8, 9, 10$$

第一四分位數　　　　　$Q_1=\dfrac{2+3}{2}=2.5$

第三四分位數　　　　　$Q_3=\dfrac{8+9}{2}=8.5$

四分位差　　　　　$Q.D.=Q_3-Q_1=8.5-2.5=6.$

例題 2 已知一群數值資料如下：

$$2, 3, 1, 7, 8, 5, 9, 10, 11$$

解 將數值資料由小到大排列為：

$$1,\ 2,\ 3,\ 5,\ 7,\ 8,\ 9,\ 10,\ 11$$

第一四分位數 $\qquad Q_1 = \dfrac{2+3}{2} = 2.5$

第三四分位數 $\qquad Q_3 = \dfrac{9+10}{2} = 9.5$

四分位差 $\qquad Q.D. = Q_3 - Q_1 = 9.5 - 2.5 = 7.$ ¶

在分組資料中，設 n 表示總次數，Q_i 所在組的下限為 L_{Q_i}，次數為 f_{Q_i}，組距為 h_{Q_i}，較 L_{Q_i} 小的累加次數為 C_{Q_i}，則利用內插法可得

$$\dfrac{Q_i - L_{Q_i}}{\dfrac{ni}{4} + C_{Q_i}} = \dfrac{h_{Q_i}}{f_{Q_i}}$$

故 $\qquad Q_i = L_{Q_i} + \dfrac{\dfrac{ni}{4} - C_{Q_i}}{f_{Q_i}} \cdot h_{Q_i},\quad i = 1,\ 2,\ 3.$

再利用 $Q.D. = Q_3 - Q_1$ 即可算出四分位差．

例題 3 今有 100 位工人，每小時工資 (單位：元) 與人數分配表如下：

每時工資	30～40	40～50	50～60	60～70	70～80	80～90
人　數	13	20	36	21	7	3

求此 100 位工人工資的四分位差．(至小數第一位)

解

組 別	次 數	以下累積次數
30～40	13	13
40～50	20	33
50～60	36	69
60～70	21	90
70～80	7	97
80～90	3	100

$n=100$，$\dfrac{n}{4}=25$，第一四分位數

$$Q_1 = 40 + \dfrac{12}{20} \times 10 = 46$$

$n=100$，$\dfrac{3n}{4}=75$，第三四分位數

$$Q_3 = 60 + \dfrac{16}{21} \times 10 \approx 67.6$$

故四分位差　　$Q.D. = 67.6 - 46 = 21.6$ 元．

三、標準差

一群數值資料中各項數值與其算術平均數的差稱為**離均差**，而各項數值之離均差平方的算術平均數稱為**變異數**，以 S^2 表之．變異數的平方根稱為**標準差**，以 S 表之．

1. 由未分組資料求標準差

設 n 個數值資料為 x_1, x_2, …, x_n，則其標準差為

$$S = \sqrt{\dfrac{1}{n}\sum_{i=1}^{n}(x_i-\overline{X})^2} = \sqrt{\dfrac{1}{n}\sum_{i=1}^{n}(x_i^2 - 2\overline{X}x_i + \overline{X}^2)}$$

$$= \sqrt{\dfrac{1}{n}\sum_{i=1}^{n}x_i^2 - 2\overline{X}\left(\dfrac{1}{n}\sum_{i=1}^{n}x_i\right) + \dfrac{1}{n}\sum_{i=1}^{n}\overline{X}^2}$$

$$=\sqrt{\frac{1}{n}\sum_{i=1}^{n}x_i^2-2\overline{X}^2+\overline{X}^2}$$

$$=\sqrt{\frac{1}{n}\sum_{i=1}^{n}x_i^2-\overline{X}^2}$$

其中 $\overline{X}$ 為 x_1, x_2, …, x_n 的算術平均數.

例題 4 八位學生的成績為：

$$74,\ 63,\ 67,\ 80,\ 87,\ 55,\ 64,\ 70$$

求其標準差.

解 算術平均數為

$$\overline{X}=\frac{1}{8}(74+63+67+80+87+55+64+70)$$

$$=\frac{560}{8}=70$$

故標準差為

$$S=\sqrt{\frac{1}{n}\sum_{i=1}^{n}(x_i-\overline{X})^2}=\left\{\frac{1}{8}[(74-70)^2+(63-70)^2+(67-70)^2+(80-70)^2+(87-70)^2+(55-70)^2+(64-70)^2+(70-70)^2]\right\}^{1/2}$$

$$=\sqrt{\frac{1}{8}(16+49+9+100+289+225+36+0)}$$

$$=\sqrt{90.5}\approx 9.51.$$

2. 由已分組資料求標準差

假設 n 個資料分成 k 組，若各組內的次數 f_i 密集於組中點 x_i 或均勻的分佈在組距內，則此 n 個資料的標準差為

$$S = \sqrt{\frac{1}{n} \sum_{i=1}^{k} (x_i - \overline{X})^2 f_i} = \sqrt{\frac{1}{n} \sum_{i=1}^{k} [x_i - K - (\overline{X} - K) f_i]^2}$$

(此處 K 是為了簡化運算而選定的數)

$$= \left[\frac{1}{n} \sum_{i=1}^{k} (x_i - K)^2 f_i - \frac{2}{n} \sum_{i=1}^{k} (x_i - K)(\overline{X} - K) f_i + \frac{1}{n} \sum_{i=1}^{k} (\overline{X} - K)^2 f_i \right]^{1/2}$$

$$= \sqrt{\frac{1}{n} \sum_{i=1}^{k} (x_i - K)^2 f_i - (\overline{X} - K)^2} \qquad \left(\because \frac{1}{n} \sum_{i=1}^{k} (x_i - K) f_i = \overline{X} - K \right)$$

設各組的組距 h 相等，且令 $d_i = \dfrac{x_i - K}{h}$，則

$$\frac{1}{n} \sum_{i=1}^{k} (x_i - K)^2 f_i = \frac{h^2}{n} \sum_{i=1}^{k} d_i^2 f_i$$

$$\overline{X} - K = \frac{1}{n} \sum_{i=1}^{k} (x_i - K) f_i = \frac{h}{n} \sum_{i=1}^{k} d_i f_i$$

故

$$S = h \sqrt{\frac{1}{n} \sum_{i=1}^{k} d_i^2 f_i - \left(\frac{1}{n} \sum_{i=1}^{k} d_i f_i \right)^2}.$$

例題 5 學生的數學成績如下表所示：

分 數	人 數	分 數	人 數
20〜30	1	60〜70	10
30〜40	2	70〜80	15
40〜50	3	80〜90	10
50〜60	4	90〜100	5

求標準差.

解 因次數密集在 70〜80 之間，故取 $A = 75$，$d_i = \dfrac{x_i - 75}{10}$．

組 別	次數 f_i	組中點 x_i	d_i	d_i^2	$d_i f_i$	$d_i^2 f_i$
20～30	1	25	−5	25	−5	25
30～40	2	35	−4	16	−8	32
40～50	3	45	−3	9	−9	27
50～60	4	55	−2	4	−8	16
60～70	10	65	−1	1	−10	10
70～80	15	75	0	0	0	0
80～90	10	85	1	1	10	10
90～100	5	95	2	4	10	20
總　計	50					

標準差　　$$S = h\sqrt{\frac{1}{n}(\sum d_i^2 f_i) - \left(\frac{1}{n}\sum d_i f_i\right)^2}$$

$$= 10\sqrt{\frac{140}{50} - \left(\frac{-20}{50}\right)^2} \approx 16.24.$$

標準差是衡量資料分散程度中最常用的差量，其特性如下：

1. 以算術平均數為中心的標準差，較以任何其他平均數為中心的標準差小．
2. 標準差的性質與算術平均數類似，易受極端值的影響．
3. 標準差易於從事代數運算．

標準差有下列的性質：

設 X 表示一群數值資料，S_X 表 X 的標準差，$bX+a$ 表示 X 數值的 b 倍另加 a 的一群資料，則：

1. 若 $S_X=0$，則 X 中的各數必全部相等．
2. $S_{X+a}=S_X$，即將一群資料平移後，其標準差不變．
3. $S_{bX}=|b|S_X$，即將一群資料 b 倍後，其標準差為原標準差的 $|b|$ 倍．
4. $S_{bX+a}=|b|S_X$，即將一群資料 b 倍後，再平移，其標準差為原標準差的 $|b|$ 倍．

證：**1.** 設 $\overline{X}$ 為 X 的算術平均數，n 為 X 的個數，$x_i \in X$. 若 $S_X = 0$，則

$$S_X^2 = \frac{1}{n} \sum (x_i - \overline{X})^2 f_i = 0$$

可得 $x_i - \overline{X} = 0$，即，$x_i = \overline{X}$，故 X 中的各數均相等.

2. $X + a$ 的算術平均數為 $\overline{X} + a$，

$$S_{X+a}^2 = \frac{1}{n} \sum [x_i + a - (\overline{X} + a)]^2 f_i$$

$$= \frac{1}{n} \sum (x_i - \overline{X})^2 f_i$$

故 $S_{X+a} = S_X$.

3. bX 的算術平均數為 $b\overline{X}$，

$$S_{bX}^2 = \frac{1}{n} \sum (bx_i - b\overline{X})^2 f_i = \frac{1}{n} \sum b^2 (x_i - \overline{X})^2 f_i$$

$$= \frac{b^2}{n} \sum (x_i - \overline{X})^2 f_i = b^2 \left[\frac{1}{n} \sum (x_i - \overline{X})^2 f_i \right]$$

$$= b^2 S_X^2$$

故 $S_{bX} = |b| S_X$.

4. $S_{bX+a} = S_{bX} = |b| S_X$.

習題 14-4

1. 班上 10 位學生生物抽考成績（單位：分）如下：

60，93，71，82，67，79，58，85，86，80

求全距、中位數及四分位差.

2. 班上 9 位學生的身高 (單位：公分) 如下：

   155，158，160，166，167，169，170，171，172

   求全距、中位數及四分位差.

3. 已知次數分配表如下：

x	f	x	f
50～55	3	70～75	20
55～60	9	75～80	21
60～65	15	80～85	10
65～70	17	85～90	5

   求其四分位差.

4. 求數值資料 5，7，8，12，13，13，14，15，15，18 的標準差.

5. 六位作業員的日薪為 800 元、1,000 元、1,200 元、1,500 元、1,800 元、900 元，求六位日薪的標準差.

6. 一百位學生的智商分數統計表如下：

智商	人數
50～60	2
60～70	1
70～80	6
80～90	8
90～100	12
100～110	21
110～120	17
120～130	12
130～140	9
140～150	7
150～160	5
總計	100

   求標準差.

7. 某班數學考試成績的統計表如下：

分　數	30～40	40～50	50～60	60～70	70～80	80～90	90～100
人　數	2	4	10	11	12	6	5

求標準差.

8. 已知 10 位學生的數學平均分數為 60 分，標準差為 4 分，若其中的 8 位得分為 54，56，57，58，60，61，64，65，求另 2 位的分數.

9. 求下列各組資料的標準差.

$$X_1：2，4，7，12，15$$
$$X_2：5，7，10，15，18$$
$$X_3：6，12，21，36，45$$
$$X_4：5，9，15，25，31$$

10. 有一分組資料如下：

資料值	2	3	4	5	6	7	8	9	10
次　數	1	2	3	4	5	4	3	2	1

求其算術平均數及標準差.

11. 有一分組資料如下：

資料值	3	6	9	12	15	18
次　數	1	3	3	4	3	1

求其標準差.

12. 學生 50 人分成 A、B 兩組，其學期成績如下表：

組　別	人　數	平均分數	標準差
A	20	75	12
B	30	72	13

求其平均數及標準差.

13. 某人在求出 21 個數值的算術平均數為 56、標準差為 3 之後，發現其中"66"這一個數必須刪除，如果不檢視原始資料，則刪除"66"這一個數後所剩 20 個數值的算術平均數為何？標準差為何？

14. 全班 20 位學生的數學競試成績的算術平均數為 43 分，標準差為 $\sqrt{15}$ 分，但甲生違背考場規定，其成績由 30 分改為 0 分，乙生與丙生各有一題閱錯，其成績分別由 10 分、25 分更正為 15 分、30 分，求更正後全班成績的算術平均數及標準差。

15. 兩組變量 $X(x_1, x_2, \cdots, x_n)$ 與 $Y(y_1, y_2, \cdots, y_n)$ 有 $y_i = -2x_i + 1$ 的關係，$i = 1, 2, \cdots, n$，且 X 的平均數為 8，中位數為 12，全距為 20，四分位差為 4，標準差為 3．求 Y 的平均數、中位數、全距、四分位差及標準差。

16. 今有一群資料 X 為：

$$1, 1, 2, 3, 5, 5, 7, 8, 9, 9$$

另一群資料 Y 為：

$$2001, 2001, 2002, 2003, 2005, 2005, 2007, 2008, 2009, 2009$$

求：

(1) X 的中位數．

(2) Y 的算術平均數．

(3) Y 的中位數．

(4) X 的標準差．

(5) Y 的標準差．

17. 今有一組資料 X 的算術平均數為 $\overline{X}$，標準差為 S_X，已知

$$Y = \frac{12(X - \overline{X})}{S_X} + 50$$

求 Y 的算術平均數及標準差。

附表 1　四位常用對數表

N	0	1	2	3	4	5	6	7	8	9
10	0000	0043	0086	0128	0170	0212	0253	0294	0334	0374
11	0414	0453	0492	0531	0569	0607	0645	0682	0719	0755
12	0792	0828	0864	0899	0934	0969	1004	1038	1072	1106
13	1139	1173	1206	1239	1271	1303	1335	1367	1399	1430
14	1461	1492	1523	1553	1584	1614	1644	1673	1703	1732
15	1761	1790	1818	1847	1875	1903	1931	1959	1987	2014
16	2041	2068	2095	2122	2148	2175	2201	2227	2253	2279
17	2304	2330	2355	2380	2405	2430	2455	2480	2504	2529
18	2553	2577	2601	2625	2648	2672	2695	2718	2742	2765
19	2788	2810	2833	2856	2878	2900	2923	2945	2967	2989
20	3010	3032	3054	3075	3096	3118	3139	3160	3181	3201
21	3222	3243	3263	3284	3304	3324	3345	3365	3385	3404
22	3424	3444	3464	3483	3502	3522	3541	3560	3579	3598
23	3617	3636	3655	3674	3692	3711	3729	3747	3766	3784
24	3802	3820	3838	3856	3874	3892	3909	3927	3945	3962
25	3979	3997	4014	4031	4048	4068	4082	4099	4116	4133
26	4150	4166	4183	4200	4216	4232	4249	4265	4281	4298
27	4314	4330	4346	4362	4378	4393	4409	4425	4440	4456
28	4472	4487	4502	4518	4533	4548	4564	4579	4594	4609
29	4624	4639	4654	4669	4683	4698	4713	4728	4742	4757
30	4771	4786	4800	4814	4829	4843	4857	4871	4886	4900
31	4914	4928	4942	4955	4969	4983	4997	5011	5024	5038
32	5051	5065	5079	5092	5105	5119	5132	5145	5159	5172
33	5185	5198	5211	5224	5237	5250	5263	5276	5289	5302
34	5315	5328	5340	5353	5366	5378	5391	5403	5416	5428
35	5441	5453	5465	5478	5490	5502	5514	5527	5539	5551
36	5563	5575	5587	5599	5611	5623	5635	5647	5658	5670
37	5682	5694	5705	5717	5729	5740	5752	5763	5775	5786
38	5798	5809	5821	5832	5843	5855	5866	5877	5888	5899
39	5911	5922	5933	5944	5955	5966	5977	5988	5999	6010
40	6021	6031	6042	6053	6064	6075	6085	6096	6107	6117
41	6128	6138	6149	6160	6170	6180	6191	6201	6212	6222
42	6232	6243	6253	6263	6274	6284	6294	6304	6314	6325
43	6335	6345	6355	6365	6375	6385	6395	6405	6415	6425
44	6435	6444	6454	6464	6474	6484	6493	6503	6513	6522
45	6532	6542	6551	6561	6571	6580	6590	6599	6609	6618
46	6628	6637	6646	6656	6665	6675	6684	6693	6702	6712
47	6721	6730	6739	6749	6758	6767	6776	6785	6794	6803
48	6812	6821	6830	6839	6848	6857	6866	6875	6884	6893
49	6902	6911	6920	6928	6937	6946	6955	6964	6972	6981
N	0	1	2	3	4	5	6	7	8	9

N	0	1	2	3	4	5	6	7	8	9
50	6990	6998	7007	7016	7024	7033	7042	7050	7059	7067
51	7076	7084	7093	7101	7110	7118	7126	7135	7143	7152
52	7160	7168	7177	7185	7193	7202	7210	7218	7226	7235
53	7243	7251	7259	7267	7275	7284	7292	7300	7308	7316
54	7324	7332	7340	7348	7356	7364	7372	7380	7388	7396
55	7404	7412	7419	7427	7435	7443	7451	7459	7466	7474
56	7482	7490	7497	7505	7513	7520	7528	7536	7543	7551
57	7559	7566	7574	7582	7589	7597	7604	7612	7619	7627
58	7634	7642	7649	7657	7664	7672	7679	7686	7694	7701
59	7709	7716	7723	7731	7738	7745	7752	7760	7767	7774
60	7782	7789	7796	7803	7810	7818	7825	7832	7839	7846
61	7853	7860	7868	7875	7882	7889	7896	7903	7910	7917
62	7924	7931	7938	7945	7952	7959	7966	7973	7980	7987
63	7993	8000	8007	8014	8021	8028	8035	8041	8048	8055
64	8062	8069	8075	8082	8089	8096	8102	8109	8116	8122
65	8129	8136	8142	8149	8156	8162	8169	8176	8182	8189
66	8195	8202	8209	8215	8222	8228	8235	8241	8248	8254
67	8261	8267	8274	8280	8287	8293	8299	8306	8312	8319
68	8325	8331	8338	8344	8351	8357	8363	8370	8376	8382
69	8388	8395	8401	8407	8414	8420	8426	8432	8439	8445
70	8451	8457	8463	8470	8476	8482	8488	8494	8500	8506
71	8513	8519	8525	8531	8537	8543	8549	8555	8561	8567
72	8573	8579	8585	8591	8597	8603	8609	8615	8621	8627
73	8633	8639	8645	8651	8657	8663	8669	8675	8681	8686
74	8692	8698	8704	8710	8716	8722	8727	8733	8739	8745
75	8751	8756	8762	8768	8774	8779	8785	8791	8797	8802
76	8808	8814	8820	8825	8831	8837	8842	8848	8854	8859
77	8865	8871	8876	8882	8887	8893	8899	8904	8910	8915
78	8921	8927	8932	8938	8943	8949	8954	8960	8965	8971
79	8976	8982	8987	8993	8998	9004	9009	9015	9020	9025
80	9031	9036	9042	9047	9053	9058	9063	9069	9074	9079
81	9085	9090	9096	9101	9106	9112	9117	9122	9128	9133
82	9138	9143	9149	9154	9159	9165	9170	9175	9180	9186
83	9191	9196	9201	9206	9212	9217	9222	9227	9232	9238
84	9243	9248	9253	9258	9263	9269	9274	9279	9284	9289
85	9294	9299	9304	9309	9315	9320	9325	9330	9335	9340
86	9345	9350	9355	9360	9365	9370	9375	9380	9385	9390
87	9395	9400	9405	9410	9415	9420	9425	9430	9435	9440
88	9445	9450	9455	9460	9465	9469	9474	9479	9484	9489
89	9494	9499	9504	9509	9513	9518	9523	9528	9533	9538
90	9542	9547	9552	9557	9562	9566	9571	9576	9581	9586
91	9590	9595	9600	9605	9609	9614	9619	9624	9628	9633
92	9638	9643	9647	9652	9657	9661	9666	9671	9675	9680
93	9685	9689	9694	9699	9703	9708	9713	9717	9722	9727
94	9731	9736	9741	9745	9750	9754	9759	9763	9768	9773
95	9777	9782	9786	9791	9795	9800	9805	9809	9814	9818
96	9823	9827	9832	9836	9841	9845	9850	9854	9859	9863
97	9868	9872	9877	9881	9886	9890	9894	9899	9903	9908
98	9912	9917	9921	9926	9930	9934	9939	9943	9948	9952
99	9956	9961	9965	9969	9974	9978	9983	9987	9991	9996
N	0	1	2	3	4	5	6	7	8	9

附表 2　指數函數表

x	e^g	e^{-g}	x	e^g	e^{-g}	x	e^g	e^{-g}	x	e^g	e^{-g}
.00	1.0000	1.00000	.40	1.4918	.67032	.80	2.2255	.44933	3.00	20.086	.04979
.01	1.0101	.99005	.41	1.5068	.66365	.81	2.2479	.44486	3.10	22.198	.04505
.02	1.0202	.98020	.42	1.5220	.65705	.82	2.2705	.44043	3.20	24.533	.04076
.03	1.0305	.97045	.43	1.5373	.65051	.83	2.2933	.43605	3.30	27.113	.03688
.04	1.0408	.96079	.44	1.5527	.64404	.84	2.3164	.43171	3.40	29.964	.03337
.05	1.0513	.95123	.45	1.5683	.63763	.85	2.3396	.42741	3.50	33.115	.03020
.06	1.0618	.94176	.46	1.5841	.63128	.86	2.3632	.42316	3.60	36.598	.02732
.07	1.0725	.93239	.47	1.6000	.62500	.87	2.3869	.41895	3.70	40.447	.02472
.08	1.0833	.92312	.48	1.6161	.61878	.88	2.4109	.41478	3.80	44.701	.02237
.09	1.0942	.91393	.49	1.6323	.61263	.89	2.4351	.41066	3.90	49.402	.02024
.10	1.1052	.90484	.50	1.6487	.60653	.90	2.4596	.40657	4.00	54.598	.01832
.11	1.1163	.89583	.51	1.6653	.60050	.91	2.4843	.40252	4.10	60.340	.01657
.12	1.1275	.88692	.52	1.6820	.59452	.92	2.5093	.39852	4.20	66.686	.01500
.13	1.1388	.87809	.53	1.6989	.58860	.93	2.5345	.39455	4.30	73.700	.01357
.14	1.1503	.86936	.54	1.7160	.58275	.94	2.5600	.39063	4.40	81.451	.01227
.15	1.1618	.86071	.55	1.7333	.57695	.95	2.5857	.38674	4.50	90.017	.01111
.16	1.1735	.85214	.56	1.7507	.57121	.96	2.6117	.38289	4.60	99.484	.01005
.17	1.1853	.84366	.57	1.7683	.56553	.97	2.6379	.37908	4.70	109.95	.00910
.18	1.1972	.83527	.58	1.7860	.55990	.98	2.6645	.37531	4.80	121.51	.00823
.19	1.2092	.82696	.59	1.8040	.55433	.99	2.6912	.37158	4.90	134.29	.00745
.20	1.2214	.81873	.60	1.8221	.54881	1.00	2.7183	.36788	5.00	148.41	.00674
.21	1.2337	.81058	.61	1.8404	.54335	1.10	3.0042	.33287	5.10	164.02	.00610
.22	1.2461	.80252	.62	1.8589	.53794	1.20	3.3201	.30119	5.20	181.27	.00552
.23	1.2586	.79453	.63	1.8776	.53259	1.30	3.6693	.27253	5.30	200.34	.00499
.24	1.2712	.78663	.64	1.8965	.52729	1.40	4.0552	.24660	5.40	221.41	.00452
.25	1.2840	.77880	.65	1.9155	.52205	1.50	4.4817	.22313	5.50	244.69	.00409
.26	1.2969	.77105	.66	1.9348	.51685	1.60	4.9530	.20190	5.60	270.43	.00370
.27	1.3100	.76338	.67	1.9542	.51171	1.70	5.4739	.18268	5.70	298.87	.00335
.28	1.3231	.75578	.68	1.9739	.50662	1.80	6.0496	.16530	5.80	330.30	.00303
.29	1.3364	.74826	.69	1.9937	.50158	1.90	6.6859	.14957	5.90	365.04	.00274
.30	1.3499	.74082	.70	2.0138	.49659	2.00	7.3891	.13534	6.00	403.43	.00248
.31	1.3634	.73345	.71	2.0340	.49164	2.10	8.1662	.12246	6.25	518.01	.00193
.32	1.3771	.72615	.72	2.0544	.48675	2.20	9.0250	.11080	6.50	665.14	.00150
.33	1.3910	.71892	.73	2.0751	.48191	2.30	9.9742	.10026	6.75	854.06	.00117
.34	1.4049	.71177	.74	2.0959	.47711	2.40	11.023	.09072	7.00	1096.6	.00091
.35	1.4191	.70469	.75	2.1170	.47237	2.50	12.182	.08208	7.50	1808.0	.00055
.36	1.4333	.69768	.76	2.1383	.46767	2.60	13.464	.07427	8.00	2981.0	.00034
.37	1.4477	.69073	.77	2.1598	.46301	2.70	14.880	.06721	8.50	4914.8	.00020
.38	1.4623	.68386	.78	2.1815	.45841	2.80	16.445	.06081	9.00	8103.1	.00012
.39	1.4770	.67706	.79	2.2034	.45384	2.90	18.174	.05502	9.50	13360	.00007

附表 3　自然對數表

n	$\ln n$	n	$\ln n$	n	$\ln n$
0.0	—	4.5	1.5041	9.0	2.1972
0.1	−2.3026	4.6	1.5261	9.1	2.2083
0.2	−1.6094	4.7	1.5476	9.2	2.2192
0.3	−1.2040	4.8	1.5686	9.3	2.2300
0.4	−0.9163	4.9	1.5892	9.4	2.2407
0.5	−0.6931	5.0	1.6094	9.5	2.2513
0.6	−0.5108	5.1	1.6292	9.6	2.2618
0.7	−0.3567	5.2	1.6487	9.7	2.2721
0.8	−0.2231	5.3	1.6677	9.8	2.2824
0.9	−0.1054	5.4	1.6864	9.9	2.2925
1.0	0.0000	5.5	1.7047	10	2.3026
1.1	0.0953	5.6	1.7228	11	2.3979
1.2	0.1823	5.7	1.7405	12	2.4849
1.3	0.2624	5.8	1.7579	13	2.5649
1.4	0.3365	5.9	1.7750	14	2.6391
1.5	0.4055	6.0	1.7918	15	2.7081
1.6	0.4700	6.1	1.8083	16	2.7726
1.7	0.5306	6.2	1.8245	17	2.8332
1.8	0.5878	6.3	1.8405	18	2.8904
1.9	0.6419	6.4	1.8563	19	2.9444
2.0	0.6931	6.5	1.8718	20	2.9957
2.1	0.7419	6.6	1.8871	25	3.2189
2.2	0.7885	6.7	1.9021	30	3.4012
2.3	0.8329	6.8	1.9169	35	3.5553
2.4	0.8755	6.9	1.9315	40	3.6889
2.5	0.9163	7.0	1.9459	45	3.8067
2.6	0.9555	7.1	1.9601	50	3.9120
2.7	0.9933	7.2	1.9741	55	4.0073
2.8	1.0296	7.3	1.9879	60	4.0943
2.9	1.0647	7.4	2.0015	65	4.1744
3.0	1.0986	7.5	2.0149	70	4.2485
3.1	1.1314	7.6	2.0281	75	4.3175
3.2	1.1632	7.7	2.0412	80	4.3820
3.3	1.1939	7.8	2.0541	85	4.4427
3.4	1.2238	7.9	2.0669	90	4.4998
3.5	1.2528	8.0	2.0794	95	4.5539
3.6	1.2809	8.1	2.0919	100	4.6052
3.7	1.3083	8.2	2.1041	200	5.2983
3.8	1.3350	8.3	2.1163	300	5.7038
3.9	1.3610	8.4	2.1282	400	5.9915
4.0	1.3863	8.5	2.1401	500	6.2146
4.1	1.4110	8.6	2.1518	600	6.3069
4.2	1.4351	8.7	2.1633	700	6.5511
4.3	1.4586	8.8	2.1748	800	6.6846
4.4	1.4816	8.9	2.1861	900	6.8024

習題答案

習題 1-1

1. 充分　2. 必要　3. 充分　4. 必要　5. 充分　6. 充分
7. 必要　8. 必要　9. 充要　10. 必要　11. 必要　12. 充要
13. 充要　14. 必要　15. 不能確定　16. 充要　17. 充要

習題 1-2

1. $0 \in \mathbb{Z}$, $\dfrac{1}{2} \in \mathbb{Q}$, $\sqrt{2} \notin \mathbb{Q}$, $1 \in \mathbb{N}$, $\pi \notin \mathbb{Q}$

2. $B = \{2, 8\}$, $C = \{1, 3, 5, 9\}$, $D = \{5, 8, 9\}$

3. (1) $A = \{1, 2, 3, 4, 5, 6, 7, 8, 9\}$　　(2) $S = \{n, u, m, b, e, r\}$
   (3) $B = \{-1, 0, 1, 2\}$　　(4) $C = \{3, 6, 9, 12, 15, 18, 21, 24\}$

4. (1) $X = \{3p \mid p = 1, 2, 3\}$　　(2) $A = \{x \mid x = 10^n,\ n\ 為自然數\}$
   (3) $A = \{x \mid x\ 為整數, 且\ x\ 能被\ 2\ 整除\}$　　(4) $Y = \{x \mid |x| < 7,\ x\ 為整數\}$

5. (1) 偽　(2) 真　(3) 偽　(4) 偽　(5) 偽　(6) 偽

6. $A \cup B = \{x \mid x\ 為實數, 0 \leq x \leq 3\}$, $A \cap B = \{x \mid x\ 為實數, 1 \leq x \leq 2\}$

7. $A \cup B = \{x \mid x\ 為實數, 0 < x < 2, x \neq 1\}$, $A \cap B = \phi$

8. $A \cap B = \left\{\left(\dfrac{25}{19},\ -\dfrac{29}{19}\right)\right\}$

9. $A-B=\{1, 2\}$, $B-A=\{5, 6\}$, $A'=\{5, 6\}$, $B'=\{1, 2\}$
   $A'\cap B'=\phi$, $A'\cup B'=\{1, 2, 5, 6\}$

10. (1) $A\cup B=\{1, 2, 3, 4, 6, 8\}$
    (2) $(A\cup B)\cup C=\{1, 2, 3, 4, 5, 6, 8\}$
    (3) $A\cup(B\cup C)=\{1, 2, 3, 4, 5, 6, 8\}$

11. (1) $(A\cap B)\cap C=\{2, 4\}\cap\{3, 4, 5, 6\}=\{4\}$
    (2) $A\cap(B\cap C)=\{1, 2, 3, 4\}\cap\{4, 6\}=\{4\}$

12. (1) $A'\cap B=\{c, e\}\cap\{b, d, e\}=\{e\}$
    (2) $A\cup B'=\{a, b, d\}\cup\{a, c\}=\{a, b, c, d\}$
    (3) $A'\cap B'=\{c, e\}\cap\{a, c\}=\{c\}$
    (4) $B'-A'=\{a, c\}-\{c, e\}=\{a\}$
    (5) $(A\cap B)'=\{a, c, e\}$
    (6) $(A\cup B)'=\{c\}$

13. (1) $A\cap B=\phi$ (2) $A\cap C=\{(0, 0)\}$ (3) $B\cap C=\{(1, 2)\}$

14. $A\cup B=\{1, 2, 3, 4, 5\}$ 15. 略   16. (1)、(3)、(5)、(6) 為真

17. $A-B=\{x\mid |x|>2\}$, $B-A=\{x\mid -1\leq x\leq 1\}$

18. (1) $\{(a, 1), (a, 3), (b, 1), (b, 3)\}$
    (2) $\{(1, a), (1, b), (3, a), (3, b)\}$
    (3) 不相等，但 $n(A\times B)=n(B\times A)$

19. $(a, b)=(0, -6)$ 20. (1) $A\cup B=\{-1, -2, 4\}$ (2) $A-B=\{4\}$

習題 2-1

1. (1) 略 (2) 998,001   2. (1) 530,000 (2) 809,775   3. (1) 略 (2) 50,609

4. 略 5. 略 6. $(-1, 2), (1, -2), (7, 2), (-7, -2)$ 共4組 7. 35

8. (1) $1500=2^2\cdot 3\cdot 5^3$ (2) $3600=2^4\cdot 3^2\cdot 5^2$ (3) $3^{12}-7^6=2^5\cdot 67\cdot 193$
   (4) $333333=3^2\cdot 7\cdot 11\cdot 13\cdot 37$

9. (1) 質數 (2) 質數 (3) 質數 (4) 非質數 (5) 非質數 (6) 質數 (7) 非質數

10. $q=286$, $r=95$

11. (1) $(1596, 2527)=133$ (2) $(3431, 2397)=47$
    (3) $(12240, 6936, 16524)=204$ (4) $[4312, 1008]=77616$

(5) [108, 84, 78]＝9828

12. 略　　**13.** $a_1=4$, $a_2=0$ 或 $a_1=9$, $a_2=5$　　**14.** {1, 3, 5, 7, 9}

15. $m=1$ 或 5　　**16.** a 之值為 1 或 5　　**17.** $p=3$, 5, 9, 35

18. $x=-1$ 或 1，此質數為 5　　**19.** x 為偶數，y 為奇數

習題 2-2

1. (1) $\dfrac{23}{99}$　(2) $\dfrac{37}{999}$　(3) $\dfrac{229}{990}$　　**2.** $a=2$ 或 3　　**3.** $a=10$, $b=\dfrac{9}{2}$

4. $P<Q<T$　　**5.** $\left\{-\dfrac{1}{2}, \dfrac{1}{2}\right\}$　　**6.** $x=-\dfrac{5}{2}$ 或 -25

7. 3　　**8.** $\sqrt[10]{6}<\sqrt[6]{3}<\sqrt[15]{16}$

9. (1) 3^7　　(2) 0　　(3) $2\sqrt{2}-1$　　(4) $\sqrt{2}+2-\sqrt{6}$

　　(5) $2-\sqrt{2}$　　(6) $2-\sqrt{2}$　　(7) $4+\sqrt{6}$

10. (1) $x>\dfrac{5}{3}$ 或 $x<-\dfrac{1}{3}$　　(2) $-2\leq x\leq\dfrac{10}{3}$

11. 略　　**12.** 0.69　　**13.** $2-\sqrt{5}$　　**14.** $a=7$　　**15.** $a=-\dfrac{3}{4}$, $b=\dfrac{3}{2}$

16. $\dfrac{\sqrt{2}}{2}$　　**17.** $-7\leq x\leq 1$ 或 $3\leq x\leq 11$　　**18.** $\dfrac{mb+na}{m+n}$

19. $a=1$, $b=8$　　**20.** $a=4$, $b=6$　　**21.** 略

習題 2-3

1. $(3\sqrt{2}+\sqrt{3}+5\sqrt{7})i$　　**2.** $\left(\dfrac{1}{8}-\dfrac{4\sqrt{2}}{3}\right)i$　　**3.** $-2\sqrt{15}\,i$

4. $-\dfrac{5\sqrt{6}}{64}$　　**5.** $8-i$　　**6.** $-i$　　**7.** -1　　**8.** $4+2i$

9. $(4+\sqrt{6})+(2\sqrt{2}-2\sqrt{3})i$　　**10.** $\dfrac{17}{10}+\dfrac{1}{10}i$　　**11.** $\dfrac{1}{2}+\dfrac{1}{2}i$

12. $-119+120i$ **13.** $26-7i$ **14.** $-i$ **15.** $\dfrac{17}{5}$ **16.** $\dfrac{-1+\sqrt{3}\,i}{2}$

17. $(x,y)=\left(\dfrac{1}{\sqrt{2}},\dfrac{1}{\sqrt{2}}\right)$ 或 $\left(-\dfrac{1}{\sqrt{2}},-\dfrac{1}{\sqrt{2}}\right)$ **18.** $\dfrac{14}{13}+\dfrac{-31}{13}i$

19. $1+2i$ 或 $-1-2i$

習題 2-4

1. (1) $-\dfrac{3}{5}$ 或 2 (2) -1(重根)   (3) 5 或 -7 (4) $\dfrac{1}{4}$ 或 $\dfrac{2}{5}$ (5) $-\dfrac{4}{9}$ 或 1

2. (1) $x=-\dfrac{1}{2}\pm\dfrac{\sqrt{3}\,i}{2}$ (2) $x=5$ 或 $x=\dfrac{2}{3}$ (3) $x=\dfrac{1}{2}$ 或 $x=-\dfrac{2}{3}$

(4) $x=\dfrac{3\pm\sqrt{47}\,i}{4}$ (5) $x=\dfrac{1}{7}$ 或 $x=-\dfrac{2}{3}$ (6) $x=\dfrac{1\pm\sqrt{3}\,i}{4}$

3. (1) $x=-\dfrac{1}{2}$ 或 $x=\dfrac{1}{3}$ (2) $x=\dfrac{-3+\sqrt{41}}{4}$ 或 $x=\dfrac{-3-\sqrt{41}}{4}$

(3) $x=\dfrac{-1+\sqrt{3}\,i}{2}$ 或 $x=\dfrac{-1-\sqrt{3}\,i}{2}$

(4) $x=\dfrac{-5+\sqrt{59}\,i}{6}$ 或 $x=\dfrac{-5-\sqrt{59}\,i}{6}$

(5) $x=\dfrac{3}{2}$ 或 $x=-5$

4. $x=-i$ 或 $x=-1$

5. (1) 二根為相異實數   (2) 二根為共軛複數   (3) 二根為相異實數

6. $k=\pm 2\sqrt{6}$ **7.** $x=-1+\sqrt{5}$ 或 $x=1-\sqrt{3}$

8. (1) $k<\dfrac{9}{4}$，$k\neq 0$ 有相異二實根   (2) $k=\dfrac{9}{4}$ 有相等二實根

(3) $k > \dfrac{9}{4}$ 有二共軛虛根　　(4) $k \leq \dfrac{9}{4}$，$k \neq 0$ 有二實根

9. (1) -8　　(2) 6　　(3) 52　　(4) $-\dfrac{4}{3}$　　(5) $\dfrac{26}{3}$

10. (1) $x^2 + 5x - 24 = 0$　　(2) $6x^2 + x - 2 = 0$　　**11.** 11

12. (1) 原方程式有相異的實根，$k > -\dfrac{1}{24}$

　　(2) 原方程式有相等的實根，$k = -\dfrac{1}{24}$

　　(3) 原方程式有相異的虛根，$k < -\dfrac{1}{24}$

13. $k = 6$　　**14.** $z = -1 + 2i$ 或 $z = -3 + i$

15. $x = -1 - \sqrt{3}$ 或 $x = 3 + 3\sqrt{3}$

16. 略　　**17.** $p = 4$，$q = 3$　　**18.** $\dfrac{7}{3}$

19. 正確方程式為 $x^2 + 5x - 24 = 0$，二根為 3，-8　　**20.** 30 棵

習題 3-1

1. 第四象限　　**2.** 第二象限　　**3.** 第三象限　　**4.** 第一象限

5. 第三象限　　**6.** $\overline{OP_1} = \sqrt{10}$　　**7.** $\overline{OP_2} = \sqrt{34}$　　**8.** $\overline{OP_3} = 5$

9. $d = 2\sqrt{5}$　　**10.** $d = 2\sqrt{61}$　　**11.** 略　　**12.** $P\left(\dfrac{x_1 - rx_2}{1 - r}, \dfrac{y_1 - ry_2}{1 - r}\right)$

13. 等腰三角形　**14.** 10　**15.** $\left(\dfrac{1}{2}, \dfrac{5\sqrt{3}}{2}\right)$　　**16.** $y = 12$ 或 -12

17. (1) $\overline{AB}$ 的中點坐標為 (2, 5)，$\overline{BC}$ 的中點坐標為 (1, 1)，$\overline{AC}$ 的中點坐標為 (3, 2)

　　(2) $\overline{BQ} = \sqrt{13}$，$\overline{AP} = \sqrt{34}$，$\overline{CR} = 7$

18. $\left(\dfrac{13}{14},\ 0\right)$ 19. $\left(\dfrac{x_1+x_2+x_3}{3},\ \dfrac{y_1+y_2+y_3}{3}\right)$ 20. $(3,\ 0)$

習題 3-2

1. (1) $y=14$ (2) $x=-\dfrac{1}{3}$ 2. $k=\dfrac{9}{8}$ 3. $k=29$

4. $m_1=\dfrac{3}{7},\ m_2=\dfrac{5}{3},\ m_3=-\dfrac{1}{2}$ 5. (1) 是   (2) 否

6. $x=6,\ y=3$ 7. $k=2$ 8. $3x+2y-1=0$ 9. $x-4y-19=0$

10. $x-2y+5=0$ 11. (1) $x=1,\ y=-2$ (2) $x=\dfrac{1}{2},\ y=3$

12. 略   13. $\dfrac{49}{6}$ 14. 圖形過 I、IV、III 象限

15. $\dfrac{x}{-1}+\dfrac{y}{2}=1$ 或 $\dfrac{x}{-2}+\dfrac{y}{3}=1$

16. $\dfrac{x}{2}+\dfrac{y}{4}=1$ 或 $\dfrac{x}{-4}+\dfrac{y}{-2}=1$ 17. $\dfrac{6}{5}$

18. (1) $P(1,\ -1)$ (2) $x+y=0$ 19. $\dfrac{x}{3}+\dfrac{y}{-2}=1$ 或 $\dfrac{x}{-2}+\dfrac{y}{3}=1$

20. 若 $P\neq Q$,$\dfrac{x}{4}+\dfrac{y}{4}=1$ 或 $\dfrac{x}{-2}+\dfrac{y}{2}=1$；若 $P=Q$, $3x-y=0$

21. $\dfrac{2\sqrt{5}}{5}$

習題 4-1

1. (1) 不是函數   (2) 是函數，值域為 $\{15,\ 20,\ 25\}$ (3) 不是函數
   (4) 是函數，值域為 $\{10,\ 15,\ 20,\ 25\}$

2. (1) 與 (3) 為函數圖形，(2) 與 (4) 不為函數圖形

3. $f(1)=2,\ f(3)=\sqrt{2}+6,\ f(10)=23$ 4. $D_f=\{x\,|\,x\in \mathbb{R}\}$

5. $D_f=\{x\,|\,x\in \mathbb{R},\ x\geq 2$ 或 $x\leq -2\}$ 6. $D_f=\{x\,|\,x\in \mathbb{R}\}$

7. $D_f = \{x \mid x \in \mathbb{R} \text{ 且 } x \neq 0\}$　　8. $D_f = \{x \mid x \in \mathbb{R},\ 0 \leq x \leq 1\}$

9. $D_f = \left\{x \mid x > \dfrac{5}{3}\right\}$　　10. $D_f = \{x \mid x \neq 1,\ x > 2\}$

11. $f\left(\dfrac{1}{2}\right) = \dfrac{5}{2},\ f\left(\dfrac{3}{2}\right) = \dfrac{5}{2}$　　12. $f(x) = 5x - 7$　　13. $f(x) = 3x^2 + x + 1$

14. $f(-3) = 1,\ f(-2) = 2,\ f(0) = -2,\ f(3) = 16$

15. 略　　16. $a = \dfrac{3}{2},\ b = \dfrac{1}{2},\ c = 1$　　17. (1) $f(0) = 0$　(2) $f(11) = 0$

18. -7　　19. $g(4) = -43,\ g(0) = -8,\ g(-3) = 3$

習題 4-2

1. $(f+g)(x) = x^2 - 1 + \sqrt{2x-1},\ x \in \left[\dfrac{1}{2},\ \infty\right)$

   $(f-g)(x) = x^2 - 1 - \sqrt{2x-1},\ x \in \left[\dfrac{1}{2},\ \infty\right)$

   $(f \cdot g)(x) = (x^2 - 1)\sqrt{2x-1},\ x \in \left[\dfrac{1}{2},\ \infty\right)$

   $\left(\dfrac{f}{g}\right)(x) = \dfrac{x^2 - 1}{\sqrt{2x-1}},\ x \in \left(\dfrac{1}{2},\ \infty\right)$

2. $(f+g)(x) = \dfrac{x-3}{2} + \sqrt{x},\ \forall x \in [0,\ \infty)$

   $(f-g)(x) = \dfrac{x-3}{2} - \sqrt{x},\ \forall x \in [0,\ \infty)$

   $(f \cdot g)(x) = \dfrac{x-3}{2} \cdot \sqrt{x},\ \forall x \in [0,\ \infty)$

   $\left(\dfrac{f}{g}\right)(x) = \dfrac{x-3}{2\sqrt{x}},\ \forall x \in (0,\ \infty)$

3. (1) $\dfrac{28}{5}$　(2) 4　(3) $\dfrac{1}{9}$

4. $g \circ f \neq f \circ g$

5. $(f \circ g)(2)=1$，$(f \circ g)(4)=2$，$(g \circ f)(1)=3$，$(g \circ f)(3)=4$

6. (1) $(f \circ g)(x)=\sqrt{7x^2+5}$，$(g \circ f)(x)=\sqrt{7x^2+29}$

　　(2) $(f \circ g)(x)=\dfrac{18x^4+24x^2+11}{9x^4+12x^2+4}$，$(g \circ f)(x)=\dfrac{1}{27x^4+36x^2+14}$

7. 略　　8. $f(x)=\left(\dfrac{1}{x}\right)^{10}$，$g(x)=x+1$

9. $f(x)=\sqrt{x}$，$g(x)=\sqrt{x^2+2}$　　10. $f(x)=\sqrt{x}$，$g(x)=x^2+x-1$

11. $g(g(x))=x$　　12. $f(x)=\dfrac{x-1}{x+1}$　　13. $\dfrac{5}{7}$

14. $(f+g)(x)=\begin{cases} 1-x, & x \leq 1 \\ 2x-2, & x \geq 2 \end{cases}$，$D_{f+g}=\{x \mid x \leq 1 \text{ 或 } x \geq 2\}$

15. $(f-g)(x)=\begin{cases} 1-x, & x \leq 1 \\ 2x, & x \geq 2 \end{cases}$，$D_{f-g}=\{x \mid x \leq 1 \text{ 或 } x \geq 2\}$

16. $(f \cdot g)(x)=\begin{cases} 0, & x \leq 1 \\ -2x+1, & x \geq 2 \end{cases}$，$D_{f \cdot g}=\{x \mid x \leq 1 \text{ 或 } x \geq 2\}$

17. (1) $f(0.2)=0$　(2) $f(2.5)=2$　(3) $f(3)=3$　　18. 略

習題 4-3

1. 偶函數　　2. 奇函數　　3. 奇函數　　4. 偶函數　　5. 奇函數
6. 偶函數　　7. 偶函數　　8. 略　　9. 略　　10. 略　　11. 略
12. 略　　13. 略　　14. 略　　15. 略　　16. 略　　17. 略　　18. 略
19. 略　　20. 略

習題 4-4

1. (1) f 不是一對一函數　(2) f 是一對一函數

2. f 為可逆函數.　　**3.** f 非可逆函數.

4. f 為可逆函數.　　**5.** f 為可逆函數.

6. f 為可逆函數.　　**7.** f 為可逆函數.

8. f 為可逆函數　**9.** $y=f^{-1}(x)=x-5$　**10.** $y=f^{-1}(x)=2x+3$

11. $y=f^{-1}(x)=x^{1/3}$　**12.** $y=f^{-1}(x)=\sqrt{6-x}$ $(0 \leq x \leq 6)$

13. $y=f^{-1}(x)=\sqrt[3]{\dfrac{x+5}{2}}$　**14.** $y=f^{-1}(x)=(x-2)^3$

15. $y=f^{-1}(x)=\dfrac{\sqrt{1-x^2}}{2}$ $(0 \leq x \leq 1)$

16. (1) $f(x)$ 無反函數，因為 f 非一對一函數.
　　(2) 若限制 $x \geq 0$，則 $f(x)$ 為一對一函數，故具有反函數.　(3) 略

17. 略　　**18.** 略

19. $f \circ g$ 之反函數為 $y=f^{-1}(x)=\dfrac{x+8}{6}$，$g \circ f$ 之反函數為 $y=f^{-1}(x)=\dfrac{x+1}{6}$

習題 5-1

1. 250　**2.** $\dfrac{8}{9}$　**3.** 0.09　**4.** $\dfrac{3}{2a}$　**5.** b　**6.** $a^{4/3}-4a^{2/3}+3-6a^{-1/3}$

7. 2　**8.** $\pi^{-2\sqrt{3}}$　**9.** $\dfrac{a^{1/2}}{b^3}$　**10.** ab^3　**11.** $\dfrac{109}{4}$　**12.** 52

13. a^4　**14.** a^{-2}　**15.** 5　**16.** $a^{-6}-b^{-6}$　**17.** 1

18. 0　**19.** a^3+a^{-3}　**20.** $\sqrt{a}-\sqrt{b}$

21. (1) $3a^{-1}b^{3/2}$　(2) $x^{2/3}y^{1/3}$　(3) a^7　**22.** $\dfrac{1}{24}$　**23.** $\dfrac{21}{5}$

24. (1) 4.8×10^4　(2) 1×10^9　(3) 5×10^2　(4) 2.396×10^9

習題 5-2

1. (1) $\sqrt{5}$ (2) $\dfrac{\sqrt{5}}{5}$ (3) $5\sqrt{5}$ (4) $\dfrac{\sqrt{5}}{25}$ **2.** $x=0$ 或 $x=2$ **3.** $x=-1$

4. $x=3$ **5.** $x=-1$ 或 $x=2$ **6.** $x=2$ **7.** $x=-2$ **8.** $x=0$

9. $x=2$ 或 $x=1$ **10.** $x=3$ **11.** (1) $x \leq \dfrac{2}{3}$ (2) $x>6$ (3) $-1<x<1$

12. $f(g(2))=512$，$g(f(2))=81$ **13.** 略   **14.** (1) $\sqrt{5}$ (2) 7 (3) 18

15. (1) $\sqrt[4]{25}<\sqrt{6}<\sqrt[3]{15}$ (2) $a<b$ **16.** 略   **17.** $x=\dfrac{6}{5}$

18. $x=-\dfrac{1}{3}$ 或 $x=2$ **19.** $x=\dfrac{1}{2}$ 或 $x=-\dfrac{3}{2}$

習題 5-3

1. 6 **2.** 8 **3.** $\dfrac{1}{5}$ **4.** $x=\dfrac{1}{81}$ **5.** $x=12$ **6.** $x=2\sqrt{2}$ **7.** $x=\dfrac{5}{2}$

8. $x \doteqdot 7.154$ **9.** $x=\log_2 \dfrac{6}{11}$ **10.** $x=\dfrac{1}{125}$ **11.** $x=\dfrac{1}{25}$

12. $x=\dfrac{34}{9}$ **13.** $x=\dfrac{1}{512}$

14. $\log_{10} 40=1.6020$，$\log_{10} \sqrt{5}=0.3495$，$\log_2 \sqrt{5}=1.1611$

15. 1 **16.** 2 **17.** 3 **18.** 2 **19.** $\dfrac{1}{2}$

20. (1) $\log_{10} \dfrac{128}{5} > \log_{10} 20 > \log_{10} \dfrac{25}{4} > \log_{10} \dfrac{1}{4}$ (2) $6^{\sqrt{8}} < 8^{\sqrt{6}}$

21. 略   **22.** $x=7$ **23.** $x=\sqrt{2}$ 或 $x=\dfrac{1}{8}$

24. $x=-3$ 或 $x=2$ **25.** $x=10^{-2}$ 或 $x=10^3$ **26.** 略

習題 5-4

1. (1) 首數為 4，尾數為 log 5.16≒0.7126.
   (2) 首數為 −3，尾數為 log 4.57≒0.6599.
   (3) 首數為 1，尾數為 log 4.31≒0.6345.
2. (1) 首數為 0，尾數為 0.5740.
   (2) 首數為 4，尾數為 0.5740.
   (3) 首數為 −5，尾數為 0.5740.
3. (1) 首數為 −3，尾數為 0.4286.
   (2) 首數為 −6，尾數為 0.4286.
   (3) 首數為 5，尾數為 0.5714.
4. (1) $x=3.036$ (2) $x=71.56$ (3) $x=0.2197$ 5. 16 位數
6. (1) 11 位數 (2) $n=14$
7. x 為 101 位數 8. $m=47$，a 之整數部分為 5 9. $x=0.00555$
10. 最小自然數 n 為 228 11. 第 21 位 12. $V=2.806$ 立方公尺
13. $n=7$ 14. 44.70 15. 22518.75 16. 2.0591
17. 2.9842 18. −0.84437 19. 1539.7

習題 5-5

1. $f(1)=0$, $f(2)=0.6309$, $f(3)=1$, $f\left(\dfrac{1}{2}\right)=-0.6309$, $f\left(\dfrac{1}{3}\right)=-1$ 2. 略
3. $f(g(x))=x$, $g(f(x))=x$ 4. 略   5. 略   6. 略   7. 略   8. 略
9. 略   10. 略   11. 略   12. $f^{-1}(x)=\log_a x\ (x>0)$
13. $D_f=\{x\,|\,x<1\}$ 14. $D_f=\{x\,|-2<x<2\}$ 15. $D_f=\{x\,|\,x>1\}$
16. $f(x)$ 之定義域為 $\{x\,|\,x>10^{10}\}$
17. 反函數為 $y=f^{-1}(x)=\dfrac{1}{2}[\log_3(x-1)-1]$, $x>1$
18. 反函數為 $y=f^{-1}(x)=\log(\log_2 x)$ $(x>0)$
19. 反函數為 $y=f^{-1}(x)=e^{\sqrt{y}}$ $(x\geq 0)$ 20. $f(g(x))=x$, $g(f(x))=x$
21. 反函數為 $y=f^{-1}(x)=\log_2\dfrac{x+1}{x-1}$ $(x>1$ 或 $x<-1)$

習題 6-1

1. $\sin\theta=\dfrac{\sqrt{3}}{2}$，$\tan\theta=\sqrt{3}$，$\cot\theta=\dfrac{\sqrt{3}}{3}$，$\sec\theta=2$，$\csc\theta=\dfrac{2\sqrt{3}}{3}$

2. $\sin\theta=\dfrac{2\sqrt{3}}{3}$，$\cos\theta=\dfrac{1}{3}$，$\cot\theta=\dfrac{1}{2\sqrt{2}}$，$\sec\theta=3$，$\csc\theta=\dfrac{3}{2\sqrt{2}}$

3. 略　　**4.** (1) $\dfrac{3}{8}$　(2) $\dfrac{\sqrt{7}}{2}$　(3) $\dfrac{8}{3}$　　**5.** (1) $\dfrac{1}{3}$　(2) $\dfrac{\sqrt{15}}{3}$

6. $\sin\theta=\dfrac{\tan\theta}{\sqrt{1+\tan^2\theta}}$，$\cos\theta=\dfrac{1}{\sqrt{1+\tan^2\theta}}$

7. (1) 2　(2) 4　(3) 1　　**8.** 略　**9.** 略　**10.** 略　**11.** 略　**12.** 略　**13.** 略

14. 略　　**15.** 0　　**16.** $\dfrac{1}{4}$

習題 6-2

1. (1) 第二象限　(2) 第三象限

2. 最大負角為 $-304°$，且為第一象限角　　**3.** $\phi=-1045°$

4. (1) 最小正同界角為 $315°$，最大負同界角為 $-45°$
　　(2) 最小正同界角為 $280°$，最大負同界角為 $-80°$
　　(3) 最小正同界角為 $327°$，最大負同界角為 $-33°$
　　(4) 最小正同界角為 $92°$，最大負同界角為 $-268°$

5. (1) $\sin\theta=\dfrac{4}{5}$，$\cos\theta=\dfrac{3}{5}$，$\tan\theta=\dfrac{4}{3}$，$\cot\theta=\dfrac{3}{4}$，$\sec\theta=\dfrac{5}{3}$，$\csc\theta=\dfrac{5}{4}$

　　(2) $\sin\theta=-\dfrac{1}{\sqrt{17}}$，$\cos\theta=-\dfrac{4}{\sqrt{17}}$，$\tan\theta=\dfrac{1}{4}$，$\cot\theta=4$，

　　　　$\sec\theta=-\dfrac{\sqrt{17}}{4}$，$\csc\theta=-\sqrt{17}$

(3) $\sin\theta = \dfrac{2}{\sqrt{5}}$, $\cos\theta = -\dfrac{1}{\sqrt{5}}$, $\tan\theta = -2$, $\cot\theta = -\dfrac{1}{2}$,

$\sec\theta = -\sqrt{5}$, $\csc\theta = \dfrac{\sqrt{5}}{2}$

6. $\sin\theta = \dfrac{\sqrt{10}}{10}$, $\cos\theta = -\dfrac{3}{10}\sqrt{10}$, $\cot\theta = 3$, $\sec\theta = -\dfrac{\sqrt{10}}{3}$, $\csc\theta = -\sqrt{10}$

7. $\sin\theta = -\dfrac{5}{13}$, $\tan\theta = -\dfrac{5}{12}$, $\cot\theta = -\dfrac{12}{5}$, $\sec\theta = \dfrac{13}{12}$, $\csc\theta = -\dfrac{13}{5}$

8. $\sin\theta = \dfrac{7}{25}$, $\cos\theta = \dfrac{24}{25}$ 或 $\sin\theta = -\dfrac{7}{25}$, $\cos\theta = -\dfrac{24}{25}$

9. $\sin\theta = \dfrac{1}{2}$, $\cos\theta = -\dfrac{\sqrt{3}}{2}$, $\cot\theta = -\sqrt{3}$, $\sec\theta = -\dfrac{2}{\sqrt{3}}$, $\csc\theta = 2$ 或

$\sin\theta = -\dfrac{1}{2}$, $\cos\theta = \dfrac{\sqrt{3}}{2}$, $\cot\theta = -\sqrt{3}$, $\sec\theta = \dfrac{2}{\sqrt{3}}$, $\csc\theta = -2$

10. $\dfrac{10}{13-2\sqrt{13}}$ 11. $-\dfrac{3\sqrt{40}}{31}$

12. (1) $\dfrac{\sqrt{3}}{2}$ (2) $-\dfrac{1}{2}$ (3) $-\dfrac{1}{\sqrt{3}}$ (4) $-\dfrac{1}{2}$ (5) 1 (6) $-\dfrac{\sqrt{3}}{2}$

(7) $-\sqrt{3}$ (8) $\dfrac{1}{\sqrt{2}}$ (9) $-\dfrac{\sqrt{3}}{2}$ (10) $-\sqrt{3}$

13. $-\dfrac{1+4\sqrt{3}}{4}$ 14. 略 15. 略 16. $\dfrac{\sqrt{1-t^2}}{t}$ 17. $\sin\theta$

習題 6-3

1. (1) $\dfrac{\pi}{12}$ (2) $\dfrac{4}{5}\pi$ (3) 3π (4) 0.2519π

2. (1) 126°　(2) 315°　(3) 33°45′　(4) 75°　(5) 171°53′15″

3. 最小正同界角為 $\dfrac{2\pi}{3}$，最大負同界角為 $-\dfrac{4\pi}{3}$

4. $\dfrac{3\sqrt{3}}{2}$　5. $\dfrac{\sqrt{2}}{4}$　6. 12.57　7. 42.7π (平方公分)

8. $\theta \fallingdotseq 36°40′$，$A = 200$ 平方公分　9. $s = 15.7$ 公分，$A = 117.81$ 平方公分

10. 60π 公尺　11. $-\dfrac{2\sqrt{3}}{3}$　12. 1　13. $-\dfrac{3}{2}$　14. 0　15. 1

習題 6-4

1. 4π　2. $\dfrac{\pi}{2}$　3. π　4. $\dfrac{\pi}{3}$　5. $\dfrac{\pi}{2}$　6. π　7. $\dfrac{2\pi}{3}$

8. π　9. $\dfrac{\pi}{2}$　10. π　11. $\dfrac{2\pi}{5}$　12. $\dfrac{\pi}{4}$　13. 6π　14. π

15. 略　16. 略　17. 略　18. 略　19. 略　20. 略

習題 6-5

1. 13 : 11 : (−7)　2. 3　3. $\sqrt{6}$: $\sqrt{3}$: $\sqrt{2}$　4. $25\sqrt{3}$　5. $\sqrt{3}$

6. 12 : 9 : 2　7. 1　8. 3 : 2 : 4　9. $\overline{BC} = \sqrt{2}$，$\angle C = \dfrac{\pi}{4}$

10. (1) 直角三角形　(2) 正三角形

習題 6-6

1. (1) $2 + \sqrt{3}$　(2) $2 - \sqrt{3}$　2. $\dfrac{\sqrt{2}}{2}$　3. $\dfrac{56}{65}$　4. 1, $\dfrac{\pi}{4}$　5. 2

6. 1　7. 4　8. $\tan\alpha = \sqrt{2}$，$\sin\alpha = \dfrac{\sqrt{6}}{3}$　9. $\dfrac{\pi}{4}$　10. 略

11. 1   12. −1   13. $2-\sqrt{3}$ 14. $-\dfrac{33}{65}$ 15. $\sqrt{3}$

16. 略   17. 略

習題 6-7

1. $\pm\sqrt{\dfrac{5}{3}}$ 2. $-\dfrac{24}{25},\ \dfrac{\sqrt{10}}{10}$ 3. $-\dfrac{1}{2}\sqrt{2-\sqrt{3}}$

4. $\dfrac{4\sqrt{5}}{9},\ \dfrac{7\sqrt{5}}{27}$ 5. $\dfrac{3}{5},\ -\dfrac{4}{5},\ -\dfrac{3}{4}$ 6. $-\dfrac{3\sqrt{3}+4\sqrt{2}}{5}$

7. $\dfrac{\sqrt{5}+1}{4},\ \dfrac{1}{4}\sqrt{10-2\sqrt{5}}$ 8. $-\dfrac{4}{5},\ \dfrac{3}{5}$

9. $-\dfrac{7}{25}$ 10. $\dfrac{1}{2}$ 11. $-\dfrac{3}{\sqrt{10}}$ 12. $\dfrac{1}{64}$

13. (1) $-\dfrac{24}{25}$ (2) $\dfrac{7}{25}$ (3) $-\dfrac{24}{7}$ 14. $k=1$ 15. 略

16. 略   17. $\dfrac{1}{16}$

習題 7-1

1. $\dfrac{\pi}{6}$ 2. $\dfrac{\pi}{3}$ 3. $\dfrac{5\pi}{6}$ 4. $-\dfrac{1}{2}$ 5. -1 6. $\dfrac{3\pi}{7}$ 7. $\dfrac{2\pi}{3}$

8. $\sqrt{1-x^2}$ 9. $\dfrac{\pi}{7}$ 10. $\dfrac{2\pi}{7}$ 11. $\dfrac{2\pi}{7}$ 12. $\dfrac{24}{25}$

13. $\dfrac{2(1+\sqrt{10})}{9}$ 14. $\sqrt{1-x^2},\ |x|\leq 1$ 15. $\dfrac{\sqrt{1-x^2}}{x},\ |x|\leq 1,\ x\neq 0$

16. $D_f=\left[-\dfrac{1}{3},\ \dfrac{1}{3}\right],\ R_f=\left[-\dfrac{\pi}{2},\ \dfrac{\pi}{2}\right]$ 17. $D_f=[0,\ 2],\ R_f=\left[-\dfrac{\pi}{6},\ \dfrac{\pi}{6}\right]$

18. $D_f=[1, 3]$, $R_f=\left[-\dfrac{3\pi}{10}, \dfrac{3\pi}{10}\right]$ 19. $D_f=[-2, 2]$, $R_f=[0, \pi]$

20. $D_f=\left[-\dfrac{1}{2}, \dfrac{3}{2}\right]$, $R_f=[0, \pi]$

21. $\cos\theta=\dfrac{1}{2}$, $\tan\theta=-\sqrt{3}$, $\csc\theta=-\dfrac{2}{\sqrt{3}}$

習題 7-2

1. 0 2. $-\dfrac{\pi}{3}$ 3. $-\dfrac{\pi}{4}$ 4. $\dfrac{5\pi}{6}$ 5. $\dfrac{\pi}{3}$ 6. $-\dfrac{1}{2}$ 7. 10 8. $\dfrac{\pi}{4}$

9. $-\dfrac{\pi}{3}$ 10. 2000π 11. 無意義   12. -3 13. $\dfrac{\pi}{6}$ 14. $-\dfrac{16}{63}$

15. $\sin\theta=\dfrac{4}{5}$, $\cos\theta=\dfrac{3}{5}$, $\cot\theta=\dfrac{3}{4}$

16. $\dfrac{x}{\sqrt{1+x^2}}$ 17. $\dfrac{1}{x}$ 18. $\dfrac{x}{\sqrt{1-x^2}}$, $|x|<1$

19. (1) $D_f=[0, \infty)$, $R_f=\left[0, \dfrac{\pi}{2}\right)$ (2) $D_f=[-\infty, \infty)$, $R_f=(0, \sqrt{\pi})$ 20. $\sqrt{\dfrac{5}{6}}$

習題 7-3

1. 無意義   2. $\dfrac{\pi}{3}$ 3. $\dfrac{5\pi}{6}$ 4. $-\dfrac{\pi}{3}$ 5. $-\dfrac{\pi}{2}$

6. $\dfrac{3\pi}{4}$ 7. $-\dfrac{\pi}{3}$ 8. $\dfrac{\sqrt{x^2-1}}{x}$, $x\geq 1$ 9. $\dfrac{1}{2}$

習題 8-1

1. $x^3>x^2-x+1$ 2. $(x+5)(x+7)<(x+6)^2$
3. $(2a+1)(a-3)<(a-6)(2a+7)+45$ 4. 略   5. 略   6. 略   7. 略
8. 略   9. 略   10. 略   11. 略   12. 略   13. $\sqrt{6}$

14. $2\sqrt{6}$ 15. 10   16. 略   17. 略   18. 略   19. 略   20. 略

習題 8-2

1. $x > \dfrac{16}{5}$ 2. $x > -\dfrac{15}{7}$ 3. $x < -\dfrac{30}{13}$ 4. $x < -3$ 或 $x > 2$

5. $x \geq -\dfrac{95}{6}$ 6. $x > \dfrac{70}{9}$ 7. $-4 \leq x \leq -1$ 或 $3 \leq x \leq 6$

8. $3 \leq x \leq 9$ 或 $-7 \leq x \leq -1$

9. $x < -2$ 或 $0 < x < 4$ 或 $x > 6$

10. $x = 7$ 或 -8 11. $x \leq \dfrac{3}{11}$ 或 $x \geq \dfrac{5}{3}$ 12. 無解

13. $1 < x < 3$ 14. $-\dfrac{8}{15} < x \leq 2$ 15. $x > 5$ 16. $-\dfrac{5}{2} < x < 1$

習題 8-3

1. $\{x \mid x \in \mathbb{R}\}$ 2. 無解   3. $\left\{ x \mid -\dfrac{1}{8} \leq x \leq \dfrac{3}{2} \right\}$

4. $\{x \mid x \in \mathbb{R},\ x \neq -2\}$ 5. 無解   6. $x = \dfrac{2}{3}$ 7. $\{x \mid x \in \mathbb{R}\}$

8. $\left\{ x \mid x \in \mathbb{R},\ x \neq \dfrac{\sqrt{3}}{3} \right\}$ 9. $x < -1$ 或 $x > 4$

10. $-4 \leq x \leq -2$ 或 $0 \leq x \leq 2$ 11. $-4 < x < -1$ 或 $1 < x < 4$

12. $x \leq -3$ 或 $x = -1$ 或 $x \geq 3$ 13. $x < -1$ 或 $-1 < x < 1$ 或 $x > 3$

14. $1 < x < 3$ 15. $2 < x < \dfrac{3 + \sqrt{17}}{2}$ 16. $3 < x < 11$

17. 最大值為 $3 + \sqrt{5}$，最小值為 $3 - \sqrt{5}$

18. $\{y \mid 0 \leq y \leq 1\}$ 19. $0 \leq x \leq 4.26$ 20. $-3 \leq a \leq 1$

21. (a) $k > \dfrac{3}{2}$ 或 $k < 1$ 且 $k \neq -3$ 時，二根為相異的實數.

(b) $k = 1$ 或 $k = \dfrac{3}{2}$ 時，二根為相等的實數.

(c) $1 < k < \dfrac{3}{2}$ 時，二根為共軛複數.

習題 8-4

1. 反側　2. 略　3. 略　4. 略　5. 略　6. 略　7. 略　8. 略
9. 略　10. 略　11. 略　12. 略　13. 略　14. 略　15. 略

習題 8-5

1. $\dfrac{35}{3}$　2. 最大值 28，最小值 0　3. 最大值 1，最小值 -9

4. (1) 最大值 7，最小值 3　(2) 最大值 14，最小值 2

5. $A：10$ 噸，$B：30$ 噸，900 萬元　6. 各 400 克，128 元

7. 甲種 30 公斤，乙種 5 公斤

8. (1) $x^2 + y^2$ 有最大值 34，$x^2 + y^2$ 有最小值 $\dfrac{5}{2}$

(2) $(x-1)^2 + (y-4)^2$ 的最大值為 10，$(x-1)^2 + (y-4)^2$ 的最小值為 $\dfrac{4}{25}$

(3) $\dfrac{x}{y}$ 的最大值為 2，最小值為 $-\dfrac{1}{2}$

9. (1) $y - 2x$ 的最小值為 -2，最大值為 2

(2) xy 的最大值為 $\dfrac{1}{4}$，最小值為 $-\dfrac{1}{4}$

10. (1) $x^2 + y^2$ 的最大值為 36，最小值為 2

(2) $\dfrac{y+2}{2x+1}$ 的最大值為 8，最小值為 $\dfrac{2}{9}$

11. 共有 10 種調度法；A 型貨車 5 輛，B 型貨車 2 輛

12. 870 元　　**13.** 甲種 171 戶，乙種 186 戶

14. A 丸服用 3 粒，B 丸服用 2 粒

習題 9-1

1. $x^2+y^2-4y-21=0$　　**2.** $x^2+y^2+10x-6y+33=0$

3. $x^2+y^2-x-3y-6=0$　　**4.** $x^2+y^2+2x-8y+1=0$

5. $x^2+y^2-5x-7y+6=0$　　**6.** 圓　　**7.** 圓　　**8.** 一點　　**9.** 無圖形

10. 圓心 $(-3, -4)$，$r=\sqrt{39}$　　**11.** 圓心 $(0, 2)$，$r=3$

12. 圓心 $\left(-\dfrac{3}{2}, 0\right)$，$r=\dfrac{5}{2}$

13. (1) $k<\dfrac{5}{4}$　(2) $k=\dfrac{5}{4}$　(3) $k>\dfrac{5}{4}$　　**14.** $x^2+y^2+2x-4y-20=0$

15. 圓心坐標為 $(-d, -e)$，半徑為 $r=\sqrt{d^2+e^2-f}$ $(d^2+e^2-f>0)$

16. $x^2+y^2+2x-4y-20=0$

習題 9-2

1. (1) 圓與直線 L_1 相交於兩點　(2) 圓與直線 L_2 相切　(3) 圓與直線 L_3 相離

2. (a) $m>1$ 或 $m<-1$，直線 L 與 C 圓相交於二點.

(b) $m=\pm 1$，直線 L 與 C 圓相切於一點.

(c) $-1<m<1$，直線 L 與 C 圓相離.

3. $3x-y-20=0$　　**4.** $3x-4y+25=0$ 或 $4x+3y-25=0$

5. $(4, -1)$　　**6.** $3x-4y+28=0$ 或 $4x+3y+4=0$

7. (a) $x+y-2=0$ 與 $x^2+y=1$ 不相切　(b) $x+y-2=0$ 與 $x^2+y^2=2$ 相切

8. (a) 當 $\Delta>0$ 時，交於二點，即 $|\lambda|<\dfrac{\sqrt{3}}{3}$.

(b) 當 $\Delta=0$ 時與圓相切，即 $\lambda=\pm\dfrac{\sqrt{3}}{3}$.

(c) 當 $\Delta<0$ 時不相交，即 $|\lambda|>\dfrac{\sqrt{3}}{3}$.

9. k 為任意實數　　10. $a = -1 \pm \sqrt{2}$

11. $4x^2 + 4y^2 + 12x - 32y + 9 = 0$　　12. $(x-3)^2 + (y-4)^2 = \dfrac{49}{5}$

13. (1) $k > 4$ 或 $k < -26$　(2) $k = 4$ 或 $k = -26$　(3) $-26 < k < 4$

習題 10-1

1. 一個平面，此平面與直線垂直．　　2. 圓柱面
3. 圓 (正圓)，橢圓，兩條平行直線，一條直線，無圖形 (當 E 平行於圓柱軸，且距離 > 半徑時)

習題 10-2

1. 焦點 $(1, 0)$，準線方程式 $x = -1$　　2. 焦點 $(0, -3)$，準線方程式 $y = 3$

3. 焦點 $\left(-\dfrac{3}{4}, 0\right)$，準線方程式 $x = \dfrac{3}{4}$　　4. 焦點 $\left(0, \dfrac{3}{4}\right)$，準線方程式 $y = -\dfrac{3}{4}$

5. $y^2 = 16x$　　6. $y^2 = -12x$　　7. $x^2 = 8y$　　8. $x^2 = -12y$　　9. $y^2 = -8x$

10. 軸：$x = 0$，準線：$y = 3$，頂點：$V(0, 0)$，焦點：$F(0, -3)$，正焦弦長 $= 12$

11. 軸：$y = 0$，準線：$x = 4$，頂點：$V(0, 0)$，焦點：$F(-4, 0)$，正焦弦長 $= 16$

12. 軸：$x = 0$，準線：$y = \dfrac{5}{12}$，頂點：$V(0, 0)$，

　　焦點：$F\left(0, -\dfrac{5}{12}\right)$，正焦弦長 $= \dfrac{5}{3}$

13. ① 軸：$x = 0$ (y-軸)　② 準線：$y = -c$，∴ 準線 $y = -4$
　　③ 頂點 $(0, 0)$　④ 焦點 $(0, c)$，∴ 焦點 $F(0, 4)$
　　⑤ 正焦弦長 $= 16$

14. ① 軸：$x = 0$ (y-軸)　② 準線：$y = -c$，∴ 準線 $y = 2$　③ 頂點 $(0, 0)$
　　④ 焦點 $(0, c)$　∴ 焦點 $F(0, -2)$　⑤ 正焦弦長 $= 8$

15. $y^2 = 12x$　16. $x^2 = 6y$　17. 略　18. 略　19. 略　20. 略　21. 略

習題 10-3

1. 焦點為 $F(\sqrt{3}, 0)$, $F'(-\sqrt{3}, 0)$；頂點為 $A(2, 0)$, $A'(-2, 0)$, $B(0, 1)$, $B'(0, -1)$；長軸長 $=4$；短軸長 $=2$；正焦弦長 $=1$

2. 焦點為 $F(0, 4)$, $F'(0, -4)$；頂點為 $A(0, 5)$, $A'(0, -5)$, $B(3, 0)$ $B'(-3, 0)$；長軸長 $=10$；短軸長 $=6$；正焦弦長 $=\dfrac{18}{5}$

3. 焦點為 $F\left(0, \dfrac{\sqrt{2}}{2}\right)$, $F'\left(0, -\dfrac{\sqrt{2}}{2}\right)$；頂點為 $A(0, 1)$, $A'(0, -1)$, $B\left(\dfrac{\sqrt{2}}{2}, 0\right)$, $B'\left(-\dfrac{\sqrt{2}}{2}, 0\right)$；長軸長 $=2$；短軸長 $=\sqrt{2}$，正焦弦長 $=1$

4. $\dfrac{x^2}{25}+\dfrac{y^2}{16}=1$　　5. $\dfrac{x^2}{25}+\dfrac{y^2}{9}=1$　　6. $\dfrac{x^2}{25}+\dfrac{y^2}{16}=1$

7. $\dfrac{x^2}{12}+\dfrac{y^2}{64}=1$　　8. $\dfrac{x^2}{12}+\dfrac{y^2}{4}=1$　　9. $\dfrac{x^2}{12}+\dfrac{y^2}{36}=1$

10. 正焦弦之長 $=2$　　11. 20　　12. $a=3\sqrt{5}$, $b=2\sqrt{5}$

13. $t=25$　　14. $\dfrac{(x+1)^2}{25}+\dfrac{(y-2)^2}{29}=1$

習題 10-4

1. (1) 中心 $O(0, 0)$；頂點 $A(3, 0)$, $A'(-3, 0)$；焦點 $F(\sqrt{13}, 0)$, $F'(-\sqrt{13}, 0)$；貫軸長 $=6$；共軛軸長 $=4$；正焦弦長 $=\dfrac{8}{3}$；離心率 $e=\dfrac{\sqrt{13}}{3}$

(2) 中心 $O(0, 0)$；頂點 $A(0, 3)$, $A'(0, -3)$，焦點 $F(0, 5)$, $F'(0, -5)$；貫軸長 $=6$；共軛軸長 $=8$；正焦弦長 $=\dfrac{32}{3}$；離心率 $e=\dfrac{5}{3}$

2. $\dfrac{y^2}{25} - \dfrac{x^2}{144} = 1$ 3. $\dfrac{y^2}{49} - \dfrac{x^2}{21} = 1$ 4. $\dfrac{y^2}{16} - \dfrac{x^2}{64} = 1$

5. $\dfrac{x^2}{5} - \dfrac{y^2}{4} = 1$ 6. $\dfrac{x^2}{16} - \dfrac{y^2}{9} = 1$ 7. $y = \dfrac{2}{3}x,\ y = -\dfrac{2}{3}x$

8. $\dfrac{x^2}{4} - \dfrac{y^2}{36} = 1$ 9. $\dfrac{x^2}{9} - \dfrac{y^2}{16} = 1$ 10. $\dfrac{x^2}{8} - \dfrac{y^2}{12} = 1$

11. 20   12. $a = 4,\ b = \dfrac{4}{5}\sqrt{15}$ 13. $\dfrac{y^2}{16} - \dfrac{x^2}{9} = 1$

14. (1) 二條漸近線為 $x = 0$，$y = 0$
    (2) 二條漸近線為 $x + 3 = 0$，$y - 2 = 0$
    (3) 二條漸近線為 $x - 3 = 0$，$y - 2 = 0$

15. $\dfrac{x^2}{9} - \dfrac{y^2}{4} = -1$ 或 $\dfrac{y^2}{4} - \dfrac{x^2}{9} = 1$

習題 11-1

1. (1) $a_1 = 2$，$a_2 = 0$，$a_3 = 2$，$a_4 = 0$，$a_5 = 2$
   (2) $a_1 = \sqrt{2}$，$a_2 = \sqrt{3}$，$a_3 = 2$，$a_4 = \sqrt{5}$，$a_5 = \sqrt{6}$
   (3) $a_1 = \dfrac{1}{3}$，$a_2 = \dfrac{4}{5}$，$a_3 = 1$，$a_4 = \dfrac{10}{9}$，$a_5 = \dfrac{13}{11}$

2. (1) $a_2 = -6$，$a_3 = 12$，$a_4 = 24$ (2) $a_2 = 4$，$a_3 = 8$，$a_4 = 14$

3. $a_2 = \dfrac{3}{10}$，$a_3 = \dfrac{3}{46}$，$a_4 = \dfrac{3}{190}$

4. (1) $a_n = (-1)^n \cdot n^2$ (2) $a_n = (-1)^n \cdot 2^n$
   (3) $a_n = \sqrt{2n-1}$ (4) $a_n = 5n - 4$

5. $m = 5$，$n = 11$ 6. $a_4 = 14$，$a_{11} = 35$，$a_n = 3n + 2$

7. (1) 是，$r = -\dfrac{1}{2}$ (2) 是，$r = 3$ (3) 是，$r = \dfrac{1}{7}$ (4) 非

8. $m = 2\sqrt{2}$，$n = 4\sqrt{2}$ 或 $m = -2\sqrt{2}$，$n = -4\sqrt{2}$

9. 當 $r=2$ 時，$a_6=24$；當 $r=-2$ 時，$a_6=-24$

10. 略　　11. $a_n=2^{(2n-1)}\times 5$, $n\in\mathbb{N}$

12. $a_n=(-1)^{n+1}\dfrac{n}{3n-1}$, $n\in\mathbb{N}$　　13. $a_n=(-1)^n\dfrac{2^n}{4n-1}$

14. $a_n=3+(-1)^n$　　15. $a_n=\dfrac{2n+2}{n}$ ($n\geq 2$), $a_{40}=\dfrac{41}{20}$　　16. $r=3$

17. {4, 8, 16} 或 {16, 8, 4}　　18. -13.5

19. 三數為 2, 4, 8　　20. $\dfrac{ma-nb}{m-n}$

習題 11-2

1. (1) $a_n=n(2n-1)$　(2) $\displaystyle\sum_{n=1}^{100}a_n=\sum_{n=1}^{100}n(2n-1)$　(3) 671,650

2. $\dfrac{n(n+1)(n+5)}{3}$　　3. 510　　4. 6075　　5. 550　　6. 900

7. $a=1$, $b=2$　　8. n^2　　9. (1) $\dfrac{1}{k}-\dfrac{1}{k+1}$　(2) $\dfrac{n}{n+1}$

10. $\dfrac{n}{2n+1}$　　11. $\dfrac{n(3n+5)}{4(n+1)(n+2)}$　　12. $2\left(1-\dfrac{1}{n+1}\right)$

13. $\dfrac{1}{4}n(n+1)(n+2)(n+3)$　　14. 495　　15. $\sqrt{n+1}-1$

習題 11-3

1. $S_{24}=-2004$, $a_{24}=-187$　　2. 首項 7, 公差 6, $a_{16}=97$

3. 142 個, $S_{142}=71071$　　4. $n^2+1-\dfrac{1}{2^n}$　　5. (1) $\dfrac{3}{7}$　(2) -0.083

6. 1727　　7. $\dfrac{20}{27}(10^n-1)-\dfrac{2}{3}n$　　8. $\dfrac{1}{2}n(n+1)+1-\dfrac{1}{2^n}$

9. $n=7$　　10. 126　　11. 63　　12. $n=11$

習題 12-1

1. 60 個　**2.** 20 種　**3.** 30 種　**4.** 略　**5.** 18 種　**6.** 15 種
7. 略　**8.** 30 種　**9.** 12 項　**10.** 24 種　**11.** 20 種

習題 12-2

1. 40 種　**2.** 105 種　**3.** 12 種　**4.** 6 種　**5.** 540 種　**6.** 8 種
7. 36 種　**8.** 256 種　**9.** 432 種　**10.** 96 種　**11.** 24 種
12. 7 種　**13.** 720 種　**14.** 675 種　**15.** 40 種　**16.** 12 種
17. 24 個　**18.** 18 個　**19.** 728 個　**20.** (1) 18 種　(2) 60 種

習題 12-3

1. 60 種　**2.** 60 種　**3.** P_{10}^{15} 種　**4.** P_{10}^{15} 種　**5.** 480 種
6. $P_5^{10} \times P_5^8 \times P_5^{10}$ 種　**7.** (1) 720 種　(2) 240 種　(3) 2880 種
8. (1) 360　(2) 240　**9.** 210 種　**10.** 720 種　**11.** 360 個　**12.** 4^5 種
13. 3^5 種　**14.** 5^6 種　**15.** 3^7 種　**16.** (1) 14400 種　(2) 2880 種
17. (1) 9! 種　(2) 768 種　(3) 2880 種　(4) 48 種
18. (1) $n=7$　(2) $n=3$　(3) $n=5$　(4) $n=7$
19. (1) 600 個　(2) 288 個　(3) 312 個　(4) 216 個
20. (1) 35 種　(2) 18 種

習題 12-4

1. (1) $n=6$　(2) $n=8$　(3) $n=1$ 或 3　**2.** $n=15$，$r=5$
3. (1) 315 種　(2) 680 種　**4.** (1) 28 條　(2) 56 個　(3) 20 個
5. 420 種　**6.** 2200 種　**7.** 352800 種
8. (1) 570　(2) 1020　(3) 480　**9.** 90 個
10. (1) 161700 種　(2) 9506 種　(3) 9604 種
11. (1) 1680 種　(2) 15120 種　(3) 2520 種　(4) 1890 種
12. (1) 34650 種　(2) 49896 種　(3) 166320 種　(4) 16632 種　(5) 27720 種
13. (1) 35　(2) 126　(3) 495　**14.** (1) H_3^3　(2) H_4^5　(3) H_6^1
15. 56 種　**16.** (1) 3^{10} 種　(2) 66 種　**17.** 286 種

18. 286 組，84 組　　**19.** 15 項，係數為 12

20. (1) 45 種　(2) 6561 種　　**21.** $n=4$, $r=2$　　**22.** 540 種

習題 12-5

1. $16x^4 - 96x^3y + 216x^2y^2 - 216xy^3 + 81y^4$

2. $243x^{10} + 405x^7 + 270x^4 + 90x + 15 \cdot \dfrac{1}{x^2} + \dfrac{1}{x^5}$

3. $16x^4 + 96x^3y + 216x^2y^2 + 216xy^3 + 81y^4$

4. 120　　**5.** $-\dfrac{1792}{27}$　　**6.** $\dfrac{340}{9}$　　**7.** 略

習題 13-1

1. (1) $S=\{$正面，反面$\}$

(2) $S=\{$黑桃，鑽石，紅桃，梅花$\}$ 或 $S=\{1, 2, 3, 4, 5, \cdots, 13\}$

2. (1) $S=\{($正，正$), ($正，反$), ($反，正$), ($反，反$)\}$

(2) 樣本空間同 (1)

(3) $S=\{$兩個正面，一個正面一個反面，兩個反面$\}$

3. $S=\{(1, 1), (1, 2), (1, 3), (1, 4), (1, 5), (1, 6), (2, 1), (2, 2),$
$(2, 3), \cdots, (6, 6)\}$ 共有 36 個元素

4. (1) $E=\{(1, 6), (2, 5), (3, 4), (4, 3), (5, 2), (6, 1)\}$

(2) $F=\{(4, 6), (5, 5), (6, 4), (5, 6), (6, 5), (6, 6)\}$

(3) $G=\{(1, 2), (2, 1), (2, 2)\}$

(4) $H=\{(1, 1), (1, 2), (1, 3), (1, 4), (1, 5), (1, 6), (2, 1), (3, 1),$
$(4, 1), (5, 1), (6, 1)\}$

5. (1) $A \cup B \cup C$　(2) $A' \cup B' \cup C'$　　**6.** 略

7. 設 1 表示射中，0 表示沒有射中，則樣本空間 S 之事件共有 $2^3=8$ 個事件

$S=\{(0, 0, 0), (0, 0, 1), (0, 1, 0), (1, 0, 0), (0, 1, 1), (1, 0, 1),$
$(1, 1, 0), (1, 1, 1)\}$

$E_1=\{(0, 0, 0)\}$, $E_2=\{(0, 0, 1), (0, 1, 0), (1, 0, 0)\}$

8. (a) 抽籤決定一人為代表的樣本空間為 $S=\{甲，乙，丙，丁\}$

(b) 抽籤決定二人為代表的樣本空間為

$S=\{甲乙，甲丙，甲丁，乙丙，乙丁，丙丁\}$

9. 16 個　　**10.** 2^3 個　　**11.** 互斥事件

12. 樣本空間 S 的事件共有 $2^3=8$ 個

$S=\{HHH，HHT，HTH，HTT，THH，THT，TTH，TTT\}$

13. 樣本空間為 $S=\{H，TH，TTH，TTTH，\cdots\}$

14. 樣本空間為 $S=\{t\,|\,t\geq 0\}$

電燈泡使用壽命在 10 年內的事件 E 為 $E=\{t\,|\,0\leq t\leq 10\}$

15. 樣本空間為 $S=\{(男，男，男)，(男，男，女)，(男，女，男)，$
$(女，男，男)，(男，女，女)，(女，男，女)，$
$(女，女，男)，(女，女，女)\}$

16. (1) 樣本空間為 $S=\{(正，正，正)，(正，正，反)，(正，反，正)，$
$(反，正，正)，(正，反，反)，(反，正，反)，$
$(反，反，正)，(反，反，反)\}$，

(2) $A=\{(正，正，正)，(正，正，反)，(正，反，正)，(反，正，正)，$
$(正，反，反)，(反，正，反)，(反，反，正)\}$

(3) $B=\{(正，正，反)，(正，反，正)，(反，正，正)\}$

(4) $A\cup B=A$　　(5) $A\cap B=B$

17. (1) 樣本空間為 $S=\{AB，AC，AD，AE，BC，BD，BE，CD，CE，DE\}$

其中共有 $C_2^5=10$ 個樣本.

(2) 把母音 A、E 兩字母撇開，只從 B、C、D 中取兩個出來，就是取出的字母皆為子音之事件 $E_1=\{BC，BD，CD\}$，其中共有 $C_2^3=3$ 個樣本.

(3) 自 A、E 中取出一個，再自 B、C、D 中取出一個，就湊成"取出的字母恰有一個為母音"的事件，$E_2=\{AB，AC，AD，EB，EC，ED\}$ 其中共有 $C_1^2\times C_1^3=6$ 個樣本.

18. 樣本空間為 $S=\{(正，正，正)，(正，正，反)，(正，反，正)，$
$(反，正，正)，(正，反，反)，(反，正，反)，$
$(反，反，正)，(反，反，反)\}$

出現二正面的事件為 $E=\{(正，正，反)，(正，反，正)，(反，正，正)\}$

習題 13-2

1. $\dfrac{1}{4}$，$\dfrac{3}{4}$ 2. $\dfrac{1}{4}$ 3. $\dfrac{5}{36}$ 4. $\dfrac{255}{496}$ 5. (1) $\dfrac{3}{10}$ (2) $\dfrac{3}{5}$

6. $\dfrac{11}{21}$ 7. (1) $\dfrac{1}{11}$ (2) $\dfrac{6}{11}$ 8. (1) $P(B)=\dfrac{2}{3}$ (2) $P(A-B)=\dfrac{1}{12}$

9. $P(E_1 \cap E_2)=\dfrac{1}{4}$，$P(E_1 \cup E_2)=\dfrac{3}{4}$ 10. $\dfrac{37}{55}$

11. (1) $\dfrac{585}{1326}$ (2) $\dfrac{12781}{22100}$ 12. 略   13. $\dfrac{13}{51}$ 14. $\dfrac{P_8^{12}}{12^8}$

15. $\dfrac{1}{5}$ 16. (1) $\dfrac{1}{5}$ (2) $\dfrac{4}{45}$ (3) $\dfrac{7}{9}$ 17. (1) $\dfrac{1}{6}$ (2) $\dfrac{1}{66}$

18. $\dfrac{25}{833}$ 19. (1) $\dfrac{5}{8}$ (2) $\dfrac{1}{8}$ (3) $\dfrac{3}{8}$ 20. (1) $\dfrac{1}{2}$ (2) $\dfrac{7}{10}$

習題 13-3

1. (1) $P(B|A)=\dfrac{1}{10}$ (2) $P(A|B)=\dfrac{1}{6}$ (3) $P(A|B')=\dfrac{3}{8}$

2. $P(A|B')=\dfrac{7}{15}$ 3. $P(B|A)=\dfrac{2}{5}$，$P(A|B)=\dfrac{1}{3}$

4. $P(B|A)=\dfrac{3}{4}$，$P(A|B)=\dfrac{3}{4}$ 5. $P(B|A)=\dfrac{1}{6}$，$P(A|B)=\dfrac{3}{5}$

6. $P(B|A)=\dfrac{1}{3}$，$P(C|A \cap B)=\dfrac{1}{5}$ 7. $P(B|A)=\dfrac{3}{4}$

8. (1) $P(B|A)=\dfrac{1}{6}$ (2) $P(B'|A')=\dfrac{11}{14}$

9. $\dfrac{35}{1024}$ 10. $\dfrac{8}{15}$ 11. $\dfrac{4}{9}$ 12. $\dfrac{2}{5}$ 13. $\dfrac{3}{8}$

532 數學

14. (1) $\dfrac{11}{32}$ (2) $\dfrac{4}{11}$ **15.** $\dfrac{2}{143}$ **16.** (1) $\dfrac{1}{22}$ (2) $\dfrac{1}{3}$

17. (1) $\dfrac{1}{20}$ (2) $\dfrac{53}{120}$ **18.** $\dfrac{19}{45}$ **19.** $\dfrac{23}{45}$ **20.** $\dfrac{893}{990}$

習題 13-4

1. 1 元   **2.** 購買此種彩券並不有利.   **3.** 5.15 元，購買此種獎券並不有利.

4. 2 元   **5.** 2.625 元   **6.** 7 點   **7.** 22.5 元   **8.** 3   **9.** 11.1 元

10. (1) $X=0$，機率為 $\dfrac{1}{6}$ (2) $X=1$，機率為 $\dfrac{5}{18}$ (3) 期望值為 $\dfrac{35}{18}$

11. $n=7$ **12.** (1) $\dfrac{(k-1)(k-2)}{40}$ (2) $\dfrac{21}{4}$

13. 期望值為 9 元   **14.** 期望值為 $\dfrac{1}{3}(2n+1)$ 元   **15.** $t=325$

習題 14-1

1. 隨機試驗結果分別為

　　406, 594, 994, 487, 311, 444, 684, 340, 716, 702, 607, 149, 030
　　958, 092, 032, 325, 838, 523, 752

　　模擬試驗的結果為

　　(正正正), (反反正), (反反正), (正正反), (反反反), (正正正),
　　(正正正), (反正正), (反正正), (反正正), (正正反), (反正反),
　　(正反正), (反反正), (正反正), (反正正), (反正反), (正反正),
　　(反正反), (反反正).

2. 出現正、反面的順序為

　　　　反正正正正正反正正反正正正反反正正正反

　　故出現正面的次數為 14.

3. 從隨機號碼表中第七、第八列，由左到右 (遇 0 則去掉) 取五十個數.

　　6593 8668 4871 0946 3155 3941 9662 3187 7434 0315 4418 1569 1101 004

點數	1	2	3	4	5	6
次數	10	1	6	8	12	13

習題 14-2

1. (1) ① 全距：資料中最大者為 94，最小者為 38，故全距為 94－38＝56 (分).
   ② 定組數：將全部資料分為 12 組.
   ③ 定組距：採用相等組距，因 $\frac{56}{12} \approx 4.7$，故取組距為 5.
   ④ 定組限：最小一組的下限必須小於 38 或等於 38，因此我們取最小一組的下限為 35，上限為 40；而最大一組的上限要大於或等於 94，因此我們取 95 為最大一組的上限.
   ⑤ 歸類劃記：在歸類劃記時，我們採用「每組不含上限的規定」.
   ⑥ 計算次數：算出各組的劃記數，即得各組的次數，所得次數分配表如下：

成績(分)	劃　記	次　數
35～40	下	2
40～45	一	1
45～50	下	2
50～55	正	5
55～60	下	3
60～65	正下	8
65～70	下	2
70～75	正下	7
75～80	正下	8
80～85	正	5
85～90	正	4
90～95	下	3
總　計		50

(2) 略　　(3) 略

2. (1) 全距＝86－23＝63 分

(2)

成績(分)	劃　記	次　數
0～10		0
10～20		0
20～30	下	3
30～40	下	3
40～50	正下	8
50～60	正正丅	12
60～70	正正下	13
70～80	正	4
80～90	丅	2
90～100		0

3.

速度(公里)	次　數
60～70	15
70～80	32
80～90	30
90～100	14
100～110	7
110～120	2

4. (1)

年　齡	劃　記	次　數	以下累積次數	以上累積次數
15～20	正	5	5	50
20～25	正正下	13	18	45
25～30	正正正	14	32	32
30～35	正正一	11	43	18
35～40	下	3	46	7
40～45	一	1	47	4
45～50	丅	2	49	3
50～55	一	1	50	1

(2) 略　　(3) 略

5. 分 8 組，組距 5，最小一組的下限定為 52．

速度(公里)	劃　記	次　數	以下累積次數	以上累積次數
52～57	一	1	1	30
57～62	一	1	2	29
62～67	丅	2	4	28
67～72	正	4	8	26
72～77	下	3	11	22
77～82	正丅	7	18	19
82～87	正	5	23	12
87～92	正丅	7	30	7

6. (1)

日薪(元)	劃　記	次　數	以下累積次數	以上累積次數
150～160	下	3	3	150
160～170	正	5	8	147
170～180	正丅	7	15	142
180～190	正正正一	16	31	135
190～200	正正正下	18	49	119
200～210	正正正正下	23	72	101
210～220	正正正正丅	24	96	78
220～230	正正正正	20	116	54
230～240	正正正正	20	136	34
240～250	正下	8	144	14
250～260	丅	4	148	6
260～270	丅	2	150	2

(2) 略

7.

成績(分)	次　數	以下累積次數	以上累積次數
20～30	1	1	50
30～40	1	2	49
40～50	6	8	48
50～60	5	13	42
60～70	12	25	37
70～80	10	35	25
80～90	10	45	15
90～100	5	50	5

8.

體重(公斤)	次　數	以下累積次數	以上累積次數
36～38	4	4	50
38～40	10	14	46
40～42	6	20	36
42～44	10	30	30
44～46	16	46	20
46～48	1	47	4
48～50	3	50	3

9. (1) 80　(2) 略　　**10.** (1) 18人　(2) 7人

11. (1) 70分　(2) 11人　(3) 27人

12.

成績 (分)	次　數
30～40	4－0＝4
40～50	10－4＝6
50～60	18－10＝8
60～70	32－18＝14
70～80	42－32＝10
80～90	48－42＝6
90～100	50－48＝2

習題 14-3

1. $\overline{X}=871.17$ 千元　**2.** $\overline{X}=53.5625$ 百元　**3.** $\overline{X}\approx 44.871$ 千元　**4.** $\overline{X}=2380$ 元

5. $W\approx 80.26$ 分　**6.** $\overline{X}=36000$ 元　**7.** $\overline{X}=71.2$ 分　**8.** $\overline{X}=65$ 分

9. (1) $\overline{X}\approx 11.7$ 元　(2) $W\approx 8.6$ 元　**10.** $G=2.8\%$　**11.** $k=20$．

12. (1) $r\approx 7.2\%$　(2) $P\approx 24637$ 人　**13.** (1) 88 公里/小時　(2) $\dfrac{1800}{17}$ 公里/小時

14. $\dfrac{115}{3}$ 元/斤　**15.** $Me=7.5$　**16.** $Me=73.75$ 分　**17.** $Me\approx 58.2$ 分

18. $a-b=0.4$　**19.** 算術平均數 $\overline{X}=64.2$ 分，$Me=64$ 分

習題 14-4

1. 全距＝35 分，$Me=79.5$ 分，$Q.D.=18$ 分

2. 全距＝17 公分，中位數＝167 公分，$Q.D.=11.5$ 公分

3. $Q.D.=13.286$　**4.** 標準差為 3.87　**5.** 標準差為 351.18 元

6. 標準差為 22.58　**7.** 標準差為 15.52 分　**8.** 58 分，67 分

9. $S_1\approx 4.86$，$S_2\approx 4.86$，$S_3=14.58$，$S_4=9.72$

10. 算術平均數為 $\overline{X}=6$，標準差為 $S=2$

11. 算術平均數為 $\overline{X}=10.6$，標準差為 $S=4.08$

12. 平均成績為 73.2 分，標準差為 $S\approx 12.69$ 分

13. $\overline{X}_{20}=55.5$，$S_{20}=\sqrt{8.7}\approx 2.95$　**14.** $\overline{X}=42$ 分，$S\approx 16.88$ 分

15. $\overline{Y}=-15$，Y 的中位數 $Me=-23$，全距＝40，$Q.D.=8$，$S_Y=6$

16. (1) X 的中位數＝5　(2) $\overline{Y}=2005$　(3) Y 的中位數＝2005

　　(4) $S_X=\sqrt{10}$　(5) $S_Y=\sqrt{10}$

17. $\overline{Y}=50$，$S_Y=12$